Weidauer   Elektrische Antriebstechnik

Elektrische Antriebstechnik

Grundlagen · Auslegung · Anwendungen · Lösungen

von Jens Weidauer

Publicis Corporate Publishing

Bibliografische Information Der Deutschen Nationalbibliothek
Die Deutsche Nationalbibliothek verzeichnet diese Publikation in der Deutschen
Nationalbibliografie; detaillierte bibliografische Daten sind im Internet über
http://dnb.d-nb.de abrufbar.

Dieses Fachbuch entstand unter Mitwirkung von sfb Bildungszentrum.
www.sfb.ch

www.publicis-erlangen.de/books

ISBN 978-3-89578-308-1

Geleitwort

Elektrische Antriebe sind in immer größer werdendem Maße als elektromechanische Energiewandler die Quelle der Bewegung in Maschinen und Anlagen der Produktion, in der Gebäudetechnik und im Konsumgüterbereich. Seit der Erfindung des elektrodynamischen Prinzips durch Werner von Siemens hat die elektrische Antriebstechnik eine fulminante Entwicklung genommen und ist in immer mehr Bereichen der Technik zum Einsatz gekommen. Dabei wurde bis heute kein „Sättigungszustand" erreicht, denn es ergeben sich weiterhin neue Anwendungsgebiete für die elektrische Antriebstechnik, in denen bisher z.B. hydraulische Antriebe oder Verbrennungsmotoren zum Einsatz kamen.

Besondere Vorteile bietet die vergleichsweise einfache Regelbarkeit der Antriebe, mit der die sich immer höher schraubenden Ansprüche an Genauigkeit und Flexibilität erfüllt werden können. Wesentliche Fortschritte wurden durch die Verfügbarkeit leistungsfähiger und hochintegrierter Mikrorechner erzielt, die die Berechnung moderner Regelungs- und Überwachungsalgorithmen auf kleinstem Raum gestatten. Und die heute erreichbaren Leistungsdichten in Leistungshalbleitern erlauben die Anwendung elektrischer Antriebstechnik bis in den Gigawatt-Bereich.

Während bei geregelten Antrieben früher vor allem Gleichstrommotoren zum Einsatz kamen, so hat es seit der Entwicklung elektronischer Umrichter einen fulminanten Aufstieg der Drehfeldmaschinen gegeben, die neben der Wartungsarmut einen kostengünstigeren Aufbau und lange Lebensdauer bieten. Und die Entwicklung der Motoren ist durch den Einsatz neuer Magnetmaterialien ebenfalls noch lange nicht abgeschlossen. Die Anwendungen für Linearmotoren nehmen weiter zu und in zahlreichen Applikationen wird der Einsatz von getriebelosen Direktantrieben, den sogenannten Torquemotoren, vorangetrieben.

Die Technik elektrischer Antriebe ist damit für Forschung und Entwicklung trotz ihrer großen und langen Vergangenheit von unverändert hoher Aktualität. Sie ist mitentscheidend für die Funktionalität und Leistungsfähigkeit einer Maschine oder Anlage, für ihren Wirkungsgrad und damit für den wirtschaftlichen und ressourcenschonenden Mitteleinsatz.

Mit dem vorliegenden Buch hat Hr. Dr. Weidauer eine Übersicht der elektrischen Antriebstechnik geschaffen, die dem Fachmann und dem Entscheider wesentliche Orientierung beim Einsatz moderner Antriebstechnik in der Konstruktion von Maschinen und Anlagen bietet. Möge dieses Buch eine große Verbreitung finden und damit den Einsatz moderner, umweltfreundlicher und hohe Wirkungsgrade bietender Technik weiter fördern.

Dr. Olaf Rathjen
Siemens AG, Bereich A&D
Leiter Geschäftsgebiet Motion Control Systems

Inhaltsverzeichnis

1 Elektrische Antriebe im Überblick

1.1 Historischer Abriss der Antriebstechnik

Elektrische Antriebe wandeln elektrische Energie in mechanische Energie um und dienen als Mittler zwischen dem elektrischen Netz als Energiequelle und der Arbeitsmaschine als Energieverbraucher.

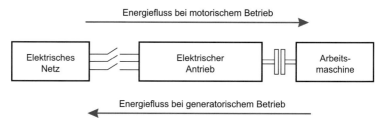

Bild 1.1 Elektrische Antriebe als Mittler zwischen Energieversorgungsnetz und Arbeitsmaschine

Aufgrund dieser zentralen Stellung im Energiefluss sind elektrische Antriebe zu Schlüsselkomponenten in industriellen Anwendungen, aber auch im Transportwesen und in Konsumgütern geworden. Sie haben die technische Entwicklung auf vielen Gebieten vorangetrieben, waren aber auch selbst Gegenstand zahlreicher Entwicklungsschritte.

Die Kernkomponente eines jeden elektrischen Antriebs ist der Elektromotor. Die ihm zugrunde liegenden Naturgesetze wurden zu Beginn des 19. Jh. erkannt.

Entdeckung der Grundlagen 1820 bis 1875

1820 entdeckte Hans Christian Oerstedt, dass eine Magnetnadel in der Nähe eines stromführenden Leiters abgelenkt wird. Im gleichen Jahr machte André Marie Ampère seine grundlegenden Entdeckungen über die Wechselwirkungen zwischen elektrischen Strömen und Magnetfeldern. Diese Entdeckungen führten zur Entwicklung einer großen Zahl von „elektromagnetischen Maschinen", die allerdings nur geringe praktische Bedeutung erlangten, da keine leistungsfähigen elektrischen Energiequellen zur Verfügung standen. Strom wurde aus galvanischen Zellen gewonnen, was einen breiten Einsatz dieser „Maschinen" verhinderte. Sie konnten sich gegen die Dampfmaschine und die verschiedenen Arten von Gas- und Benzinmotoren nicht durchsetzen.

Ein wichtiger Schritt wurde 1831 getan. Damals entdeckte Michael Faraday die elektromagnetische Induktion. Dieser Effekt wurde alsbald in Generatoren angewendet. 1866 erfand Werner von Siemens die Dynamomaschine. Dieser Gleichstromgenerator nutzt den in den Magnetpolen befindlichen Remanenzfluss, um zunächst einen kleinen Induktionsstrom zu erzeugen. Dieser Induktionsstrom wird zum weiteren Aufbau des Erregerfeldes verwendet, so dass sich der Generator zur vollen Leistung „aufschaukelt". Aus diesen Generatoren heraus entwickelten sich später die modernen Elektromotoren.

Bild 1.2 Elektromotor von Moritz Hermann Jacobi, 1818
Foto: Deutsches Museum München

Ein zentrales technisches Problem am Ende des 19. Jh. war die Bereitstellung kleinerer Energiemengen für Arbeitsmaschinen in Gewerbebetrieben. Der Einsatz von Dampfmaschinen erforderte einen hohen Aufwand und war aus Sicherheitsgründen auch nicht überall möglich. Verbreitet waren deshalb Gasmotoren. Diese bekamen durch weiterentwickelte und stetig verbesserte Dynamomaschinen Konkurrenz. Dabei wurden 2 Dynamomaschinen elektrisch verbunden. Eine Maschine arbeitete als Generator, die andere Maschine als Motor. Auf diese Weise konnte die elektrische Energie an einer Stelle erzeugt, über eine längere Entfernung transportiert und an dem Ort, wo sie benötigt wurde, in mechanische Energie zurück verwandelt werden. Man benutzte die Elektroenergie als Ersatz für mechanische Energieübertragungen. Schwerpunkt der Anwendungen waren elektrische Lokomotiven und Straßenbahnen, aber auch erste Maschinenantriebe (z.B. für einen Webstuhl) wurden realisiert.

1887 tauchte erstmals der Begriff „Elektromotor" in einem Verkaufskatalog auf. 1891 beschrieb man die Vorteile des Elektromotors im Vergleich zu Dampfmaschinen und Gasmotoren wie folgt:

Elektrische Kraftübertragungen
1875 bis 1891

Bild 1.3 Froments elektromagnetischer Radmotor
(nach Meyers Konversations-Lexikon 1886)
Foto: Deutsches Museum München

- Sie benötigen keine festen Fundamente, sind in beliebigen Lagen montierbar, benötigen wenig Platz und können in bewohnten Räumen verwendet werden.

- Sie liefern vergleichsweise hohe Drehzahlen, sind in der Drehzahl und Drehrichtung verstellbar, besitzen einen günstigen Wirkungsgrad und sind einfach zu bedienen.

1889 hatte Michael von Dolivo-Dobrowolski den Drehstrom-Käfigläufermotor erfunden. Von ihm wurde auch der Name Drehstrom geprägt.

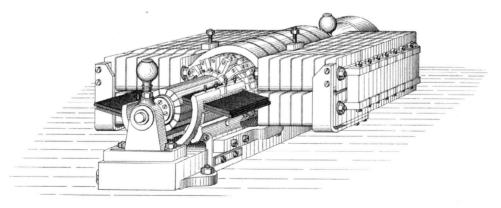

Bild 1.4 Dynamomaschine Siemens & Halske,
1877 geliefert für das Hüttenwerk Oker.
Foto: Deutsches Museum München

Außerdem wurde 1891 von Lauffen am Neckar nach Frankfurt a. M. über 175 km die erste Drehstromübertragung realisiert. Damit war das Zeitalter der Wechselstromtechnik eingeläutet.

Auf der Internationalen Elektrotechnischen Ausstellung in Frankfurt 1891 wurde erstmalig ein vollständiges System aus Generatoren, Transformatoren, Übertragungsleitungen und Motoren gezeigt. Damit waren die Grundlagen für die flächendeckende Einführung von Energieversorgungsnetzen und Elektroantrieben in Produktion und Gewerbe gegeben. In ihren technischen Parametern und in ihrem Anlaufverhalten wurden die Elektromotoren kontinuierlich verbessert. Über Widerstandsschaltungen und den Leonard-Satz (Umformer zur Spannungs- und Frequenzwandlung) standen regelbare Elektroantriebe zur Verfügung. Schritt für Schritt führte das zur Ablösung der Dampfmaschinen und Transmissionssysteme in den Produktionsstätten. Die Maschinenanordnung konnte jetzt auf den Produktionsprozess optimiert werden und musste sich nicht mehr den Zwängen der Energiezuführung über Transmissionswellen unterordnen.

Elektrische Antriebe in Gewerbe und Industrie 1891 bis 1920

Ca. ab 1920 verbreiteten sich elektrische Antriebe in allen Bereichen der Industrie, der Landwirtschaft, des Handwerks, des Transportwesens und in den Haushalten. Typische Antriebslösungen bestanden aus Gleichstrom- oder Drehstrommotoren, die je nach Bedarf mit Regelsätzen zur Drehzahlverstellung ergänzt wurden. Die Anzahl der Elektroantriebe nahm stark zu. Die Elektromotoren entwickelten sich in zwei Richtungen: zu integrierten Lösungen innerhalb der Arbeitsmaschine und zu standardisierten Massenprodukten. Der Asynchronmotor wurde in der industriellen Anwendung zum am weitesten verbreiteten Motortyp. Zur Drehzahlveränderung wurden neben Schützsteuerungen auch erste Stellgeräte auf der Basis von Quecksilberdampfröhren verwendet. Damit hielt die Leistungselektronik Einzug in die elektrische Antriebstechnik.

Elektrische Antriebe verbreiten sich überall 1920 bis 1950

Mit der Entwicklung der Leistungshalbleiter begann die Ablösung der Quecksilberdampfröhren. Parallel entwickelte sich die Regelungstechnik auf der Basis analoger elektronischer Bauelemente, was wiederum die Verbreitung drehzahlveränderbarer Antriebe förderte. Die einfache Regelbarkeit von Gleichstrommotoren führte zu ihrem Wiedererstarken.

Stromrichterantriebe 1950 bis 1970

Die Einführung von Mikroprozessoren bewirkte einen Entwicklungsschub in der elektrischen Antriebstechnik. Die vormals analogen Regler wurden durch digitale Regler abgelöst. Deren Leistungsfähigkeit steigt kontinuierlich, so dass immer komplexere Regelfunktionen realisiert werden. Die Entwicklung der „feldorientierten Regelung" durch Blaschke 1971 und ihre Umsetzung in prozessorgesteuerten digitalen Antrieben ermöglichte für Drehstrommotoren eine den Gleichstrommotoren vergleichbare Regelgüte.

Antriebe mit Mikroprozessor seit 1970

Bild 1.5 Digitale Regelungsbaugruppe für einen Gleichstromantrieb

Bild 1.6 Hochleistungs-IGBT (Insulated Gate Bipolar Transistor) für Frequenzumrichter

Bild 1.7 Moderner digitaler Stromrichter für Gleichstromantriebe

Die Verfügbarkeit von immer leistungsfähigeren Mikroprozessoren ermöglicht die Integration von ursprünglich antriebsfremden Funktionen in die Stellgeräte. Die Grenzen zwischen elektrischen Antrieben und Automatisierungsgeräten sind fließend geworden. Antriebssysteme, die aus elektronisch koordinierten Servoantrieben kleiner Leistung bestehen, lösen immer mehr die bisherigen Zentralantriebe mit mechanischen Getrieben und Königswellen ab.

1.2 Aufbau moderner elektrischer Antriebe

Die von elektrischen Antrieben bereitgestellte mechanische Energie dient zur Beeinflussung von Prozessgrößen in Arbeitsmaschinen. Die mechanische Energie muss entsprechend den Anforderungen des Prozesses dosiert bzw. zu- und abgeschaltet werden. Aus diesem Grund bestehen heutige elektrische Antriebe nicht nur aus einem Elektromo-

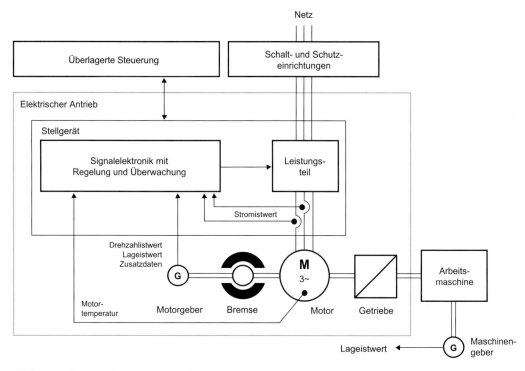

Bild 1.8 Aufbau moderner elektrischer Antriebe

tor, sondern weisen eine ganze Reihe weiterer Komponenten auf (siehe Bild 1.8).

Das Herzstück eines jeden elektrischen Antriebs ist sein Elektromotor. **Elektromotor** Er dient als Energiewandler, der die zugeführte elektrische Energie in mechanische Energie umsetzt. Im generatorischen Betrieb (z.B. bei Bremsvorgängen) erfolgt der Energiefluss in entgegengesetzter Richtung; dann wird mechanische Energie in elektrische Energie umgewandelt.

Der am Motor angebaute Geber (Motorgeber) ermittelt aktuelle Bewe- **Motorgeber** gungsgrößen wie Drehzahl, Geschwindigkeit und Lage und stellt sie der Signalelektronik zur Verfügung.

Die Bremse unterstützt das Stellgerät beim Abbremsen des Motors und **Bremse** verhindert Bewegungen des Motors bei abgeschaltetem Stellgerät. Besonders bei „hängenden" Lasten (z.B. Roboterarmen, Aufzügen, Hubwerken) sorgt die Bremse für die Fixierung des mechanischen Systems auch im inaktiven Zustand des Antriebs.

Das Getriebe ist ein mechanischer Wandler. Es passt die vom Motor ab- **Getriebe** gegebenen mechanischen Größen wie Drehzahl und Drehmoment an die Erfordernisse der Arbeitsmaschine an.

Eine weitere Aufgabe von Getrieben besteht darin, bei Bedarf die rotatorische Bewegung des Motors in eine lineare Bewegung zu wandeln.

Schalt- und Schutzeinrichtungen

Schalt- und Schutzeinrichtungen trennen den elektrischen Antrieb bei Bedarf vom Netz und schützen den Antrieb sowie die Versorgungsleitungen vor Überlastung. Überlastungen können zum einen durch die Arbeitsmaschine, aber auch durch Fehler im Antrieb hervorgerufen werden.

Stellgerät

Das Stellgerät besteht aus dem Leistungsteil und der Signalelektronik:

- Das *Leistungsteil* „portioniert" die dem Motor zugeführte elektrische Energie und beeinflusst damit die vom Motor abgegebene mechanische Energie. Leistungsteile elektrischer Antriebe sind heute aus Leistungshalbleitern aufgebaut. Diese arbeiten als elektronische Schalter, über die die elektrische Energiezufuhr zum Motor an- und abgeschaltet wird. Integrierte Messsysteme erfassen die elektrischen Ströme und Spannungen und stellen sie der Signalelektronik zur Verfügung.

- Die *Signalelektronik* ist das „Gehirn" des elektrischen Antriebs. Sie bestimmt die Steuersignale für das Leistungsteil so, dass sich an der Motorwelle die gewünschten Kräfte bzw. Bewegungen einstellen. Dazu verfügt die Signalelektronik über verschiedene Steuer- und Regelfunktionen. Die erforderlichen Istwerte der elektrischen Größen erhält die Signalelektronik vom Leistungsteil, mechanische Größen wie Drehzahl und Lage werden vom Motorgeber bereitgestellt.
  Ihre Sollwerte erhält die Signalelektronik von einer überlagerten Steuerung. An diese gibt sie auch aktuelle Istwerte zurück.

Neben den erforderlichen Steuer- und Regelfunktionen übernimmt die Signalelektronik auch Schutzfunktionen und verhindert unzulässige Überlastungen für das Leistungsteil und den Motor.

1.3 Systematik elektrischer Antriebe

Elektrische Antriebe sind äußerst vielgestaltig und in unterschiedlichsten Ausführungen verfügbar. Ihre Systematik ist deshalb relativ schwierig und kann nur unter Betrachtung ausgewählter Kriterien, also aus einem ganz bestimmten Blickwinkel heraus erfolgen. Die Kombinationen und konkreten Ausführungen dieser Kriterien ergeben dann die Vielzahl möglicher Antriebslösungen.

Nachfolgend werden elektrische Antriebe unter folgenden Kriterien systematisiert:

- Verstellbarkeit der Drehzahl

- Motortyp und Stellgerät

- Technische Daten

1.3.1 Drehzahlverstellbarkeit

Die Anforderungen einer Anwendung an die Drehzahlverstellbarkeit sind oft entscheidend für die Wahl einer Antriebslösung. Entsprechend der Fähigkeiten zur Drehzahlverstellung lassen sich grob 3 Kategorien von Antrieben bilden:

- Konstantantriebe

- Drehzahlveränderliche Antriebe

- Servoantriebe

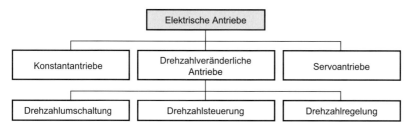

Bild 1.9
Klassifizierung elektrischer Antriebe bezüglich der Drehzahlverstellbarkeit

Konstantantriebe werden mit einer festen Drehzahl betrieben. Sie verfügen lediglich über Einrichtungen zum Zu- und Abschalten sowie zum Schutz vor Überlastung. Eine Einrichtung zur Drehzahlverstellung ist nicht vorhanden, so dass sich belastungsabhängig durchaus Drehzahlschwankungen ergeben können. Typische Anwendungen für Konstantantriebe sind Lüfter und Pumpen, die mit einem Asynchronmotor direkt am Netz betrieben werden.

Konstantantriebe

Drehzahlveränderliche Antriebe sind in ihrer Drehzahl verstellbar und mit mindestens zwei verschiedenen Drehzahlen betreibbar. Diese Antriebe verfügen neben dem Elektromotor über ein Stellgerät, das für die Drehzahlverstellung verantwortlich ist. Je nach Anforderung ist das Stellgerät entsprechend komplex und gestattet unterschiedliche Stellbereiche und Genauigkeiten für die Drehzahl.

Drehzahlveränderliche Antriebe

- *Drehzahlumschaltbare Antriebe* ermöglichen den Betrieb mit mindestens zwei verschiedenen Drehzahlen. Beispielanwendungen sind drehzahlumschaltbare Lüfter und Pumpen oder Fahrwerke mit Vor- und Rückbewegung. Zum Einsatz kommen hier typischerweise Asynchronmotoren mit Schützsteuerungen.

- *Drehzahlsteuerbare Antriebe* sind in ihrer Drehzahl stufenlos verstellbar. Allerdings erfolgt auch hier keine Rückführung des Drehzahlistwertes, so dass sich je nach Ausführung des Antriebs lastabhängig Abweichungen von der Solldrehzahl ergeben können. Für die Drehzahlsteuerung sind Stellgeräte mit elektronischen Leistungsteilen

19

erforderlich. Beispiele für derartige Antriebe sind Asynchronmotoren mit Frequenzumrichtern und U/f-Steuerung.

- *Drehzahlregelbare Antriebe* sind in ihrer Drehzahl ebenfalls stufenlos verstellbar und erfassen die aktuelle Drehzahl des Motors. Damit können Abweichungen der Drehzahl vom gewünschten Sollwert erkannt und korrigiert werden. Für drehzahlgeregelte Antriebe werden leistungsfähige Stellgeräte mit entsprechenden Regelalgorithmen benötigt. Eine sehr weit verbreitete Ausführung des drehzahlgeregelten Antriebs ist der Asynchronmotor mit Frequenzumrichter und vektorieller Regelung.

Bild 1.10
Frequenzumrichter und Asynchronmotoren
für drehzahlveränderliche Antriebe

Servoantriebe

Servoantriebe sind so optimiert, dass sie Drehzahländerungen sehr schnell und präzise ausführen können. Sie sind damit für komplexe Bewegungsvorgänge, die durch sich laufend ändernde Geschwindigkeiten gekennzeichnet sind, besonders gut geeignet. Servoantriebe kommen in allen Bereichen des Maschinenbaus zum Einsatz und werden häufig durch Synchronmotoren mit Servostellern realisiert.

Bild 1.11 Stellgeräte und Motoren für Servoantriebe

Eng verbunden mit der Drehzahlverstellbarkeit ist die Fähigkeit der An- Betriebs-
triebe zur Drehrichtungsumkehr und zur Energierückspeisung. Diese quadranten
Eigenschaften eines elektrischen Antriebs werden in einem Drehzahl-
Drehmoment-Diagramm dargestellt. Je nach Vorzeichen der Drehzahl
und des Drehmoments ergeben sich 4 Betriebsquadranten (siehe Bild
1.12). In den beiden motorischen Quadranten haben Drehzahl und
Drehmoment des Antriebs das gleiche Vorzeichen. In den generatorischen Quadranten sind Drehzahl und Drehmoment gegensinnig ge-
richtet.

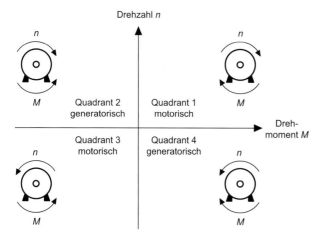

Bild 1.12 Klassifizierung elektrischer Antriebe nach Betriebsquadranten

Je nach Ausführung des Stellgeräts arbeiten elektrische Antriebe nur
im 1. Quadranten (z.B. bei Pumpen) oder in allen 4 Quadranten (z.B.
bei Hubwerken).

1.3.2 Motortyp und Art des Stellgeräts

Im Laufe der Zeit haben sich verschieden Typen von Elektromotoren
herausgebildet, die jeweils spezifische Stärken und Schwächen sowie
bevorzugte Leistungsbereiche aufweisen. Aus diesem Grund und in
Verbindung mit der sehr langen Lebensdauer von Motoren sind fast alle Motortypen auch heute noch anzutreffen. Berücksichtigt man zusätzlich die verschiedenen Ausprägungen an Stellgeräten, ergibt sich eine
Vielzahl von Antriebsvarianten. Bild 1.13 zeigt eine Klassifizierung der
Grundvarianten an Motoren und ihrer möglichen Stellgeräte.

Entsprechend der Form des Motorstroms unterscheidet man Gleichstromantriebe und Wechsel- bzw. Drehstromantriebe.

- *Gleichstromantriebe* verwenden einen Gleichstrommotor. Bei kleineren Leistungen wird das erforderliche Magnetfeld mit Permanent-

magneten, bei größeren Leistungen mit einer separaten Erregerwicklung erzeugt. Für Servoanwendungen kommen als Stellgeräte hochdynamische Pulssteller, für drehzahlveränderbare Antriebe Stromrichter zum Einsatz.

- *Wechselstromantriebe* verwenden Motoren, die mit ein- oder mehrphasigem Wechselstrom betrieben werden. Dabei hat die Frequenz des Motorstroms einen entscheidenden Einfluss auf die Motordrehzahl. Synchronmotoren folgen in ihrer Drehbewegung exakt der Frequenz des speisenden Stroms, während bei Asynchronmotoren eine Differenz zwischen der Frequenz des Motorstroms und der Drehfrequenz auftritt.

Antriebe mit Synchronmotoren verfügen immer über ein Stellgerät. Asynchronmotoren können sowohl direkt am Netz als auch mit Stellgeräten betrieben werden. Die Wahl des Stellgeräts hängt von den Anforderungen an die Drehzahlverstellbarkeit und die gewünschte Genauigkeit ab.

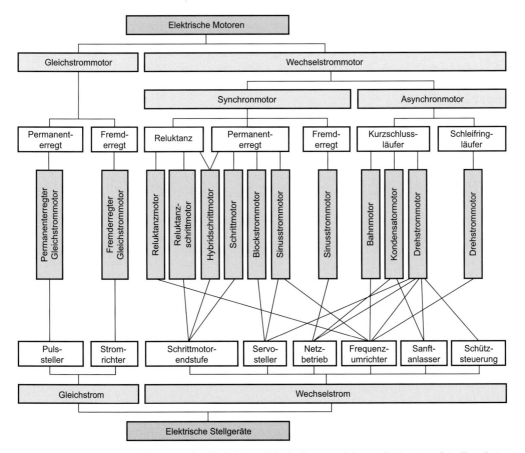

Bild 1.13 Klassifizierung elektrischer Antriebe nach Motor und Stellgerät

1.3.3 Technische Daten

Die technischen Daten sind das wesentliche Auswahlkriterium für elektrische Antriebe. Von zentraler Bedeutung sind dabei die mechanischen und elektrischen Kennwerte des Motors. Seine wichtigsten technischen Daten sind auf seinem Typenschild festgehalten (Bild 1.14). — Motordaten

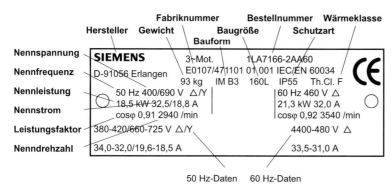

Bild 1.14 Beispiel für das Typenschild eines Asynchronmotors

Besondere Bedeutung haben dabei die Nenndaten. Sie dienen zur Spezifikation des Motors an seinem Nennarbeitspunkt; über sie sind Motoren miteinander vergleichbar. Nenndaten werden auch als Bemessungsdaten bezeichnet. — Nenndaten Motor

- *Motortyp:* Gibt an, ob es sich um einen Gleichstrom-, Wechselstrom- (1-phasig) oder einen Drehstrommotor (3-phasig) handelt.

- *Nennspannung:* Spannung oder Spannungsbereich, mit der bzw. in dem der Motor dauerhaft betrieben werden kann. Kurzzeitig sind Spannungsüberhöhungen in einem bestimmten Bereich zulässig.

- *Nennstrom:* Strom, mit dem der Motor ohne thermische Überlastung dauerhaft betrieben werden kann. Kurzzeitig sind Stromüberhöhungen in einem bestimmten Bereich zulässig.

- *Nennleistung:* Mechanische Leistung, die der Motor an seinem Nennarbeitspunkt abgibt. Die aufgenommene elektrische Leistung lässt sich aus den elektrischen Daten ermitteln. Sind elektrische und mechanische Leistung bekannt, kann der Wirkungsgrad des Motors bestimmt werden.

- *Leistungsfaktor:* Der Leistungsfaktor gestattet bei Wechsel- und Drehstrommotoren die Berechnung der aufgenommenen elektrischen Leistung.

- *Nennfrequenz:* Frequenz der speisenden Spannung bei Wechsel- und Drehstrommotoren. Bei Asynchronmotoren entspricht die Nennfrequenz im Allgemeinen der Netzfrequenz, die bei Industrienetzen in Europa bei 50 Hz liegt.

- *Nenndrehzahl:* Drehzahl des Motors am Nennarbeitspunkt.

- *Nenndrehmoment:* Drehmoment, das der Motor bei Betrieb mit Nennstrom abgibt. Dieser Wert ist für die Auswahl von Servomotoren von Bedeutung.

Nenndaten Stellgerät

Ist der Motor bezüglich seiner Nenndaten ausgelegt, ergibt sich daraus das passende Stellgerät. Das Stellgerät ist durch seine elektrischen Daten spezifiziert:

- *Nennspannung:* Spannung oder Spannungsbereich, an der bzw. in dem das Stellgerät betrieben werden kann. Neben der Spannung selbst ist auch die Netzform (1-phasig, 3-phasig, Erdungskonzept) für die Auswahl der Stellgeräts von Bedeutung.

- *Nennstrom:* Ausgangsstrom, den das Stellgerät dauerhaft bereitstellen kann. Kurzfristig lassen viele Stellgeräte höhere Ströme zu, z.B. für Beschleunigungsvorgänge.

- *Pulsfrequenz:* Frequenz, mit der Frequenzumrichter und Servosteller die Motorspannung schalten. Je höher die Pulsfrequenz ist, desto dynamischer und leiser ist der Antrieb.

Konstruktive Motordaten

Neben den Nenndaten des Motors werden zusätzlich eine Reihe konstruktiver Daten benötigt. Sie dienen zur Anpassung des Motors an die Arbeitsmaschine und die Umgebungsbedingungen.

- *Bauform:* Beschreibt die zulässige Einbaulage und mechanische Befestigung des Motors. Die Bauformen sind in internationalen Normen festgeschrieben und werden wie folgt gekennzeichnet:
  IM yzz (International Mounting) mit

IM	y: Wellenabgang	zz: Befestigungsart
	B: horizontal V: vertikal	durch eine oder 2 Ziffern
z.B. IM B3	Wellenabgang horizontal	Fußmontage
z.B. IM B5	Wellenabgang horizontal	Flanschmontage

Tabelle 1.1 Beispiele zur Kennzeichnung der Motorbauformen

- *Baugröße (Achshöhe):* Gibt den Abstand zwischen dem Mittelpunkt der Motorwelle und der Außenseite des Motors in mm an.

- *Wärmeklasse:* Definiert die maximal zulässige Motortemperatur. Eine Überschreitung dieser Temperatur führt zu einer vorzeitigen Alterung der Wicklungsisolation des Motors und damit zu Frühausfällen. Die Wärmeklassen sind in internationalen Normen festgeschrieben und werden mit einem Großbuchstaben gekennzeichnet.

Beispiel: Wärmeklasse F hat eine mittlere zulässige Motortemperatur von 145 °C.

- *Schutzart:* Beschreibt den Schutz des Motors gegen das Eindringen von Fremdkörpern. Die Schutzarten sind in internationalen Normen festgeschrieben und werden wie folgt gekennzeichnet:
  IP xy (International Protection) mit

IP	x: Schutzgrad gegen Berührung und Eindringen von Fremdkörpern	y: Schutzgrad gegen Eindringen von Wasser
z.B. IP54	**5:** Schutz gegen schädliche Staubablagerungen (staubgeschützt), vollständiger Schutz gegen Berühren mit Werkzeugen oder ähnlichen Gegenständen	**4:** Schutz gegen Spritzwasser aus allen Richtungen

Tabelle 1.2 Beispiele zur Kennzeichnung der Motorschutzgrade

Neben den genannten Daten gibt es eine große Anzahl weitere Kennwerte zur Spezifikation des Motors. Diese sind in Herstellerkatalogen ausführlich beschrieben.

Bild 1.15 Asynchronmotor der Bauform IM B3 mit Schutzklasse IP55

Die Systemdaten beschreiben Kennwerte von gesteuerten und geregelten Antrieben, die sich aus dem Zusammenwirken von Motor, Geber und Stellgerät ergeben. Sie werden üblicherweise nicht veröffentlicht und müssen beim Hersteller angefragt werden. — Systemdaten

- *Drehzahlstellbereich:* Bereich bezogen auf die Nenndrehzahl, innerhalb dessen die Drehzahl mit einer bestimmten Genauigkeit verstellt werden kann.

- *Drehzahl- und Drehmomentgenauigkeit:* Abweichung zwischen Soll- und Istwert bezogen auf den Nennwert.

Servoantriebe verfügen über weitere relevante Systemdaten, die in späteren Abschnitten erläutert werden.

2 Mechanische Grundlagen

Elektrische Antriebe stellen der Arbeitsmaschine mechanische Energie zur Verfügung. Zur Beschreibung des mechanischen Energieflusses und der mit ihm verbundenen Bewegungen werden die physikalischen Größen und Gesetzmäßigkeiten der Translation und Rotation verwendet. Sie sind als Überblick in den folgenden Tabellen zusammengefasst.

Tabelle 2.1 Größen und Gleichungen der Translation

Größe	Formel-zeichen	Beziehung	Einheit	Erläuterung
Weg	s		m	
Geschwindigkeit	v	$v = \dfrac{ds}{dt}$	m/s	Die Geschwindigkeit v ergibt sich aus der Änderung des Weges ds je Zeiteinheit dt.
Beschleunigung	a	$a = \dfrac{dv}{dt}$	m/s²	Die Beschleunigung a ergibt sich aus der Änderung der Geschwindigkeit dv je Zeiteinheit dt.
Masse	m		kg	
Kraft	F	$F = m \cdot a$	N (kg·m/s², Newton)	
Mechanische Leistung	P	$P = F \cdot v$	W (Watt)	Die Augenblicksleistung P ergibt sich aus dem Produkt der aktuellen Kraft F und der aktuellen Geschwindigkeit v.
Wirkungsgrad	η	$\eta = \dfrac{P_{ab}}{P_{zu}}$		Der Wirkungsgrad η ergibt sich aus dem Verhältnis von abgegebener zu zugeführter Leistung.

Tabelle 2.2 Größen und Gleichungen der Rotation

Größe	Formel-zeichen	Beziehung	Einheit	Erläuterung
Winkel	α			Die Angabe erfolgt im Bogenmaß. Ein Winkel von 2π entspricht 360°.
Winkelgeschwindigkeit	ω	$\omega = \dfrac{d\alpha}{dt}$		Die Winkelgeschwindigkeit ω ergibt sich aus der Änderung des Winkels $d\alpha$ je Zeiteinheit dt.
Winkelbeschleunigung	$\dot{\omega}$	$\dot{\omega} = \dfrac{d\omega}{dt}$		Die Winkelbeschleunigung $\dot{\omega}$ ergibt sich aus der Änderung der Winkelgeschwindigkeit $d\omega$ je Zeiteinheit dt.
Drehmoment	M	$M = F \cdot r$	Nm	Das Drehmoment M beschreibt die Wirkung einer Kraft, die an einem Hebel der Länge r angreift.

Tabelle 2.2 Größen und Gleichungen der Rotation (Forts.)

Größe	Formel-zeichen	Beziehung	Einheit	Erläuterung
Trägheitsmoment	J	$M = J \cdot \dfrac{\mathrm{d}\omega}{\mathrm{d}t}$	Nm	Das zur Beschleunigung erforderliche Drehmoment M ergibt sich aus dem Produkt des Trägheitsmoments J und der Winkelbeschleunigung $\mathrm{d}\omega/\mathrm{d}t$.
Mechanische Leistung	P	$P = M \cdot \omega$	W (Watt)	Die Augenblicksleistung P ergibt sich aus dem Produkt des aktuellen Drehmoments M und der aktuellen Winkelgeschwindigkeit ω.
Wirkungsgrad	η	$\eta = \dfrac{P_{ab}}{P_{zu}}$		Der Wirkungsgrad η ergibt sich aus dem Verhältnis von abgegebener zu zugeführter Leistung.
Frequenz	f	$f = \dfrac{\omega}{2\pi}$	Hz (Hertz)	Die Frequenz f beschreibt die Anzahl der Schwingungen je Zeiteinheit.
Periodendauer	T	$T = \dfrac{1}{f}$	s	Die Periodendauer T entspricht dem Kehrwert der Frequenz f.
Drehzahl	n	$n = f \cdot 60$ (in Hz)	1/min	Die Drehzahl n entspricht der Frequenz f, wenn diese in 1/min ausgedrückt wird.
Übersetzungs-verhältnis, Getriebefaktor	i	$i = \dfrac{n_{Antrieb}}{n_{Abtrieb}}$		

3 Elektrotechnische Grundlagen

3.1 Felder in der Elektrotechnik

In elektrischen Antrieben werden die Eigenschaften von Feldern ausgenutzt. Ein Feld ist ein Raum, der dadurch gekennzeichnet ist, dass in ihm Kräfte auf Körper oder Teilchen wirken. Zur qualitativen Darstellung der Kraftwirkung verwendet man Feldbilder. Die Kraftwirkung erfolgt tangential zu den Feldlinien. Die Kraftwirkung ist umso größer, je enger die Feldlinien verlaufen.

In der Elektrotechnik sind das elektrische und das magnetische Feld von Bedeutung (andere Felder sind z.B. Gravitationsfelder oder Schallfelder). Beide Felder werden in elektrischen Antrieben ausgenutzt.

Elektrisches Feld Das elektrische Feld beschreibt einen Raum, in dem Kräfte auf elektrische Ladungsträger wirken (Bild 3.1). Hervorgerufen werden diese Kräfte durch die Ladungsträger selbst. Ladungsträger können positiv oder negativ geladen sein. Es gilt:

- Gleichartig geladene Ladungsträger stoßen sich ab.

- Ungleich geladene Ladungsträger ziehen sich an.

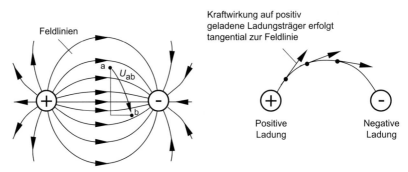

Bild 3.1 Das elektrische Feld

Bringt man Ladungsträger in ein elektrisches Feld, führen sie Bewegungen aus und rufen einen elektrischen Strom hervor. Der *elektrische Strom* beschreibt die Anzahl der Ladungsträger, die sich in einer bestimmten Zeiteinheit vom Punkt a zum Punkt b bewegen. Bei der Bewegung der Ladungsträger wird je nach Bewegungsrichtung Energie abgegeben oder aufgenommen.

Die *elektrische Spannung* beschreibt ein elektrisches Feld in skalarer Form. Sie kann als Maß für den unterschiedlichen Energieinhalt eines Ladungsträgers an verschiedenen Stellen des elektrischen Feldes geteilt durch die elektrische Ladung des Ladungsträgers interpretiert werden.

Das magnetische Feld beschreibt einen Raum, in dem Kräfte auf magnetische Körper wirken (Bild 3.2). So richtet sich zum Beispiel eine Magnetnadel in einem Magnetfeld aus.

Magnetisches Feld

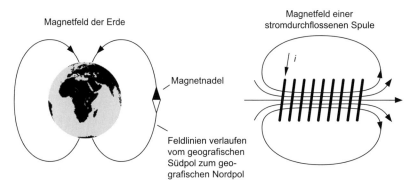

Bild 3.2 Das magnetische Feld

Das magnetische Feld kann auf zwei verschiedenen Wegen hervorgerufen werden:

- Beim *natürlichen Magnetismus* ist das Magnetfeld eine Stoffeigenschaft. Bestimmte Materialien wie z.B. hartmagnetisches Eisen sind von einem Magnetfeld umgeben.

- Ein *künstliches Magnetfeld* entsteht durch die Bewegung von elektrischen Ladungsträgern (Stromfluss) z.B. in einem elektrischen Leiter. Alle stromdurchflossenen Leiter sind von einem derartigen Magnetfeld umgeben.

Beide Varianten zur Erzeugung eines Magnetfeldes werden bei Elektromotoren ausgenutzt.

Magnetische Felder werden in Motoren in magnetischen Kreisen, bestehend aus Eisen, geführt. Luftstrecken und Luftspalte werden so klein wie möglich gehalten, da sie das Magnetfeld schwächen. Eisen verstärkt das Magnetfeld. Grundsätzlich unterscheidet man zwischen weichmagnetischem und hartmagnetischem Eisen (Bild 3.3):

- *Weichmagnetisches Eisen* ist nur so lange magnetisch, wie es sich selbst in einem externen Magnetfeld befindet. Verschwindet das externe Magnetfeld (z.B. durch Abschalten des Stroms, der das Magnetfeld hervorgerufen hat), ist auch das Eisen nicht mehr magnetisch.

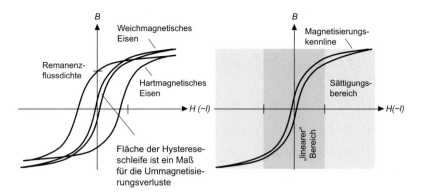

Bild 3.3 Magnetisierungskennlinie von Eisen

Motorenteile, die von veränderlichen Magnetfeldern durchsetzt werden, müssen aus weichmagnetischem Eisen aufgebaut sein.
Weichmagnetisches Eisen weist nur eine geringe Fläche in der Hystereseschleife und damit geringe Ummagnetisierungsverluste auf.

- *Hartmagnetisches Eisen* besitzt ein eigenes remanentes (= bleibendes) Magnetfeld. Es ist als Dauermagnet verwendbar. Allerdings kommt hartmagnetisches Eisen in Motoren kaum zum Einsatz, da für Permanentmagnete in Motoren andere stärkere Magnetwerkstoffe wie z.B. Samarium-Cobalt oder Neodym-Eisen-Bor zur Verfügung stehen.

Die Magnetisierungskennlinie von Eisen, die die magnetische Flussdichte als Funktion der Feldstärke H beschreibt, verläuft nicht linear. Vereinfachend lassen sich zwei Bereiche definieren:

Im „linearen" Bereich steigt die Flussdichte B annähernd linear mit der Feldstärke H bzw. dem Strom I in den Wicklungen, der das Magnetfeld hervorruft.

Im Sättigungsbereich führt ein weiter steigender Strom kaum mehr zu einer Erhöhung der Flussdichte B. Der Arbeitspunkt in Motoren wird bezüglich ihrer Magnetisierung deshalb am Ende des „linearen" Bereichs gewählt.

3.2 Entstehung des Drehmoments

3.2.1 Lorentzkraft

Kraft auf Ladungsträger

Von zentraler Bedeutung für die Funktion von Elektromotoren ist der physikalische Effekt, dass auf elektrische Ladungen, die sich in einem Magnetfeld bewegen, eine Kraft wirkt. Diese Kraft wird als Lorentzkraft bezeichnet. Auf ruhende Ladungen wirkt die Lorentzkraft nicht.

Zwischen der Bewegungsrichtung der elektrischen Ladungen, der Richtung des Magnetfeldes und der auftretenden Kraft besteht ein definierter Zusammenhang. Alle drei Komponenten stehen im rechten Winkel zueinander. Zur Verdeutlichung können die einzelnen Richtungen entsprechend Bild 3.4 mit den Fingern der rechten Hand (nicht der linken Hand) entsprechend der „Drei-Finger-Regel" nachgebildet werden.

Drei-Finger-Regel

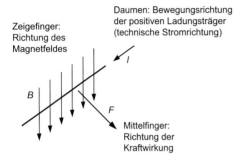

Bild 3.4 Drei-Finger-Regel

In Elektromotoren bewegen sich die Ladungsträger in elektrischen Leitern. Setzt man diesen Leiter nun einem Magnetfeld aus, wirkt auf die Ladungsträger die Lorentzkraft. Die Ladungsträger übertragen diese Kraftwirkung auf den Leiter, aus dem sie nicht entweichen können. Im Ergebnis wirkt auf den gesamten stromdurchflossenen Leiter die Lorentzkraft. Ist der Leiter mechanisch nicht fixiert, bewegt er sich entsprechend der angreifenden Kraft. Auf der Ausnutzung dieses Effekts beruht die Drehmomententstehung in Elektromotoren.

Kraft auf stromdurchflossenen Leiter

Die Stärke der Lorentzkraft ist proportional zur

Stärke der Lorenzkraft

• Stärke des Magnetfeldes sowie

• zu Geschwindigkeit und Anzahl der bewegten Ladungsträger
und damit zur Stärke des elektrischen Stroms.

Damit sind bereits die wesentlichen Einflussgrößen zur Erzielung eines hohen Drehmoments bei Elektromotoren genannt. Durch Erzeugung starker Magnetfelder und durch Einprägen hoher Ströme wird bei Elektromotoren ein hohes Drehmoment bzw. eine hohe Kraftwirkung erreicht.

Hinweis: Bis auf Reluktanzmotoren nutzen alle elektrischen Motoren die Lorentzkraft aus. Die Drehmomententstehung bei Reluktanzmotoren beruht auf der Anziehungskraft zwischen Elektromagneten und Eisen.

31

3.2.2 Leiterschleife im Magnetfeld

**Kraft auf strom-
durchflossene
Leiterschleife**

Um die auf den stromdurchflossenen Leiter wirkende Lorentzkraft in ein Drehmoment umzuformen, wird der Leiter zu einer Leiterschleife erweitert. Die Leiterschleife besteht aus einem langen Hin- und einem langen Rückleiter sowie den Verbindungsstücken zwischen Hin- und Rückleiter. Die Leiterschleife ist drehbar gelagert und befindet sich in einem Magnetfeld.

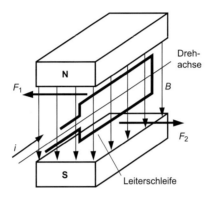

Bild 3.5
Kraftwirkung auf eine stromdurchflossene Leiterschleife
im Magnetfeld

Wird an die Enden der Leiterschleife eine Spannung angelegt, tritt in der Leiterschleife ein Stromfluss auf (Bild 3.5). Dabei ist die Stromrichtung im Bezug auf das Magnetfeld im Hin- und Rückleiter der Leiterschleife unterschiedlich. Folglich wirken auf Hin- und Rückleiter der Leiterschleife zwei einander entgegengesetzte Komponenten der Lorentzkraft. Diese beiden Komponenten bewirken über den Hebelarm der Leiterschleife die Entstehung eines Drehmoments. Die Leiterschleife wird aufgrund ihrer drehbaren Lagerung beschleunigt und führt eine Drehbewegung aus.

**Von der Leiter-
schleife zur Motor-
wicklung**

Die Drehbewegung der Leiterschleife würde nach Erreichen der waagerechten Position zum Stillstand kommen. Damit ist diese sehr einfache Anordnung noch nicht als Elektromotor einsetzbar. Um zu technisch brauchbaren Motoren zu gelangen, werden deshalb

- mehrere, gegeneinander verdreht angeordnete Leiterschleifen verwendet

- die Leiterschleifen mehrlagig ausgeführt und zu echten Motorwicklungen weiterentwickelt und

- die Stromrichtung oder die Richtung des Magnetfelds zeitlich verändert.

Die zeitliche Änderung von Strom oder Magnetfeld erfolgt entweder durch den Motor selbst (Gleichstrommotor) oder durch Anlegen einer zeitlich veränderlichen Spannung an den Motor (Wechselstrommotor).

3.2.3 Spannungsinduktion

Betrachtet wird eine drehbare Leiterschleife im Magnetfeld. In Abhängigkeit vom Drehwinkel wird die Leiterschleife von einer größeren oder kleineren Zahl von Magnetfeldlinien durchsetzt.

Entstehung der Motor-EMK

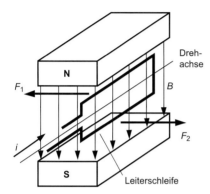

Bild 3.6
Spannungsinduktion in einer rotierenden Leiterschleife

Bei einer Rotation der Leiterschleife ändert sich fortlaufend das Magnetfeld, das die Leiterschleife durchsetzt. Diese zeitliche Änderung führt dazu, dass in der Leiterschleife eine elektrische Spannung induziert wird (Bild 3.6). Diese Spannung kann an den Enden der Leiterschleife gemessen werden. Sie wird auch als Elektromotorische Kraft (EMK) bezeichnet.

Die EMK ist umso größer,

- je mehr Windungen die Leiterschleife hat und

- je schneller die Leiterschleife im Magnetfeld rotiert.

Bei Generatoren wird die EMK zur Spannungserzeugung ausgenutzt. Bei Motoren wirkt sie jedoch als drehzahlabhängige Störgröße, die durch die Klemmspannung des Motors kompensiert werden muss. Erst wenn die Klemmspannung des Motors die EMK übersteigt, kommt es zu einem Stromfluss, der ein motorisches Drehmoment hervorruft. Mit steigender Drehzahl nimmt die Motor-EMK zu. Dies erfordert eine immer höhere Klemmspannung, um einen motorischen Strom durch die Wicklungen des Motors zu treiben.

Vor- und Nachteile der EMK

3.2.4 Größen und Gleichungen der Elektrotechnik

Zur Berechnung elektrischer Netzwerke werden die Kirchhoffschen Regeln verwendet:

Kirchhoffsche Regeln

Maschenregel: Die Summe aller Spannungen in einer Masche ist Null.

Knotenregel: Die Summe aller Ströme an einem Knoten ist Null.

Tabelle 3.1 Größen und Gleichungen der Elektrotechnik

Größe	Formel-zeichen	Beziehung	Einheit	Erläuterung
Elektrische Ladung	Q	$Q = n \cdot e$	C (Coulomb)	Die elektrische Ladung ist ein Vielfaches der Elektronenladung e.
Elektrische Feldstärke	E	$E = \dfrac{F}{Q}$	V/m	Auf einen Probekörper mit der Ladung Q wirkt im elektrischen Feld der Stärke E die Kraft F.
Elektrische Spannung	U	$U = \int E\,ds$	V (Volt)	Das Integral der elektrischen Feldstärke E entlang eines Weges zwischen zwei Punkten ergibt die elektrische Spannung U zwischen den Punkten.
Elektrische Kapazität	C	$C = \dfrac{Q}{U}$	F (Farad)	Die Kapazität ist ein Maß für die Fähigkeit, Ladungen zu speichern.
Elektrische Stromstärke	I	$I = \dfrac{Q}{T}$	A (Ampere)	Die elektrische Stromstärke I beschreibt die Ladungsmenge Q, die in einer Zeit T durch eine Fläche hindurchtritt.
Elektrischer Widerstand	R	$R = \dfrac{U}{I}$	Ω (Ohm)	Der Widerstand charakterisiert die Fähigkeit, Stromfluss zu hemmen.
Magnetische Flussdichte	B	$B = \dfrac{\Phi}{A}$	T (Tesla)	Im homogenen Magnetfeld ist die magnetische Flussdichte der Quotient aus dem magnetischen Fluss Φ und seiner Querschnittsfläche A.
Magnetischer Fluss	Φ	$\Phi = \int B\,dA$	Wb (Weber)	Das Integral der magnetischen Flussdichte B über eine Fläche A ergibt den magnetischen Fluss Φ, der die Fläche A durchsetzt.
Magnetische Durchflutung	ψ	$\psi = w \cdot \Phi$	Wb (Weber)	Das Produkt aus Windungszahl w und magnetischem Fluss Φ ergibt die magnetische Durchflutung ψ.
Induktivität	L	$L = \dfrac{\psi}{i}$	H (Henry)	Die Induktivität ist ein Maß für die magnetische Durchflutung, die bei einem bestimmten Stromfluss entsteht.
Induzierte Spannung	u_i	$u_i = \dfrac{d\psi}{dt}$	V (Volt)	Die induzierte Spannung ist proportional der Änderungsgeschwindigkeit der magnetischen Durchflutung ψ.
Elektrische Leistung	P	$P = u \cdot i$	W (Watt)	Die Augenblicksleistung P ergibt sich aus dem Produkt der Augenblicksspannung u und dem Augenblicksstrom i.

3.2.5 Bauelemente der Elektrotechnik

Zur Beschreibung der elektrischen Vorgänge in Antrieben werden diese durch elektrische Ersatzschaltungen dargestellt. Diese Schaltungen enthalten konzentrierte Schaltungselemente, die die elektrischen Vorgänge durch Beziehungen zwischen Strom und Spannung beschreiben.

Lineare Bauelemente

Bei linearen Elementen wird die Beziehung zwischen Strom und Spannung durch eine lineare Gleichung bzw. lineare Differentialgleichung beschrieben.

Tabelle 3.2 Lineare Bauelemente

Element	Formel-zeichen	Beziehung	Einheit	Symbol
Ohmscher Widerstand	R	$u = R \cdot i$	Ω (Ohm)	
Induktivität, Spule, Drossel	L	$u = L \cdot \dfrac{\mathrm{d}i}{\mathrm{d}t}$	H (Henry)	
Kapazität, Kondensator	C	$u = C \cdot \dfrac{\mathrm{d}u}{\mathrm{d}t}$	F (Farad)	
Spannungs-quelle	U	Gleichspannung: $U = $ konstant Wechselspannung: $U = U_{max} \cdot \sin \omega t$	V (Volt)	
Motor		Im Allgemeinen ein Netz-werk aus Widerstand, Induktivität und Span-nungsquelle (EMK)		

Bei nichtlinearen Elementen wird die Beziehung zwischen Strom und Spannung am einfachsten durch eine Kennlinie dargestellt.

Nichtlineare Bauelemente

Durch nichtlineare Elemente werden bei elektrischen Antrieben im Wesentlichen die Leistungshalbleiter in den Stellgeräten beschrieben. Da diese Leistungshalbleiter bei elektrischen Antrieben lediglich als Ventile und Schalter zum Ein- und Ausschalten des Stromflusses verwendet werden, können die Kennlinien der verwendeten Bauelemente sehr stark vereinfacht werden.

Tabelle 3.3 Nichtlineare Bauelemente der Antriebstechnik

Element	Diode	Thyristor	Transistor
Symbol			
Kennlinie		gezündet	durch-gesteuert

4 Konstantantriebe und drehzahl-veränderliche Antriebe mit Gleichstrommotor

4.1 Gleichstromantriebe

Aufbau von Gleichstrom-antrieben

Das Herzstück eines Gleichstromantriebs ist der Gleichstrommotor (Bild 4.1). Dieser wird mit Gleichstrom betrieben und prägt damit die Namensgebung für diese Gruppe von Antrieben. Man spricht auch dann noch von Gleichstrom, wenn der im Motor fließende Strom eine gewisse Welligkeit aufweist.

Gleichstromantriebe sind in industriellen Anwendungen auch heute noch weit verbreitet, auch wenn sie zunehmend von Wechselstroman-trieben verdrängt werden.

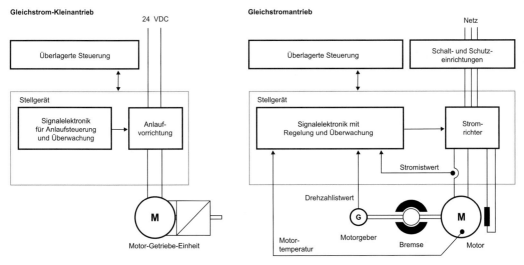

Bild 4.1 Aufbau von Gleichstromantrieben

Im Bereich kleiner Leistungen (< 500 W) profitieren sie von der allge-meinen Verfügbarkeit der 24-V-Gleichspannung in faktisch allen Ma-schinen und Anlagen. Mit permanenterregten Motoren und sehr einfa-chen Stellgeräten lassen sich damit sehr kostengünstige Kleinantriebe realisieren.

Im Bereich großer Leistungen (> 100 kW) sind regelbare Gleichstromantriebe den heutigen Drehstromantrieben hinsichtlich Kosten und Baugröße des Stellgeräts immer noch überlegen. Deshalb kommen Gleichstromantriebe auch heute noch in Walzstraßen, Krananlagen und Aufzügen zum Einsatz. Diese Antriebe verfügen über hochwertige Regel- und Überwachungsfunktionen. Bei größeren Leistungen werden fremderregte Gleichstrommotoren verwendet.

Nicht zuletzt sind Gleichstromantriebe in vielen älteren Maschinen und Anlagen im Einsatz. Da diese Maschinen und Anlagen gewartet und instand gehalten werden müssen, ist die Beherrschung von Gleichstromantrieben in der industriellen Praxis immer noch eine Notwendigkeit.

Gleichstromantriebe zeichnen sich allgemein durch eine gute und leicht verständliche Regelbarkeit aus. Aus diesem Grund sind sie ein optimaler Einstiegspunkt in die Welt der geregelten elektrischen Antriebe.

4.2 Der Gleichstrommotor

4.2.1 Funktionsprinzip

Bild 4.2
Gleichstrommotor

Die Funktionsweise des Gleichstrommotors lässt sich am besten anhand der stromdurchflossenen Leiterschleife erläutern, die bereits im Kapitel 3 eingeführt wurde.

Stromdurchflossene Leiterschleife

Eine drehbar gelagerte Leiterschleife wird einem Magnetfeld ausgesetzt. Legt man an die Enden der Leiterschleife eine Gleichspannung an, tritt ein Stromfluss in der Leiterschleife auf. Dabei ist die Richtung des Stromflusses in den beiden Längsseiten der Leiterschleife unterschiedlich (Bild 4.3). Folglich wirken auf beide Längsseiten der Leiterschleife auch zwei einander entgegengesetzte Komponenten der Lorentzkraft. Diese beiden Komponenten bewirken eine Drehbewegung der Leiterschleife.

Erreicht die Leiterschleife eine waagerechte Position, heben sich die beiden Komponenten der Lorentzkraft auf. Überschreitet die Leiterschleife die waagerechte Position, wirken die Komponenten der Lorentzkraft der weiteren Drehung der Leiterschleife entgegen. Die Leiterschleife wird abgebremst und schließlich in die waagerechte Position zurückgezogen, in der sie verbleibt.

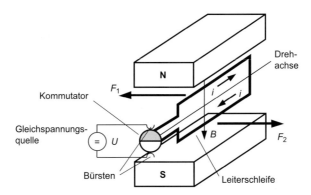

Bild 4.3 Leiterschleife mit Kommutator im Magnetfeld

Kommutator

Soll die Drehbewegung der Leiterschleife nicht in der waagerechten Position enden, muss, kurz nachdem sie diese Position durchlaufen hat, die Richtung des Stromflusses umgeschaltet werden. Diese Funktion übernimmt der Kommutator.

In Bild 4.4 ist der Kommutator als Scheibe mit 2 gegeneinander elektrisch isolierten Hälften dargestellt. Jede Hälfte ist mit jeweils einem Ende der Leiterschleife verbunden. Über feststehende Bürsten, die auf der Oberfläche des Kommutators gleiten, wird die elektrische Verbindung zur Gleichspannungsquelle hergestellt. Die Bürsten sind so angeordnet, dass sie, wenn die Leiterschleife die waagerechte Position erreicht, von einer Hälfte des Kommutators auf die andere Hälfte des Kommutators übergehen. Damit wird die Polarität der elektrischen

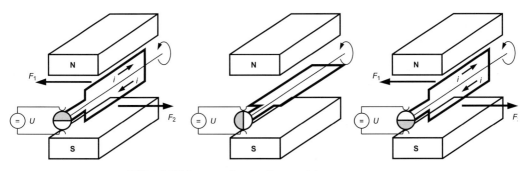

Bild 4.4 Wirkungsweise des Kommutators

Spannung an den Enden der Leiterschleife umgeschaltet und die Stromrichtung ändert sich. Die jetzt auftretenden Lorentzkräfte bewirken, dass die Leiterschleife ihre Drehbewegung fortsetzt.

Würde man einen Gleichstrommotor aufbauen, der aus einer im Magnetfeld rotierenden Leiterschleife besteht, hätte dieser Motor wesentliche Nachteile:

Nachteile der Leiterschleife

1. Um sehr große Lorentzkräfte bzw. Drehmomente zu erzeugen, müsste ein sehr hoher Strom durch die Leiterschleife fließen. Die Leiterschleife müsste mit einem entsprechend starken Leiterquerschnitt ausgeführt werden.

2. Schaltet man den Strom bei exakt waagerechter Lage der Leiterschleife ein, kompensieren sich die Lorentzkräfte und es tritt keine Drehbewegung auf. Die Leiterschleife verbleibt in Ruhelage.

3. Die Lorentzkraft hat immer die gleiche Richtung. Das hat zur Folge, dass sie je nach Lage der Leiterschleife unterschiedlich stark zur Drehung der Leiterschleife beiträgt. In senkrechter Lage wirkt sie maximal, in waagerechter Lage wirkt sie gar nicht. Das heißt, dass das auf die Leiterschleife wirkende Drehmoment (Kraftwirkung in radialer Richtung) nicht konstant ist, sondern nach einer Sinusfunktion zwischen Null und einem Maximalwert variiert.

Um diese Nachteile zu beseitigen, werden reale Gleichstrommotoren anders ausgeführt.

Von der Leiterschleife zur Ankerwicklung

Die Leiterschleife wird durch eine mehrlagige Ankerwicklung aus isolierten Kupferdrähten ersetzt (Bild 4.5). Fließt elektrischer Strom durch

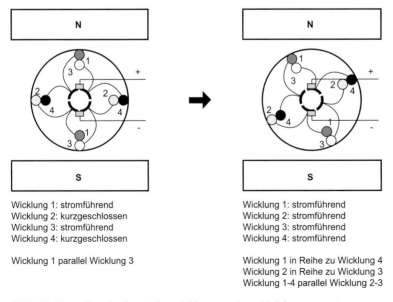

Wicklung 1: stromführend
Wicklung 2: kurzgeschlossen
Wicklung 3: stromführend
Wicklung 4: kurzgeschlossen

Wicklung 1 parallel Wicklung 3

Wicklung 1: stromführend
Wicklung 2: stromführend
Wicklung 3: stromführend
Wicklung 4: stromführend

Wicklung 1 in Reihe zu Wicklung 4
Wicklung 2 in Reihe zu Wicklung 3
Wicklung 1-4 parallel Wicklung 2-3

Bild 4.5 Stromfluss in den Ankerwicklungen eines Gleichstrommotors

diese Wicklung, durchläuft er das Magnetfeld so oft, wie die Wicklung Windungen hat. Das bewirkt eine Vervielfachung der Lorentzkraft.

Um ein gleichmäßiges Drehmoment zu erhalten, wird nicht nur eine Wicklung verwendet, sondern mehrere Teilwicklungen. Die Teilwicklungen sind gegeneinander verdreht angeordnet und in Reihe geschaltet. Die Wicklungsenden sind auf die Lamellen des Kommutators geführt. Je nach Stellung des Kommutators wird eine Teilwicklung kurzgeschlossen und es werden 2 parallele Stränge aus mehreren Teilwicklungen gebildet.

Bild 4.5 zeigt beispielhaft eine Anordnung bestehend aus 4 Teilwicklungen. Die aktiven Wicklungsteile ragen in die Zeichnungsebene hinein, sichtbar sind deshalb nur die Schnittflächen der Teilwicklungen. Die Wicklungsköpfe sind nicht dargestellt. Die Wicklungsenden sind mit den 4 Kommutatorlamellen verbunden. Gut zu erkennen ist die Reihenschaltung der Teilwicklungen 1-2-3-4-1.

Befindet sich der Anker in der links dargestellten Position, sind nur die Teilwicklungen 1 und 3 stromführend. Die Wicklungen 2 und 4 sind in der Kommutierungsphase und werden durch die Bürsten kurzgeschlossen. Der Strom fließt parallel durch die Wicklungen 1 und 3. Beide Wicklungen tragen aufgrund ihrer augenblicklichen Position maximal zur Entstehung des Drehmoments bei.

Dreht sich der Anker weiter (rechts dargestellte Position in Bild 4.5), stehen die Bürsten jeweils vollständig auf einer Lamelle des Kommutators. Der Strom fließt jetzt parallel durch die Wicklungen 2-3 und 1-4. Alle Wicklungen tragen zur Drehmomentbildung bei. Dabei nimmt das von den Wicklungen 1 und 3 hervorgerufene Drehmoment ab, während das durch die Wicklungen 2 und 4 hervorgerufene Drehmoment zunimmt. Schließlich schließen die Bürsten die Wicklungen 1 und 3 kurz und nur die Wicklungen 2 und 4 sind stromführend.

Dieser Vorgang setzt sich mit der weiteren Drehung des Ankers fort. Jeweils abwechselnd werden die Wicklungen 2 und 4 sowie 1 und 3 kurzgeschlossen und die Stromrichtung in diesen Wicklungen umgekehrt. Es wird jeweils ein Wicklungspaar kommutiert, während das andere Wicklungspaar stromführend bleibt und ein Drehmoment hervorruft. Ein Totpunkt, bei dem sich die Lorentzkräfte wie bei einer einzelnen Leiterschleife kompensieren, tritt nicht mehr auf.

Die Abbildung verdeutlicht das Wicklungsprinzip an einem sehr einfachen Modell; in realen Gleichstrommotoren werden mehr als 4 Teilwicklungen verwendet. Damit wird der Drehmomentverlauf stark geglättet. So ergibt sich ein Drehmoment, dessen Betrag nahezu unabhängig von der Stellung des Ankers ist.

Optimierung des Magnetkreises, Polschuhe

Die Luftstrecken, die das Magnetfeld überwinden muss, werden so klein wie möglich gehalten. Damit wird das wirksame Magnetfeld gestärkt und das erreichbare Drehmoment erhöht. Die Magnetpole sind

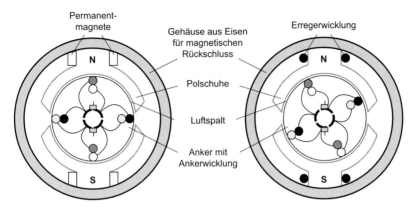

Permanent-
magnete

Gehäuse aus Eisen
für magnetischen
Rückschluss

Erregerwicklung

Polschuhe

Luftspalt

Anker mit
Ankerwicklung

Bild 4.6 Magnetkreis des Gleichstrommotors

deshalb als Polschuhe ausgeführt und die Ankerwicklung ist auf einem weichmagnetischen Eisenkern aufgebracht (Bild 4.6).

Je nach Leistungsbedarf des Gleichstrommotors werden Permanentmagnete oder eine Erregerwicklung zur Erzeugung des Magnetfeldes verwendet.

Erzeugung des Magnetfeldes

Die Ankerwicklung des Gleichstrommotors baut ebenfalls ein Magnetfeld auf, das sogenannte Ankerquerfeld. Dieses Magnetfeld überlagert sich mit dem Magnetfeld des Erregerstroms. Im Ergebnis treten zwei nachteilige Effekte auf:

Kompensationswicklungen

• Die feldfreie Zone verschiebt sich. Die Kommutierung der entsprechenden Teilwicklung findet damit nicht mehr im feldfreien Raum statt. In der zu kommutierenden Wicklung wird eine Spannung induziert und es kommt zum Stromfluss. Dieser Stromfluss führt beim Kommutierungsvorgang zur Funkenbildung und damit zur Schädigung des Kommutators.

• In einigen Abschnitten des Luftspalts wird das Erregerfeld geschwächt. Die in diesem Abschnitt befindlichen Leiter leisten damit einen reduzierten Beitrag zum Drehmoment. In anderen Abschnitten findet eine Verstärkung des Erregerfeldes statt. Diese kann jedoch aufgrund von Sättigungserscheinungen die Abschwächung in den anderen Bereichen nicht kompensieren, so dass das Drehmoment des Motors in Summe sinkt.

Um die negativen Auswirkungen des Ankerquerfeldes zu kompensieren, werden hochwertige Gleichstrommotoren höherer Leistung mit Wendepolen und einer Kompensationswicklung ausgestattet (Bild 4.7).

• Die Wendepolwicklung kompensiert das Ankerquerfeld im Bereich der feldfreien Zone.

• Die Kompensationswicklung kompensiert das Ankerfeld im Bereich der Polschuhe.

41

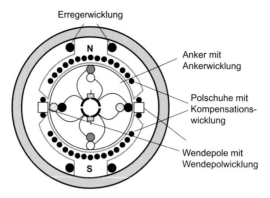

Bild 4.7 Kompensations- und Wendepolwicklungen eines Gleichstrommotors

Wendepolwicklung und Kompensationswicklung sind mit der Anker-wicklung in Reihe geschaltet. Sie werden vom Ankerstrom durchflossen.

4.2.2 Konstruktiver Aufbau und elektrische Anschlüsse

Ankermotor

Der klassische Gleichstrommotor verfügt über einen Läufer aus geblechtem Eisen, in dessen Nuten die Ankerwicklung untergebracht ist. Aufgrund der typischen Form des Läufers bei den ersten Gleichstrommotoren wurde dieser auch als Anker bezeichnet. Diese Bezeichnung hat sich bis heute erhalten und wird nach wie vor verwendet.

Die Teilwicklungen sind mit dem Kommutator verbunden. Der magnetische Rückschluss erfolgt über das Gehäuse des Motors. Die Erregerwicklung und die Kompensationswicklungen liegen im Ständer, dem fest montierten Teil des Motors (Bild 4.8).

Je nach Bedarf werden Motorbremse, Geber und Fremdlüfter hinzugefügt. Motoren dieser Bauart werden bis zu einer Leistung von einigen

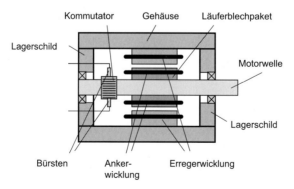

Bild 4.8 Aufbau des Ankermotors

MW eingesetzt. Für Antriebe kleinerer Leistung wird in dieser Bauform die Erregerwicklung durch Permanentmagnete ersetzt.

Für Antriebe kleinerer Leistung kommen zusätzlich Glockenläufermotoren und Scheibenläufermotoren zum Einsatz (Bild 4.9). Diese Motoren zeichnen sich durch eine geringe Trägheit bzw. eine besonders flache Bauweise aus. Die Ankerwicklung ist in beiden Fällen eisenlos ausgeführt. **Sonderbauformen**

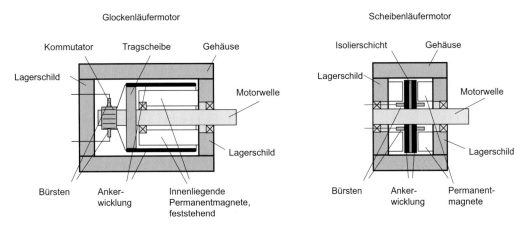

Bild 4.9 Aufbau des Glockenläufermotors und des Scheibenläufermotors

Während Glockenläufermotoren als Kleinantriebe im Bereich weniger Watt angesiedelt sind, erreichen Scheibenläufermotoren eine Leistung bis ca. 5 kW.

Der elektrische Anschluss von Gleichstrommotoren erfolgt bei kleinen Leistungen über Kabelschwänze und bei größeren Leistungen in einem am Motor befindlichen Klemmenkasten. **Klemmenbezeichnungen**

Gleichstrommotoren können in unterschiedlichen Schaltungsvarianten betrieben werden. Je nach Schaltungsart sind insbesondere die Anschlüsse der Erregerwicklung voneinander abweichend bezeichnet:

Ankerwicklung	A1, A2
Wendepolwicklung	B1, B2
Kompensationswicklung	C1, C2
Reihenschlusserregung	D1, D2
Nebenschlusserregung	E1, E2
Fremderregung	F1, F2

Bild 4.10 zeigt das Anschlussschema des kompensierten Gleichstrom-Nebenschlussmotors.

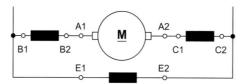

Bild 4.10 Anschlussschema

4.2.3 Wartung des Gleichstrommotors

Wartungsplan

Aufgrund ihrer mechanischen Konstruktion sind Gleichstrommotoren wartungsintensiv. Die Bürsten, die auf dem Kommutator schleifen, verschleißen und müssen bei größeren Motoren regelmäßig kontrolliert und ersetzt werden. Lediglich bei Kleinmotoren ist kein Austausch erforderlich. Weitere wartungsrelevante Komponenten sind Lager und Fremdlüfter.

Die notwendigen Wartungsarbeiten und -zyklen sind in der Motordokumentation angegeben und sollten unbedingt eingehalten werden, um teure Frühausfälle zu vermeiden. Der Wartungsplan in Tabelle 4.1 verdeutlicht beispielhaft die notwendigen Wartungsarbeiten.

Tabelle 4.1 Beispielhafter Wartungsplan eines Gleichstrommotors

Wartungsarbeiten	Wartungszeitraum bei 8 Betriebsstunden/Tag
Kohlebürstenabnutzung kontrollieren. Bei Unterlast oder ungünstigen Umluftverhältnissen sind Kohlebürsten besonders gefährdet.	monatlich
Schleifring- oder Kollektoroberfläche beobachten. Die Oberfläche muss eine graubraune Patina aufweisen und darf keine Riefen zeigen.	monatlich
Kohlebürsten auf Leichtgängigkeit im Bürstenhalter kontrollieren.	monatlich
Lager auf geräuschlosen und erschütterungsfreien Lauf kontrollieren, Lagertemperatur prüfen.	monatlich
Filter auf Staubanfall kontrollieren und reinigen. Vorhandenes Kühlaggregat auf Betriebssicherheit kontrollieren.	monatlich
Kommutator auf Rundlauf kontrollieren.	alle 3 Monate
Bürstendruck prüfen und Anschlussklemmen sowie andere Maschinenklemmen auf festen Sitz kontrollieren.	alle 3 Monate
Lager nachschmieren.	nach Angabe
Kupplung kontrollieren und das radiale Kupplungsspiel prüfen.	jährlich
Gründliche Reinigung, genaue Kontrolle der Lager, des Kollektors (Kommutators), der Wicklungen und der zugehörigen Teile.	jährlich
Lager auswaschen und neu fetten, eventuell erneuern	alle 3 Jahre

4.2.4 Mathematische Beschreibung

Die mathematische Beschreibung des Gleichstrommotors erfolgt auf der Grundlage seiner elektrischen Ersatzschaltbilder. Diese Ersatzschaltbilder können sich auf die Darstellung stationärer Betriebszustände beschränken oder auch das dynamische Verhalten mit einschließen. Für gesteuerte Antriebe ist die Kenntnis des stationären Verhaltens ausreichend, für geregelte Antriebe muss das dynamische Verhalten mit betrachtet werden.

Ersatzschaltbild

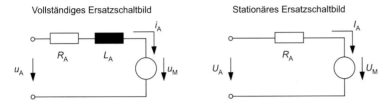

Bild 4.11 Elektrische Ersatzschaltbilder des Gleichstrommotors

Folgende Elemente werden im Ersatzschaltbild verwendet:

R_A Ankerwiderstand

L_A Ankerinduktivität

u_A Ankerspannung dynamisch

U_A Ankerspannung stationär

i_A Ankerstrom dynamisch

I_A Ankerstrom stationär

u_M Motorspannung (drehzahlabhängige EMK) dynamisch

U_M Motorspannung (drehzahlabhängige EMK) stationär

Das Betriebsverhalten des Gleichstrommotors wird mit Hilfe der stationären Größen beschrieben. Dabei gelten folgende Gleichungen:

Ankerspannung $U_A = U_M + R_A \cdot I_A$

Motorspannung (EMK) $U_M = c \cdot \Phi \cdot \omega$

Drehmoment $M = c \cdot I_A$

mit

c Maschinenkonstante: Konstante, die durch die Motorkonstruktion festgelegt ist.

Φ Luftspaltfluss: Wird durch die Stärke der Permanentmagnete oder den Erregerstrom I_E bestimmt.

ω Winkelgeschwindigkeit: Die mechanische Drehzahl n ist gleich $\omega/(2\pi)$.

Kennlinien

Damit ergeben sich bei konstanter Ankerspannung U_A und konstantem Luftspaltfluss Φ stationäre Betriebskennlinien entsprechend Bild 4.12.

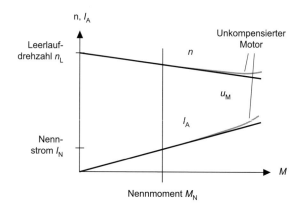

Bild 4.12
Stationäre Betriebskennlinien des Gleichstrommotors (Nebenschlussverhalten)

Mit zunehmender Belastung sinkt die Motordrehzahl linear ab. Der Ankerstrom nimmt mit steigender Belastung des Motors zu.

Für die Winkelgeschwindigkeit und damit für die Drehzahl gilt die folgende Drehzahl-Drehmoment-Kennlinie:

$$\omega = \frac{U_A}{c \cdot \Phi} \cdot \frac{R_A}{(c \cdot \Phi)^2} \cdot M$$

4.2.5 Regelbarkeit

Stellgrößen

Drehzahlveränderliche elektrische Antriebe zeichnen sich dadurch aus, dass die Motordrehzahl eingestellt werden kann. Für den Gleichstrommotor ergeben sich aus der Drehzahl-Drehmoment-Kennlinie folgende Möglichkeiten für die Drehzahlverstellung:

- Verstellung der Ankerspannung U_A

- Veränderung des Ankerwiderstandes R_A

- Verstellung des Luftspaltflusses Φ durch Veränderung des Erregerstroms I_{err}

Bild 4.13 zeigt, welchen Einfluss die entsprechende Stellgröße auf die Drehzahl-Drehmoment-Kennlinie hat. Die schwarze Linie entspricht der Kennlinie unter Nennbedingungen.

Ankerspannung

Mit einer Veränderung der Ankerspannung U_A lässt sich die Drehzahl-Drehmoment-Kennlinie parallel verschieben. Die Neigung der Kennlinie wird nicht verändert. Deshalb wird die Ankerspannung vorzugswei-

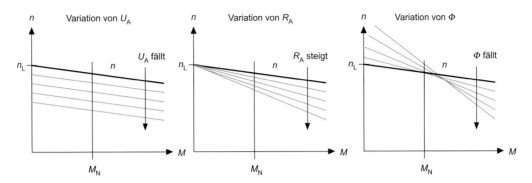

Bild 4.13 Möglichkeiten zur Drehzahlverstellung bei Gleichstrommotoren

se als Stellgröße für drehzahlveränderliche Gleichstromantriebe gewählt. Die maximal erreichbare Drehzahl ist durch den Maximalwert der Ankerspannung festgelegt.

Eine Vergrößerung des Ankerwiderstands führt zu einer stärker geneigten Kennlinie. Die Leerlaufdrehzahl am Betriebspunkt $M = 0$ wird nicht verändert. Das heißt, eine Drehzahlstellung bei gering belasteten Motoren ist kaum möglich. Der lastabhängige Drehzahlabfall nimmt bei Erhöhung des Ankerwiderstandes zu. Die Veränderung des Ankerwiderstands ist deshalb nur für die Drehzahlfeineinstellung bei konstanter Last und zur Steuerung von Anlaufvorgängen geeignet.
Ankerwiderstand

Bei Motoren mit Erregerwicklung kann der Luftspaltfluss über den Erregerstrom abgesenkt werden. Bei einer Absenkung der Erregung steigt die Leerlaufdrehzahl an und der lastabhängige Drehzahlabfall nimmt zu. Eine Drehzahlabsenkung bei gering belastetem Motor wäre nur über eine starke Erhöhung des Erregerstroms möglich. Da das Eisen im Magnetkreis des Motors jedoch relativ schnell in die Sättigung eintreten würde, bewirkt der erhöhte Erregerstrom nicht im gleichen Maße eine Erhöhung des Luftspaltflusses. Der Luftspaltfluss ist deshalb nur bei einer Absenkung unter seinen Nennwert als Stellgröße für die Drehzahl geeignet.
Luftspaltfluss bzw. Erregerstrom

Die Steuerung über den Luftspaltfluss bzw. den Erregerstrom findet in Kombination mit der Steuerung durch die Ankerspannung im sogenannten „Feldschwächbetrieb" Anwendung. Hat die Ankerspannung ihren Maximalwert erreicht, ist die Drehzahl des Motors über die für diese Ankerspannung gültige Leerlaufdrehzahl nicht mehr erhöhbar. Diese Begrenzung wird aufgehoben, wenn bei Erreichen der maximalen Ankerspannung der Fluss bzw. der Erregerstrom abgesenkt wird. Der Motor arbeitet dann in der „Feldschwächung" und kann höhere Drehzahlen erreichen. In diesem Bereich steht allerdings nicht mehr das volle Nennmoment des Motors zur Verfügung.
Feldschwächung

4.3 Konstantantriebe mit Gleichstrommotor

4.3.1 Aufbau und Anwendungsbereich

Konstantantriebe werden am starren Netz betrieben und sind in ihrer Drehzahl nicht veränderbar. Für Gleichstromantriebe heißt das, dass der Gleichstrommotor abgesehen von einer eventuell vorhandenen Anlaufschaltung direkt mit der Gleichspannungsquelle verbunden wird.

In der industriellen Praxis werden heute kaum noch Gleichspannungsnetze betrieben, so dass Konstantantriebe größerer Leistung mit Gleichstrommotoren kaum noch eine Rolle spielen. Im Bereich kleinerer Leistungen kann auf die allgemein für Steuerzwecke verfügbare 24-V-Gleichspannung zurückgegriffen werden. Auch in der Fahrzeugelektronik (Scheibenwischer), Gerätetechnik (Lüfter) und im Modellbau sind Gleichspannungsquellen niedriger Leistung mit einer Nennspannung von 6 V bis 12 V verfügbar. In diesen Bereichen haben sich Konstantantriebe mit Gleichstrommotoren ein Nischendasein gesichert. Im Allgemeinen kommen dort Motoren mit Permanentmagneten zum Einsatz. Der Vollständigkeit halber sollen nachfolgend jedoch alle Schaltungsvarianten angesprochen werden.

4.3.2 Nebenschlussverhalten

Schaltungen

Gleichstrommotoren mit konstantem Luftspaltfluss weisen Nebenschlussverhalten auf. Das heißt, die Drehzahl sinkt bei Belastung entsprechend Bild 4.12 leicht ab. Der konstante Luftspaltfluss wird entweder durch einen konstanten Erregerstrom oder durch Permanentmagnete erzeugt. Damit ergeben sich die folgenden Schaltungsvarianten.

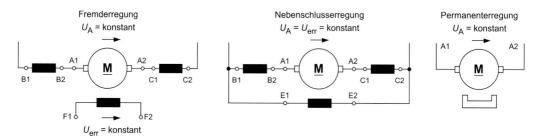

Bild 4.14
Schaltungsvarianten für den Gleichstrommotor mit Nebenschlussverhalten

Hinweis: Nach exakter Definition ist die Permanenterregung eine besondere Form der Fremderregung.

Kennlinien

Die Drehzahl-Drehmoment-Kennlinie für U_A = konstant wurde bereits im Abschnitt 4.2.2. erläutert. Sie verläuft in Abhängigkeit vom Ankerwiderstand R_A mehr oder weniger stark geneigt. Die Drehzahl des Gleichstrommotors sinkt im Nebenschlussbetrieb lastabhängig leicht ab.

Neben dem Betriebsverhalten ist bei Konstantantrieben auch das Anlaufverhalten von Bedeutung. Das Anlaufverhalten beschreibt die Vorgänge, die nach Zuschalten der Ankerspannung U_A auf den stillstehenden Motor auftreten. **Anlaufverhalten**

Im stillstehenden Motor wird keine Motorspannung U_M (EMK) induziert. Damit gilt unmittelbar nach dem Einschalten das Ersatzschaltbild nach Bild 4.15.

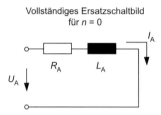

Vollständiges Ersatzschaltbild für $n = 0$

Bild 4.15 Ersatzschaltbild des Gleichstrommotors im Stillstand

Die gesamte Ankerspannung U_A fällt über dem Ankerwiderstand R_A und der Ankerinduktivität L_A ab. Das führt zu einem sehr großen Einschaltstrom I_A. Während dieser relativ hohe Einschaltstrom bei sehr kleinen Motoren akzeptiert werden kann, müssen bei größeren Motoren Gegenmaßnahmen ergriffen werden. Technische Lösungen zur Begrenzung des Einschaltstroms sind:

• Anlauf über Anlasswiderstände

• Anlauf über Sanftanlasser.

Der Anlauf über Anlasswiderstände ist in Bild 4.16 dargestellt. Bei Neuanlagen wird er allerdings nicht mehr eingesetzt. **Anlasswiderstände**

In den Ankerkreis des Gleichstrommotors wird eine Kaskade aus ohmschen Widerständen geschaltet. Diese Widerstände vergrößern den Ankerwiderstand R_A des Gleichstrommotors, begrenzen den Ankerstrom I_A und führen zu einer stärker geneigten Drehzahl-Drehmoment-Kennlinie. Beim Anlauf des Motors werden die Widerstände drehzahlabhängig schrittweise nacheinander überbrückt und so wird der wirksame Widerstand im Ankerkreis schließlich auf den Ankerwiderstand R_A abgesenkt. Mit jedem Schaltvorgang „springt" der Motor auf eine andere Drehzahl-Drehmoment-Kennlinie, bis er am Ende seine ursprüngliche Kennlinie erreicht. Auf dieser Kennlinie läuft er dann zu seinem Arbeitspunkt.

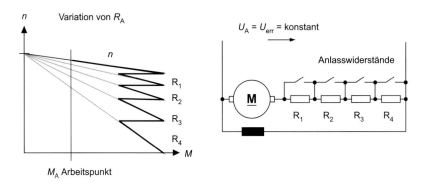

Bild 4.16 Anlauf des Gleichstrommotors über Anlaufwiderstände

Sanftanlasser

Heute werden statt Anlasswiderständen normalerweise Sanftanlasser eingesetzt. Sanftanlasser sind elektronische Geräte, die die Ankerspannung U_A mit 0 V beginnend langsam auf die Nennspannung erhöhen. Der Motor läuft parallel hoch und baut mit steigender Drehzahl die Motorspannung U_M (EMK) auf. Diese wirkt der Ankerspannung entgegen und begrenzt den Anlaufstrom.

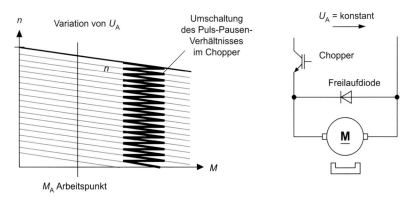

Bild 4.17 Anlauf des Gleichstrommotors mit Sanftanlasser

Als Sanftanlasser dient ein Chopper, der die Ankerspannung mit einer Frequenz von einigen Kilohertz zyklisch zu- und abschaltet. Im eingeschalteten Zustand liegt über den Motorklemmen die speisende Netz-Gleichspannung an, im abgeschalteten Zustand die der aktuellen Motordrehzahl entsprechende Motorspannung U_M. Über das Verhältnis von Ein- und Ausschaltdauer (Puls-Pausen-Verhältnis) stellt sich am Motor eine mittlere Ankerspannung U_A ein, zu der eine bestimmte Drehzahl-Drehmoment-Kennlinie gehört. Wird nun die Einschaltdauer schrittweise erhöht, erhöht sich auch die mittlere Ankerspannung U_A schrittweise bis auf ihren Maximalwert und der Motor „springt" in sehr kleinen Schritten von Kennlinie zu Kennlinie. Bei einer Einschaltdauer von 100 % erreicht der Motor seine ursprüngliche Kennlinie, auf der er dann in den Arbeitspunkt einläuft.

4.3.3 Reihenschlussverhalten

Bei Gleichstrommotoren mit Erregerwicklung kann die Erregerwicklung auch in Reihe mit der Ankerwicklung geschaltet werden (Bild 4.18). Bei dieser Schaltungsvariante spricht man von Reihenschlussmotoren.

Schaltung

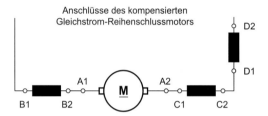

Bild 4.18 Schaltung des Gleichstrommotors mit Reihenschlussverhalten

Das Besondere dabei ist, dass die Erregerwicklung vom Ankerstrom durchflossen wird. Das im Motor entstehende Magnetfeld ist damit belastungsabhängig und nicht mehr konstant. Das führt zum besonderen Betriebsverhalten des Reihenschlussmotors.

Die Drehzahl-Drehmoment-Kennlinie für U_A = konstant fällt beginnend bei der Leerlaufdrehzahl sehr stark ab und ist bei hohen Drehmomenten nahezu konstant (Bild 4.19). Reihenschlussmotoren verhalten sich damit bei Belastung sehr „weich".

Kennlinie

Im Leerlauf wirkt im Motor nur der Remanenzfluss. Der Luftspaltfluss ist sehr klein und induziert erst bei sehr großen Drehzahlen eine Mo-

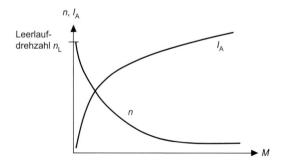

Bild 4.19 Stationäre Betriebskennlinien des Gleichstrommotors mit Reihenschlussverhalten

torspannung U_M, die die Ankerspannung U_A kompensiert. Der unbelastete Reihenschlussmotor läuft damit auf sehr hohe Drehzahlen hoch, die im Allgemeinen zu seiner Zerstörung führen. Reihenschlussmotoren dürfen nie ohne Last betrieben werden.

Reihenschlussmotor als Universalmotor

Beim Reihenschlussmotor sind Ankerstrom und Erregerstrom identisch. Es ist daher auch möglich, den Reihenschlussmotor mit Wechselstrom zu betreiben. Da Anker- und Erregerstrom immer zum gleichen Zeitpunkt das Vorzeichen wechseln, tritt keine Umkehr des Drehmoments auf. Gleichstrommotoren in dieser Betriebsart werden auch als Universalmotoren bezeichnet, da sie sowohl mit Gleichstrom als auch mit Wechselstrom arbeiten können. Universalmotoren werden vor allem in Haushaltsgeräten wie z. B. in Staubsaugern eingesetzt.

4.4 Drehzahlveränderliche Antriebe mit Gleichstrommotor

4.4.1 Aufbau und Anwendungsbereich

Drehzahlveränderliche Antriebe können in ihrer Drehzahl variiert werden. Zu diesem Zweck wird zwischen dem Netz und dem Gleichstrommotor ein Stellgerät geschaltet. Dieses modifiziert die Ankerspannung des Gleichstrommotors derart, dass sich die gewünschte Drehzahl einstellt.

Antriebe mit Pulssteller

Ist das speisende Netz ein Gleichstromnetz, wird als Stellgerät ein Pulssteller verwendet. Besonders im Bereich kleinerer Leistungen ist diese Ausführung häufig anzutreffen. Auf Pulssteller wird an dieser Stelle noch nicht weiter eingegangen, da sie später behandelt werden.

Antriebe mit Stromrichter

Antriebe größerer Leistung verwenden Stromrichter als Stellgerät. Sie wandeln die Wechselspannung des speisenden Netzes direkt in eine Gleichspannung mit der gewünschten Amplitude um. Stromrichterantriebe sind auch heute noch im Anlagenbereich verbreitet, z.B. in Walzwerken und Krananlagen. Sie haben besonders im Bereich oberhalb von 100 kW gegenüber Drehstromantrieben Kosten- und Platzvorteile und werden deshalb auch in Neuanlagen eingesetzt. Große Antriebsanbieter führen Stromrichterantriebe in ihrem Sortiment und vermarkten sie aktiv.

Je nach Ausführung der Stromrichter können die Antriebe in einem oder mehreren Arbeitsquadranten betrieben werden.

Stromrichterantriebe (Bild 4.20) verfügen im Allgemeinen über eine Drehzahlregelung. Das heißt, die Motordrehzahl wird unabhängig von der Belastung konstant gehalten. Das typische Nebenschlussverhalten, das durch das Absinken der Drehzahl bei steigender Belastung gekennzeichnet ist, tritt nicht mehr auf.

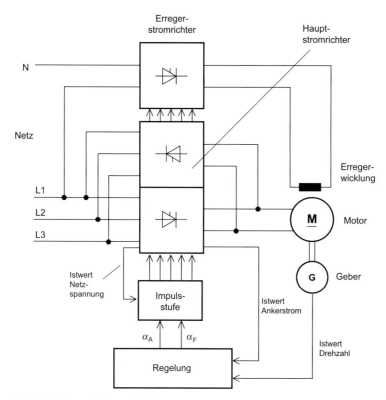

Bild 4.20 Stromrichterantrieb

Die erforderlichen Regelalgorithmen sind einfach und lassen sich mit analogen Bauelementen sehr gut realisieren. Lange Zeit haben deshalb analog geregelte Gleichstromantriebe die drehzahlveränderlichen Antriebe dominiert.

4.4.2 Stromrichter

Stromrichter sind steuerbare Gleichrichter, die aus Thyristorbrücken aufgebaut sind. Diese wandeln die Wechselspannung des Netzes in einem einstufigen Prozess in eine Gleichspannung mit einstellbarem Betrag um.

Das Funktionsprinzip der Thyristorbrücke wird anhand von Bild 4.21 **B6C-Brücke** am Beispiel einer Drehstrombrücke in B6C-Schaltung (C steht für „controlled") erläutert. Der Gleichstrommotor ist im Bild mit seiner Ersatzschaltung dargestellt.

Eine Thyristorbrücke besteht aus 6 Thyristoren. Jeweils zwei Thyristoren sind in Reihe geschaltet und bilden einen Brückenzweig. Zwischen den Thyristoren ist jeweils eine Phase der Netzspannung angeschlossen. Bei Drehstromnetzen sind demzufolge 3 Zweige, bei Wechselspan-

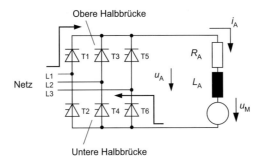

Bild 4.21 Schaltbild und Funktionsweise der B6C-Thyristorbrücke

nungsnetzen 2 Zweige erforderlich. Alle Zweige sind parallel geschaltet.

Die Thyristoren mit ungeraden bzw. geraden Nummern bilden jeweils eine sogenannte Halbbrücke. Da Thyristoren den Strom nur in einer Richtung führen können, ergibt sich ein Stromfluss

1. beginnend von einer Netzphase (im Bild L1)

2. weiter über einen gezündeten Thyristor der oberen Halbbrücke (im Bild T1)

3. weiter über den Motor

4. weiter über einen gezündeten Thyristor der unteren Halbbrücke (im Bild T6)

5. zurück zu einer anderen Netzphase (im Bild L3)

Am Stromfluss sind also immer 2 Netzphasen und jeweils ein Thyristor der oberen und ein Thyristor der unteren Halbbrücke beteiligt.

Damit die Thyristoren leitend werden, müssen sie gezündet werden. Die Zündreihenfolge der einzelnen Thyristoren ist so gewählt, dass die Zündung eines Thyristors zur Löschung des bis dahin aktiven Thyristors in der gleichen Halbbrücke führt. Zum Beispiel löscht die Zündung des Thyristors T3 den Thyristor T1.

Dieser Mechanismus funktioniert nur dann, wenn zum Zündzeitpunkt an der Anode des zu zündenden Thyristors ein höheres Potential anliegt als an der Anode des aktiven Thyristors. Erfolgt dann eine Zündung, versiegt der Stromfluss durch den bis dahin aktiven Thyristor und er geht in den Sperrzustand über. Der Stromfluss wird vom gezündeten Thyristor übernommen. Man sagt auch, der Stromfluss ist auf den gezündeten Thyristor kommutiert.

Das Potential an den Anoden der Thyristoren wird vom periodischen Spannungsverlauf in den einzelnen Netzphasen bestimmt. Die Zündzeitpunkte müssen deshalb exakt auf den zeitlichen Verlauf der einzelnen Leiterspannungen synchronisiert werden. Aus diesem Grund spricht man bei Thyristorbrücken auch von netzgeführten Stromrichtern. Die Synchronisation auf die Netzspannung übernimmt die Signalelektronik im Stellgerät.

Die von der Thyristorbrücke bereitgestellte Ankerspannung u_A ist nicht ideal glatt, sondern weist eine Welligkeit auf. Diese Welligkeit bildet sich aufgrund der hohen Ankerinduktivität jedoch nicht im Ankerstrom i_A und damit auch nicht im Drehmoment des Motors ab. Für den Ankerstrom i_A und das Drehmoment ist der Mittelwert der Ankerspannung U_a relevant.

Der Mittelwert der Ankerspannung U_A, die eine Thyristorbrücke bereitstellt, wird über den Zündzeitpunkt verändert. Als Stellgröße, die den Zündzeitpunkt beschreibt, dient der Zündwinkel α.   **Zündwinkel α**

Der Zündwinkel α definiert die Verzögerung des Zündimpulses für jeden Thyristor bezogen auf den Zeitpunkt der natürlichen Kommutierung. Der Zeitpunkt der natürlichen Kommutierung ist dann erreicht, wenn aufgrund des Netzspannungsverlaufes eine erfolgreiche Zündung eines Thyristors erstmalig möglich wäre. Die natürliche Kommutierung beschreibt auch den Zeitpunkt, zu dem in einer Diodenbrücke die Kommutierung stattfinden würde. Für den Thyristor T1 ist der Zündwinkel α im obigen Bild beispielhaft angegeben.

Die Maßeinheit des Zündwinkels ist Grad. Sein Stellbereich beträgt 0° bis 180°. Die höchste mittlere Ankerspannung U_A ergibt sich bei einem Zündwinkel von 0° (Bild 4.22) und die niedrigste bei einem Zündwinkel von 180°. Wie in Bild 4.23 zu erkennen ist, kann die Ankerspannung auch negative Werte annehmen. Bei Überschreitung des Maximalwerts von 180° ist keine Kommutierung mehr möglich, da dann der zu zündende Thyristor an seiner Anode bereits wieder ein niedrigeres Potential aufweist als an der Anode des aktiven Thyristors anliegt.

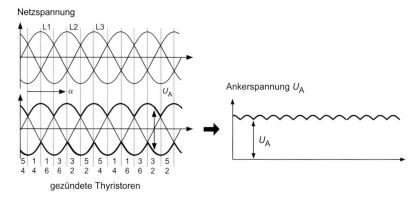

Bild 4.22 Spannungsverlauf bei Zündwinkel $\alpha = 0$

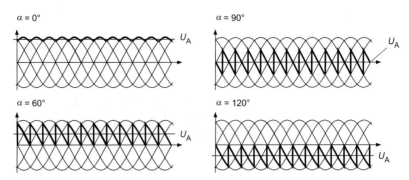

Bild 4.23 Spannungsverläufe bei Zündwinkeln $\alpha \neq 0$

Steuerkennlinie

Den Mittelwert der Ankerspannung U_A als Funktion des Zündwinkels α zeigt die in Bild 4.24 dargestellte Steuerkennlinie.

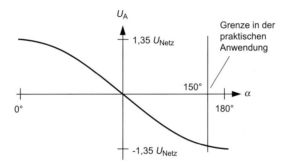

Bild 4.24 Steuerkennlinie der mittleren Ankerspannung U_A als Funktion des Steuerwinkels α

Wie bereits erwähnt, kann die mittlere Ankerspannung U_A auch negative Werte annehmen. Die Thyristorbrücke arbeitet in diesem Bereich generatorisch und speist Energie vom Motor in das Netz zurück. Zu beachten ist, dass diese Steuerkennlinie nur bei nichtlückendem Strom i_A gilt. Das heißt, dass während der gesamten aktiven Phase ein positiver Strom i_A durch die Thyristoren fließt und diese damit auch im durchgeschalteten Zustand bleiben.

Wechselrichter-kippen

Zündet man einen Thyristor mit einem Zündwinkel α von 180° (und mehr), kommt es zum Phasenkurzschluss, dem sogenannten Wechselrichterkippen. Das Wechselrichterkippen stellt einen unerwünschten Betriebszustand der Thyristorbrücke dar und muss durch die Signalelektronik verhindert werden. In praktischen Realisierungen wird deshalb der Zündwinkel durch die Signalelektronik auf maximal 150° begrenzt.

2- und 4-Quadranten-Betrieb

Die Thyristorbrücke kann den Ankerstrom nur in einer Richtung führen. Es gilt $i_A > 0$. Ist der Ankerstrom positiv, ist auch das entstehende

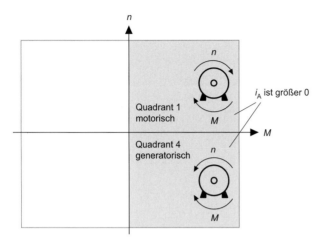

Bild 4.25 Arbeitsbereich des Gleichstromantriebs mit B6C-Brücke

Drehmoment M positiv. Damit ergeben sich die in Bild 4.25 dargestellten möglichen Arbeitsbereiche des Gleichstromantriebs mit einer B6C-Thyristorbrücke.

Der Antrieb kann sowohl motorisch als auch generatorisch im 2-Quadranten-Betrieb arbeiten. Stromrichter sind damit in der Lage, Energie in das Netz zurückzuspeisen. Hier liegt ein wesentlicher Vorteil der Stromrichter gegenüber den später noch zu behandelnden Frequenzumrichtern. Ein Abbremsen des Antriebs durch Einprägung eines negativen Drehmoments ist mit einer solchen Stromrichterschaltung allerdings nicht möglich.

Um einen Bremsbetrieb für den Stromrichterantrieb zu ermöglichen, wird die Thyristorbrücke um eine zweite, antiparallele Brücke ergänzt (Bild 4.26). Diese Schaltungsanordnung wird auch als kreisstromfreie Antiparallelschaltung bezeichnet.

Die eine Thyristorbrücke realisiert die positive, die andere Thyristorbrücke die negative Stromrichtung. Sie werden nie gleichzeitig verwen-

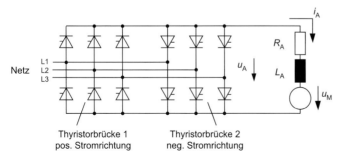

Bild 4.26 Kreisstromfreie Antiparallelschaltung

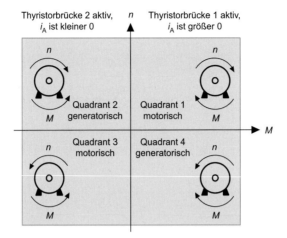

Bild 4.27
Arbeitsbereich des Gleichstromantriebs mit 2 antiparallelen B6C-Brücken

det, da es ansonsten zum Kurzschluss der Netzspannung kommt. Soll die Stromrichtung umgekehrt werden, betreibt die Signalelektronik die aktive Thyristorbrücke durch Vorgabe eines entsprechenden Zündwinkels α so, dass der Stromfluss i_A durch diese Brücke versiegt. Anschließend werden die Zündimpulse für diese Thyristorbrücke gesperrt. Nach einer kurzen Sicherheitspause (momentenfreie Pause) beaufschlagt die Signalelektronik die bis dahin inaktive Thyristorbrücke mit Zündimpulsen. Jetzt fließt der Strom i_A in die umgekehrte Richtung. Wurde der Motor zuvor zum Beispiel im 1. Quadranten beschleunigt, wechselt er jetzt in den 2. Quadranten und wird dort abgebremst.

Stromrichter mit antiparallelen Thyristorbrücken ermöglichen damit den für viele Anwendungen erforderlichen 4-Quadranten-Betrieb (Bild 4.27.

Erregerstrom-richter

Stromrichter für die Bereitstellung des Erregerstroms (Erregerstromrichter) werden oft als halbgesteuerte B2-Brücke ausgeführt (Bild 4.28). Diese sehr einfache und kostengünstige Ausführung bietet sich an, da diese Stromrichter nur im 1. Quadranten arbeiten müssen.

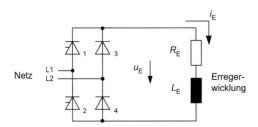

Bild 4.28 Schaltbild der B2HZ-Thyristorbrücke
(H steht für H = Half/Halb, Z für Zweig)

Tabelle 4.2 fasst die gebräuchlichen Stromrichterschaltungen in einer Übersicht zusammen.

Tabelle 4.2 Stromrichterschaltungen

Stromrichterschaltung	Beschreibung	Quadranten	Anwendung
B2H B2HZ	Einfachstromrichter 2-pulsig 1-phasiger Anschluss halbgesteuert		Einrichtungsantriebe bis 10 kW Erregerstromrichter
B2C	Einfachstromrichter 2-pulsig 1-phasiger Anschluss vollgesteuert		Einrichtungsantriebe bis 10 kW Abbremsen aus negativer Drehrichtung möglich
B6C	Einfachstromrichter 6-pulsig 3-phasiger Anschluss vollgesteuert		Einrichtungsantriebe bis 10 MW Abbremsen aus negativer Drehrichtung möglich
B2C oder B6C	Einfachstromrichter 1-/3-phasiger Anschluss vollgesteuert Umschaltung im Anker- kreis		Zweirichtungsantriebe bis 300 kW Momentenfreie Pause bis 0,2 s
B2C oder B6C	Einfachstromrichter 1-/3-phasiger Anschluss vollgesteuert Umschaltung im Erreger- kreis		Zweirichtungsantriebe bis 10 MW Momentenfreie Pause bis 2 s
B6C antiparallel	Zweifachstromrichter 3-phasiger Anschluss, vollgesteuert kreisstromfrei		Zweirichtungsantriebe bis 10 MW Momentenfreie Pause bis 0,01 s

59

Tabelle 4.2 Stromrichterschaltungen (Forts.)

Stromrichterschaltung	Beschreibung	Quadranten	Anwendung
B12C	Vierfachstromrichter 12-pulsig 3-phasiger Anschluss vollgesteuert		Zweirichtungsantriebe bis 10 MW mit reduzierten Netzrückwirkungen Momentenfreie Pause bis 0,01 s

4.4.3 Drehzahlgeber für Gleichstromantriebe

Drehzahlveränderliche Gleichstromantriebe sind oft mit einer analogen Drehzahlregelung ausgerüstet. Diese Regelung benötigt einen analogen Drehzahlistwert. Geber, die analoge Drehzahlistwerte bereitstellen, heißen Tachogeneratoren. Sie arbeiten induktiv und stellen an ihren Klemmen ein kontinuierliches analoges Spannungssignal zur Verfügung.

Der Geber ist mit der Motorwelle verbunden. Sein Spannungssignal bildet damit die Drehzahl der Motorwelle ab.

Gleichspannungs-tacho

Die am weitesten verbreitete Form des Tachogenerators ist der Gleichspannungstacho. Er ist ähnlich aufgebaut wie ein Gleichstrommotor (Bild 4.29). In einem Magnetfeld, das durch Permanentmagnete erzeugt wird, rotiert eine in mehrere Segmente aufgeteilte elektrische Wicklung. Entsprechend der Drehrichtung und Rotationsgeschwindigkeit wird in den Wicklungssegmenten eine Spannung induziert. Über den Kommutator und die Bürsten wird diese Spannung abgegriffen und der Signalelektronik des Stromrichters zur Verfügung gestellt.

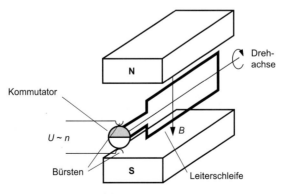

Bild 4.29 Funktionsweise des Gleichspannungstachos

Da für den Tachogenerator keine Spannungsversorgung erforderlich ist, besteht die Signalleitung lediglich aus einem 2-adrigen geschirmten Kabel (Bild 4.30). Beim Anschluss des Geberkabels ist unbedingt auf die richtige Polung zu achten, da ansonsten der Motor durchgehen kann.

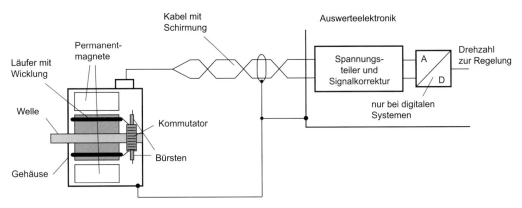

Bild 4.30 Aufbau des Gleichspannungstachos

Das vom Geber an den Klemmen bereitgestellte Spannungssignal gibt mit seinem Betrag die Drehzahl und mit seinem Vorzeichen die Drehrichtung an. Zwischen Drehzahl und Ausgangsspannung besteht ein linearer Zusammenhang. Die Ausgangsspannung ist aufgrund der begrenzten Anzahl von Teilwicklungen und Kommutatorlammellen nicht ideal. Sie weist zyklische Schwankungen auf. Als Maß für die Schwankungen gilt der Riffelfaktor (Bild 4.31). Er gibt das Verhältnis von Scheitelwert zu Mittelwert der Ausgangsspannung an.

Kennlinie und Betriebsverhalten

Der Riffel kann im Drehzahlregelkreis Schwingungen anregen. Im Bereich kleiner Drehzahlen macht sich der Riffel ggf. deutlich bemerkbar und führt zu einer Verschlechterung des Rundlaufes. Deshalb wird das

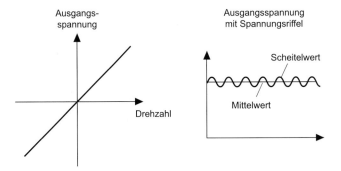

Bild 4.31 Kennlinie und Ausgangsspannung des Gleichspannungstachos

Drehzahlsignal im Stromrichter geglättet. Der Stellbereich des Gleichstromantriebs wird damit durch den Analogtacho begrenzt. Die Auswerteelektronik im Stromrichter muss bezüglich Offset und Verstärkung auf den Tachogenerator eingestellt werden. Tabelle 4.3 zeigt typische Daten von Gleichspannungstachos.

Tabelle 4.3 Typische technische Daten von Gleichspannungstachos

Kenngröße	Typischer Wertebereich
Drehzahlbereich	bis 20.000 U/min
Ausgangsspannung	bis 300 V
Riffelfaktor	0,5 % bis 10 %

Inkrementelle Geber

Moderne Gleichstromantriebe verfügen über Stromrichter mit digitaler Regelung. Dort kommen auch inkrementelle Geber zur Drehzahlerfassung zum Einsatz. Dieser Geber werden später im Buch gemeinsam mit Frequenzumrichtern behandelt.

4.4.4 Regelungsstruktur

Stromrichterantriebe werden im Allgemeinen drehzahlgeregelt betrieben. Prinzipiell ist zwar auch eine Drehzahlsteuerung über den Betrag der Ankerspannung U_A möglich, praktisch sind aber heute drehzahlgesteuerte Antriebe Asynchronmotoren mit Frequenzumrichtern. Deshalb wird hier auf die Vorstellung dieser Steuerungsvariante über die Ankerspannung verzichtet.

Kennlinien des geregelten Antriebs

Durch die Drehzahlregelung ändert sich das Drehzahl-Drehmoment-Kennlinienfeld des Gleichstromantriebs.

Die Drehzahl-Drehmoment-Kennlinien verlaufen waagerecht. Die Drehzahl sinkt nicht mehr belastungsabhängig ab.

Hinweis: Die Angabe von Drehzahl-Drehmoment-Kennlinien ist für geregelte Antriebe eigentlich unüblich. Mit der Darstellung in Bild 4.32 soll explizit darauf aufmerksam gemacht werden, dass die Kennlinienneigung des ungeregelten Motors durch die Regelung aufgehoben wird.

Verfügt der Motor über eine Erregerwicklung, können die Erregung und damit der Luftspaltfluss abgesenkt werden. Der Motor kann dann auch oberhalb seiner Nenndrehzahl im Feldschwächbereich betrieben werden. Der Arbeitsbereich des Motors ist durch die zulässigen Maximalwerte der Drehzahl und des Drehmoments sowie die maximal zur Verfügung stehende Ankerspannung U_A begrenzt.

Regelkreise

Geregelte Gleichstromantriebe verfügen über eine Drehzahlregelung mit unterlagerter Stromregelung. Diese Kaskadenstruktur hat sich

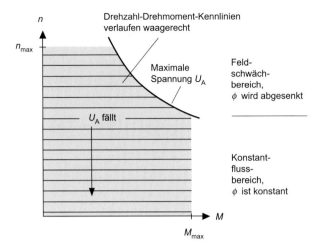

Bild 4.32
Drehzahl-Drehmoment-Kennlinien des drehzahlgeregelten Gleichstromantriebs

über viele Jahre in der Praxis bewährt. Sie ist übersichtlich und ermöglicht die schrittweise Optimierung der einzelnen Regelkreise (Bild 4.33).

Die Strom- und die Drehzahlregelung erfüllen unterschiedliche Aufgaben.

- Der *Drehzahlregler* erkennt Abweichungen der Drehzahl vom Sollwert und verändert je nach Bedarf den Drehmomentsollwert. Da das Drehmoment nicht direkt gemessen wird, dient der Ankerstrom i_A als Ersatzgröße. Ist aufgrund einer hohen Last ein großes Drehmoment erforderlich, generiert der Drehzahlregler einen entsprechend großen Sollwert für den Ankerstrom i_A. Sinkt die Belastung, beschleunigt der Antrieb und der Drehzahlregler erkennt die zu hohe Drehzahl. Er reagiert mit einem entsprechend abgesenkten Sollwert für i_A.

- Der *Stromregler* prägt den geforderten Ankerstrom i_A ein, indem er die erforderliche Ankerspannung u_A bzw. den erforderlichen Zündwinkel α an den Stromrichter übergibt. Der Stromregler muss dabei die drehzahlabhängige Motorspannung U_M (EMK) kompensieren.

Für die optimale Funktion müssen beide Regler auf die elektrischen und mechanischen Parameter des Motors und der angekoppelten Arbeitsmaschine abgestimmt werden. Die Erreger- und die Ankerwicklung sowie der Geber sind in der richtigen Polung anzuschließen. Anderenfalls kann der Antrieb beim Zuschalten der Regelung unkontrolliert beschleunigen.

Es gilt folgende Regel:

Ein positiver Erregerstrom und ein positiver Ankerstrom bauen ein positives Drehmoment auf und beschleunigen den unbelasteten Motor in

63

positiver Richtung (Uhrzeigersinn beim Blick auf die Motorwelle). Ein negativer Erregerstrom und ein negativer Ankerstrom bauen ebenfalls ein positives Drehmoment auf und beschleunigen den unbelasteten Motor in positiver Richtung. Haben Erregerstrom und Ankerstrom unterschiedliche Vorzeichen, beschleunigt der unbelastete Motor in negativer Richtung.

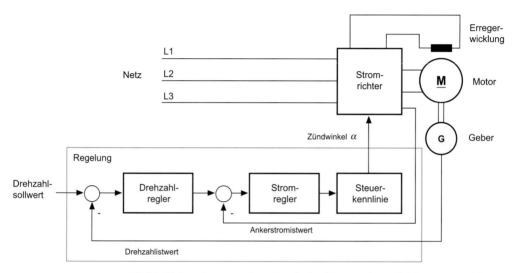

Bild 4.33 Regelungsstruktur des drehzahlgeregelten Gleichstromantriebs

Bei Stromrichterantrieben prägt der Stromregler das Drehmoment in ca. 10 ms ein. Geregelte Gleichstrommotoren verfügen damit über gute dynamische Eigenschaften und können Sollwertänderungen gut folgen.

Hinweis: Moderne Stromrichter verfügen über Zusatzfunktionen

- zur Adaption der Stromreglerparameter im Lückbetrieb,

- zur Vorsteuerung der EMK und

- zur Berechnung der Drehzahl aus den Strom- und Spannungsverläufen. Damit ist auch eine geberlose Drehzahlregelung des Gleichstrommotors möglich.

5 Konstantantriebe und drehzahlveränderliche Antriebe mit Asynchronmotor

5.1 Antriebe mit Asynchronmotor

Der Asynchronmotor wird je nach Ausführung mit einer 1- oder 3-phasigen Wechselspannung betrieben. Er kann unmittelbar an das Energieversorgungsnetz angeschlossen werden und ist einfach zu installieren. Außerdem ist er sehr kostengünstig und wartungsfrei. Antriebe mit Asynchronmotoren sind deshalb weit verbreitet und in industriellen Anwendungen der am häufigsten eingesetzte Antriebstyp.

Mit der Entwicklung der Mikroprozessortechnik wurde es möglich, die komplexen Regelalgorithmen des Asynchronmotors kostengünstig zu implementieren. Damit stehen heute auch geregelte Antriebe mit Asynchronmotor zur Verfügung, die den Gleichstromantrieben in Genauigkeit und Dynamik nicht nachstehen. Antriebe mit Asynchronmotoren decken die gesamte Bandbreite der Konstant- und drehzahlveränderlichen Antriebe in einer sehr feinen Stufung der Regeleigenschaften ab.

Bild 5.1 zeigt den Aufbau von Antrieben mit Asynchronmotor.

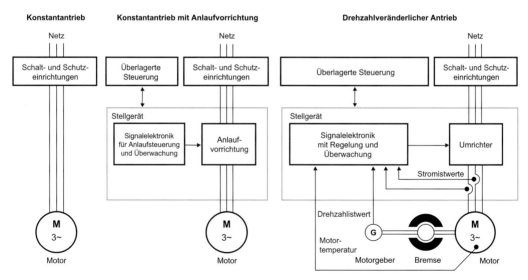

Bild 5.1 Aufbau von Antrieben mit Asynchronmotor

65

Der Leistungsbereich der Antriebe mit Asynchronmotor beginnt bei ca. 100 W und reicht bis in den Megawattbereich. Im Bereich der Kleinantriebe sind Asynchronmotoren kaum vertreten.

Einsatzbereiche

Im Bereich kleiner Leistungen (< 500 W) und für einfache Anwendungen werden Asynchronmotoren als Konstantantriebe direkt am Wechsel- oder Drehstromnetz betrieben. Bei größeren Leistungen ist zumindest eine Anlaufvorrichtung erforderlich, um die im Vergleich zum Nennbetrieb sehr hohen Anlaufströme zu begrenzen und Spannungseinbrüche im Versorgungsnetz zu vermeiden.

Drehzahlverstellbare Antriebe mit Asynchronmotor gibt es in allen Leistungsbereichen. Je nach Anforderungen an die Genauigkeit und Stabilität kommen dann Frequenzumrichter mit verschiedenen Regelalgorithmen zum Einsatz. Antriebe mit Asynchronmotor können auch als Servoantriebe eingesetzt werden.

5.2 Der Asynchronmotor

5.2.1 Funktionsprinzip

Bild 5.2
Drehstromasynchronmotor

Systematik

Asynchronmotoren werden in verschiedenen Ausführungen eingesetzt. Je nach Phasenzahl der Versorgungsspannung unterscheidet man Wechselstrom- und Drehstrommotoren. Drehstrommotoren differenzieren sich in Motoren mit Kurzschluss- und Schleifringläufer (Bild 5.3). Motoren mit Schleifringläufer werden für spezielle Anwendungen im höheren Leistungsbereich (z.B. Windkraftanlagen) benötigt und sollen hier nicht weiter betrachtet werden. Der am weitesten verbreitete Motortyp ist derAsynchronmotor mit Kurzschlussläufer. Alle folgenden Ausführungen beziehen sich auf diesen Motortyp.

Drehstromasynchronmotor mit Kurzschlussläufer

Das Wicklungssystem des Asynchronmotors ist im Ständer angeordnet. Eine Energieübertragung über mechanische Kontakte auf den rotierenden Läufer, wie sie beim Gleichstrommotor erforderlich ist, benötigt der Asynchronmotor mit Kurzschlussläufer nicht. Er ist damit praktisch wartungsfrei.

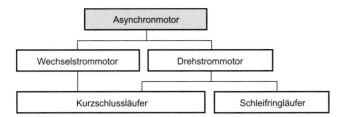

Bild 5.3 Systematik der Asynchronmotoren

Der Drehstromasynchronmotor verfügt im Ständer über drei Wicklungen, die um 120° gegeneinander versetzt angeordnet sind. Der Läufer besteht aus einem genuteten Blechpaket. Durch Druckguss wird in die Nuten ein Käfig aus Aluminium eingebracht. Dieser Käfig besteht aus Stäben und den Kurzschlussringen, die die Stäbe an beiden Enden des Läufers leitend verbinden. Aus elektrischer Sicht bildet dieser Käfig ein System von kurzgeschlossenen elektrischen Leitern (siehe Bild 5.4).

Fließt in den Wicklungen des Ständers ein sinusförmiger elektrischer Strom und besteht zwischen den Strömen eine Phasenverschiebung von 120° (Drehstrom), bildet sich im Ständer des Motors ein rotierendes Magnetfeld heraus. Dieses Magnetfeld durchsetzt auch den Läuferkäfig. Das rotierende Magnetfeld induziert in den Stäben des Läufers eine elektrische Spannung. Da die Stäbe kurzgeschlossen sind, bewirkt die induzierte Spannung einen Stromfluss in den Leiterstäben.

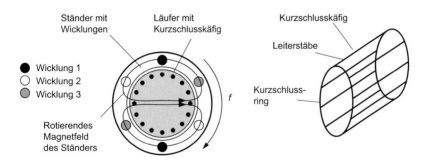

Bild 5.4 Bestandteile des Asynchronmotors mit Kurzschlussläufer

Die stromdurchflossenen Leiterstäbe befinden sich im Magnetfeld des Ständers. Folglich wirkt auf jeden Leiterstab die Lorentzkraft. Alle Kräfte überlagern sich, übertragen sich auf den Läufer und werden als Drehmoment wirksam. Der Läufer reagiert und führt eine Drehbewegung aus. Er folgt der Rotation des Ständerfeldes.

Der Läufer folgt dem Ständerfeld jedoch nicht synchron, sondern mit einer geringeren Geschwindigkeit. Dies ist erforderlich, da nur unter dieser Bedingung eine Spannungsinduktion und damit ein Stromfluss im Läufer zustandekommt. Der Läufer dreht sich somit „asynchron" zum Ständerfeld.

Zwischen der Frequenz des Ständerfeldes und der Drehfrequenz des Läufers tritt ein Schlupf auf. Die Größe des Schlupfes ist belastungsabhängig. Im Leerlauf ist der Schlupf nur sehr gering.

Polpaare

Wird das dreiphasige Wicklungssystem in Bild 5.4 von Drehstrom durchflossen, bildet sich im Motor ein Ständerfeld mit einem Nord- und einem Südpol heraus. Der Motor weist ein Polpaar auf und hat die Polpaarzahl 1. Die Polpaarzahl ist eine durch die Motorkonstruktion festgelegte Größe.

Durch mehrfache Anordnung des dreiphasigen Wicklungssystems und Reihenschaltung der entsprechenden Phasen entstehen Motoren mit mehr als einem Polpaar. In Bild 5.5 ist beispielhaft eine Anordnung mit 2 Polpaaren dargestellt. Sind die Wicklungen in dieser Anordnung stromdurchflossen, entstehen über den Umfang des Ständers verteilt 2 Nord- und 2 Südpole. Der Motor hat die Polpaarzahl 2.

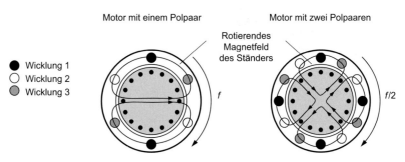

Bild 5.5
Anordnung der Wicklungen bei unterschiedlichen Anzahlen an Polpaaren

Durchwandert der Strom in den Ständerwicklungen eine volle zeitliche Periode, dreht sich das Magnetfeld des Ständers um eine volle Polteilung (1 Nord- und 1 Südpol) weiter. Bei 2 Polpaaren im Ständer entspricht das einer mechanischen Drehung von 180°. Die Drehfrequenz des Ständerfeldes ist gegenüber der im Motor mit einem Polpaar auf die Hälfte abgesunken, obwohl sich die Frequenz des speisenden Stroms nicht geändert hat.

Synchrone Drehzahl

Die Polpaarzahl p des Motors hat Einfluss auf die Drehfrequenz des Ständerfeldes und damit auf die Drehzahl bzw. Drehfrequenz des Läufers, der dem Magnetfeld asynchron folgt. Die Drehzahl, mit der das Magnetfeld im Motor rotiert, heißt synchrone Drehzahl n_d. Sie steht mit der Frequenz f der speisenden Spannung bzw. des Ständerstroms in folgender Beziehung:

$$n_\mathrm{d} = \frac{60 \cdot f}{p}$$

mit   Synchrondrehzahl n_d in 1/min

Frequenz f der speisenden Spannung in Hz

Polpaarzahl p

Sie sinkt mit steigender Polpaarzahl. Üblich sind Asynchronmotoren mit 1 bis 4 Polpaaren. Damit ergeben sich folgende synchrone Drehzahlen beim Betrieb am 50-Hz-Netz:

p	1	2	3	4
n_d in 1/min	3000	1500	1000	750

Tabelle 5.1 Synchrondrehzahl als Funktion der Polpaarzahl

Asynchronmotoren können auch am 1-phasigen Wechselstromnetz betrieben werden. Beim Wechselstromasynchronmotor wird das Drehfeld mit zwei um 90° versetzt angeordneten Ständerwicklungen erzeugt. Eine Wicklung wird direkt mit der Netzspannung verbunden. Die andere Wicklung wird über einen vorgeschalteten Betriebskondensator an die Netzspannung angeschlossen (Bild 5.6). Durch den Kondensator ergibt sich in der Wicklung 2 ein gegenüber Wicklung 1 zeitlich verschobener Phasenstrom. Diese zeitliche Verschiebung führt zur Entstehung des Drehfeldes. Wechselstromasynchronmotoren werden auch als Kondensatormotoren bezeichnet.

Wechselstromasynchronmotor mit Betriebskondensator

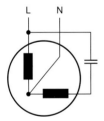

Bild 5.6
Anschlussschema des
Kondensatormotors

Wechselstromasynchronmotoren werden bis zu einem Leistungsbereich von ca. 1 kW eingesetzt. Sie sind häufig im Haushalts- und Werkstattbereich anzutreffen.

5.2.2 Konstruktiver Aufbau und elektrische Anschlüsse

Die Wicklungen des dreiphasigen Asynchronmotors sind im Ständer um 120° gegeneinander versetzt angeordnet. Sie sind in einem genuteten Blechpaket untergebracht. Über dieses Blechpaket wird der magne-

Aufbau

tische Kreis geschlossen. Das Blechpaket selbst ist noch einmal von einem Gehäuse aus Aluminium oder Grauguss umgeben. Zur besseren Wärmeabfuhr ist das Gehäuse mit Kühlrippen versehen.

Der Läufer besteht ebenfalls aus einem Blechpaket. In die Nuten des Blechpakets ist der Käfig aus Aluminium eingegossen. Aufgrund dieser einfachen Konstruktion ist der Läufer resistent gegen höhere Fliehkräfte und kann mit hohen Drehzahlen betrieben werden.

Auf der Motorwelle des Asynchronmotors befindet sich ein Lüfterrad, das den Motor drehzahlabhängig mit Kühlluft versorgt und diese durch die Kühlrippen des Gehäuses bläst (Bild 5.7). Motoren, die auch bei kleinen Drehzahlen eine optimale Kühlung benötigen, sind mit einem Fremdlüfter versehen.

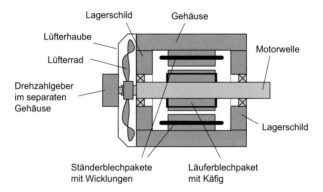

Bild 5.7 Konstruktiver Aufbau des Asynchronmotors

Der Drehzahlgeber ist optional und deshalb als Anbaugeber ausgeführt. Je nach Anwendung kann der Motor noch mit einer Bremse versehen werden. Diese wird im Allgemeinen als Haltebremse ausgelegt. Sie soll den Stillstand der Motorwelle bei stromlos geschalteten Wicklungen sicherstellen.

Je größer das vom Motor abzugebende Drehmoment ist, umso größer ist sein Durchmesser bzw. seine Achshöhe. Der Motor wächst in seinen Abmessungen mit dem Drehmoment.

Klemmenbezeichnungen

Der elektrische Anschluss des Asynchronmotors erfolgt im Allgemeinen über einen am Motor befindlichen Klemmkasten. Bei den meisten Motoren sind jeweils beide Enden der einzelnen Wicklungen in den Klemmenkasten geführt. Die Wicklungsanschlüsse sind wie folgt bezeichnet:

xYz, mit

x: Ziffer   Nummer der Wicklung in einer Phase. Wenn nur eine Wicklung je Phase vorhanden ist, wird diese Ziffer auch weggelassen.

Y: *U, V, W*   Phase U, V oder W

z: *Ziffer*   Nummer der Wicklungsanzapfung. Wenn nur eine
Wicklungsanzapfung zugänglich ist, wird diese Ziffer
oft weggelassen.

Beispiele: U1 = Anzapfung 1 der Wicklung U
2U = 2. Wicklung der Phase U

Die Wicklungen des Asynchronmotors können auf 2 verschiedene Ar-   **Schaltungsarten**
ten, im Stern oder Dreieck, miteinander zu einem Wicklungssystem
verschaltet werden (Bilder 5.8 und 5.9).

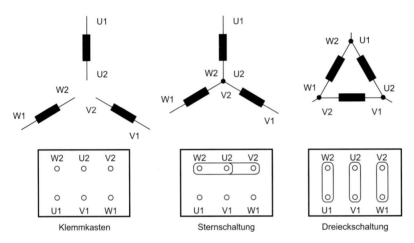

Bild 5.8 Stern- und Dreieckschaltung des Asynchronmotors

Bild 5.9 Klemmkasten eines Asynchronmotors

Bei Sternschaltung liegen zwei Wicklungen in Reihe. Deshalb kann bei
Sternschaltung eine um $\sqrt{3}$ höhere Spannung an die Klemmen des
Asynchronmotors angelegt werden. Dementsprechend sind auf dem Ty-
penschild des Asynchronmotors auch zwei Nennspannungen angege-
ben. Die Nennströme verhalten sich im umgekehrten Verhältnis wie die
Nennspannungen. Das folgende Beispiel soll das verdeutlichen:

Nenndaten eines Asynchronmotors

Nennleistung:	22 kW
Nenndrehzahl:	1450 U/min
Nennfrequenz:	50 Hz
Nennspannung:	400/690V // Δ / Y
Nennstrom:	44/25,5 A

Alle anderen Nenndaten wie Leistung, Drehzahl und Leistungsfaktor werden durch die Schaltungsart nicht verändert. Während im Leistungsbereich unter 3 kW die Motoren meist für 230/400 V ausgelegt werden, sind darüber 400/690 V üblich. In einzelnen Industrienetzen, auf Schiffen und einigen Ländern sind auch andere Spannungen möglich.

Klemmen-anschluss und Drehsinn

Der Anschluss an die Netzleitungen erfolgt beim IEC-Normmotor folgendermaßen:

Netzleitung	Anschlussklemme am Asynchronmotor	
L1	U1	Drehrichtung bei Blick auf die Motorwelle
L2	V1	
L3	W1	

Unter diesen Bedingungen ergibt sich ein Rechtsdrehfeld. Beim Blick auf die Motorwelle läuft der Motor im Uhrzeigersinn (rechts herum).

5.2.3 Mathematische Beschreibung

Ersatzschaltbild

Die mathematische Beschreibung des Asynchronmotors beschränkt sich meistens auf die Beschreibung des stationären Betriebszustands bei unmittelbarem Anschluss an das Energieversorgungsnetz. Der Motor wird dann mit einer Wechselspannung fester Frequenz und Amplitude beaufschlagt. Für Asynchronmotoren mit Rundstabläufer und bei Vernachlässigung der Ummagnetisierungsverluste ergibt sich damit das vereinfachte Ersatzschaltbild entsprechend Bild 5.10.

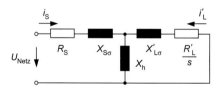

Bild 5.10 Stationäres Ersatzschaltbild des Asynchronmotors

Folgende Elemente werden im Ersatzschaltbild verwendet

U_{Netz}	Netzspannung
i_S	Ständerstrom
i_L'	Bezogener Läuferstrom
R_S	Ständerwiderstand
R_L'	Bezogener Läuferwiderstand
$X_{S\sigma}$	Ständerstreureaktanz
$X_{L\sigma}'$	Bezogene Läuferstreureaktanz
X_h	Hauptreaktanz
s	Schlupf
mit	$X = L \cdot \omega$; $\omega = 2\pi \cdot 50$ Hz (Betrieb am 50-Hz-Netz)

Das Ersatzschaltbild beschränkt sich auf die Darstellung einer Wicklung, da aufgrund des symmetrischen Aufbaus des Asynchronmotors für alle anderen Wicklungen das gleiche Ersatzschaltbild gilt.

Das Ersatzschaltbild ähnelt dem des Transformators. Der wesentliche **Schlupf**
Unterschied liegt auf der Sekundärseite. Während dort beim Transformator der Verbraucher angeschlossen ist, ist der Sekundärkreis beim Asynchronmotor über den schlupfabhängigen Widerstand R_L'/s kurzgeschlossen. Der Schlupf s ist definiert durch:

$$s = \frac{n_d - n}{n_d}$$

Er beschreibt die im augenblicklichen Betriebszustand bestehende Abweichung zwischen synchroner Drehzahl n_d und mechanischer Drehzahl n bezogen auf die synchrone Drehzahl. Der Schlupf besitzt als bezogene Größe keine Einheit. Er kann mit dem Schlupf bei einem Riemenantrieb verglichen werden. Bei Leerlauf hat er weniger Schlupf, bei Belastung ergibt sich ein großer Schlupf. Mit $s = 0$ wird der Leerlauf und mit $s = 1$ der Stillstand des Asynchronmotors beschrieben. Im motorischen Betrieb bewegt sich der Schlupf im Bereich $0 < s < 1$. Im Nennbetrieb liegt der Schlupf je nach Größe des Motors zwischen 0,03 bis 0,10.

Je nach Größe des Schlupfes s verändern sich die Beziehungen zwi- **Zeigerdarstellung**
schen Strömen und Spannungen im Ersatzschaltbild des Asynchronmotors. Da es sich um Wechselgrößen handelt, ist die Betrachtung und Interpretation ihres zeitlichen Verlaufs wenig anschaulich und Berechnungen wären sehr aufwändig. Man geht deshalb den Weg, die Wechselgrößen zu komplexen Größen zu erweitern und als rotierende Zeitzeiger zu betrachten. Die realen physikalischen Größen ergeben sich aus dem Imaginär- oder dem Realteil der zugehörigen Zeiger (Bild 5.11).

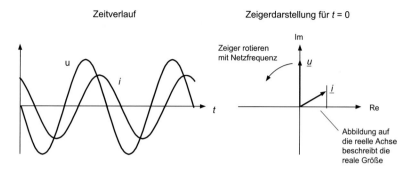

Bild 5.11 Transformation von sinusförmigen Größen in Zeitzeiger

Die Zeiger rotieren mit der Frequenz der speisenden Spannung. Beschränkt man sich auf eine Augenblicksdarstellung z.B. zum Zeitpunkt $t = 0$, ergeben sich übersichtliche Zeigerbilder, die die Zusammenhänge zwischen Strömen und Spannungen anschaulich verdeutlichen. Man darf dabei nur nicht vergessen, dass es sich bei diesen Betrachtungen um einen mathematischen Trick handelt und die realen physikalischen Größen sinusförmige Wechselgrößen sind. Zeigergrößen werden zur Unterscheidung von den realen Größen mit einem Unterstrich ($\underline{u}$, $\underline{i}$) gekennzeichnet.

Heyland-Osanna-Kreis

Alle Ströme und Spannungen des Asynchronmotors lassen sich mit Hilfe von Zeigern darstellen. Für das Betriebsverhalten ist jedoch der Zusammenhang zwischen Ständerspannung und Ständerstrom von größter Aussagekraft. Von besonderem Interesse ist dabei, wie sich die Zeiger bei Belastung des Asynchronmotors verändern. Man zeichnet dabei die Spur auf, die die Zeigerspitzen bei Veränderung der Belastung gedanklich ziehen. Diese Spur bezeichnet man als Ortskurve. Die Ortskurve, die das Verhalten des Asynchronmotors bei veränderlicher Belas-

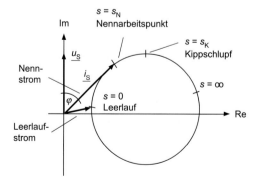

Bild 5.12 Darstellung des Betriebsverhaltens des Asynchronmotors im Zeigerdiagramm

tung und konstanter Netzspannung beschreibt, ist der Heyland-Osanna-Kreis (Bild 5.12). Er zeigt, wie sich der Zeiger des Ständerstroms $\underline{i}_S$ relativ zum Zeiger der Ständerspannung $\underline{u}_S$ belastungsabhängig verändert. Als Maß für die Belastung dient der Schlupf s.

Im Leerlauf ist der Schlupf $s = 0$. Der Ständerstrom eilt der Spannung um ca. 90° nach und hat einen Betrag ungleich 0. Das heißt, auch im Leerlauf nimmt der Asynchronmotor einen Strom $\underline{i}_0$ auf. Dieser Leerlaufstrom liegt etwa bei der Hälfte des Nennstroms.

Die Wirkleistung des Asynchronmotors berechnet sich zu:

$$P = \sqrt{3} \cdot U_S \cdot I_S \cdot \cos\varphi$$

mit

U_S	Effektivwert der Ständerspannung
I_S	Effektivwert des Ständerstroms
$\cos\varphi$	Leistungsfaktor

Da im Leerlauf näherungsweise $\varphi = 90°$ ist, wird im Leerlauf keine Wirkleistung umgesetzt. Der Asynchronmotor tauscht Blindleistung mit dem Netz aus. Mit steigender Belastung und zunehmendem Schlupf s „wandert" der Ständerstromzeiger $\underline{i}_S$ auf dem Heyland-Osanna-Kreis. Sein Betrag nimmt zu und der Winkel φ zum Ständerspannungszeiger $\underline{u}_S$ verringert sich erst und wird dann wieder größer. Der Nennschlupf s_N markiert den Punkt, auf den der Ständerstromzeiger zeigt, wenn der Asynchronmotor mit Nennlast betrieben wird. Auf diesen Arbeitspunkt bezieht sich auch der Leistungsfaktor $\cos\varphi$, der auf dem Typenschild des Motors angegeben wird. Der Kippschlupf s_K definiert den Arbeitspunkt, an dem der Asynchronmotor das größte mögliche Drehmoment abgibt.

Berechnet man zu jedem Punkt der Ortskurve das vom Asynchronmotor abgegebene Drehmoment, lassen sich daraus die Drehzahl-Drehmoment-Kennlinie sowie die Ständerstrom-Drehmoment-Kennlinie ableiten (Bild 5.13).

Kennlinien

Die Drehzahl-Drehmoment-Kennlinie weist im Bereich der synchronen Drehzahl n_d einen nahezu linearen Bereich auf. Die Drehzahl n fällt belastungsabhängig ab und der Ständerstrom steigt beginnend vom Leerlaufstrom kontinuierlich an. In diesem Bereich ähneln die Kennlinien des Asynchronmotors denen des Gleichstrommotors. Mit steigender Belastung nimmt die Krümmung der Drehzahl-Drehmoment-Kennlinie zu. Sie erreicht schließlich das maximal mögliche Drehmoment M_K, das als Kippmoment bezeichnet wird.

Im Stillstand ($n = 0$) bringt der Motor das Anlaufmoment M_A auf, das oft kleiner als das Nennmoment M_N ist. Es fließt ein sehr hoher Anlaufstrom I_A. Mit steigender Drehzahl nimmt das Drehmoment M bei den meisten Motoren bis zum Kippmoment kontinuierlich zu. Bei einigen speziellen Motoren, die auf ein hohes Anlaufmoment M_A optimiert wurden, nimmt das Drehmoment mit steigender Drehzahl bis zum so genannten Sattelmoment ab und steigt erst dann auf das Kippmoment M_K an.

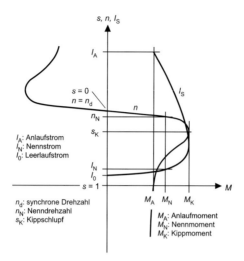

Bild 5.13 Drehzahl-Drehmoment- und Strom-Drehmoment-Diagramm des Asynchronmotors

Im übersynchronen Bereich oberhalb der synchronen Drehzahl n_d ändert das Drehmoment M sein Vorzeichen. Der Asynchronmotor arbeitet generatorisch. Die Drehzahl-Drehmoment-Kennlinie verläuft bezüglich $s = 0$ symmetrisch.

Richtwerte der verschiedenen Kenngrößen zeigt Tabelle 5.2.

Tabelle 5.2 Betriebspunkte des Asynchronmotors

Arbeitspunkt	Schlupf s	Leistungsfaktor cos φ	I/I_N	M/M_N
Stillstand	1	< 0,4	≈ 10	< 0,5
Kipppunkt	≈ 0,2	≈ 0,6	≈ 6	> 2
Nennpunkt	≈ 0,02	≈ 0,85	1	1
Leerlauf	≈ 0	< 0,5	≈ 0,3 ... 0,5	≈ 0

Einfluss der Läuferbauform

Die Drehzahl-Drehmoment-Kennlinie des Asynchronmotors kann mit der Ausprägung der Stabform im Läuferkäfig gezielt beeinflusst werden; Bild 5.14 zeigt Beispiele von Stabformen. Die stärksten Veränderungen ergeben sich im Bereich des Anlaufmoments M_A.

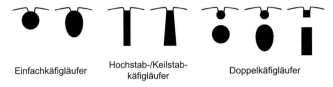

Einfachkäfigläufer   Hochstab-/Keilstab-   Doppelkäfigläufer
                        käfigläufer

Bild 5.14 Stabformen beim Käfigläufer von Asynchronmotoren

Ausführungen mit Hochstabläufer oder Doppelkäfig weisen ein deutlich höheres Anlaufmoment auf (vgl. Bild 5.15). Diese Motoren finden besonders bei Mühlen und in der Fördertechnik Verwendung, da dort besonders nach längeren Stillstandszeiten ein großes Losbrechmoment benötigt wird.

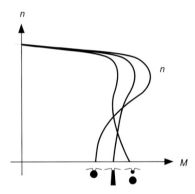

Bild 5.15
Kennlinien von Asynchronmotoren mit unterschiedlichen Stabformen im Käfig

5.2.4 Regelbarkeit

Für den Asynchronmotor ergeben sich aus der Drehzahl-Drehmoment-Kennlinie für die Drehzahlverstellung folgende Ansatzpunkte:

Stellgrößen

- Verstellung der Ständerspannung U_S

- Verstellung der Ständerfrequenz f

- Gleichzeitige Verstellung der Ständerspannung U_S und der Ständerfrequenz f

Bild 5.16 zeigt, welchen Einfluss die entsprechenden Stellgrößen auf die Drehzahl-Drehmoment-Kennlinie haben.

Mit einer Absenkung der Ständerspannung U_S lässt sich die Drehzahl-Drehmoment-Kennlinie in Richtung der Drehzahlachse stauchen. Das Kippmoment sinkt, es sind nur noch geringe Belastungen des Asynchronmotors möglich. Im Nennarbeitsbereich (n nahe n_d) ändert sich die Drehzahl allerdings kaum. Die Ständerspannung U_S allein ist deshalb keine geeignete Größe für eine Drehzahlverstellung des Asynchronmotors.

Ständerspannung

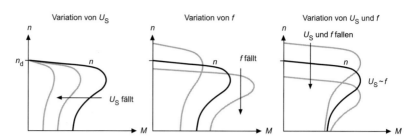

Bild 5.16 Möglichkeiten zur Drehzahlverstellung bei Asynchronmotoren

Die Absenkung der Ständerspannung geht quadratisch in die Absenkung des Drehmoments und des Ständerstroms ein.

Ständerfrequenz Mit einer Änderung der Ständerfrequenz f lässt sich die Drehzahl-Drehmoment-Kennlinie parallel nach oben oder unten verschieben. Gleichzeitig kommt es bei kleineren Frequenzen zu einer starken Erhöhung des Kippmoments und des Ständerstroms I_s. Der Motor erwärmt sich stärker. Prinzipiell ist die Ständerfrequenz aber als Stellgröße für die Drehzahlveränderung beim Asynchronmotor geeignet.

Ständerspannung und Ständerfrequenz gleichzeitig Das optimale Verhalten ergibt sich, wenn Ständerspannung U_S und Ständerfrequenz f gleichzeitig und im gleichen Verhältnis verändert werden, wobei also gilt:

$$\frac{U_S}{f} = \text{konstant}$$

Mit dieser Vorgehensweise wird die Drehzahl-Drehmoment-Kennlinie ohne Veränderung ihrer Form nach oben und unten verschoben. Das Kippmoment und die Kennlinienneigung im Nennarbeitsbereich bleiben unverändert. Deshalb wird die parallele Verstellung von Ständerspannung U_S und Ständerfrequenz f vorzugsweise als Stellverfahren für drehzahlveränderliche Antriebe mit Asynchronmotor gewählt. Durch den Maximalwert der Ständerspannung U_S, der sich aus der verfügbaren Netzspannung ergibt, ist dieses Verfahren zur Erhöhung der Drehzahl n nicht über die synchrone Drehzahl n_d hinaus anwendbar, sondern auf die Drehzahlverstellung im Bereich $n < n_d$ begrenzt. Für die meisten Anwendungen ist das absolut ausreichend.

Feldschwächung Diese Begrenzung wird jedoch aufgehoben, wenn die Ständerspannung U_S bei Erreichen ihres Maximalwerts konstant gehalten wird und nur noch die Ständerfrequenz f steigt. Der Asynchronmotor arbeitet dann in der „Feldschwächung". Wie im mittleren Diagramm von Bild 5.16 zu erkennen ist, steht in diesem Bereich allerdings nicht mehr das volle Drehmoment des Motors zur Verfügung.

5.3 Konstantantriebe mit Asynchronmotor

5.3.1 Aufbau und Anwendungsbereich

Konstantantriebe werden am starren Netz betrieben und sind in ihrer Drehzahl nicht veränderbar. Für Antriebe mit Asynchronmotoren heißt das, dass der Motor abgesehen von einer eventuell vorhandenen Anlaufschaltung direkt mit dem Wechsel- oder Drehstromnetz verbunden ist.

In der industriellen Praxis bilden Konstantantriebe mit Asynchronmotor die überwiegende Mehrzahl aller Elektroantriebe überhaupt. Der Konstantantrieb mit Asynchronmotor ist der Standardantrieb schlechthin. Überall dort, wo eine gleichbleibende Drehbewegung benötig wird, die lediglich zu- und abgeschaltet werden muss, kommen Konstantantriebe mit Asynchronmotor zum Einsatz. Alle Arten von Fördereinrichtungen wie Pumpen, Lüfter, Gebläse, Förderbänder werden mit Asynchronmotoren betrieben. Der Asynchronmotor ist relativ preiswert, sehr robust und wartungsfrei und damit für diese Anwendungen wie geschaffen.

Die notwendige Anpassung der mechanischen Drehzahl an die konkrete Anwendung erfolgt durch die Auswahl eines Asynchronmotors mit entsprechender Polpaarzahl und den Anbau eines mechanischen Getriebes (Bild 5.17). **Drehzahlanpassung mit Getriebemotoren**

Bild 5.17
Getriebemotor

Motor und Getriebe werden als sogenannter Getriebemotor als fertig bestellbare Einheit von vielen Antriebsherstellern angeboten und sind praktisch in allen denkbaren Ausführungen am Markt verfügbar.

Die Drehrichtung wird bei Drehstrommotoren über die Zuordnung der Netzphasen zu den Wicklungen des Motors festgelegt.

Der Arbeitsbereich des Asynchronmotors liegt für die Drehzahl n im Bereich der Nenndrehzahl n_N und für den Ständerstrom I_S im Bereich zwischen I_0 und I_N (Bild 5.18). Der generatorische Arbeitsbereich, der für $n > n_d$ oder $n < 0$ erreicht wird, tritt, von speziellen Bremsschaltungen abgesehen, nicht in Erscheinung. **Arbeitsbereich**

79

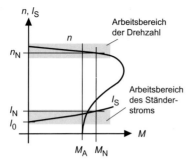

Bild 5.18
Arbeitsbereiche beim Betrieb
des Asynchronmotors als
Konstantantrieb

**Schutzschalter,
Direktstarter**

Der Arbeitspunkt wird vom aktuell auftretenden Lastmoment und damit von der Arbeitsmaschine bestimmt. Der Motor muss deshalb auf die Arbeitsmaschine abgestimmt werden. Trotzdem ist nicht sichergestellt, dass die Arbeitsmaschine den Motor nicht überlastet. Treten z.B. mechanische Blockierungen in der Maschine auf, wird der Motor bis auf den Stillstand abgebremst und es fließt der sehr große Anlaufstrom I_A. Aufgrund der fehlenden Kühlung erhitzt sich der Motor sehr schnell, was bis zum Abbrennen führen kann. Aus diesem Grund werden Konstantantriebe mit Asynchronmotor über einen Schutzschalter am Versorgungsnetz angeschlossen. Diese Schutzschalter verfügen über zeitabhängige Abschaltkennlinien (Bild 5.19). Sie gestatten den Betrieb des Asynchronmotors mit seinem Nennstrom für unbegrenzte Zeit und eine kurzzeitige starke Überlastung für Anlaufvorgänge. Bei längerer Überlast und Kurzschluss schaltet der Schutzschalter ab und trennt den Motor vom Versorgungsnetz.

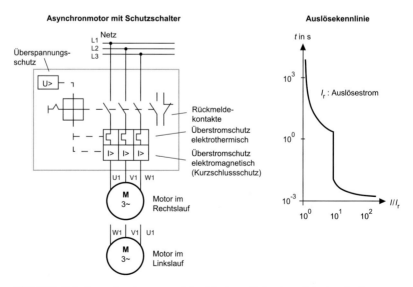

Bild 5.19 Schutzmechanismus und Auslösekennlinie eines Schutzschalters

Zusätzlich übernimmt der Schutzschalter auch der Überwachung der Versorgungsspannung und löst bei Überspannungen aus. Schutzschalter, die den Asynchronmotor direkt mit dem Versorgungsnetz verbinden, bezeichnet man auch als Direktstarter.

5.3.2 Anlauf des Asynchronmotors

Neben dem Betriebsverhalten ist bei Konstantantrieben mit Asynchronmotoren auch das Anlaufverhalten von Bedeutung. Das Anlaufverhalten beschreibt die Vorgänge, die nach Zuschalten der Ständerspannung U_S auf den stillstehenden Motor auftreten. Wie aus dem Kennliniendiagramm des Asynchronmotors zu erkennen ist, fließt im Stillstand des Motors der Anlaufstrom I_A, der bis zum 8-fachen des Nennstroms I_N betragen kann (Bild 5.20). **Anlaufverhalten**

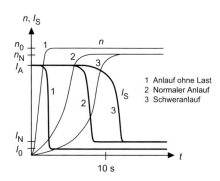

Bild 5.20
Anlaufverhalten des Asynchronmotors

Während dieser relativ hohe Einschaltstrom bei kleinen Motoren akzeptiert werden kann, müssen bei größeren Motoren Gegenmaßnahmen ergriffen werden, da anderenfalls unzulässige Einbrüche der Netzspannung auftreten. Technische Lösungen zur Begrenzung des Anlaufstroms sind:

• Stern-Dreieck-Anlauf

• Anlauf mit Anlaufwiderständen oder Anlauf mit Anlauftransformator

• Anlauf über Sanftanlasser.

Der Anlauf über Drosseln wird nur noch selten verwendet und wird deshalb in diesem Buch nicht behandelt.

Der Stern-Dreieck-Anlauf ist bei Asynchronmotoren anwendbar, deren Dreieckspannung der Netzspannung entspricht. **Stern-Dreieck-Anlauf, Stern-Dreieck-Starter**

Beispiel: $U_N = 400/690V\ \Delta/Y$

Beim Starten wird der Motor zuerst in Sternschaltung betrieben. Als Folge wird jede Wicklung nur mit der $1/\sqrt{3}$-fachen Ständerspannung be-

81

aufschlagt und der Anlaufstrom auf ca. 30% seines Werts bei Stern-schaltung begrenzt.

Zu berücksichtigen ist, dass das verfügbare Anlaufmoment ebenfalls auf ca. 30% absinkt. Sobald der Antrieb auf die gewünschte Drehzahl beschleunigt hat bzw. nach einer fest eingestellten Verzögerungszeit wird der Motor auf Dreieckschaltung umgeschaltet (Bild 5.21). Bei die-ser Umschaltung tritt kurzzeitig eine Stromspitze und damit ein Dreh-momentstoß auf. Darin liegt ein Nachteil des Stern-Dreieck-Anlaufes.

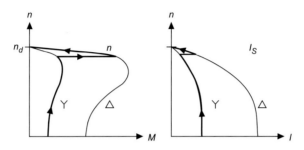

Bild 5.21 Strom- und Drehzahl des Asynchronmotors bei Stern-Dreieck-Anlauf

Zwischen dem Ausschalten der Sternschaltung und dem Zuschalten in Dreiecksschaltung ist eine Umschaltpause von ca. 50 ms erforderlich. In dieser Zeit ist der Motor stromlos und die Drehzahl fällt leicht ab. Wegen des reduzierten Anlaufmoments und der Umschaltpause eignet sich der Stern-Dreieck-Anlauf für Anwendungen mit großer Schwung-masse und dafür, wenn der Asynchronmotor erst nach dem Hochlauf belastet wird. Für Antriebe mit hohem Lastmoment wird der 4-Stufen-Stern-Dreick-Anlauf eingesetzt. Dafür sind spezielle Asynchronmotoren mit zusätzlichen Mittelabgriffen in den Ständerwicklungen erforder-lich.

Stern-Dreieck-Schaltungen können aus Einzelschützen oder einem kompletten Stern-Dreieck-Starter (Bild 5.22) aufgebaut werden. Bei Komplettgeräten ist der Überlastschutz im Allgemeinen gleich mit inte-griert. Die jeweiligen Anschlussbilder für den Motor und die Bemes-sungsangaben sind in der Betriebsanleitung enthalten.

Anlasswider-stände, Anlass-transformator

Eine weitere Möglichkeit, die Ständerspannung U_S in Stufen zu verän-dern, bieten Schaltungen mit Anlasswiderständen bzw. einem Anlass-transformator. Bei solchen Schaltungen werden ohmsche Widerstände oder ein Spartransformator in die Zuleitungen des Asynchronmotors geschaltet (Bild 5.23). Nach Hochlauf des Motors bzw. nach einer Verzö-gerungszeit wird der Motor dann direkt mit dem Versorgungsnetz ver-bunden.

Ein Anlasstransformator verfügt über mehrere Anzapfungen zur Ein-stellung der Anlaufspannung. Nach Zuschalten des Motors an das Versorgungsnetz durch Schließen von K3 wird der Anlasstransformator durch Öffnen von K1 und K2 wirkungslos geschaltet.

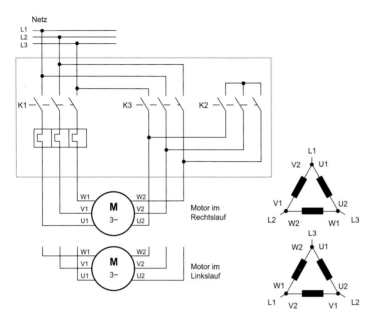

Bild 5.22 Asynchronmotor mit Stern-Dreieck-Starter

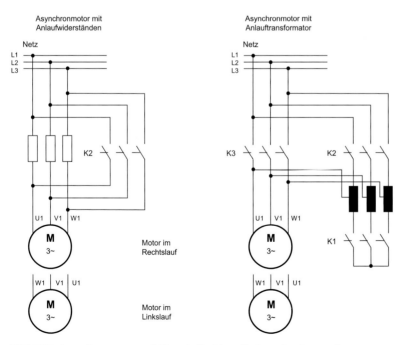

Bild 5.23 Asynchronmotor mit Vorschaltwiderständen oder Spartrafo

83

**Sanftanlauf,
Sanftstarter**

Mit dem Stern-Dreieck-Anlauf, Anlaufwiderständen und Anlauftransformatoren kann die Ständerspannung und damit der Ständerstrom nur stufenweise beeinflusst werden. Bei der Umschaltung zwischen den Stufen kommt es zu Stromspitzen und Drehmomentstößen. Notwendig ist deshalb eine technische Lösung, die eine stufenlose Verstellung der Ständerspannung ermöglicht. Dieses Ziel wird mit dem Sanftanlauf erreicht.

Bild 5.24
Sanftstarter

Der Sanftanlasser (Bild 5.24 zeigt ein Beispiel) steuert die Ständerspannung U_S kontinuierlich von einem wählbaren Anfangswert bis zur vollen Netzspannung. Dadurch erhöhen sich das Drehmoment und der Ständerstrom I_S ebenfalls kontinuierlich. Der Softstarter ermöglicht also ein stufenloses Anfahren von Motoren aus dem Stillstand.

Die Verstellung der Ständerspannung erfolgt durch Phasenanschnittsteuerung mit antiparallelen Thyristoren (Bild 5.25). Die Thyristoren werden so gesteuert, dass sie nur Teile der Netzspannungshalbwelle zum Motor weiterleiten und so den Effektivwert der Ständerspannung U_S absenken. Das Maß der Absenkung wird durch den Zündwinkel α bestimmt. Für $\alpha = 180°$ gilt $U_S = 0$ und für $\alpha = 0°$ gilt $U_S = U_{\text{Netz}}$.

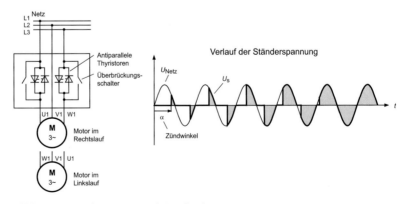

Bild 5.25 Asynchronmotor mit Sanftanlasser

Sanftanlasser werden ein-, zwei- und dreiphasig sowie mit und ohne Überbrückungsschalter angeboten.

Die Erhöhung der Ständerspannung U_S kann im Sanftanlasser entweder zeitgesteuert über eine Spannungsrampe oder stromgesteuert erfolgen.

Beim Anlauf mit Spannungsrampe (Bild 5.26 links) werden die Anlauf- oder Hochlaufzeit und die Startspannung eingestellt. Der Sanftanlasser erhöht die Ständerspannung linear bis zur vollen Netzspannung. Die notwendige Startspannung wird durch das erforderliche Anlaufmoment bestimmt. In der Praxis wird als erstes die Hochlaufzeit festgelegt (z.B. bei Pumpen ca. 10 s) und dann das Losbrechmoment bzw. die Startspannung eingestellt.

Sanftanlauf mit Spannungsrampe

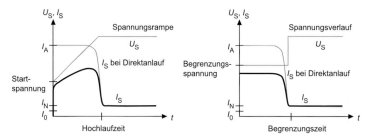

Bild 5.26 Strom- und Drehzahl des Asynchronmotors bei Sanftanlauf

Beim Sanftanlauf mit Spannungsrampe fängt der Strom bei einem Startwert an, steigt dann bis zu einem Maximum und fällt beim Erreichen der Bemessungsdrehzahl des Motors auf I_N zurück. Der maximale Strom kann nicht im Voraus bestimmt werden. Er wird sich je nach Motor und Belastung einstellen.

Soll aber ein maximaler Ständerstrom I_S nicht überschritten werden, erfolgt der Anlauf mittels Strombegrenzung (Bild 5.26 rechts). Die Ständerspannung wird dabei während der einstellbaren Begrenzungszeit auf einem Begrenzungswert „eingefroren", so dass der gewünschte Maximalstrom nicht überschritten wird. Der Motor kann damit nur einen bestimmten Anlaufstrom ziehen. Diese Anlaufmethode wird oft von den Energieversorgungsunternehmen gefordert, wenn ein Motor mit großer Leistung ans öffentliche Netz angeschlossen werden soll.

Sanftanlauf mit Strombegrenzung

Sanftanlasser weisen folgende Vorteile auf:

Vorteile des Sanftanlaufs

• Der Anlaufstrom wird reduziert oder begrenzt. Größere Spannungseinbrüche im Versorgungsnetz treten damit nicht auf und die Vorschriften der Energieversorgungsunternehmen werden eingehalten.

• Das Drehmoment wird der entsprechenden Last angepasst. Drehmomentstöße auf die mechanischen Teile der Arbeitsmaschine werden vermieden und Antriebselemente wie Riemen, Ketten, Getriebe und Lager werden geschont.

- Ruck- und stoßartige Bewegungen, die einen Prozess stören können, werden verhindert. Z.B. werden bei Pumpen und in Versorgungsleitungen Druckwellen vermieden.

- Bei Kompressoren kann beim Umschalten von Stern auf Dreieck die Drehzahl zusammenfallen. Mit einem Softstarter erreicht man einen kontinuierlichen Anlauf, Drehzahleinbrüche treten nicht mehr auf.

KUSA-Schaltung
Spielt die Begrenzung des Anlaufstroms keine Rolle und sollen nur Drehmomentstöße vermieden werden, kann die KUSA-Schaltung (KUSA = Kurzschlussläufer-Sanftanlauf) eingesetzt werden. Sie verwendet einen Anlaufwiderstand oder Sanftanlasser in nur einer Phase des Asynchronmotors. Nach Hochlauf des Motors werden der Widerstand bzw. der einphasige Sanftanlasser überbrückt.

5.3.3 Bremsen des Asynchronmotors

Auslauf des Motors
Sollen Asynchronmotoren stillgesetzt werden, erfolgt in den meisten Anwendungen einfach eine Trennung von der Versorgungsspannung. Der Motor ist dann stromlos und entwickelt kein Drehmoment mehr. Das wirkende Lastmoment bremst den Motor ab. Für einen sanften Auslauf bieten Sanftanlasser auch eine Funktion zur Absenkung der Ständerspannung über eine Rampe an. Für Pumpen wird diese Methode im Allgemeinen bevorzugt, um Druckwellen beim Abschalten zu vermeiden.

Soll der Asynchronmotor aktiv bremsen, muss er in den generatorischen Betriebszustand gebracht werden. Dafür stehen für Konstantantriebe folgende Bremsverfahren zur Verfügung:

- *Gegenstrombremsung*
  Zwei Phasen der Motorleitung werden vertauscht. Damit weist das Drehfeld einen gegenläufigen Drehsinn auf und bremst den Asynchronmotor ab. Bevor der Motor in die andere Richtung wieder hochläuft, ist er abzuschalten.
  Die bei der Gegenstrombremsung auftretenden Strom- und Drehmomentstöße sind allerdings noch größer als beim direkten Einschalten des stehenden Motors. Daher ist diese Methode für große Motoren kaum geeignet. Außerdem fällt die gesamte Bremsleistung im Motor an und erwärmt diesen relativ stark.

- *Gleichstrombremsung*
  Die Wicklungen des Asynchronmotors werden vom Netz getrennt und mit einem Gleichstrom beaufschlagt. Im rotierenden Läufer des Asynchronmotors wird so ein Kurzschlussstrom erzeugt, der den Motor abbremst. Auch hier fällt die gesamte Bremsleistung im Motor an und erwärmt diesen.

5.4 Drehzahlveränderliche Antriebe mit Asynchronmotor

5.4.1 Aufbau und Anwendungsbereich

Drehzahlveränderliche Antriebe können in ihrer Drehzahl variiert werden. Zu diesem Zweck wird ein Stellgerät zwischen das Netz und den Asynchronmotor geschaltet.

In der industriellen Praxis sind drehzahlveränderliche Antriebe mit Asynchronmotor weit verbreitet. Sie werden für die gleichen Anwendungen wie die Konstantantriebe mit Asynchronmotor eingesetzt und lösen diese ab, wenn von der Arbeitsmaschine eine verstellbare Drehzahl und Robustheit gegenüber Lastschwankungen gefordert wird. Zusätzlich sind drehzahlveränderliche Antriebe mit Asynchronmotor immer dort im Einsatz, wo in einem Bearbeitungsprozess über die Antriebdrehzahl Prozessgrößen verändert werden. Beispiele dafür sind

- Papiermaschinen,

- Walzstraßen,

- Drahtziehmaschinen,

- Folienmaschinen und

- Chemiefaserstraßen.

In solchen Prozessen wird über die Drehzahl gezielt die Materialdicke beeinflusst.

Ein weiteres Anwendungsbeispiel für drehzahlveränderliche Antriebe mit Asynchronmotor sind Fahr- und Hubwerksantriebe aller Art. In vielen Bearbeitungsmaschinen werden drehzahlveränderliche Antriebe mit Asynchronmotor als Zentralantrieb eingesetzt.

In den meisten Fällen sind die Asynchronmotoren über ein Getriebe zur Anpassung von Drehzahl und Drehmoment an die Arbeitsmaschine gekoppelt. Die Motoren selbst sind im Allgemeinen 3-phasig ausgeführt und decken den gesamten bei Asynchronmotoren üblichen Leistungsbereich ab.

Das Stellgerät zur Veränderung der Drehzahl kann prinzipiell auf zwei verschiedene Weisen arbeiten:

- Bei drehzahlveränderlichen Antrieben mit *Schützsteuerung* wird entweder die Richtung des Drehfeldes oder die Anzahl der wirksamen Pole im Asynchronmotor umgeschaltet. Damit ist der Betrieb des Antriebs mit 2 oder mehr Festdrehzahlen möglich.

- Bei drehzahlveränderlichen Antrieben mit *Frequenzumrichter* werden die Ständerspannung und die Ständerfrequenz des Asynchronmotors derart modifiziert, dass sich die gewünschte Drehzahl einstellt. Je nach Art des Regelverfahrens ist die Drehzahl dabei von der Belastung

- mehr oder weniger unabhängig,

- mehr oder weniger genau und

- die Verstellung mehr oder weniger dynamisch.

5.4.2 Drehzahländerung mit Schützen

Drehzahlumkehr mit Wendestarter

Soll der Antrieb lediglich in seiner Drehrichtung modifiziert werden, kommen Wendestarter zum Einsatz. Sie besitzen 2 Schütze, die die Versorgungsspannung entweder direkt oder mit 2 vertauschten Phasen an den Asynchronmotor durchschalten (Bild 5.27). Damit ergibt sich entweder ein Rechts- oder Linksdrehfeld und der Asynchronmotor folgt in der entsprechenden Drehrichtung. Wendestarter entsprechen in ihrem Anlaufverhalten den Direktstartern. Insbesondere beim Reversieren des Antriebs treten hohe Strom- und Drehmomentspitzen auf. Soll der Anlauf sanft erfolgen, müssen Wendestarter mit Sanftanlassern kombiniert werden.

Zwischen dem Ausschalten der einen Drehrichtung und dem Einschalten der anderen Drehrichtung muss eine Pause von mehreren Millisekunden eingehalten werden, damit der Lichtbogen im abschaltenden Schütz auch sicher verloschen ist.

Drehzahlverstellung durch Polumschaltung

Drehstromasynchronmotoren mit Kurzschlussläufer können durch entsprechend gestaltete Wicklungen zwischen 2, 3 oder 4 Festdrehzahlen umgeschaltet werden. Werden lediglich 2 Drehzahlen benötigt, wird

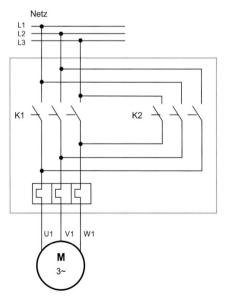

Bild 5.27 Asynchronmotor mit Wendestarter

eine umschaltbare Wicklung in Dahlanderschaltung verwendet. Werden mehr als 2 Festdrehzahlen benötigt, müssen zwei getrennte Wicklungen im Ständer des Asynchronmotors untergebracht werden. Dies führt zu einer reduzierten Leistung und damit geringeren Ausnutzung des Motors.

Bei Asynchronmotoren mit Dahlanderwicklungen ergibt sich je nach Anschluss und Bestromung der Wicklungen eine unterschiedliche Anzahl von Polpaaren im Motor. Die möglichen Drehzahlkombinationen sind den Herstellerkatalogen zu entnehmen. Bei Asynchronmotoren mit Dahlanderwicklungen ist die Bezeichnung und die Anordnung der Wicklungsenden im Klemmkasten gegenüber Standardmotoren verändert (Bild 5.28).

Dahlanderschaltung

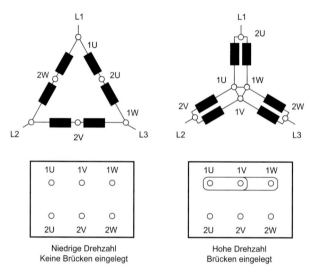

Niedrige Drehzahl
Keine Brücken eingelegt

Hohe Drehzahl
Brücken eingelegt

Bild 5.28 Verschaltungsmöglichkeiten beim Asynchronmotor mit Dahlanderwicklungen

Bei Betrieb mit niedriger Drehzahl werden keine Brücken eingelegt und die Netzzuleitungen an 1U, 1V und 1W angeschlossen. Bei Betrieb mit hoher Drehzahl werden Brücken eingelegt und die Netzzuleitungen an 2U, 2V und 2W angeschlossen. Beim Anschluss der Netzzuleitungen an 2U, 2V und 2W und Betrieb ohne Brücken kommt es zur thermischen Überlastung des Motors.

Wird der Asynchronmotor mit Dahlanderwicklungen mit Schützen zwischen zwei Drehzahlen umgeschaltet, übernimmt das Schütz K3 die „Brückenschaltung" bei der hohen Drehzahl (Bild 5.29). Die Umschaltung der Drehzahl ist wie bei Direktstartern mit Drehmomentstößen und Stromspitzen verbunden.

Eine andere Methode, Asynchronmotoren mit einer umschaltbaren Anzahl von Polpaaren herzustellen, ist, sie mit 2 getrennten Wicklungen

Getrennte Wicklungen

89

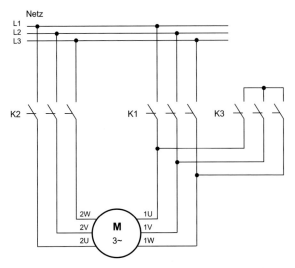

Bild 5.29 Asynchronmotor mit Dahlander-Schützschaltung

auszuführen. Je nach gewünschter Festdrehzahl wird die eine oder andere Wicklung mit der Netzspannung verbunden. Auch bei dieser Lösung ist die Bezeichnung und Anordnung der Wicklungsenden im Klemmkasten gegenüber Standardmotoren verändert. Im in Bild 5.30 dargestellten Beispiel müssen keine Brücken im Klemmkasten eingelegt werden. Je nach Anschlusspunkt der Netzzuleitung ergeben sich die verschiedenen Drehzahlen.

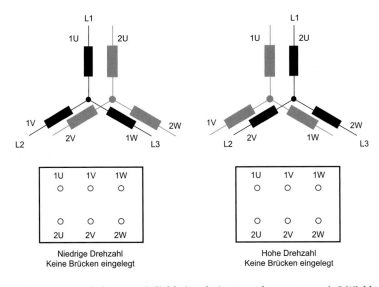

Bild 5.30 Verschaltungsmöglichkeiten beim Asynchronmotor mit 2 Wicklungen

Sollen mehr als 2 Festdrehzahlen realisiert werden, können die beiden getrennten Wicklungen jeweils noch als Dahlanderwicklungen ausgeführt werden. Der Klemmkasten des Motors weist dann entsprechend mehr Anschlusspunkte auf.

5.4.3 Drehzahländerung mit Frequenzumrichtern

Drehstromasynchronmotoren, deren Drehzahl stufenlos verändert werden soll, werden mit Frequenzumrichtern ausgestattet. Sie wandeln die Wechselspannung des speisenden Netzes in eine Wechselspannung mit variabler Frequenz und veränderlicher Spannungsamplitude um. Diese Umwandlung geschieht in einem zweistufigen Prozess:

Antriebe mit Frequenzumrichter

1. In einem ersten Schritt wird die Netzspannung bzw. der Netzstrom in einem Gleichrichter in eine Gleichspannung bzw. einen Gleichstrom gewandelt.

2. Im zweiten Schritt wird aus der Gleichspannung bzw. dem Gleichstrom eine Wechselspannung gewonnen und an den Asynchronmotor weitergegeben.

Je nachdem, ob die relevante Zwischengröße eine Spannung oder ein Strom ist, spricht man vom Spannungs- oder Stromzwischenkreisumrichter.

Spannungs- und Stromzwischenkreisumrichter

Stromzwischenkreisumrichter wurden bis vor wenigen Jahren im oberen Leistungsbereich ab ca. 100 kW eingesetzt. Sie sind rückspeisefähig, können also die im generatorischen Betrieb des Motors anfallende Energie ins Netz zurückspeisen. Sie benötigen für ihre Funktion jedoch eine große Drossel und müssen in ihrem Leistungsteil exakt auf den angeschlossenen Motor abgestimmt werden. Aus diesem Grund sind sie praktisch vollständig von Spannungszwischenkreisumrichtern verdrängt worden. Sie werden nachfolgend nicht weiter betrachtet. Spricht man heute von Frequenzumrichtern, sind in der Regel Spannungszwischenkreisumrichter gemeint. Diese Vereinbarung soll auch hier gelten.

Frequenzumrichter werden im Leistungsbereich von ca. 100 W bis einige MW eingesetzt. Sie sind im Vergleich zu Stromrichtern aufwändiger und verfügen mit Sondermaßnahmen über die Fähigkeit, den Motor generatorisch zu betreiben. Aufgrund des Zwischenkreises sind Frequenzumrichter aber vom zeitlichen Verlauf der Netzspannung entkoppelt. Sie gehören deshalb zu den selbstgeführten Stellgliedern und ermöglichen im Vergleich zu Stromrichtern eine dynamischere Regelung des angeschlossenen Motors.

Frequenzumrichter bestehen im einfachsten Fall neben der Regelung aus den 3 Hauptkomponenten

*   Gleichrichter

*   Zwischenkreis und

*   Wechselrichter (Bild 5.31).

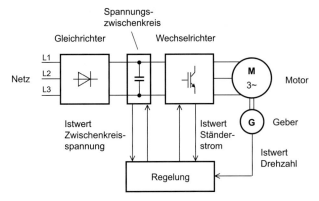

Bild 5.31
Drehzahlveränderlicher Antrieb mit Asynchronmotor und Frequenzumrichter

Durch diese Komponenten findet der Energiefluss vom Netz zum Asynchronmotor statt.

Gleichrichter

Der Gleichrichter wandelt die Netzspannung in eine Gleichspannung um. Er besteht bei Wechselstromnetzen aus 4 und bei Drehstromnetzen aus 6 Dioden. Jeweils zwei Dioden sind in Reihe geschaltet und bilden einen Brückenzweig. Zwischen den Dioden ist jeweils eine Phase der Netzspannung angeschlossen. Bei Wechselstromnetzen sind demzufolge 2 Zweige, bei Drehstromnetzen 3 Zweige erforderlich. Alle Zweige sind parallel geschaltet.

Am Stromfluss sind immer 2 Netzphasen und jeweils eine Diode der oberen und eine Diode der unteren Halbbrücke beteiligt (Bild 5.32). Die Reihenfolge, in der die Dioden stromführend sind, wird vom periodischen Spannungsverlauf in den einzelnen Netzphasen bestimmt. Die

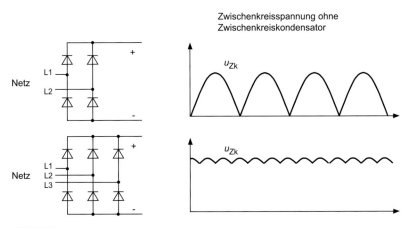

Bild 5.32
Ausgangsspannung des Gleichrichters ohne Zwischenkreiskondensator

Ausgangsspannung des Gleichrichters pulsiert relativ stark und muss mit Hilfe des Zwischenkreiskondensators geglättet werden. Der Spitzenwert der pulsierenden Gleichspannung liegt bei $\sqrt{2}U_{\text{Netz}}$.

Der Gleichspannungszwischenkreis (kurz: Zwischenkreis) dient zur Entkopplung des Gleichrichters vom nachgeschalteten Wechselrichter. Er verfügt über einen Zwischenkreiskondensator, der die Funktion eines Energiespeichers übernimmt (Bild 5.33). Er glättet die pulsierende Ausgangsspannung des Gleichrichters.

Zwischenkreis

Die Zwischenkreisspannung ist jedoch nicht völlig konstant. Sie schwankt mit der 2- bzw. 6-fachen Netzfrequenz sowie in Abhängigkeit von der Belastung des Asynchronmotors.

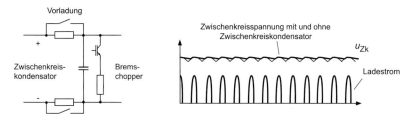

Bild 5.33 Zwischenkreiskomponenten und Zwischenkreisspannung

Als weiteres Element enthält der Zwischenkreis eine Vorladeschaltung, die meistens aus ohmschen Widerständen und Überbrückungsschaltern besteht. Sie dient dazu, den hohen Ladestrom des Zwischenkreiskondensators, der nach Zuschaltung der Netzspannung über den Gleichrichter fließt, zu begrenzen. Ist der Zwischenkreiskondensator aufgeladen, werden die Vorladewiderstände überbrückt und damit wirkungslos gemacht (Bild 5.34). Die Steuerung der Überbrückungsschalter übernimmt die Regelung des Frequenzumrichters nach Bild 5.31.

Vorladung

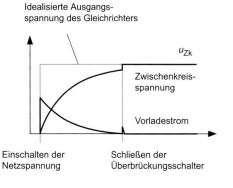

Bild 5.34 Vorladung des Zwischenkreises

Bremschopper, Bremswiderstand

Der am Zwischenkreis angeschlossene Wechselrichter kann generatorisch arbeiten und bei Bremsvorgängen elektrische Energie vom Motor in den Zwischenkreis zurückspeisen. Der Gleichrichter ist aufgrund seines einfachen Aufbaus als Diodenbrücke nicht in der Lage, diese Energie in das Netz weiterzuleiten. Die Energie verbleibt also im Zwischenkreis, wird im Zwischenkreiskondensator gespeichert und führt zu einem Anstieg der Zwischenkreisspannung. Um diese Spannungserhöhung zu begrenzen und den Frequenzumrichter vor Überspannungen zu schützen, muss die Energie im Zwischenkreis wieder abgebaut werden. Diese Aufgabe übernimmt der Bremschopper mit dem angeschlossenen Bremswiderstand.

Der Bremschopper besteht aus einem Transistor, der als Schalter arbeitet und den Bremswiderstand zwischen die beiden Pole des Zwischenkreises schaltet (Bild 5.34). In der Folge fließt über den Bremswiderstand ein Gleichstrom, der den Zwischenkreiskondensator entlädt und die Zwischenkreisspannung absenkt (Bild 5.35). Die vom Motor während des Bremsvorgangs zurückgespeiste Energie wird damit in Wärme umgesetzt.

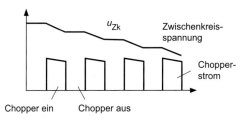

Bild 5.35 Abbau der Zwischenkreisspannung durch den Bremschopper

Die Ansteuerung des Bremschoppers erfolgt durch die Signalelektronik des Stellgliedes. Im Allgemeinen arbeitet der Bremschopper gepulst. Das heißt, der Transistor wird nicht dauerhaft, sondern zyklisch ein- und ausgeschaltet.

Der Bremswiderstand wird oft als Option zu Frequenzumrichtern angeboten und wird als separate Baugruppe in der Nähe des Frequenzumrichters angeordnet.

Wechselrichter

Der Wechselrichter wandelt die Zwischenkreisspannung in eine 3-phasige pulsierende Ausgangsspannung um. Er besteht aus 6 Transistoren und 6 Freilaufdioden (Bild 5.36). Jeweils zwei Transistoren sind in Reihe geschaltet. Parallel zu jedem Transistor ist eine Freilaufdiode angeordnet. Sie weist jeweils die entgegengesetzte Stromflussrichtung des zugehörigen Transistors auf.

Jeweils 2 Transistoren und 2 Dioden bilden einen Brückenzweig. An jedem Brückenzweig ist eine Phase des Drehstrommotors angeschlossen.

94

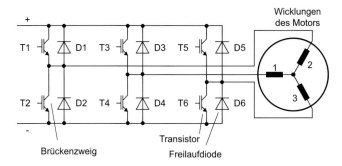

Bild 5.36 Wechselrichter und Motor

Die Transistoren werden so angesteuert, dass in jedem Brückenzweig entweder der obere oder der untere Transistor leitend ist. Der Schaltzustand der Brückenzweige wird deshalb entweder mit einer logischen 1 oder einer logischen 0 beschrieben. 1 bedeutet, dass der obere Transistor angesteuert ist. 0 bedeutet, dass der untere Transistor angesteuert ist.

Je nach Schaltzustand der einzelnen Brückenzweige liegt an den Wicklungen des Motors entweder der positive oder der negative Pol der Zwischenkreisspannung an. Die wirksame „Summenspannung" ergibt sich aus der Überlagerung der einzelnen an den Wicklungen anliegenden Spannungen. Sie wird zweckmäßigerweise als Raumzeiger dargestellt.

Raumzeiger unterscheiden sich von den bereits eingeführten Zeitzeigern. Während Zeitzeiger ein mathematisches Konstrukt zur verständlicheren Beschreibung von Wechselgrößen sind, bilden Raumzeiger die augenblicklichen Zustände der Ständerspannung, des Ständerstroms und des magnetischen Flusses geometrisch auf den Motor ab. Man ord-

Raumzeiger

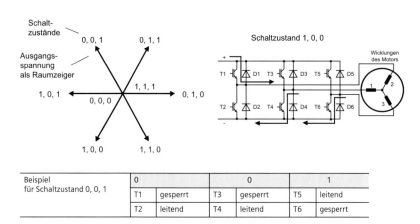

Bild 5.37 Vom Wechselrichter einprägbare Spannungsraumzeiger

net der Spannung, dem Strom und dem magnetischen Fluss jeder Wicklung einen entsprechenden Zeiger zu (Bild 5.37). Die Überlagerung aller Einzelzeiger ergibt dann den Raumzeiger der jeweiligen Größe (siehe auch Bild 5.44).

Spannungsverlauf

Betrachtet man alle möglichen Schaltzustände des Wechselrichters und stellt die resultierenden Raumzeiger der Ausgangsspannung dar, ergibt sich obenstehendes Bild. Man erkennt, dass der Wechselrichter

- 6 aktive Spannungszeiger mit einem Spannungsbetrag ungleich 0 und

- 2 sogenannte Nullzeiger mit einem Spannungsbetrag gleich 0

realisieren kann. Andere Spannungen können vom Wechselrichter nicht erzeugt werden. Da diese für den geregelten Betrieb des Motors jedoch erforderlich sind, müssen sie als Mittelwert aus den erzeugbaren Spannungen gebildet werden. Der Wechselrichter generiert deshalb eine sehr schnelle Folge von Spannungsraumzeigern, die im Mittelwert über einen bestimmten Zeitraum betrachtet die gewünschte Sollspannung ergeben (Bild 5.38).

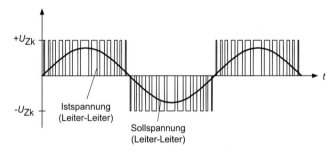

Bild 5.38 Ausgangsspannung des Wechselrichters und mittlere Ausgangsspannung (Sollspannung)

Der Betrag der aktiven Spannungsraumzeiger wird über ihre Einschaltdauer und damit über die „Breite" des Spannungsimpulses gesteuert. Wechselrichter arbeiten mit Pulsbreitenmodulation. Typische Pulsfrequenzen liegen im Bereich von 1 kHz bis 10 kHz.

Stromverlauf

Der Ausgangsstrom des Wechselrichters verläuft nicht impulsförmig, sondern ähnelt einer Sinusfunktion (Bild 5.39). Ursache ist die Induktivität des angeschlossenen Asynchronmotors, die keinen impulsförmigen Stromverlauf zuläst. Je höher die Pulsfrequenz des Wechselrichters ist, umso mehr nähert sich der Stromverlauf der idealen Sinusform an.

2- und 4-Quadranten-Betrieb

Frequenzumrichter können die Phasenlage des Ständerstroms beeinflussen und damit die Drehrichtung des Asynchronmotors verändern. Damit sind die beiden motorischen Quadranten des Drehzahl-Drehmoment-Diagramms abgedeckt. Beim generatorischen Betrieb des Motors

Bild 5.39 Ausgangsstrom des Wechselrichters

wird ein kleiner Teil der Energie im Motor und im Frequenzumrichter als Verlustenergie in Wärme umgesetzt, der größere Teil wird in den Zwischenkreis des Frequenzumrichters zurückgespeist. Langsame Bremsvorgänge mit geringer Bremsleistung beherrscht der Frequenzumrichter. Dynamische Bremsvorgänge beherrscht der Frequenzumrichter nur, wenn er mit einem Bremschopper und einem Bremswiderstand ausgerüstet ist. Dann ist auch der generatorische Betrieb in beiden Drehrichtungen des Motors ohne Einschränkungen möglich (Bild 5.40).

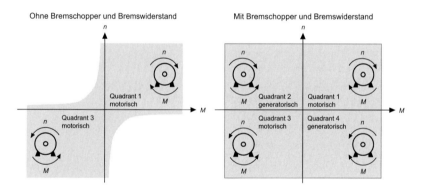

Bild 5.40 Betriebsquadranten eines Antriebs mit Frequenzumrichter

Neben der dargestellten Schaltung für Frequenzumrichter sind weitere Schaltungen gebräuchlich, die in der folgenden Tabelle aufgeführt sind.

Alternative Frequenzumrichterschaltungen

Tabelle 5.3 Weitere Schaltungen für Frequenzumrichter in der Antriebstechnik

Frequenzumrichter mit anderen Wechselrichterkomponenten		
Wechselrichter-schaltung	*Beschreibung*	*Leistungs-bereich*
3-Stufen-Umrichter	Zwischenkreis hat Mittelabgriffe Wechselrichter schaltet neben U_{zk}+ und U_{zk}- auch $0{,}5U_{zk}$+ und $0{,}5U_{zk}$- an die Motorwicklungen Geringere Oberwellen im Motorstrom	bis zu mehreren MW

Tabelle 5.3 Weitere Schaltungen für Frequenzumrichter in der Antriebstechnik (Forts.)

Frequenzumrichter mit anderen Gleichricherkomponenten		
Gleichrichter-schaltung	*Beschreibung*	*Leistungs-bereich*
1-phasiger Gleichrichter mit Power Factor Control (PFC)	Über eine selbstgeführte Einspeisung wird ein sinusförmiger Netzstrom erreicht Notwendig zur Erfüllung der EMV-Vorschriften in Haushaltnetzen	bis 7,5 kW
Active Front End	Über eine selbstgeführte Einspeisung wird ein sinusförmiger Netzstrom erreicht Ermöglicht Energierückspeisung ins Netz	bis zu mehreren MW
Diodengleichrichter mit parallelen Transistoren	Netzsynchron werden die Paralleltransistoren über den aktiven Dioden angesteuert Ermöglicht Energierückspeisung in das Netz	< 100 kW
12-Puls-Einspeisung mit Dioden- oder Thyristor-brücken (3-phasig)	Einspeisung in den Zwischenkreis über 2 parallele Gleichrichter Ein Gleichrichter wird über einen Vorschalttransformator mit einer um 30° versetzten Spannung versorgt Belastung des Netzes mit weniger Oberschwingungen	bis zu mehreren MW
Direktumrichter		
Umrichterschaltung	*Beschreibung*	*Leistungs-bereich*
Klassischer Direkt-umrichter	Jede Motorphase wird an einen Stromrichter mit antiparallelen Thyristorbrücken angeschlossen Ermöglicht Energierückspeisung in das Netz Für langsam laufende Großantriebe	bis zu mehreren MW
Matrixumrichter	Neues Umrichterkonzept, bei dem über eine Transistormatrix jede Motorphase mit jeder Netzphase verbunden werden kann	< 100 kW

5.4.4 Betrieb mit U/f-Steuerung

Grundschwin-gungen

Die einfachste Art, Asynchronmotoren mit einer veränderlichen Drehzahl zu betreiben, stellt die U/f-Steuerung dar. Sie basiert auf den stationären Kennlinien des Asynchronmotors. Betrachtet werden zur Herleitung dieser Kennlinien nur Betriebszustände, in denen der Asynchronmotor mit einer sinusförmigen Ständerspannung konstanter Amplitude und Frequenz beaufschlagt wird und ein stationärer sinusförmiger Ständerstrom fließt. Die tatsächlichen pulsförmigen Spannungsverläufe und „gezackten" Stromverläufe werden vereinfacht als sinusförmig angenommen. Berücksichtigt werden also nur die Grundschwingungen der Ströme und Spannungen, die Oberschwingungen werden vernachlässigt.

Kennlinien des Asynchronmotors

Werden bei einem Asynchronmotor Frequenz und Amplitude der Ständerspannung im gleichen Verhältnis verändert, verschiebt sich die stationäre Drehzahl-Drehmoment-Kennlinie des Motors entlang der Drehzahlachse (Bild 5.41). Beim Erreichen der maximal möglichen Spannung wird nur noch die Frequenz erhöht. Die Drehzahl-Drehmoment-Kennlinie des Asynchronmotors wird weiter verschoben und gleichzei-

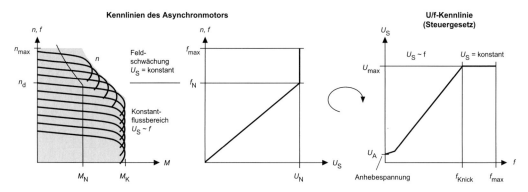

Bild 5.41 Ableitung der U/f-Kennlinie aus den Kennlinien des Asynchronmotors

tig in Richtung der Drehzahlachse gestaucht. Das erzielbare Motordrehmoment sinkt. Der Asynchronmotor arbeitet in der Feldschwächung.

Dieser Zusammenhang zwischen Frequenz und Amplitude der Ständerspannung wird bei der U/f-Steuerung ausgenutzt. Ihr Prinzip beruht darauf, den Motor mit der von der Arbeitsmaschine geforderten Drehfrequenz zu beaufschlagen und die Spannungsamplitude proportional zur Frequenz einzustellen. Dieses Steuergesetz wird in der U/f-Kennlinie abgebildet. Sie zeigt, wie die Amplitude der Ständerspannung in Abhängigkeit von der Drehfrequenz einzustellen ist.

Lineare U/f-Kennlinie als Steuergesetz

Die U/f-Kennlinie weist im Bereich kleiner Frequenzen eine Spannungsanhebung U_A auf. Diese Spannungsanhebung dient zur Kompensation des Ständerwiderstandes, der bei kleinen Frequenzen nicht zu vernachlässigen ist. Erreicht die Spannung die maximale Spannung U_{max}, die vom Frequenzumrichter bereitgestellt werden kann, ist keine weitere Spannungserhöhung mehr möglich. Die Kennlinie weist einen Knickpunkt auf, der oft der Nennfrequenz und der Nennspannung des angeschlossenen Motors entspricht. Beim Erreichen der maximalen Spannung U_{max} wird nur noch die Frequenz erhöht. Der Asynchronmotor arbeitet in der Feldschwächung.

In Pumpen- und Lüfteranwendungen arbeitet man oft mit quadratischen U/f-Kennlinien. Dadurch wird bei kleineren Drehzahlen nicht das volle Drehmoment bereitgestellt (das dann ja auch nicht benötigt wird) und die Verluste im Motor und im Stellgerät werden reduziert.

Quadratische U/f-Kennlinie als Steuergesetz

Bild 5.42 zeigt, wie die Regelung einer U/f-Steuerung aufgebaut ist.

„Regelschema" der U/f-Steuerung

Die U/f-Steuerung ist ein sehr einfaches Verfahren zur Verstellung der Drehzahl bei Asynchronmotoren. Sie ist bis zu einer Motorleistung von ca. 100 kW stabil einsetzbar. Die mechanische Drehzahl des Motors weicht belastungsabhängig von der Solldrehzahl ab; die Drehzahlgenauigkeit liegt im Bereich des Schlupfes des angeschlossenen Motors.

Anwendungsbereich der U/f-Steuerung

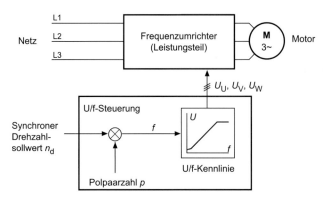

Bild 5.42 Regelungsstruktur des U/f-gesteuerten Asynchronmotors

Da die U/f-Steuerung auf den stationären Kennlinien des Asynchronmotors basiert, weist sie praktisch keine Dynamik auf und ist nur für langsame Drehzahländerungen verwendbar. Plötzliche Laststöße können den Asynchronmotor zum Kippen bringen. Hier liegen deutliche Nachteile im Vergleich zur Vektorregelung.

Ein großer Vorteil der U/f-Steuerung liegt in der Möglichkeit, mehrere Motoren parallel an einem Frequenzumrichter zu betreiben und so kostengünstige Gruppenantriebe zu realisieren (Bild 5.43).

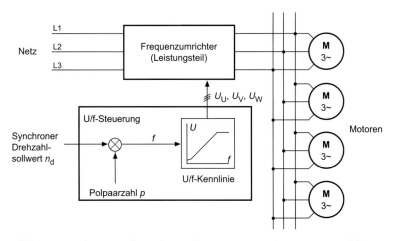

Bild 5.43 Regelungsstruktur eines U/f-gesteuerten Mehrmotorenantriebs

Hinweis: Der Betrieb mit Frequenzumrichter und U/f-Steuerung ist auch für Reluktanz- und permanent erregte Synchronmotoren möglich.

5.4.5 Betrieb mit Vektorregelung

Asynchronmotoren sind kostengünstige und robuste Motoren. Daher bestand seit ihrem Aufkommen der Wunsch, sie auch drehzahlgeregelt zu betreiben und eine vergleichbare Leistungsfähigkeit zu erreichen wie bei geregelten Gleichstrommotoren. Leider ist die mathematische Beschreibung von Asynchronmotoren wesentlich komplexer als die von Gleichstrommotoren und die Ableitung geeigneter Regelalgorithmen ist wesentlich komplizierter. Erst mit der Erfindung der Vektorregelung konnte der Durchbruch erreicht werden. Aufgrund ihrer Komplexität wird sie ausschließlich in Frequenzumrichtern mit digitaler Regelung realisiert.

Grundlage der Vektorregelung ist die Beschreibung des Asynchronmotors mit Raumzeigern. Wie bereits erwähnt, bilden Raumzeiger die augenblicklichen Zustände der Ständerspannung, des Ständerstroms und des magnetischen Flusses geometrisch auf den Motor ab. Man ordnet der Spannung, dem Strom und dem magnetischen Fluss jeder Wicklung einen entsprechenden Zeiger zu. Die Überlagerung aller Einzelzeiger ergibt dann den Raumzeiger der jeweiligen Größe. **Raumzeiger**

Bild 5.44 zeigt als Beispiel die Darstellung des Strom-Raumzeigers.

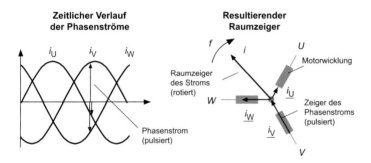

Bild 5.44 Ableitung des Strom-Raumzeigers aus den zeitlichen Verläufen der Phasenströme

Die Raumzeiger von Strom, Spannung und magnetischem Fluss rotieren mit der Frequenz der speisenden Spannung.

Zur mathematischen Beschreibung der Raumzeiger benutzt man Koordinatensysteme. Dabei stehen verschiedene Koordinatensysteme zur Auswahl (Bild 5.45): **Koordinatensysteme**

- Das *ständerfeste Koordinatensystem* ist mit dem Ständer des Asynchronmotors fest verbunden und steht still. Die Achsen des ständerfesten Koordinatensystems werden mit α und β bezeichnet. Die Komponenten der Raumzeiger weisen einen sinusförmigen Verlauf auf.

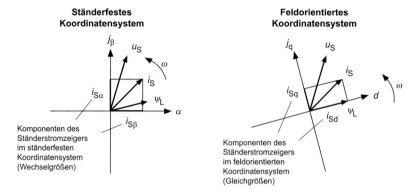

Bild 5.45
Beschreibung des Strom-Raumzeigers in verschiedenen Koordinatensystemen

- Das *feldorientierte Koordinatensystem* steht nicht still. Seine Achsen werden mit *d* und *q* bezeichnet. Seine d-Achse ist fest mit der Flussverkettung des Läufers der Asynchronmaschine verbunden. Dieses Koordinatensystem ist auf das Magnetfeld ausgerichtet, das den Läufer durchsetzt. Es rotiert mit der Frequenz der speisenden Spannung.
  Im feldorientierten Koordinatensystem sind alle auftretenden Spannungen, Ströme und Flussverkettungen Gleichgrößen. Sie weisen keinen sinusförmigen Verlauf mehr auf.

Stromkompo-
nenten

Im feldorientierten Koordinatensystem weist der Ständerstromzeiger i_S zwei Komponenten i_{sd} und i_{sq} auf. Es lässt sich zeigen, dass diese beiden Komponenten unterschiedliche Wirkungen haben:

- *Feldbildende Komponente i_{sd}*
  Die Stromkomponente i_{sd} ist für die Flussverkettung ψ_{Ld}, die den Läufer des Asynchronmotors durchsetzt, verantwortlich. Sie baut das Magnetfeld im Asynchronmotor auf und hat damit eine ähnliche Wirkung wie der Erregerstrom beim Gleichstrommotor.

- *Drehmomentbildende Komponente i_{sq}*
  Die Stromkomponente i_{sq} ist bei einer gegebenen Flussverkettung ψ_{Ld} für das Drehmoment, das der Asynchronmotor entwickelt, verantwortlich. Sie hat damit die gleiche Wirkung wie der Ankerstrom beim Gleichstrommotor.

Die Darstellung im feldorientierten Koordinatensystem liefert also zwei Stromkomponenten, mit deren Hilfe das Drehmoment des Asynchronmotors beschrieben werden kann. Es gilt:

$$M = \frac{3}{2} \cdot p \cdot \frac{L_H}{L_L} \cdot \psi_{LD} \cdot i_{sq}$$

$$\psi_{LD} = L_H \cdot i_{sd}$$

mit

M Drehmoment

p Polpaarzahl

L_H Hauptinduktivität

L_L Läuferinduktivität

ψ_{Ld} Läuferflussverkettung

i_{sd} Flussbildende Stromkomponente

i_{sq} Feldbildende Stromkomponente

Damit ist der Asynchronmotor regelungstechnisch auf den Gleichstrom-   **Motormodell**
motor zurückgeführt und kann bezüglich der Strom- und Drehzahlreg-
ler in gleicher Weise behandelt werden. Allerdings ist zu berücksichtigen, dass die Stromkomponenten i_{sd} und i_{sq} mathematische Größen
sind. Sie treten physikalisch in dieser Form nicht auf, sondern müssen
aus den realen Phasenströmen des Asynchronmotors berechnet werden.
Gleiches gilt für die Stellgröße des Stromreglers. Die vom Stromregler
berechneten Spannungen sind ebenfalls mathematische Größen und
müssen in reale Spannungen umgerechnet werden, die der Frequenzumrichter auch in den Asynchronmotor einprägen kann. Zu diesem
Zweck verfügt die Regelung des Frequenzumrichters über ein mathematisches Modell des angeschlossenen Asynchronmotors (Bild 5.46). In
diesem Motormodell finden die Umrechnungen zwischen physikalischen Strömen und Spannungen und den Raumzeigern bei Betrachtung
im feldorientierten Koordinatensystem statt. Damit die Umrechnung
korrekt funktioniert, müssen die elektrischen Parameter des angeschlossenen Motors zuvor am Frequenzumrichter eingegeben werden.

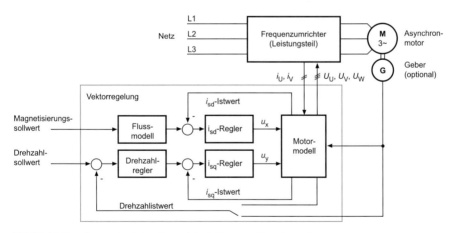

Bild 5.46 Regelungsstruktur des vektoriell geregelten Asynchronmotors

Die Stromregelung besteht beim vektorgeregelten Asynchronmotor aus   **Stromregler**
2 Reglern für beide Komponenten des Ständerstromvektors i_S. Daher

leitet sich der Name „Vektorregelung" ab. Die Stromregelung sorgt für entsprechende Magnetisierung des Motors und prägt den vom Drehzahlregler geforderten Strom i_{sq} ein. Damit weist die Regelung die bereits vom Gleichstrommotor bekannte Kaskadenstruktur auf.

Die Stromregelung ist sehr eng mit dem Motormodell verknüpft und muss wie dieses exakt auf den angeschlossenen Motor abgestimmt werden. Diese Aufgabe führt der Frequenzumrichter nach Eingabe der Motorparameter im Allgemeinen automatisch durch.

Drehzahlregler

Der Drehzahlregler erkennt Abweichungen der Drehzahl vom Sollwert und verändert je nach Bedarf den Drehmomentsollwert. Da das Drehmoment nicht direkt gemessen wird, dient die Stromkomponente i_{sq} als Ersatzgröße. Ist aufgrund einer hohen Last ein großes Drehmoment erforderlich, generiert der Drehzahlregler einen entsprechend großen Sollwert für die Stromkomponente i_{sq}. Sinkt die Belastung, beschleunigt der Antrieb und der Drehzahlregler erkennt die zu hohe Drehzahl. Er reagiert mit einem entsprechend abgesenkten Sollwert für i_{sq}.

Die Drehzahl wird bei hohen Anforderungen an die Genauigkeit und beim Betrieb des Antriebs bei kleinen Drehzahlen mit einem Drehzahlgeber gemessen. Sind die Anforderungen nicht so hoch, kann die Drehzahl vom Motormodell berechnet werden.

Kennlinien des geregelten Antriebs

Durch die Drehzahlregelung ändert sich das Drehzahl-Drehmoment-Kennlinienfeld des Asynchronmotors. Die Drehzahl-Drehmoment-Kennlinien verlaufen waagerecht (Bild 5.47). Die Drehzahl sinkt nicht mehr belastungsabhängig ab.

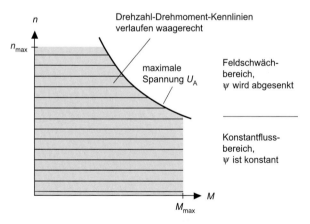

Bild 5.47
Drehzahl-Drehmoment-Kennlinien des vektoriell geregelten Asynchronmotors

Erreicht der Frequenzumrichter seine maximale Ausgangsspannung, wird vom Flussmodell die Läuferflussverkettung ψ_{Ld} abgesenkt. Der Motor kann dann auch bei höheren Drehzahlen betrieben werden. Der

Arbeitsbereich ist durch die zulässigen Maximalwerte der Drehzahl und des Drehmoments sowie die maximal zu Verfügung stehende Umrichterausgangsspannung U_{max} begrenzt.

Die Vektorregelung ist ein sehr leistungsfähiges Verfahren zur Verstellung der Drehzahl bei Asynchronmotoren. Sie ist über alle Motorleistungen einsetzbar. Die mechanische Drehzahl des Motors folgt sehr genau ihrem Sollwert. Das Drehmoment kann in ca. 2 ms in den Asynchronmotor eingeprägt werden. Vektorgeregelte Antriebe mit Asynchronmotor sind damit dynamischer als Gleichstromantriebe mit Stromrichter. Die Regelung bleibt auch bei Laststößen stabil.

Anwendungsbereich der Vektorregelung

Die Vektorregelung hat sich damit besonders im Anlagenbau sowie in Fahr- und Hubanwendungen einen festen Platz erobert.

5.4.6 Drehzahlgeber

Bild 5.48
Inkrementeller Geber

Frequenzumrichter werden ausschließlich mit einer digitalen Regelung ausgeführt. Die Drehzahlerfassung erfolgt deshalb auch digital. Vorzugsweise kommen inkrementelle Geber (Impulsgeber) zum Einsatz (Bild 5.48). Sie erfassen eine Lageänderung als eine Folge von Impulsen. Die Anzahl der je Zeitintervall gezählten Impulse ist ein Maß für die Drehzahl des Motors.

Inkrementelle Geber

$$n = \frac{\text{Zahlimpulse}}{\text{Zähldauer}} \cdot \frac{1}{I}$$

mit
I Geberauflösung in Inc./U

Damit die Drehrichtung erkannt werden kann, gibt der Geber zwei Signale A und B aus, die um 90° phasenverschoben sind (Bild 5.49). Aus der Reihenfolge der High-Low-Flanken in den Signalen A und B ist die Drehrichtung erkennbar.

Zusätzlich zu den Impulssignalen A und B wird der Nullimpuls übertragen. Er tritt einmal je Umdrehung auf.

Je mehr Impulse ein Geber je Umdrehung bereitstellt, umso genauer arbeitet die Drehzahlregelung des Frequenzumrichters. Besonders bei

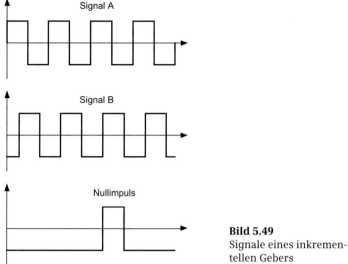

Bild 5.49
Signale eines inkremen-
tellen Gebers

niedrigen Drehzahlen hat die Pulszahl des Gebers einen großen Einfluss auf das Rundlaufverhalten des Antriebs. Üblich sind Impulszahlen
von ca. 500 Inc./Umdrehung bis 4096 Inc./Umdrehung. Im Frequenzumrichter findet zur Erhöhung der Auflösung im Allgemeinen noch eine Impulsvervierfachung statt.

Entsprechend dem Wirkprinzip unterscheidet man optische und magnetische Geber.

Optische Geber · Optische Geber verfügen über einen Informationsträger aus Glas, auf
dem ein regelmäßiges Muster aus lichtundurchlässigen Streifen (Stri-
chen) aufgebracht ist (Bild 5.50). Parallel zum Informationsträger befindet sich eine Maske aus Glas, die die gleiche Strichteilung aufweist.
Hinter der Maske ist ein Fotoelement (Sensor) angeordnet, das die ein-
fallende Lichtintensität misst.

Je nachdem, wie Informationsträger und Maske zueinander stehen,
schwankt die Lichtintensität am Fotoelement zwischen einem Mini-

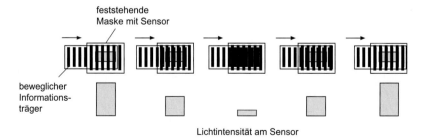

Bild 5.50 Funktionsprinzip eines optischen Gebers

mum und einem Maximum. Findet eine Relativbewegung zwischen Träger und Maske statt, generiert das Fotoelement ein sinusförmiges Signal, das von der Geberelektronik in ein Rechtecksignal gewandelt wird. Jede Signalperiode entspricht einer Relativbewegung von einem Strich.

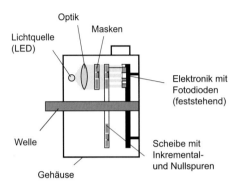

Bild 5.51
Aufbau eines
optischen Gebers

Zur Gewinnung der Signale A und B sowie des Nullimpulses verfügen optische Geber über mehrere Masken und Fotoelemente, die parallel ausgewertet werden (Bild 5.51). Die Striche auf den Glaskörpern lassen sich mit hoher Präzision aufbringen. Optische Geber weisen deshalb eine sehr gute Genauigkeit auf.

Magnetische Geber bestehen aus einem Abtastkopf und einem Informationsträger. Der Abtastkopf enthält Sensorelemente, die die Stärke des magnetischen Feldes an der Oberfläche des Informationsträgers erfassen und in elektrische Signale umsetzen. Der Informationsträger besteht entweder aus einer Anreihung von Permanentmagneten mit abwechselnd gegensinniger Magnetisierung oder aus einem metallischen Element mit zyklisch veränderlicher Permeabilität (Bild 5.52).

Magnetische Geber

Bei Gebern mit wechselnder Magnetisierung misst der Sensor des Abtastkopfes (siehe Bild 5.53) unmittelbar die Stärke des magnetischen

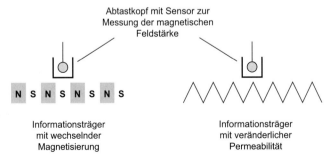

Bild 5.52 Funktionsprinzip magnetischer Geber

Feldes, das von den Permanentmagneten des Informationsträgers erzeugt wird. Meistens besteht der Informationsträger aus einem ferritischen Material, das entsprechend magnetisiert wurde. Die Bereiche unterschiedlicher Magnetisierung können nicht beliebig schmal gemacht werden, deshalb ist die erreichbare Auflösung begrenzt.

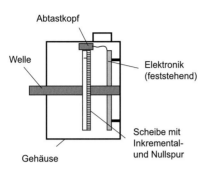

Bild 5.53
Aufbau eines magnetischen Gebers

Geber mit veränderlicher Permeabilität weisen eine Oberfläche mit zyklischen Erhebungen und Vertiefungen auf. Damit ergibt sich ein zyklisch veränderlicher Luftspalt, woraus wiederum ein zyklisch schwankender magnetischer Widerstand (Permeabilität) resultiert. Wird der Informationsträger einem Magnetfeld ausgesetzt, das zum Beispiel im Abtastkopf erzeugt wurde, entsteht eine typische Verteilung der magnetischen Flussdichte über der Oberfläche des Informationsträgers. Bereiche größerer Flussdichte wechseln sich mit Bereichen geringerer Flussdichte ab. Diese Verteilung wird vom Sensor erfasst.

Informationsträger mit veränderlicher Permeabilität können in unterschiedlicher Präzision hergestellt werden. Einfachste Anwendungen verwenden Zahnräder als Informationsträger, anspruchsvolle Anwendungen Stahlbänder mit eingeätzter Oberflächenstruktur.

Magnetische Geber bieten eine geringere Genauigkeit als optische Geber. Sie sind jedoch oft kostengünstiger und robuster.

Technische Daten

Informationen über die technischen Daten von inkrementellen Gebern gibt Tabelle 5.4.

Tabelle 5.4 Technische Daten von inkrementellen Gebern

Kenngröße	Typischer Wertebereich
Drehzahlbereich	bis 10.000 U/min
Versorgungsspannung	TTL-Geber: 5 V HTL-Geber: 24 V bis 30 V
Auflösung	Bis ca. 2' (Winkelminuten) bei 4096 Ink./Umdrehung und Impulsvervierfachung

5.5 Funktionen moderner Frequenzumrichter

5.5.1 Allgemeines

Drehzahlveränderliche Antriebe mit Asynchronmotor und Frequenzumrichter werden in sehr unterschiedlichen Anwendungen mit vielfältigen Einsatzbedingungen und Anforderungen eingesetzt. Um dieses breite Spektrum abdecken zu können, werden moderne Frequenzumrichter sehr flexibel ausgelegt. Sie verfügen über eine große Anzahl an optionalen Hardwareerweiterungen und Softwarefunktionen. Durch die anwendungsspezifische Kombination der verschiedenen Optionen lassen sich Frequenzumrichter an fast alle Anforderungen anpassen. Berücksichtigt man zusätzlich das breite Spektrum an Asynchronmotoren und Getrieben, ergibt sich eine hohe Flexibilität der drehzahlveränderlichen Antriebe mit Asynchronmotor und Frequenzumrichter.

5.5.2 Leistungsoptionen

Frequenzumrichter werden entsprechend dem zur Verfügung stehenden Versorgungsnetz ausgewählt. Diese Auswahl betrifft die Spannungsebene und die Phasenzahl. **Anpassung an das Versorgungsnetz**

Darüber hinaus sind in Drehstromnetzen die Erdungsverhältnisse zu beachten. Frequenzumrichter werden von manchen Herstellern mit Entstörkondensatoren ausgerüstet, die eine Verbindung zwischen spannungsführenden Komponenten und dem PE-Anschlusspunkt (Schutzleiter) herstellen. In ungeerdeten Netzen (IT-Netz) sind diese Kondensatoren wirkungslos und können bei ungünstigen Netzverhältnissen zerstört werden. Aus diesem Grund ist neben der Anpassung an Spannung und Phasenzahl auch die Anpassung an die Netzform notwendig. Die Hersteller bieten im Allgemeinen entsprechende Optionen für erdfreie Netze an.

Frequenzumrichter arbeiten getaktet. Sie belasten das Versorgungsnetz deshalb mit einem oberschwingungsbehafteten Strom. Um diese **Netzdrossel, Netzfilter**

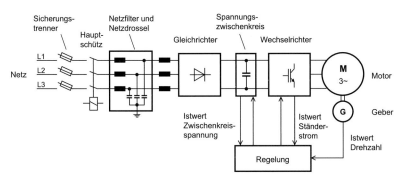

Bild 5.54 Frequenzumrichter mit netzseitigen Leistungsoptionen

Störeinflüsse so gering wie möglich zu halten, können Frequenzumrichter eingangseitig mit Netzdrosseln und Netzfiltern beschaltet werden (Bild 5.54). Einige Hersteller integrieren entsprechende Komponenten bereits standardmäßig in die Frequenzumrichter. Zur Einhaltung der EMV-Richtlinie und damit als Voraussetzung für die CE-Kennzeichnung sind im Allgemeinen zusätzliche Netzdrosseln und Netzfilter erforderlich. Um Platz und Kosten zu sparen, werden oft Gruppen von Frequenzumrichtern mit einer gemeinsamen Drossel und einem gemeinsamen Filter ausgerüstet.

Netztransformator Netztransformatoren dienen zur Anpassung zwischen der Nennspannung des Netzes und der Nennspannung der Frequenzumrichter. Diese Anpassung ist oft notwendig, wenn Serienmaschinen in Europa gebaut und dann in Länder mit anderen Spannungsebenen (z.B. USA) exportiert werden.

Schalt- und Schutzeinrichtungen Um Frequenzumrichter vom Netz zu trennen und den Schutz bei Kurzschlüssen und Überlastzuständen zu gewährleisten, werden Frequenzumrichter über entsprechende Sicherungs- und Schalterkombinationen an das Netz angeschlossen. Viele Hersteller empfehlen in ihren Katalogen und Projektierungsunterlagen passende Schaltgeräte.

Bremschopper und Bremswiderstand Zum dynamischen Bremsen des Asynchronmotors benötigen die meisten Frequenzumrichter einen Bremschopper und einen Bremswiderstand. Je nach Baugröße sind beide Komponenten im Gerät bereits integriert oder werden optional an den Zwischenkreis des Frequenzumrichters angeschlossen (Bild 5.55).

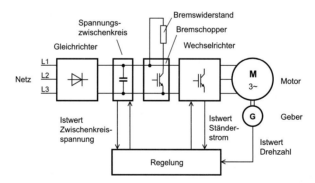

Bild 5.55 Frequenzumrichter mit Leistungsoptionen im Zwischenkreis

Ausgangsdrossel, Ausgangsfilter Der Wechselrichter stellt an seinem Ausgang eine Folge von Spannungsimpulsen bereit. Die Impulse haben sehr steile Flanken und eine hohe Änderungsgeschwindigkeit der Spannung ($\mathrm{d}u/\mathrm{d}t$). Das führt bei langen Motorleitungen zu hohen Umladeströmen der parasitären Leitungskapazitäten und bei ungünstigen Konstellationen zur Ausbildung von Spannungswellen auf der Motorleitung. In der Folge kann an den Motorklemmen eine deutlich über der Zwischenkreisspannung liegen-

110

de Spannungsspitze auftreten, die die Motorisolation zerstört. Gerade bei älteren Motoren, die im Rahmen von Retrofitmaßnahmen mit Frequenzumrichtern ausgerüstet werden, ist diese Gefahr relativ groß.

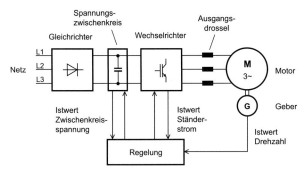

Bild 5.56
Frequenzumrichter mit Leistungsoptionen am Wechselrichterausgang

Um die kapazitiven Umladeströme und Spannungsüberhöhungen zu begrenzen bzw. vollständig zu unterdrücken, kann zwischen Frequenzumrichter und Motor eine Ausgangsdrossel oder ein Ausgangsfilter (du/dt-Filter oder Sinusfilter) angeordnet werden (Bild 5.56).

5.5.3 Elektronikoptionen

Frequenzumrichter sind flexibel bezüglich ihrer Regelungsfunktionen und ihrer Einbindung in eine Automatisierungslösung. Voraussetzung dafür ist, dass entsprechende Schnittstellen und Funktionsbaugruppen zur Verfügung stehen. Viele Frequenzumrichter verfügen deshalb über ein breites Sortiment an optionalen Elektronikerweiterungen. Diese werden an vorbereiteten Steckplätzen oder Optionsschächten am Frequenzumrichter montiert. Je nach Leistungsumfang können 1 bis ca. 4 optionale Baugruppen gleichzeitig bestückt werden.

Geberschnittstellen ermöglichen den Anschluss eines Motorgebers. **Geberschnittstellen** Dieser ist immer dann erforderlich, wenn die Vektorregelung sehr genau oder bei stillstehendem Asynchronmotor (z.B. bei Hubwerken) arbeiten muss.

Im Allgemeinen sind die Geberbaugruppen für die Auswertung inkrementeller Geber (Impulsgeber) vorgesehen. Zunehmend werden auch Baugruppen zur Auswertung von Resolvern oder Absolutwertgebern angeboten. Diese aus der Servoantriebstechnik stammenden Geber finden auch Verwendung in Verbindung mit Frequenzumrichtern, wenn diese in einfachen Motion-Control-Anwendungen eingesetzt werden.

Frequenzumrichter sind mit einer Grundausstattung an digitalen und **Klemmenerwei-** analogen Ein-/Ausgängen versehen. Da sie aber immer mehr technolo- **terungen** gische Funktionen übernehmen, sind diese Signale oft nicht ausreichend. Deshalb können Frequenzumrichter mit entsprechenden Klemmenerweiterungsbaugruppen aufgerüstet werden (Bild 5.57).

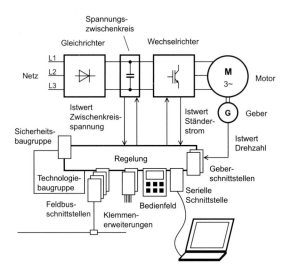

Bild 5.57 Frequenzumrichter mit Elektronikoptionen

Technologie-baugruppen

Technologiebaugruppen erweitern die Funktionalität des Frequenzumrichters über die reine Drehzahlverstellung des Asynchronmotors hinaus. Sie ermöglichen spezielle Funktionen wie Druckregelungen, Zugregelungen, Wickelfunktionen, Motion-Control-Funktionen oder sind frei programmierbar. Durch Technologiebaugruppen werden Frequenzumrichter zu Prozessreglern.

Sicherheits-baugruppen

In vielen Anwendungen ist in bestimmten Betriebszuständen ein Schutz des Bedieners vor gefahrbringenden Bewegungen erforderlich. Da der Frequenzumrichter die Bewegung des Asynchronmotors steuert, ist es naheliegend, die Schutzfunktion auch vom Frequenzumrichter ausführen zu lassen. Dieser Ansatz ist bei Servoantrieben schon längere Zeit üblich und wird nun zunehmend auf Frequenzumrichter übertragen.

An Sicherheitsfunktionen werden sehr hohe Anforderungen bezüglich ihrer Zuverlässigkeit gestellt. Deshalb sind entsprechend aufwändige Hardwareschaltungen nötig, die als Optionsbaugruppe ausgeführt werden.

Feldbusschnitt-stellen

Frequenzumrichter sind oft Bestandteil einer Automatisierungslösung. Dann werden neben dem Antrieb mit Frequenzumrichter weitere Antriebe und andere Aktoren von einer überlagerten Steuerung mit Sollwerten und Steuerkommandos versorgt. Im Gegenzug benötigt die Steuerung aktuelle Istwerte und Zustandsmeldungen. Die Signalübertragung erfolgt in komplexeren Systemen fast vollständig über Feldbusse.

Der Feldbus wird meist unter Steuerungsgesichtspunkten ausgewählt. Frequenzumrichter müssen daher sehr flexibel an verschiedene Feldbusse anpassbar sein. Deshalb sind für die meisten Frequenzumrichter eine ganze Reihe verschiedener Feldbusoptionen verfügbar.

Frequenzumrichter müssen vom Anwender parametriert werden. Das kann entweder über ein Bedienfeld oder einen über eine serielle Schnittstelle angeschlossenen PC erfolgen. Entsprechende PC-Programme gehören heute zum Lieferumfang von Frequenzumrichtern.

Bedienschnittstellen, Bedienfelder

Da die Parametrierung im Allgemeinen nur einmal erfolgt, werden die erforderlichen Schnittstellen oft optional angeboten.

5.5.4 Prozessschnittstelle

Drehzahlveränderliche Antriebe mit Asynchronmotor und Frequenzumrichter sind oft Teil einer Automatisierungslösung und werden extern gesteuert. Der Signalaustausch mit der externen Steuerung erfolgt aus funktioneller Sicht über die Prozessschnittstelle des Umrichters. Die Prozessschnittstelle beschreibt die benötigten Signale zur Steuerung des Frequenzumrichters. Sie umfasst

- Steuerkommandos und Zustandsmeldungen sowie

- Sollwerte und Istwerte.

Sie beschreibt nicht den Weg, über den diese Signale übertragen werden.

Steuerkommandos und Zustandsmeldungen sind binäre Einzelsignale. Sie werden im Frequenzumrichter zu Gruppen zusammengefasst und als Steuer- und Zustandsworte bezeichnet.

Steuer- und Zustandsworte

Tabelle 5.5 Beispiele für Steuer- und Zustandssignale

Bit Nr.	Steuerwort	Bit Nr.	Zustandswort
0	Ein/Aus	0	Einschaltbereit
1	Ein/Impulssperre	1	Betriebsbereit
2	Ein/Schnellhalt	2	Betrieb
3	Wechselrichter Freigabe/Sperre	3	Störung
4	Hochlaufgeber Freigabe/Sperre	4	Impulssperre liegt an
5	Hochlaufgeber Start/Stopp	5	Schnellhalt liegt an
6	Sollwert Freigabe/Sperre	6	Einschaltsperre
7	Fehler quittieren	7	Warnung liegt an
	...		...

Je nach Funktionsumfang des Frequenzumrichters ist die Liste der Steuer- und Zustandssignale mehr oder weniger lang (siehe Tabelle 5.5).

Zum Betrieb des Frequenzumrichters müssen abhängig vom Gerätezustand die Steuersignale mit dem richtigen Signalpegel und in der richtigen Reihenfolge bedient werden. Es findet praktisch ein „Dialog" zwischen Frequenzumrichter und Steuergerät statt (Bild 5.58). Hier schleichen sich im Steuerungsprogramm oft Fehler ein, die zu Verzögerungen in der Inbetriebnahmephase führen.

Die Steuer- und Zustandssignale können über verschiedene Hardwareschnittstellen auch parallel zum oder vom Frequenzumrichter übertragen werden.

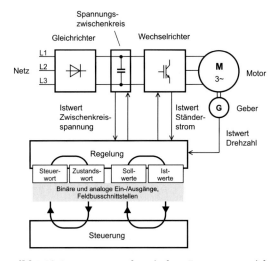

Bild 5.58 Datenaustausch zwischen Frequenzumrichter und Steuerung

Soll- und Istwerte

Soll- und Istwerte sind digitale Signale mit einer Wortbreite von 16 oder 32 Bit. Sie sind das Abbild realer oder mathematisch berechneter physikalischer Größen. Tabelle 5.6 zeigt Beispiele solcher Werte.

Tabelle 5.6 Beispiele für Soll- und Istwerte

Istwerte	Sollwerte
Drehzahlistwert	Drehzahlsollwert
Frequenzistwert	Frequenzsollwert
Spannungsistwert	Drehmomengrenzwert
Stromistwert	Stromsollwert
Temperaturistwert	Lagesollwert
Drehmomentistwert	Leistungsgrenzwert

Je nach Funktionsumfang des Frequenzumrichters ist die Liste der möglichen Soll- und Istwerte mehr oder weniger lang. Besonders wenn technologische Regelungen in den Frequenzumrichter integriert werden, tauchen exotische Soll- und Istwerte auf, die auf den ersten Blick wenig mit der Antriebsregelung zu tun haben.

Zum Betrieb des Frequenzumrichters werden die Sollwerte zyklisch an den Frequenzumrichter übergeben und Istwerte laufend gelesen. Die Soll- und Istwerte können über verschiedene Schnittstellen auch parallel zum oder vom Frequenzumrichter übertragen werden. Ein typisches Beispiel ist die Übertragung des Drehzahlsollwerts über einen Feldbus und das gleichzeitige Einlesen eines Korrekturwerts über einen analogen Eingang am Frequenzumrichter. Beide Werte werden dann in der Regelung des Frequenzumrichters addiert und bilden gemeinsam den Drehzahlsollwert für den Drehzahlregler.

5.5.5 Anwenderschnittstelle

Die Anwenderschnittstelle beschreibt, in welcher Form Konfigurationseinstellungen im Frequenzumrichter vorgenommen werden. Bei analogen Geräten erfolgte die Konfiguration über Potentiometer, Jumper, DIP-Schalter oder Bauelemente, die ein- oder ausgelötet werden mussten. An definierten Messpunkten konnten Signalverläufe mit dem Oszilloskop nachverfolgt werden. All diese Elemente wurden in digitalen Geräten durch Parameter abgelöst.

Parameter sind durch eindeutige Nummern gekennzeichnet und dadurch unterscheidbar. Jeder Parameter hat eine genau definierte Funktion bzw. Bedeutung, die in der Betriebsanleitung des Frequenzumrichters beschrieben ist. Man unterscheidet 2 Typen von Parametern:

Parameter

- *Leseparameter* dienen nur der Anzeige. Sie sind vom Anwender nicht änderbar und übernehmen die Funktion der Messpunkte in analogen Geräten.

- *Schreib-/Leseparameter* können angezeigt und vom Anwender geändert werden. Über diese Parameter erfolgt die Konfiguration des Frequenzumrichters.

Der Zugriff auf die Parameter erfolgt entweder über ein integriertes Bedienfeld oder vom PC über eine serielle Schnittstelle des Frequenzumrichters. Da die Anzahl der einzustellenden Parameter sehr groß sein kann, ist die Konfiguration über den PC wesentlich komfortabler und schneller. In einigen Frequenzumrichtern werden Parameter bereits auf Wechselspeichern (z.B. Memory Cards) gespeichert und können so einfach kopiert und übertragen werden.

Parameter weisen eine ganze Reihe von Merkmalen auf. Diese unterscheiden sich von Hersteller zu Hersteller. Beispiele sind in der Tabelle Tabelle 5.7 aufgeführt.

Tabelle 5.7 Attribute von Antriebsparametern

Merkmal	Bedeutung
Parameternummer	Dient der eindeutigen Kennzeichnung.
Parameterindex	Ist eine Erweiterung der Parameternummer und dient zur Bildung von Unterparametern.
Wertebereich	Gibt den Einstell- oder Anzeigebereich eines Parameters an
Werkseinstellung	Gibt den Parameterwert im Auslieferzustand des Umrichters an.
Typ (Boolean, Integer usw.)	Beschreibt, wie ein über Feldbusse übertragener Wert in der Steuerung zu interpretieren ist.
Änderbarkeit	Gibt an, ob und in welchen Zuständen des Umrichters ein Parameter geändert werden kann.
Zugriffsstufe (Operator, Experte, Service)	Gibt an, in welcher Zugriffsstufe ein Parameter sichtbar und änderbar ist.
Menüzugehörigkeit (Motor, Regler usw.)	Gibt an, in welchen Menüs der Parameter enthalten ist. Um die Übersichtlichkeit zu erhöhen, sind Parameter in Gruppen (Menüs) zusammengefasst. So lassen sich Parameter einfacher filtern.

Neben den Parametern sind für Diagnosezwecke einfache Anzeigehilfsmittel auf Frequenzumrichtern integriert. Beispiele dafür sind LEDs zur Signalisierung von Betriebs- und Störzuständen sowie numerische oder alphanumerische Displays auf den integrierten Bedienfeldern.

5.5.6 Regelungs- und Steuerungsfunktionen

Moderne digitale Frequenzumrichter weisen einen stetig wachsenden Funktionsumfang auf (vgl. Bild 5.59). Die Verfügbarkeit immer leistungsfähigerer Prozessoren und Speicher gepaart mit einem ständigen Innovationsdruck führt dazu, dass immer mehr Funktionen integriert werden. Frequenzumrichter beschränken sich nicht mehr ausschließlich auf die Drehzahlverstellung des angeschlossenen Asynchronmotors, sondern übernehmen mehr und mehr technologische und Steuerungsfunktionen. Folgende grobe Funktionsblöcke lassen sich bilden:

- Regelung

- Sollwertaufbereitung

- Sollwert- und Befehlsquellen

- Technologische Funktionen

- Schutz- und Überwachungsfunktionen

- Diagnose

- Inbetriebnahmefunktionen

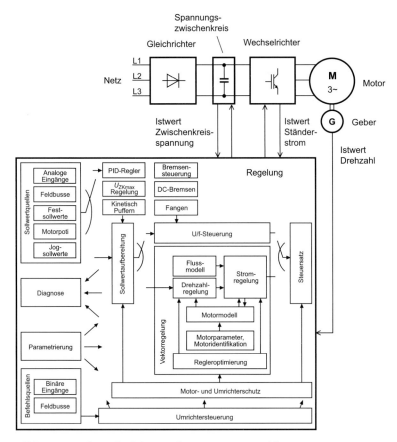

Bild 5.59 Regelungsfunktionen eines Frequenzumrichters

Diese Funktionsblöcke sind über interne Signalpfade miteinander verknüpft. Die Signalpfade sind abhängig von der benötigten Funktionalität durch den Anwender änderbar. Ein Beispiel hierfür ist, dass der
Drehzahlsollwert vom analogen Eingang oder über eine Feldbus-
schnittstelle vorgegeben werden kann. Durch entsprechende Parametereinstellungen wählt der Anwender die gewünschte Quelle aus.

Viele Frequenzumrichter bieten die U/f-Steuerung und die Vektorregelung zum Betrieb des Asynchronmotors an. Während der Inbetriebnahme wählt der Anwender den entsprechenden Modus aus und parametriert die entsprechenden Funktionen.

Regelung

Im Vektormode ist neben der bereits bekannten Drehzahlregelung oft
auch eine Drehmomentregelung möglich. In diesem Fall wird das Drehmoment als Sollwert vorgegeben. Diese Betriebsart kommt bei mechanisch gekoppelten Antrieben zum Einsatz.

Eine andere Möglichkeit, mechanisch gekoppelte Antriebe geregelt zu
betreiben, bietet die Statikfunktion. Sie senkt den Drehzahlsollwert be-

Tabelle 5.8 Einstellbare Begrenzungen zum Schutz des Antriebs

Begrenzung	Zweck
Maximales Drehmoment	Schutz des mechanischen Antriebsstranges vor Überlastung (Vektorregelung)
Maximaler Motorstrom	Schutz des mechanischen Antriebsstranges vor Überlastung (U/f-Steuerung)
Maximale Leistung	Begrenzung besonders der generatorischen Leistung, um die Abschaltung des Wechselrichters aufgrund von Überspannungen im Zwischenkreis zu vermeiden
Maximale Drehzahl	Überwacht die Drehzahl bei Drehmomentregelung

lastungsabhängig ab und macht den Antrieb damit „weich". Mechanisch gekoppelte Antriebe gibt es relativ häufig bei Fahrwerken oder Walzenantrieben.

Teil der Regelung sind Begrenzungen. Sie schützen die angeschlossene Arbeitsmaschine vor Überlastungen und unzulässigen Betriebszuständen. Sie müssen vom Anwender entsprechend eingestellt werden. Einige typische Begrenzungen sind in Tabelle 5.8 aufgeführt.

Sollwertaufbereitung

Der Drehzahlregelung vorgelagert ist die Sollwertaufbereitung (Bild 5.60). Sie generiert den Frequenz- bzw. Drehzahlsollwert für die Regelung und hat folgende Funktionen:

* Addition mehrerer Sollwerte zu einem Summensollwert (z.B. Hauptsollwert vom Feldbus und Korrektursollwert vom analogen Eingang)

* Verstärkung/Abschwächung des Sollwerts

* Begrenzung des Sollwerts (Minimal- und Maximalwert, Sperren einer Drehrichtung)
  Die Begrenzung der Drehzahl auf einen Maximalwert dient dem Schutz des Motors und der Arbeitsmaschine vor Überlastung. Die Begrenzung der Drehzahl auf einen Minimalwert ist für Anwendungen erforderlich, bei denen der Antrieb selbst bei fehlender Sollwertvorgabe nicht stillstehen darf (z.B. Extruder).

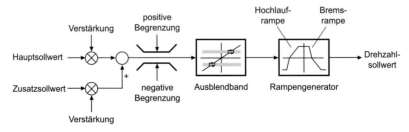

Bild 5.60 Sollwertaufbereitung für den Drehzahl- bzw. Frequenzsollwert

- Ausblenden bestimmter Sollwerte, um die Anregung mechanischer Resonanzfrequenzen zu vermeiden

- Bildung von Hoch- und Rücklauframpen zur Vermeidung von Überlastungen und Drehmomentstößen.

Technologische Funktionen erweitern die Funktionalität des Antriebs über die reine Drehzahlverstellung hinaus. Neben den auf bestimmte Anwendungen zugeschnittenen Funktionen enthalten leistungsfähige Frequenzumrichter auch einige allgemeine technologische Funktionen: **Technologische Funktionen**

- *Technologieregler*
  Der Technologieregler (Bild 5.61) ermöglicht einfache Prozessregelungen aller Art. Er wird z.B. für Druckregelungen, Füllstandsregelungen oder Durchflussregelungen eingesetzt. Er gibt den Drehzahlsollwert des Antriebs so vor, dass die zu regelnde Prozessgröße ihrem Sollwert entspricht. Technologieregler sind als PID-Regler ausgeführt und damit sehr flexibel anpassbar.

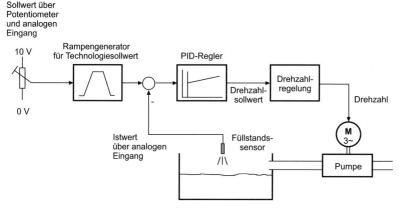

Bild 5.61 Anwendung des Technologiereglers für eine Füllstandsregelung

- *Fangen*
  Wird ein Frequenzumrichter ohne Geberauswertung auf einen drehenden Asynchronmotor zungeschaltet, können Überströme auftreten. Der Frequenzumrichter schaltet ab und generiert eine Fehlermeldung. Diese Betriebszustände treten zum Beispiel bei nachlaufenden Lüfterrädern auf. Um den Umrichter trotzdem auf den drehenden Asynchronmotor einschalten zu können, benötigt man eine Fangfunktion. Ist diese Funktion aktiviert, „sucht" der Frequenzumrichter beim Einschalten die Drehfrequenz des Motors und schaltet mit dieser Frequenz zu. Nachdem die Magnetisierung im Asynchronmotor aufgebaut wurde, führt der Umrichter den Motor von

dieser augenblicklichen Drehzahl auf die eigentliche Solldrehzahl (Bild 5.62).

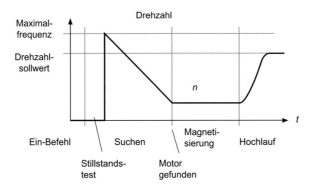

Bild 5.62 Drehzahlverlauf beim Zuschalten auf den drehenden Motor mit aktiver Funktion „Fangen"

- *Kinetisches Puffern*
  Beim Ausfall oder Einbruch der Netzspannung erkennt der Frequenzumrichter eine zu kleine Zwischenkreisspannung und schaltet mit einer entsprechenden Fehlermeldung ab. Verfügt der Umrichter jedoch über die Funktion „Kinetisches Puffern", beginnt er bei Erreichen einer definierten Unterspannungsschwelle den Motor generatorisch abzubremsen (Bild 5.63). Damit wird Energie aus dem mechanischen

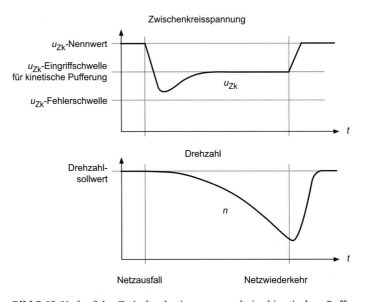

Bild 5.63 Verlauf der Zwischenkreisspannung beim kinetischen Puffern

System in den Zwischenkreis zurückgespeist und die Zwischenkreisspannung gestützt. Da auch die Elektronikstromversorgung des Frequenzumrichters aus dem Zwischenkreis erfolgt, hält sich der Umrichter durch diese Maßnahme selbst „am Leben". Kehrt die Netzspannung zurück, beschleunigt der Antrieb wieder auf seinen Sollwert. Besonders bei trägheitsreichen Antrieben mit geringem Lastmoment in der Textilindustrie können so Ausfälle oder Einbrüche der Netzspannung über mehrere Sekunden überbrückt werden.

- U_{ZKmax}-Regelung

Aus Kostengründen verzichtet man oft auf die Ausrüstung des Frequenzumrichters mit Bremswiderstand und Bremschopper. Dann ist die Bremsleistung des Antriebs begrenzt. Sie kann lediglich so groß werden, wie Verluste im Asynchronmotor und im Frequenzumrichter während des Bremsvorgangs anfallen. Wird der Motor stärker abgebremst, kommt es zu einer unzulässigen Erhöhung der Zwischenkreisspannung und der Frequenzumrichter schaltet mit einer entsprechenden Fehlermeldung ab. Die U_{ZKmax}-Regelung überwacht die Zwischenkreisspannung bei Bremsvorgängen. Erreicht sie einen definierten Maximalwert, verlängert die U_{ZKmax}-Regelung automatisch die Bremsrampe und hält die Zwischenkreisspannung unter der Fehlerschwelle (Bild 5.64). Der Antrieb bremst mit der maximal zulässigen Bremsleistung ab und die Fehlerabschaltung wird verhindert.

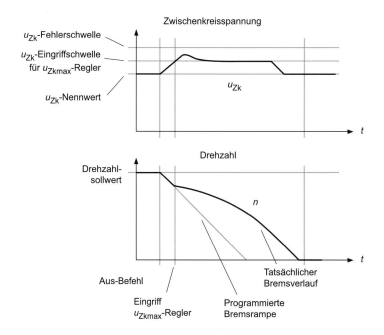

Bild 5.64 Verlauf der Zwischenkreisspannung bei aktiver U_{ZKmax}-Regelung

- *DC-Bremsen*

  Asynchronmotoren können durch eine Gleichstrombremsung stillgesetzt werden. Dazu wird in den drehenden Motor ein Gleichstrom
  eingeprägt (Bild 5.65). Dieser baut im Motor ein Gleichfeld auf, in
  dem der Läufer rotiert. Die im Läufer induzierten Spannungen rufen
  einen Kurzschlussstrom hervor, der den Läufer bis zum Stillstand
  abbremst. Zu beachten ist, dass die Bremsenergie im Läufer des
  Asynchronmotors anfällt und diesen entsprechend erwärmt. Beim
  DC-Bremsen sollte der Motor daher ausreichend Zeit haben, sich zwischen zwei Bremsvorgängen abzukühlen.

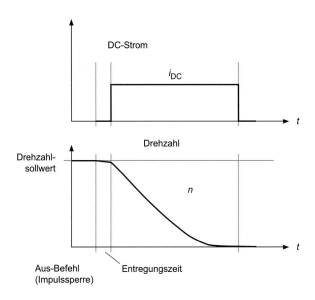

Bild 5.65 Drehzahl- und Stromverlauf beim DC-Bremsen

- *Bremsensteuerung*

  Ist der Asynchronmotor mit einer Haltebremse ausgestattet, kann
  das Öffnen und Schließen der Bremse direkt vom Frequenzumrichter gesteuert werden. Das ist vorteilhaft, da die Regelung auch die
  Drehmomenteinprägung im Motor steuert und so ohne Verzögerungen zwischen Bremse und Motor umschalten kann. Das Absacken
  von aktiven Lasten (z.B. bei Hubwerken) kann so effektiv verhindert
  werden.

**Motor- und
Umrichterschutz**

Frequenzumrichter verfügen über eine Reihe von Funktionen zum
Schutz des Antriebs vor gefährlichen Betriebszuständen. Während
Funktionen zum Schutz des Motors vom Anwender parametriert wer-
den müssen, arbeiten die Schutzfunktionen des Umrichters oft ohne
Anwendereingriff.

Die Reaktion des Umrichters auf gefährliche Betriebszustände erfolgt in 2 Stufen:

- *Warnungen*
  Warnungen geben dem Anwender einen Hinweis, dass ein kritischer Zustand erreicht wurde. Die Reaktion auf die Warnung ist dem Anwender überlassen.

- *Störungen (Fehler, Alarme)*
  Störungen kennzeichnen einen gefährlichen Zustand und führen zur sofortigen Abschaltung des Frequenzumrichters. Der Motor läuft frei aus. Der Anwender muss eine Störung quittieren und die Störungsursache beseitigen, ehe eine Neueinschaltung des Antriebs sinnvoll möglich ist.

Störungen und Warnungen sind durch Nummern gekennzeichnet und in der Betriebsanleitung des Frequenzumrichters zum Teil auch mit Abhilfemaßnahmen beschrieben.

Im Allgemeinen sind in Frequenzumrichtern die in Tabelle 5.9 aufgeführten Schutzfunktionen implementiert.

Neben diesen allgemeinen Überwachungen sind herstellerspezifisch eine Vielzahl weiterer Schutzfunktionen implementiert.

Tabelle 5.9 Schutzfunktionen von Frequenzumrichtern

Fehler	Reaktion	Mögliche Ursachen
Überstrom/Umrichter	Störung	• Kurzschluss in der Motorleitung • Fehler im Wechselrichter
Überspannung im Zwischenkreis	Störung	• Zu steile Bremsrampe • Kein Bremswiderstand angeschlossen
Unterspannung im Zwischenkreis	Störung	• Netzausfall, Netzeinbruch • Netzdrossel zu groß bemessen
Übertemperatur Umrichter	Erst Warnung, dann Störung	• Überlast
Überstrom Motor	Erst Warnung, dann Störung	• Schweranlauf • Überlast
Übertemperatur Motor	Erst Warnung, dann Störung	• Schweranlauf • Überlast • Ausfall des Fremdlüfters • Betrieb bei kleinen Drehzahlen bei Eigenlüftung
Überdrehzahl	Erst Warnung, dann Störung	• Aktive Lasten (hängende Lasten) zu groß
Kommunikationsfehler	Warnung oder Störung	• Feldbus- oder Schnittstellenkabel defekt • Gegenstation defekt

Diagnose

Sprechen Überwachungen im Frequenzumrichter an, muss die Störungsursache diagnostiziert und beseitigt werden. Zu diesem Zweck sind zunehmend Diagnosefunktionen im Frequenzumrichter integriert.

- *Störspeicher*
  Auftretende Störungen werden im Störspeicher ausfallsicher protokolliert und können dort in ihrer Historie nachvollzogen werden. Verfügt der Frequenzumrichter über einen Betriebsstundenzähler, wird der Störzeitpunkt ebenfalls aufgezeichnet.

- *Datenlogging*
  In sehr leistungsfähigen Frequenzumrichtern ist ein Datenlogging integriert. Es ermöglicht die Triggerung auf definierte Ereignisse und das Mitschreiben von internen Signalen. Die gespeicherten Daten werden zu einem PC übertragen und dort von einer Anzeigesoftware dargestellt. Datenlogging und Anzeigesoftware bilden gemeinsam ein Speicheroszilloskop. Diese Funktion ist besonders für die Fehlersuche innerhalb der Regelung und für die Antriebsoptimierung von großem Wert.

- *Bestellnummer, Gerätenummer, Ausgabestand, SW-Version*
  Trotz umfangreicher Qualitätssicherungsmaßnahmen treten auch in Frequenzumrichtern manchmal Hardware- und Softwarefehler auf, die der Anwender nicht alleine beseitigen kann. Viele Hersteller bieten Hilfe über eine Hotline und Hochrüstkomponenten an. Um die richtigen Maßnahmen ergreifen zu können, müssen dem Hersteller die oben genannten Daten zur eindeutigen Identifikation des Geräts mitgeteilt werden. Zum Teil können diese direkt auf dem Typenschild abgelesen werden, zum Teil müssen sie aus entsprechenden Parametern entnommen werden.

Inbetriebnahme- funktionen

Aufgrund der hohen Funktionalität ist die Inbetriebnahme von modernen Frequenzumrichtern mit vielen Parametereinstellungen verbunden. Um dem Anwender die Orientierung zu erleichtern und die Inbetriebnahme abzukürzen, bieten Frequenzumrichter entsprechende Inbetriebnahmefunktionen an:

- *Parameterreset*
  Eine Inbetriebnahme sollte immer von einem definierten Anfangszustand ausgehen. Mit dem Parameterreset werden alle vorherigen Paramtereinstellungen rückgängig gemacht und der Frequenzumrichter befindet sich wieder im Auslieferzustand.

- *Motoridentifikation, Parametrierung des Stromreglers*
  Zur optimalen Funktion der Vektorregelung müssen die Daten des angeschlossenen Asynchronmotors in der Regelung und im Motormodell bekannt sein. Dazu werden die Typenschilddaten des Motors als Parameter eingegeben und die elektrischen Kenngrößen berechnet. In einer anschließenden Motoridentifikation überprüft der Frequenzumrichter die berechneten Größen und nimmt eine Feinab-

124

stimmung vor. Während der Motoridentifikation beaufschlagt der Frequenzumrichter den Asynchronmotor mit Testsignalen. Der dabei fließende Ständerstrom kann zu kleinen Ausgleichbewegungen am Motor führen.

Sind die elektrischen Kenngrößen ermittelt, werden daraus die optimalen Parameter der Stromregelung berechnet und eingestellt.

- *Optimierung des Drehzahlreglers*
  Einige Frequenzumrichter bieten eine automatische Optimierung des Drehzahlreglers an. Dazu werden durch den Frequenzumrichter der Motor mit der angekoppelten Arbeitsmaschine in Bewegung gesetzt und die Kenngrößen der Drehzahlregelstrecke ermittelt. Auf dieser Basis erfolgt anschließend die Einstellung der optimalen Reglerparameter.

6 Servoantriebe

6.1 Aufbau und Anwendungsbereich

Bedeutung
der Dynamik
Servoantriebe sind spezielle Ausprägungen drehzahlveränderlicher Antriebe. Der Fokus liegt bei ihnen jedoch nicht auf der Drehzahlverstellbarkeit an sich, sondern auf der Dynamik, mit der die Drehzahländerung ausgeführt werden kann.

Betrachtet man die allgemeine Drehmomentgleichung

$$M_M = J \cdot \frac{d\omega}{dt} - M_L$$

und formt diese um, so erhält man für die Beschleunigung d/dt:

$$\frac{d\omega}{dt} = \frac{(M_L - M_L)}{J}$$

Für ein hohes Beschleunigungsvermögen sind ein

- niedriges Trägheitsmoment J,

- ein großes und sehr dynamisch einprägbares Motordrehmoment M_M,

- eine hohe Überlastbarkeit von Motor und Stellgerät sowie

- eine mechanisch steife Motorkonstruktion (kurze kräftige Wellen)

erforderlich.

Aufbau Servo-
antriebe
Servomotoren sind deshalb auf ein geringes Trägheitsmoment und ein hohes Spitzendrehmoment „gezüchtet". Stellgeräte für Servoantriebe prägen die erforderlichen Ströme für den Drehmomentaufbau sehr dynamisch in die Motorwicklungen ein. Servoantriebe bestehen deshalb immer aus einem Servomotor und einem Stellgerät. Um die erforderliche Präzision der Bewegung erreichen zu können, sind Servomotoren mit einem Lage- bzw. Drehzahlgeber versehen. Die hohen Belastungsspitzen bei Beschleunigungs- und Bremsvorgängen führen zu einer starken Erwärmung des Motors. Hochwertige Motoren sind deshalb mit einem oder mehreren Temperaturfühlern ausgestattet. Diese werden im Servosteller ausgewertet und gegebenenfalls wird die Belastung reduziert. Für Anwendungen mit hängenden Lasten (z.B. Roboter) ist eine Haltebremse zwingend erforderlich.

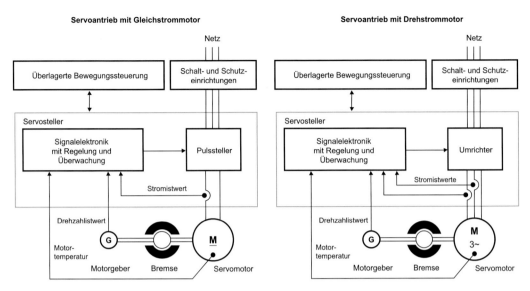

Bild 6.1 Aufbau von Servoantrieben

Alle Antriebskomponenten müssen genau aufeinander abgestimmt sein (Bild 6.1). Deshalb werden Servoantriebe meistens als Komplettpaket von einem Hersteller bezogen.

Servoantriebe sind grundsätzlich 4-Quadranten-Antriebe. Sie können in beide Richtungen motorisch beschleunigen und generatorisch bremsen. Sie sind kurzzeitig um den Faktor 2 bis 3 im Drehmoment überlastbar.

Arbeitsbereiche

Servoantriebe werden in Anwendungen mit dynamischen und komplexen Bewegungsabläufen eingesetzt, wie sie vor allem in Be- und Verarbeitungsmaschinen vorkommen. Typische Anwendungsgebiete sind:

Anwendungen

- Werkzeugmaschinen für Holz- und Metallbearbeitung

- Robotik

- Verpackungsmaschinen

- Druckmaschinen

- Spritzgießmaschinen

- Webmaschinen.

Der Hauptleistungsbereich für Servoantriebe erstreckt sich von ca. 50 W bis 20 kW. Größere Leistungen sind jedoch auf dem Vormarsch und dringen in Anwendungen ein, die bisher klassischen drehzahlveränderlichen Antrieben mit Asynchronmotor vorbehalten waren.

Die Leistungsangabe ist bei Servoantrieben eher unüblich. Als wesentliche Kenngröße dient das Drehmoment. Es liegt für die meisten An-

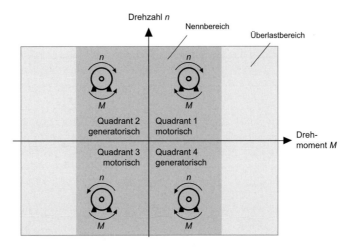

Bild 6.2 Betriebsquadranten von Servoantrieben

wendungen zwischen 0,15 Nm bis 50 Nm. Allerdings werden auch Servomotoren mit einigen kNm angeboten.

6.2 Systematik der Servoantriebe

6.2.1 Regelfunktionen

Servoantriebe sind Bestandteil einer Bewegungssteuerung. Diese hat die Aufgabe, die Position eines Elements innerhalb der Arbeitsmaschine als Funktion der Zeit zu beeinflussen. Die relevante physikalische Größe am Motor ist nicht mehr die Drehzahl der Motorwelle, sondern ihre Winkellage in Abhängigkeit von der Zeit.

Bewegungssteuerungen sind dadurch gekennzeichnet, dass sie über einen Lageregler verfügen. Dieser Lageregler wird unter Beibehaltung

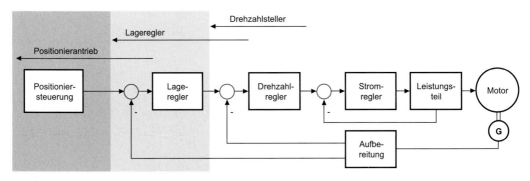

Bild 6.3 Regelungsstruktur von Servoantrieben

128

der Kaskadenstruktur dem Drehzahlregler überlagert. Der Drehzahl-regler erhält also seinen Sollwert vom Lageregler.

Prinzipiell kann sich der Lageregler in einer überlagerten Bewegungs-steuerung oder im Servoantrieb selbst befinden. Der Trend geht zur In-tegration des Lagereglers in den Servoantrieb. Oft wird sogar die ge-samte Bewegungssteuerung im Antrieb realisiert. Folglich kann man die folgenden Ausprägungen bei Servoantrieben unterscheiden:

- Drehzahlsteller

- Lageregler

- Positionierantrieb.

Die Benennung dieser Funktionen ist nicht standardisiert. Es sind ver-schiedenste Begrifflichkeiten zur Beschreibung des Funktionsumfan-ges gebräuchlich.

6.2.2 Motortyp, Art des Stellgeräts

Servoantriebe lassen sich am besten anhand des verwendeten Motor-typs und des zugehörigen Stellgeräts systematisieren.

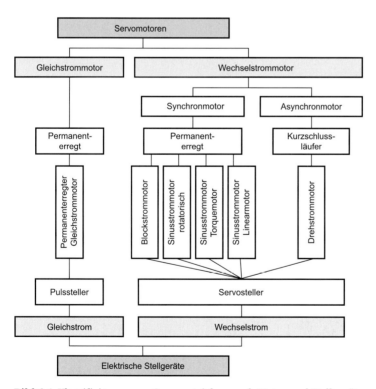

Bild 6.4 Klassifizierung von Servoantrieben nach Motor und Stellgerät

Servoantriebe mit
Gleichstrommotor

Antriebe mit Gleichstrommotor waren die ersten regelbaren Antriebe. So verwundert es nicht, dass die ersten Servoantriebe aufgrund der einfachen Regelbarkeit ebenfalls mit einem Gleichstrommotor ausgeführt wurden. Um die Dynamik in der Drehmomenteinprägung zu erreichen, werden jedoch keine Stromrichter, sondern Pulssteller als Stellgeräte verwendet.

Servoantriebe mit Gleichstrommotor werden zunehmend durch Antriebe mit Synchronmotoren verdrängt.

Servoantriebe mit
Synchronmotor

Permanent erregte Synchronmotoren sind im Vergleich zu Gleichstrommotoren wartungsfrei. Allerdings erfordern sie komplexere Regel- und Ansteuerungsfunktionen, die aber für moderne Servosteller kein Problem mehr darstellen. Je nach Form des Motorstroms unterscheidet man Antriebe mit Blockstrom- oder Sinusstrommotor. Blockstrommotoren bezeichnet man auch als Elektronikmotoren oder bürstenlose Gleichstrommotoren. Bild 6.4 zeigt eine Einteilung der Servomotoren nach

Tabelle 6.1 Übersicht der gebräuchlichen Servoantriebe

	Servoantrieb mit				
	Gleichstrom-motor	bürstenlosem Gleichstrom-motor	Synchron-motor	Asynchron-motor	Schritt-motor
Typ. Leistungs-bereich	bis 20 Nm	bis 200 Nm	bis 200 Nm	bis 2000 Nm	bis 5 Nm
Dynamik	Hoch				Mittel, Beschleunigung begrenzt (Schrittverlust)
Drehmoment	Konstant über den Drehzahlbereich				Sinkt bei hohen Drehzahlen stark ab
Regelung	Einfach	Aufwändiger	Aufwändig		Einfach, da nur gesteuert
Motorgeber	Tacho-generator	Kommutierungs-geber	Resolver, Sin-Cos-Geber	Inkremental-geber	Nicht erforderlich
Stellgeräte	Einfach, da mechanische Kommutie-rung	Aufwändig, da elektronische Kommutierung			Einfach
Abgleich der Regelung	Erforderlich	Nicht erforderlich			
Baugröße	Klein			Größer	Klein
Verluste, Erwärmung des Motors	Niedrig			Höher, da zusätzlich Magnetisierungs-strom erforderlich	Höher, da konstanter Strom-fluss

Motor und Stellgerät, Tabelle 6.1 gibt eine Übersicht über die heute gebräuchlichen Servoantriebe.

Servoantriebe mit Synchronmotor dominieren die Servoantriebstechnik. Neuere Ausführungen als Torquemotor und Linearmotor festigen die beherrschende Stellung der Synchronmotoren weiter.

Der Leistungsbereich der permanenterregten Synchronmotoren ist im Augenblick noch begrenzt. Für Servoantriebe mit hohen Leistungsanforderungen werden deshalb Asynchronmotoren eingesetzt.

Servoantriebe mit Asynchronmotor

Synchron- und Asynchronmotoren für Servoanwendungen sind 3-phasig ausgeführt. Deshalb unterscheidet sich das Leistungsteil der zugehörigen Stellgeräte praktisch nicht von dem eines Frequenzumrichters. Lediglich die Regelungsfunktionen weichen voneinander ab.

Servosteller für Drehstromantriebe

Aufgrund dieser nahen Verwandtschaft bieten viele Hersteller inzwischen Kombigeräte an, die sowohl als Frequenzumrichter als auch als Servosteller arbeiten können. Dadurch sinkt die Gerätevielfalt für den Anwender und die Kosten werden geringer.

Antriebe mit Schrittmotoren sind im weitesten Sinne ebenfalls Servoantriebe. Sie weichen jedoch im Aufbau und im Regelungsverhalten stark von „klassischen" Servoantrieben ab und werden deshalb gesondert behandelt.

Schrittantriebe

6.2.3 Technische Daten

Bezüglich der Motordaten unterscheiden sich Servomotoren von anderen Motoren dadurch, dass auf dem Typenschild anstelle der Nennleistung P_N das Nenndrehmoment M_N angegeben ist. Bei Synchronservomotoren ist manchmal auch noch das Stillstandsdrehmoment M_0 und der zugehörige Stillstandsstrom I_0 angegeben. Beide liegen leicht über den zugehörigen Nenndaten.

Motordaten

Die Nennspannung U_N ist nicht auf eine übliche Netznennspannung ausgerichtet, da Servomotoren nie direkt am Netz betrieben werden.

Servomotoren enthalten meistens einen integrierten Motorgeber, der von außen nicht zugänglich ist. Deshalb werden auf dem Typenschild des Motors auch der Typ und die Auflösung des Motorgebers angegeben.

Beispiele für Typenschildangaben zum Motorgeber:

• Resolver 2-polig

• Encoder 2048 (2048 Impulse/Umdrehung)

Die Nenndaten der Servosteller unterscheiden sich nicht von denen bei Stromrichtern und herkömmlichen Frequenzumrichtern. Die Stellgeräte werden über die Nennanschlussspannung und den Ausgangsstrom spezifiziert.

Nenndaten Stellgerät

Für die Dynamik des Stellgeräts ist seine Pulsfrequenz entscheidend. Sie liegt bei Servostellern zwischen 4 kHz und 10 kHz.

Systemdaten

Für Servoantriebe sind die Systemdaten für drehzahlveränderliche Antriebe ebenfalls gültig. Weitere spezielle Kenndaten werden im Abschnitt 6.10 vorgestellt.

6.3 Drehzahl- und Lagegeber für Servoantriebe

6.3.1 Systematik und Kenndaten

Die in Servoantrieben verwendeten Motorgeber sind vielgestaltig und variieren je nach Motortyp. Sie lassen sich am besten nach

- der Messgröße,
- dem Messverfahren und
- der Schnittstelle

klassifizieren.

Hinweis: Prinzipiell ist zwischen Drehgebern und Lineargebern zu unterscheiden. Lineargeber verwenden jedoch die gleichen Messprinzipien wie Drehgeber und müssen deshalb nicht gesondert betrachtet werden.

Unterscheidung nach der Messgröße

Servoantriebe benötigen je nach Ausführung Kommutierungs-, Drehzahl- und Lageinformationen vom Motorgeber. Für jede physikalische Größe stehen zugeschnittene Geber zur Verfügung.

- *Kommutierungsgeber* stellen Signale für die Blockkommutierung zur Verfügung. Sie sind für die richtige Funktion der Stromregelung bei Blockstrommotoren unerlässlich.

- *Drehzahlgeber* stellen ein Signal bereit, dass der Drehzahl proportional ist. Dieses Signal ist im Allgemeinen ein analoges Spannungssignal.

- *Lagegeber* stellen Signale bereit, die entweder eine Lageänderung (inkrementelle Lage) oder die absolute Lage beschreiben.

- *Inkrementelle Lagegeber* (Inkrementalgeber) geben ein Zählsignal in Form einer Impulsfolge aus. Die Anzahl der einlaufenden Impulse ist ein Maß für die eingetretene Lageänderung. Die Lageänderung je Zeiteinheit kann auch als Drehzahl interpretiert werden.

- *Absolute Lagegeber* (Absolutwertgeber) stellen die aktuelle Lage unmittelbar zur Verfügung. Die Lageinformation ist aber nur in einem bestimmten Messbereich eindeutig. Je nach Größe des Messbereichs werden Single-Turn-Absolutwertgeber oder Multi-Turn-Absolutwertgeber unterschieden. Absolute Lagegeber werden für die Stromre-

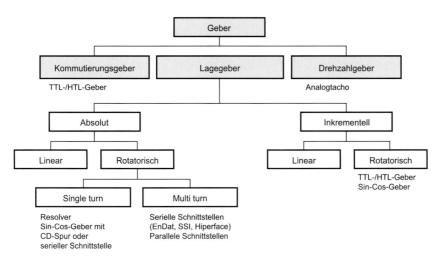

Bild 6.5 Klassifizierung von Drehzahl- und Lagegebern nach der Messgröße

gelung bei Sinusstrommotoren (Motoren mit Sinuskommutierung) benötigt.

- *Single-Turn-Absolutwertgeber* (Single-Turn-Geber) liefern eine absolute Lageinformation nur innerhalb einer mechanischen Umdrehung des Gebers.

- *Multi-Turn-Absolutwertgeber* (Multi-Turn-Geber) liefern eine absolute Lageinformation über eine bestimmte Anzahl von mechanischen Umdrehungen des Gebers.

Um nicht für jede in der Regelung benötigte Regelgröße (Kommutierung, Drehzahl, Lage) einen eigenen Motorgeber einzusetzen, werden alle benötigen Signale möglichst aus einem einzigen Geber gewonnen. Aus diesem Grund sind Motorgeber zum Teil sehr komplex aufgebaut und stellen parallel mehrere Messgrößen bzw. Rohsignale bereit. Bild 6.5 gibt einen Überblick über die Klassifizierung der Motorgeber nach der Messgröße.

Zur Gewinnung der Geberinformationen werden verschiedene physikalische Effekte ausgenutzt. Bild 6.6 gibt einen Überblick über die Klassifizierung der Motorgeber nach dem Messverfahren.

Unterscheidung nach dem Messverfahren

- *Spannungsinduktion*
  Bewegt sich ein elektrischer Leiter in einem Magnetfeld oder wird er von einem zeitlich veränderlichen Magnetfeld durchsetzt, wird in ihm eine elektrische Spannung induziert. Diese elektrische Spannung ist an den Enden des Leiters messbar. Auf der Basis dieses Effekts arbeiten

  – Tachogeneratoren zur Drehzahlmessung (Analogtachos) und

  – Resolver zur Lagemessung.

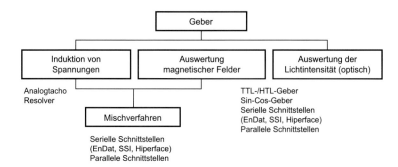

Bild 6.6
Klassifizierung von Drehzahl- und Lagegebern nach dem Messverfahren

- *Auswertung magnetischer Felder*
  Magnetische Geber nutzen Änderungen der magnetischen Feldstärke zur Gewinnung von Lageinformationen. Auf dem beweglichen
  Teil des Gebers (z.B. dem Läufer) befindet sich dazu ein System, das
  magnetische Vorzugsrichtungen aufweist. Diese Vorzugsrichtungen
  entstehen entweder durch eine Anreihung von Nord- und Südpolen
  auf einem magnetischen Informationsträger oder durch eine starke
  Nutung der Oberfläche. Bewegt sich dieses System an einer fest
  montierten Messsonde vorbei, erkennt diese Sonde eine periodische
  Zu- und Abnahme der magnetischen Flussdichte und setzt diese in
  entsprechende Spannungssignale um, die die Lageinformation enthalten.

- *Auswertung der Lichtintensität* (optisch)
  Optische Geber besitzen einen lichtdurchlässigen Datenträger
  (Scheibe oder Stab), auf dem zyklisch lichtundurchlässige Bereiche
  aufgebracht sind. Der Datenträger bewegt sich an einem lichtemp-
  findlichen Sensor vorbei. Je nachdem, ob sich gerade ein durchlässiger oder nicht durchlässiger Bereich vor dem Sensor befindet, gibt
  dieser ein entsprechendes Spannungssignal ab, das die Lageinformation enthält.

- *Mischverfahren*
  Besonders in Multi-Turn-Absolutwertgebern werden magnetische
  und optische Verfahren parallel angewendet.

Unterscheidung nach der Schnittstelle

Die Schnittstelle zwischen dem Geber und dem Servosteller kann unterschiedlich ausgeprägt sein. Bild 6.7 gibt einen Überblick über die
Klassifizierung der Motorgeber nach ihrer Schnittstelle.

- *Analoge kontinuierliche Schnittstellen*
  Analoge kontinuierliche Schnittstellen werden bereitgestellt von:
  - *Tachogeneratoren:* Ein vorzeichenbehaftetes Gleich-
    spannungssignal dient als Messwert
    für die Drehzahl.

134

– *Sin-Cos-Gebern:*   Zwei phasenverschobene sinusförmige Signale stellen ein Abbild der Lage zur Verfügung.

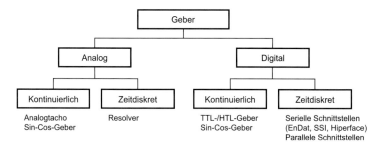

Bild 6.7 Klassifizierung von Drehzahl- und Lagegebern nach ihrer Schnittstelle

- *Analoge zeitdiskrete Schnittstellen*
  Resolver verfügen über eine analoge zeitdiskrete Schnittstelle. Sie liefern zwei phasenverschobene sinusförmig modulierte Signale, die jedoch nur zu ganz bestimmten Zeitpunkten gültig sind und nur zu diesen Zeitpunkten von der Auswerteeinheit abgetastet und verarbeitet werden dürfen.

- *Digitale kontinuierliche Schnittstellen*
  TTL-/HTL-Geber (Impulsgeber) stellen digitale kontinuierliche Signale in Form von zwei phasenverschobenen rechteckigen Impulsketten zur Verfügung. Die Impulse werden von einer Zähleinheit erfasst und ermöglichen eine inkrementelle Lagemessung.
  Die Ausgangssignale von Sin-Cos-Gebern werden ebenfalls inkrementell durch Zählung der Signalperioden ausgewertet. Deshalb gehören auch Sin-Cos-Geber in die Gruppe der Geber mit digitalen kontinuierlichen Schnittstellen.

- *Digitale zeitdiskrete Schnittstellen*
  Digitale zeitdiskrete Schnittstellen basieren auf einem Übertragungsprotokoll. Die aktuelle Lageinformation wird dabei vom Geber zum Empfänger übertragen. Das kann sowohl seriell als auch parallel erfolgen. Da die Übertragung nur zu bestimmten Zeiten erfolgt, handelt es sich um eine zeitdiskrete Schnittstelle. Besonders die serielle Übertragung gewinnt zunehmend an Bedeutung.

Geber werden hinsichtlich ihrer Nennspannung und Stromaufnahme sowie der Pinbelegung in ihren Anschlussbuchsen spezifiziert. Zusätzlich sind maximal zulässige Kabellängen angegeben.   **Technische Daten**

Die mechanischen Geberdaten definieren die Maximaldrehzahl sowie zulässige Vibrations- und Schockbelastungen.

135

Für das Drehzahl- und Lageregelverhalten des Servoantriebs ist die Signalauflösung des Motorgebers von hoher Bedeutung. Sie gibt an, wie genau die Drehzahl bzw. Lage gemessen werden kann. Die Auflösung ergibt sich bei den verschiedenen Gebern jeweils aus den Parametern, die in Tabelle 6.2 aufgeführt sind.

Tabelle 6.2 Kenngrößen von Drehzahl- und Lagegebern

Geber	Relevante Kenngröße (je größer der Wert, umso besser die Auflösung)
Analogtacho (Tachogenerator)	Spannungsbereich (0 bis U_{max})
Resolver	Polpaarzahl
Sin-Cos-Geber, Inkrementalgeber	Impulse/Umdrehung

Geberkabel

Kabel für Motorgeber in Servoantrieben stellen hohe Anforderungen an die Verarbeitung. Sie sollten konfektioniert vom Hersteller bezogen (Bild 6.8 zeigt ein Beispiel für ein vom Hersteller konfektiniertes Kabel) und nur in Notfällen selbst angefertigt werden.

Bild 6.8
Konfektioniertes Geberkabel

6.3.2 Kommutierungsgeber

Funktionsprinzip

Die sogenannten bürstenlosen Gleichstrommotoren (auch als Blockstrommotoren bezeichnet) benötigen für ihren Betrieb einen Kommutierungsgeber. Anhand der Kommutierungssignale legt der Servosteller fest, mit welchem Vorzeichen die 3 Phasen des Motors zu bestromen sind. Kommutierungsgeber sind für die Funktion der Stromregelung bei Blockstrommotoren erforderlich.

Da insgesamt nur 6 mögliche Kombinationen zur Bestromung innerhalb einer mechanischen Umdrehung des Läufers (bei 1 Polpaar) bestehen, kann der Kommutierungsgeber relativ grob arbeiten und einfach aufgebaut sein. Praktisch verwendet man drei Hallelemente, die ein an der Motorwelle befestigtes und mit Ausfräsungen versehenes Metallrad abtasten. Die Sensoren liefern drei um 120° versetzte Rechtecksignale. Diese werden elektrisch verstärkt und an den Servosteller übertragen (Bild 6.9).

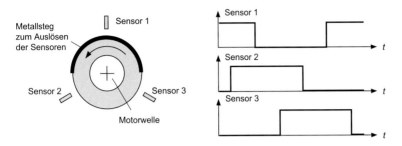

Bild 6.9 Funktionsprinzip des Kommutierungsgebers

Weist der bürstenlose Gleichstrommotor mehr als ein Polpaar auf, müssen je mechanische Umdrehung mehrere Signalfolgen für die Kommutierung durchlaufen werden. Dementsprechend weist das Metallrad so viele Ausfräsungen bzw. Stege auf, wie der Motor Polpaare hat.

Sind die Anforderungen an die Genauigkeit der Drehzahlregelung nicht so hoch, können die Signale des Kommutierungsgebers auch für die Drehzahlmessung verwendet werden. Ein Zähler erfasst die Flanken der Signale. Die je Zeiteinheit gezählten Flanken sind ein Maß für die Drehzahl. Aus der Abfolge der Flanken kann der Servosteller die Drehrichtung und damit die Zählrichtung erkennen.

Für die Auswertung der Gebersignale wird ein 5-adriges Kabel benötigt. Die Anforderungen an das Kabel sind vergleichsweise gering. **Technische Daten**

Tabelle 6.3 Kenngrößen von Kommutierungsgebern

Kenngröße	Typischer Wertebereich
Auflösung der Lageinformation	60° bei 2-poligem Motor
Leitungslänge	bis 120 m
Versorgungsspannung	typ. 5 V
Ausgangssignale	TTL

6.3.3 Resolver

Der Resolver ist ein rotatorischer Lagegeber. Innerhalb einer Polteilung liefert er ein absolutes Lagesignal. Der Resolver arbeitet induktiv und kommt im Geber selbst ohne elektronische Bauelemente aus. Resolver sind deshalb robust und kostengünstig.

Die Erregerwicklung (siehe Bild 6.10) wird mit einem hochfrequenten **Funktionsprinzip** Erregersignal (2 kHz bis 10 kHz), das im Servosteller gebildet wird, beaufschlagt. Über einen Drehtransformator wird dieses Signal auf den rotierenden Teil des Resolvers, der mit der Motorwelle verbunden ist, übertragen. Die Sekundärwicklung des Drehtransformators speist die

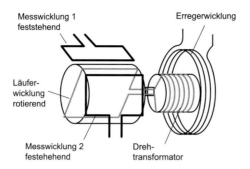

Bild 6.10 Funktionsprinzip des Resolvers

kurzgeschlossene Läuferwicklung. In der Läuferwicklung fließt ein Kurzschlussstrom mit der gleichen Frequenz wie das Erregersignal.

Der Kurzschlussstrom ruft ein pulsierendes Magnetfeld hervor. Dieses Magnetfeld durchsetzt auch die Messwicklungen 1 und 2, die im Ständer des Resolvers angeordnet sind. Das pulsierende Magnetfeld induziert in den Messwicklungen elektrische Spannungen, die von der Auswerteelektronik erfasst werden. Die gemessenen Spannungen pulsieren mit der gleichen Frequenz und Phasenlage wie das Erregersignal. Ihre Amplituden sind jedoch von der Stellung der Läuferwicklung abhängig. Stehen Läufer- und Messwicklung parallel, durchsetzt das Magnetfeld des Läufers die Messspule vollständig und die induzierte Spannung ist maximal. Stehen Läuferwicklung und Messwicklung im rechten Winkel zueinander, wird in der Messspule keine Spannung induziert.

Die Amplitude der induzierten Spannung verläuft damit als Sinusfunktion in Abhängigkeit von der Lage der Läuferwicklung (Bild 6.11). Da eine einzelne Sinusfunktion keinen eindeutigen Rückschluss auf die aktuelle Lage zulässt, wird zusätzlich eine zweite, um 90° versetzt angeordnete Messspule verwendet. Sie liefert eine Cosinusfunktion in Abhängigkeit von der Lage der Läuferwicklung. Die Auswertung beider Signale ermöglicht eine eindeutige Berechnung der aktuellen Lage.

An den Messwicklungen 1 und 2 wird ein Signal bereitgestellt, dass das Erregersignal mit einer überlagerten Hüllkurve enthält. Die eigentliche Lageinformation liegt in der Hüllkurve. Diese muss aus den Messsignalen extrahiert werden. Dazu wird das Messsignal im Servosteller mit einem Analog-Digital-Wandler immer genau dann abgetastet, wenn das Erregersignal sein Maximum erreicht. Da das Erregersignal auch im Servosteller gebildet wird, sind die erforderlichen Abtastzeitpunkte exakt bekannt. Der Servosteller erfasst damit lediglich die Scheitelwerte der Messsignale und eliminiert auf diese Weise das Erregersignal. Übrig bleiben sinus- bzw. cosinusförmige Signalverläufe, die die eigentliche Lageinformation enthalten.

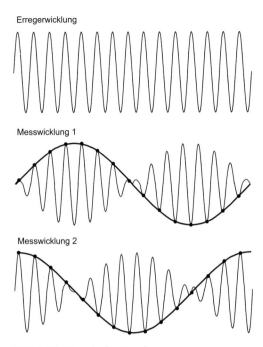

Erregerwicklung

Messwicklung 1

Messwicklung 2

Bild 6.11 Signale des Resolvers

Über die Gleichung

$$\alpha = \arctan \frac{\text{Messsignal 1}}{\text{Messsignal 2}}$$

lässt sich der mechanische Lagewinkel α berechnen. Die Winkelgeschwindigkeit ω ergibt sich aus der Lageänderung $d\alpha/dt$. Über die Gleichung

$$\omega = \frac{\alpha_n - \alpha_{n-1}}{T_{ab}}$$

mit T_{ab}:   Abtastzeit der Resolversignale

kann sie zyklisch berechnet werden. Beide Berechnungen erfolgen im Servosteller.

Resolver können mit mehr als einem Polpaar ausgeführt werden. Ist **Polpaare** letzteres der Fall, besteht die Läuferwicklung aus mehreren in Reihe geschalteten Einzelwicklungen, die um eine feste Schrittweite gegeneinander verdreht angeordnet sind. Bei einer mechanischen Umdrehung durchläuft der gemessene Winkel dann mehrfach den Bereich von 0° bis 360°.

Dient der Resolver zur Erfassung der Läuferlage an einem Synchronmotor mit Sinuskommutierung, hat er entweder die Polpaarzahl 1 oder die gleiche Polpaarzahl wie der Motor.

Technische Daten

Für die Auswertung der Resolversignale wird ein 6-adriges Kabel benötigt. Um elektromagnetische Störungen zu minimieren, sind die Signalleitungen und die Erregerleitung jeweils paarweise verdrillt und geschirmt. Die gute Anbindung des Schirms sowohl am Resolver als auch an der Auswerteelektronik ist von entscheidender Bedeutung für die Qualität der Signalübertragung.

Tabelle 6.4 Kenngrößen von Resolvern

Kenngröße	Typischer Wertebereich
Auflösung der Lageinformation	ca. 10' (Winkelminuten)
Leitungslänge	bis 120 m
Erregerspannung (Effektivwert)	bis 15 V
Erregerfrequenz	ca. 10 kHz

Beispielrechnung zur Ermittlung der Auflösung:

Gegeben: Resolver 4-polig
A/D-Wandler mit 10 Bit Wortbreite

Gesucht: Auflösung des Lageistwertes

Lösung: $\dfrac{360°}{2 \cdot 2^{10}} = 0{,}157° = 10{,}5'$

6.3.4 Sin-Cos-Geber

Funktionsprinzip

Sinus-Cosinus-Geber (Sin-Cos-Geber) werden als optische Geber ausgeführt und erfüllen höchste Anforderungen an die Genauigkeit. Sie kommen deshalb besonders bei Werkzeugmaschinen zum Einsatz. Ihr prinzipieller Aufbau wurde bereits erläutert und soll an dieser Stelle nicht noch einmal dargestellt werden.

Sin-Cos-Geber geben 2 sinusförmige um 90° versetzte Signale A und B aus (Bild 6.12), die mit Analog-Digital-Wandlern abgetastet werden. Über die arctan-Funktion wird aus ihnen ein Feinwinkel α_{Fein} innerhalb einer Signalperiode berechnet. Damit wird eine Signalperiode noch einmal in viele kleinere Winkelschritte aufgelöst. Parallel werden die Signalperioden gezählt. Aus der Phasenlage der Signale A und B erkennt der Servosteller die Dreh- und damit die Zählrichtung.

Zusätzlich zu den Signalen A und B stellt der Geber zwei um 90° versetzte Absolutsignale C und D bereit. Die Periodenlänge dieser Signale entspricht genau einer mechanischen Umdrehung. Die C- und D-Signa-

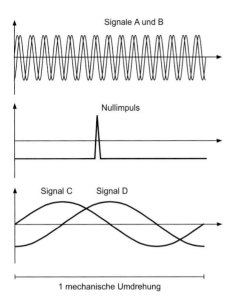

Bild 6.12 Signale des Sin-Cos-Gebers

le werden im Stellgerät digitalisiert und dienen zur Berechnung des Grobwinkels α_{Grob} nach dem Zuschalten der Versorgungsspannung.

Dreht sich der Motor, erkennt der Servosteller erstmalig den Nullimpuls, der ebenfalls vom Sin-Cos-Geber ausgegeben wird. Der Nullimpuls dient als Referenzpunkt für den Grobwinkel. Wird der Nullimpuls erfasst, setzt der Servosteller den Grobwinkel α_{Grob} auf seinen Referenzwert α_{Ref}. Messfehler, die sich aus der anfänglichen Auswertung der Signale C und D ergeben haben, sind damit eliminiert.

Die Lage α ergibt sich damit nach folgender Formel:

$$\alpha = \alpha_{Start} + \alpha_{Fein} + 360° \cdot \frac{\text{Zählimpulse}}{I}$$

mit I: Impulszahl des Gebers in Inc.

$$\alpha_{Fein} = \arctan \frac{\text{Signal A}}{\text{Signal B}}$$

Für die Übertragung der Gebersignale wird mindestens ein 8-adriges **Technische Daten** Kabel benötigt. Bei Geberausführungen mit einer Spannungsversorgung von 5 V ist noch ein zusätzliches Aderpaar für die Sense-Leitung erforderlich. Über diese meldet der Geber den Pegel der Versorgungsspannung zurück und ermöglicht so eine Anpassung der Spannungspegels bei großen Leitungslängen. Um elektromagnetische Störungen zu minimieren, sind die Signaladern paarweise und die Signalleitung insgesamt geschirmt.

Tabelle 6.5 Kenngrößen von Sin-Cos-Gebern

Kenngröße	Typischer Wertebereich
Auflösung der Lageinformation	bis ca. 0,04" (Winkelsekunden)
Leitungslänge	bis 120 m
Versorgungsspannung	typ. 5 V
Ausgangssignale	1 V$_{ss}$ (ss: Spitze-Spitze)

Beispielrechnung zur Ermittlung der Auflösung:

Gegeben: Sin-Cos-Geber 2048 Ink./Umdrehung
A/D-Wandler mit 10 Bit Wortbreite

Gesucht: Auflösung des Lageistwertes

Lösung: $\dfrac{360°}{2048 \cdot 2^{10}} = 0{,}000172° = 0{,}01' = 0{,}62"$

6.3.5 Absolutwertgeber

Bild 6.13
Absolutwertgeber
(Anbaugeber)

Absolutwergeber stellen absolute Lagesignale bereit. Zu unterscheiden ist zwischen Single-Turn- und Multi-Turn-Gebern.

Single-Turn-Geber
Single-Turn-Geber liefern innerhalb einer mechanischen Umdrehung eine eindeutige Lageinformation. Diese Geber werden für Synchronmotoren mit Sinuskommutierung benötigt. Resolver und Sin-Cos-Geber sind Single-Turn-Geber und werden in diesen Motoren verwendet.

Multi-Turn-Geber
Für Anwendungen mit Lageregler muss die Position oft über mehrere Umdrehungen hinweg absolut gemessen werden. Für diese Anwendungen kommen Multi-Turn-Geber zum Einsatz.

Multi-Turn-Geber sind optische Single-Turn-Geber, die um eine Einheit zur Zählung der Umdrehungen erweitert wurden. Zur Erfassung der Umdrehungen ist im Geber zusätzlich ein Getriebe untergebracht. Auf den einzelnen Getriebestufen befinden sich magnetische Informationsträger, deren Position von Abtastköpfen gemessen wird. Gemeinsam codieren die magnetischen Informationsträger die Anzahl der zurückgelegten Umdrehungen. Die von der magnetischen und optischen Lageerfassung bereitgestellten Signale werden in der Geberelektronik zu

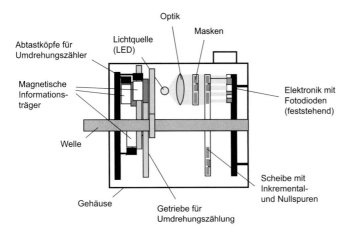

Bild 6.14 Aufbau eines Multi-Turn-Gebers

einem gemeinsamen Lageistwert zusammengefasst und über eine serielle Schnittstelle ausgegeben. Damit ist nach Zuschaltung der Versorgungsspannung die Anfangslage α_{Start} im Servosteller bekannt. Die Signale C und D sowie der Nullimpuls können bei Multi-Turn-Gebern entfallen.

Ist die Anfangslage übertragen, berechnet der Servosteller die aktuelle Lage fortlaufend aus den Signalen A und B nach folgender Formel:

$$\alpha = \alpha_{\text{Start}} + \alpha_{\text{Fein}} + 360° \cdot \frac{\text{Zählimpulse}}{I}$$

mit I: Impulszahl des Gebers in Inc.

$$\alpha_{\text{Fein}} = \arctan \frac{\text{Signal A}}{\text{Signal B}}$$

Tabelle 6.6 Kenngrößen von Absolutwertgebern   Technische Daten

Kenngröße	Typischer Wertebereich
Auflösung der Lageinformation	Abhängig von Anzahl der zählbaren Umdrehungen
Zählbare Umdrehungen	typ. 2048
Leitungslänge	bis 120 m
Versorgungsspannung	typ. 5 V
Ausgangssignale	1 V_{ss} (ss: Spitze-Spitze) Serielle Schnittstelle

6.4 Servoantriebe mit Gleichstrommotor

6.4.1 Aufbau und Anwendungsbereich

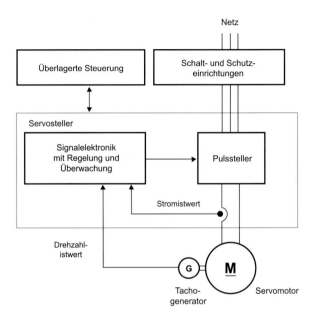

Bild 6.15 Aufbau von Servoantrieben mit Gleichstrommotor

Servoantriebe mit Gleichstrommotor (Bild 6.15) waren bis in die 80er Jahre die dominierenden Servoantriebe. Sie sind einfach regelbar und die erforderlichen Servosteller können sehr gut mit analoger Schaltungstechnik aufgebaut werden. Heute sind sie weitgehend von Servoantrieben mit Synchronmotoren verdrängt. Allerdings werden immer noch Gleichstromservoantriebe mit analogen Stellgeräten am Markt angeboten. Ihre Abgrenzung zu den drehzahlveränderlichen Antrieben mit Gleichstrommotor ist eher schwierig.

6.4.2 Gleichstrommotoren für Servoantriebe

Gleichstrommotoren für Servoantriebe entsprechen in ihrer Funktionsweise den klassischen Gleichstrommotoren. Deshalb sei an dieser Stelle auf die entsprechenden Abschnitte in Kapitel 4 verwiesen.

Gleichstrommotoren für Servoantriebe sind grundsätzlich mit Permanentmagneten ausgestattet. Neben den bereits vorgestellten Glockenläufer- und Scheibenmotoren kommen auch sogenannte Schlankankermotoren zum Einsatz. Sie zeichnen sich durch eine längliche Bauform und einen trägheitsarmen Anker aus. Als Motorgeber dient ein Tachogenerator, der fest mit dem Motor verbunden ist (Bild 6.16).

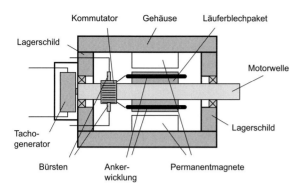

Bild 6.16 Konstruktiver Aufbau des Schlankankermotors

6.4.3 Pulssteller für Servoantriebe mit Gleichstrommotor

Ein wesentlicher Unterschied zwischen klassischen drehzahlveränderlichen Antrieben und Servoantrieben mit Gleichstrommotor liegt im Stellgerät. Servoantriebe verwenden keinen Stromrichter, sondern Pulssteller zur Beeinflussung der Motorspannung. Pulssteller arbeiten wesentlich dynamischer und sind von der Frequenz der Netzspannung entkoppelt.

Pulssteller wandeln die Wechselspannung des speisenden Netzes in eine pulsierende Gleichspannung um. Diese Umwandlung geschieht ähnlich wie bei Frequenzumrichtern in einem zweistufigen Prozess:

Aufbau

In einem ersten Schritt wird die Netzspannung in einem Gleichrichter in eine Gleichspannung gewandelt. Im zweiten Schritt wird aus der Gleichspannung eine pulsierende Gleichspannung erzeugt und an den Gleichstrommotor weitergegeben.

Genaugenommen besteht der Servosteller für Gleichstrommotoren aus dem Gleichrichter, Zwischenkreis und Pulssteller. Trotzdem wird oft das Gesamtgerät einfach als Pulssteller bezeichnet.

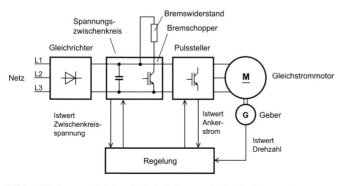

Bild 6.17 Servoantrieb mit Pulssteller und Gleichstrommotor

Der Gleichrichter und die Zwischenkreiselemente wie Zwischenkreis-kondensator, Bremschopper und Bremswiderstand (Bild 6.17) haben die gleiche Funktion wie bei Frequenzumrichtern. Ihre Funktionsbe-schreibung kann im Kapitel 5 nachgelesen werden.

Funktionsprinzip

Der Pulssteller wandelt die Zwischenkreisspannung in eine pulsierende Ausgangsspannung um. Er besteht aus 4 Transistoren und 4 Freilaufdi-oden (Bild 6.18). Jeweils zwei Transistoren sind in Reihe geschaltet. Par-allel zu jedem Transistor ist eine Freilaufdiode angeordnet. Sie weist je-weils die entgegengesetzte Stromflussrichtung des zugehörigen Tran-sistors auf.

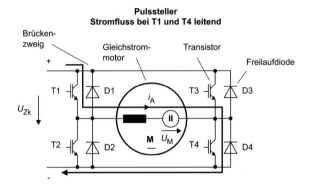

Bild 6.18 Funktionsprinzip des Pulsstellers

Jeweils 2 Transistoren und 2 Dioden bilden einen Brückenzweig. Zwi-schen den Brückenzweigen ist der Gleichstrommotor angeschlossen.

Die Transistoren werden „über Kreuz" angesteuert. Das heißt, abwech-selnd sind entweder Transistor T1 und T4 oder Transistor T3 und T2 eingeschaltet. An den Klemmen des Gleichstrommotors liegt damit ent-weder die positive oder die negative Zwischenkreisspannung U_{Zk} an.

Spannungsverlauf

Pulssteller arbeiten zyklisch. Sie schalten mit einer festen Frequenz fortlaufend die positive und negative Zwischenkreisspannung an die Motorklemmen. Aus Sicht des Motors erzeugen sie damit eine pulsie-rende Ausgangsspannung U_A. Aufgrund der hohen Schaltfrequenz (größer 2 kHz) ist jedoch nur der Mittelwert der Ausgangsspannung $U_{Amittel}$ wirksam (Bild 6.19). Dieser wird durch die relative Einschaltdau-er der Transistorpaare T1-T4 und T3-T2 bestimmt.

Durch unterschiedlich lange Einschaltzeiten des einen oder anderen Transistorpaares kann die mittlere Ausgangsspannung U_A beliebig va-riiert werden. Für sie gilt:

$$U_{Amittel} = U_{Zk} \cdot \frac{t_{T1\text{-}T4} - t_{T3\text{-}T2}}{t_{T1\text{-}T4} + t_{T3\text{-}T2}}$$

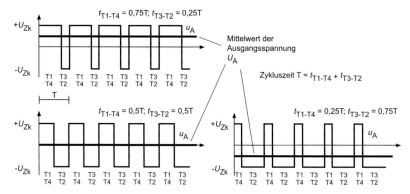

Bild 6.19
Ausgangsspannung des Pulsstellers in Abhängigkeit von der Einschaltdauer

Das beschriebene Verfahren wird als Pulsbreitenmodulation bezeichnet, da über die Einschaltdauer die Breite eines Spannungsimpulses bestimmt wird.

Der Stromfluss durch den Pulssteller ergibt sich in Abhängigkeit vom aktuellen Betriebszustand des Gleichstrommotors. Je nach aktueller Drehzahl wird eine entsprechend große Motorspannung U_M in der Ankerwicklung induziert. Damit ergibt sich eine Reihenschaltung zweier Spannungsquellen. Es gilt bei Vernachlässigung des Ankerwiderstandes:

Stromverlauf

$$U_{Zk} - U_M = L_A \cdot \frac{di_A}{dt}$$

Der Ankerstrom i_A ist innerhalb eines Schaltzustandes der Transistoren näherungsweise linear, steigt oder fällt jedoch in Abhängigkeit davon, ob an den Motorklemmen im Augenblick die positive oder negative Zwischenkreisspannung wirksam ist (Bild 6.20).

An den Umschaltzeitpunkten treten aufgrund der vorhandenen Motorinduktivität keine Sprünge im Stromverlauf auf. Die Ankerinduktivität L_A des Gleichstrommotors erzwingt, dass der Strom in seiner bisherigen Richtung weiterfließt. Das heißt, dass der Motorstrom i_A seine Polarität nicht ändert, obwohl die Polarität der Klemmenspannung u_A umgedreht wurde.

Nach der Umschaltung stehen dem Motorstrom jedoch nur die Freilaufdioden als Strompfade zur Verfügung, da die bis dahin stromführenden Transistoren jetzt gesperrt sind und die neu eingeschalteten Transistoren den Strom in der aktuellen Fließrichtung nicht führen können. Freilaufdioden sind damit für die Funktion des Pulsstellers unbedingt erforderlich. Abwechselnd sind jeweils ein Transistorpaar und ein Diodenpaar stromführend.

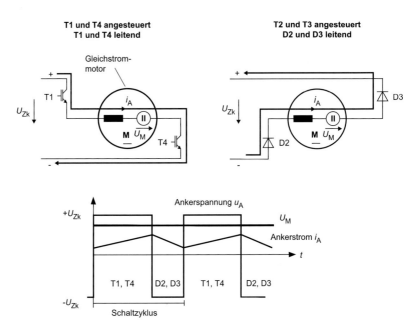

Bild 6.20 Ausgangsstrom des Pulsstellers

Der Motorstrom weist einen „gezackten" Verlauf auf und ist nicht ideal glatt. Je höher die Pulsfrequenz des Pulsstellers ist, umso mehr nähert sich der Strom dem idealen Gleichstrom an.

Hinweis: Einen Lückbetrieb wie beim Stromrichter gibt es beim Pulssteller nicht.

6.4.4 Regelungsstruktur

Die Regelungsstruktur eines Servoantriebs mit Gleichstrommotor entspricht weitgehend der des klassischen Gleichstromantriebs mit Stromrichter. Die Kaskadenstruktur bestehend aus Drehzahlregler mit unterlagertem Stromregler kommt auch hier zum Einsatz (Bild 6.21). Der Drehzahlregler gibt den Sollwert für den Ankerstrom i_A vor, der als Ersatzgröße für das einzustellende Drehmoment verwendet wird. Die Ausgangsgröße des Stromreglers ist die Sollankerspannung u_S, die vom Pulssteller über die relative Einschaltdauer eingestellt wird.

Pulssteller sind selbstgeführte Stellglieder und müssen sich nicht auf das speisende Netz synchronisieren. Sie können sehr schnell auf die Anforderungen des Stromreglers reagieren und die Ankerspannung dynamisch verändern. So sind Stromanregelzeiten von 1 ms und weniger realisierbar. Gleichstromantriebe mit Pulssteller sind damit ca. zehnmal dynamischer als Antriebe mit Stromrichter. Servoantriebe mit Gleichstrommotor arbeiten nicht im Feldschwächbereich.

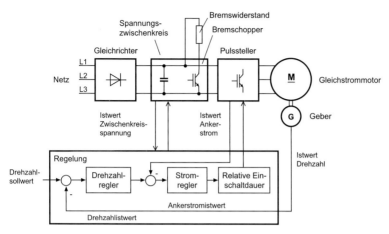

Bild 6.21
Regelungsstruktur des Servoantriebs mit Pulssteller und Gleichstrommotor

Bei schnellen Bremsvorgängen fällt generatorische Leistung im Zwischenkreis an. Durch geeignete Ansteuerung des Bremschoppers baut die Regelung diese über den Bremswiderstand ab.

Servoantriebe mit Gleichstrommotor verfügen aufgrund ihrer Ausführung in Analogtechnik über keinen Lagegeber, so dass eine Lageregelung in der übergeordneten Bewegungssteuerung erfolgen muss und nicht vom Antrieb ausgeführt werden kann. Die Drehzahlregelung arbeitet aufgrund ihrer Realisierung mit Analogtechnik nicht sehr genau. Besonders im Stillstand kommt es zu Driftbewegungen.

6.5 Servoantriebe mit bürstenlosem Gleichstrommotor (Blockkommutierung)

6.5.1 Aufbau und Anwendungsbereich

Servoantriebe mit bürstenlosem Gleichstrommotor (Bild 6.22) sind aus den Servoantrieben mit klassischem Gleichstrommotor hervorgegangen. Sie sind auch heute noch sehr weit verbreitet und werden mit analogen und digitalen Servostellern angeboten. Ihr Leistungsbereich reicht etwa von 0,5 Nm bis 200 Nm. Kleinstantriebe können auch noch deutlich darunter liegen.

Servoantriebe mit bürstenlosem Gleichstrommotor verfügen über eine elektronische Kommutierung, die vom Stellgerät ausgeführt wird. Trotz der elektronischen Kommutierung ist die Regelung jedoch ähnlich einfach und übersichtlich wie beim Gleichstrommotor.

Der bürstenlose Gleichstrommotor ist mit einem Kommutierungsgeber ausgestattet, der je nach Genauigkeitsanforderung auch als Lage- bzw.

149

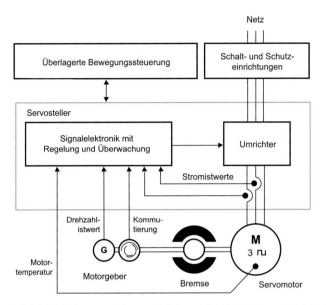

Bild 6.22 Aufbau von Servoantrieben mit bürstenlosem Gleichstrommotor

Drehzahlgeber verwendet werden kann. Bei anspruchsvolleren Anwendungen wird zusätzlich zum Kommutierungsgeber ein inkrementeller Lagegeber im Motor eingebaut.

Das Leistungsteil eines Servoantriebs mit bürstenlosem Gleichstrommotor ist mit dem eines herkömmlichen Frequenzumrichters identisch.

6.5.2 Der bürstenlose Gleichstrommotor

Beim bürstenlosen Gleichstrommotor erfolgt die Umkehr der Stromrichtung (Kommutierung) in den einzelnen Wicklungen nicht mehr durch einen mechanischen Kommutator, auf dem Bürsten gleiten, sondern wird elektronisch ausgeführt. Die verschleißbehaftete mechanische Kommutierung des klassischen Gleichstrommotors entfällt. Bürstenlose Gleichstrommotoren sind damit praktisch wartungsfrei. Der große Nachteil des klassischen Gleichstrommotors wurde mit Hilfe der Elektronik beseitigt.

Funktionsprinzip Gegenüber dem bürstenbehafteten Gleichstrommotor ist beim bürstenlosen Gleichstrommotor die Anordnung der aktiven Elemente vertauscht. Die Permanentmagnete sind beim bürstenlosen Gleichstrommotor auf dem Läufer und die Wicklungen im Ständer platziert. Üblich ist ein dreiphasiges Wicklungssystem mit um 120° versetzten Wicklungen (Bild 6.23).

Fließt in den Wicklungen ein elektrischer Strom, bildet sich im Ständer des Motors ein Magnetfeld heraus. Dieses Magnetfeld durchsetzt auch die Permanentmagnete des Läufers. Je nach Lage des Läufers wirkt auf ihn ein Drehmoment. Er reagiert und führt eine Drehbewegung aus. Die Drehbewegung endet, wenn sich der Läufer entsprechend dem im Ständer erzeugten Magnetfeld ausgerichtet hat.

Damit die Drehbewegung des Läufers nicht zum Stillstand kommt, muss der Stromfluss in den Ständerwicklungen rechtzeitig so umgeschaltet werden, dass sich das erzeugte Magnetfeld des Ständers weiterdreht und auf den Läufer weiterhin ein Drehmoment wirkt.

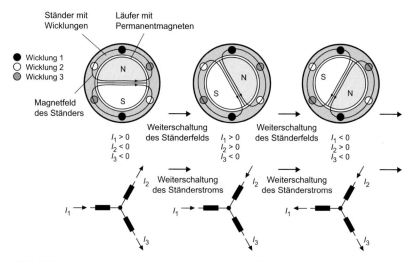

Bild 6.23 Funktionsprinzip des bürstenlosen Gleichstrommotors

In einem 3-phasigen Wicklungssystem kann das Ständerfeld 6 verschiedene Positionen einnehmen. Die Positionen sind jeweils um 60° mechanisch gegeneinander verdreht.

Zwischen dem Magnetfeld des Ständers und dem Magnetfeld des Läufers sollte möglichst ein Winkel von 90° bestehen. Dann ist das Motordrehmoment maximal. Über den Betrag des Ständerstroms kann das Drehmoment exakt eingestellt werden. Für den bürstenlosen Gleichstrommotor gilt:

$$M = k_\mathrm{T} \cdot I_\mathrm{S}$$

mit k_T: Drehmomentkonstante

Die Drehmomentkonstante k_T ist eine konstruktive Größe des Motors und kann aus seinem Datenblatt entnommen werden. Damit liegen beim bürstenlosen Gleichstrommotor gleiche Verhältnisse wie im bürstenbehafteten Gleichstrommotor vor.

Um die Orientierung zwischen dem eingeprägten Strom und den Läuferpolen aufrecht zu erhalten, wird die aktuelle Läuferposition vom Kommutierungsgeber erfasst und an den Servosteller übertragen. Der Kommutierungsgeber ist exakt auf die Pole des Läufers ausgerichtet. Wird diese Justage wesentlich verändert, führt das zur Unbrauchbarkeit des Motors. Die Justagevorschriften sind von Hersteller zu Hersteller verschieden und müssen bei Bedarf (z.B. bei der Reparatur des Motors) angefragt werden.

Polpaare

Wird das dreiphasige Wicklungssystem in der obigen Darstellung vom Strom durchflossen, bildet sich im Motor ein Ständerfeld mit einem Nord- und einem Südpol heraus. Der Motor weist genau ein Polpaar auf. Durch mehrfache Anordnung des dreiphasigen Wicklungssystems und Reihenschaltung der entsprechenden Phasen entstehen Motoren mit mehr als einem Polpaar. Bei der Weiterschaltung des Stroms bewegt sich das Magnetfeld bei höherpoligen Motoren nicht mehr um 60°, sondern genau um 60°/Polpaarzahl weiter. Der Läufer des Motors muss die gleiche Polpaarzahl wie der Ständer aufweisen.

Konstruktiver Aufbau

Die Wicklungen des bürstenlosen Gleichstrommotors sind entweder

- in einem genuteten Blechpaket untergebracht,

- auf einem Blechpaket angeordnet oder

- als ausgeprägte Pole ausgeführt.

Der Läufer besteht bei kleinen Motoren aus einem massiven Permanentmagneten und bei größeren Motoren aus einem Zylinder, auf dem Permanentmagnete befestigt sind (Bild 6.24). Der Läufer umschließt die Motorwelle, auf der sich auch der Kommutierungsgeber befindet. Der Verzicht auf den mechanischen Kommutator erlaubt sehr hohe Motordrehzahlen (> 10.000 U/min).

Der Anschluss des Motors erfolgt bei kleineren Leistungen über Stecker und konfektionierte Kabel und bei größeren Leistungen über einen

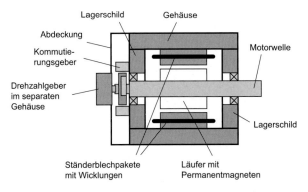

Bild 6.24 Konstruktiver Aufbau des bürstenlosen Gleichstrommotors

Klemmkasten. Die Wicklungen sind mit U, V, W gekennzeichnet. Es ist jeweils nur ein Wicklungsende zugänglich.

6.5.3 Frequenzumrichter für Servoantriebe mit bürstenlosem Gleichstrommotor

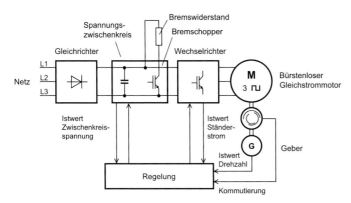

Bild 6.25 Servoantrieb mit Servosteller (Frequenzumrichter) und bürstenlosem Gleichstrommotor

Frequenzumrichter für Servoantriebe mit bürstenlosem Gleichstrom- **Aufbau** motor sind genauso aufgebaut wie Frequenzumrichter für drehzahlveränderliche Antriebe mit Asynchronmotoren (Bild 6.25). Für Detailinformationen sei auf Kapitel 5 verwiesen.

Für die Ausführung schneller Bremsvorgänge ist das Vorhandensein eines Bremschoppers mit Bremswiderstand zwingend erforderlich.

Bürstenlose Gleichstrommotoren werden mit einem „Gleichstrom" be- **Spannungsverlauf** aufschlagt, der von Wicklung zu Wicklung weitergeschaltet wird. Dementsprechend muss an die Wicklungen des Motors eine „Gleichspannung" gelegt werden, die ebenfalls von Wicklung zu Wicklung weitergeschaltet wird. Der mittlere Betrag der Gleichspannung wird über das Puls-Pausen-Verhältnis eingestellt.

Verdeutlicht werden kann das bei Betrachtung der Ständerspannung als Raumzeiger. Soll z.B. der Strom in die Wicklung 1 hinein- und aus den Wicklungen 2 und 3 hinausfließen, muss der Schaltzustand 0,1,0 (aktiver Zeiger) angelegt werden. Zyklisch wird dieser aktive Zeiger mit dem Schaltzustand 0, 0, 0 (passiver Zeiger) unterbrochen und so eine pulsierende Gleichspannung erzeugt.

Damit ergibt sich der in Bild 6.27 dargestellte prinzipielle Spannungsverlauf an den Motorklemmen.

Die Spannung pulsiert mit der Pulsfrequenz. Bildet man über eine Anzahl von Impulsen den Spannungsmittelwert, erhält man einen block-

153

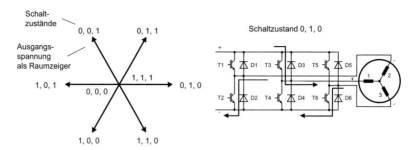

Bild 6.26 Vom Wechselrichter einprägbare Spannungsraumzeiger

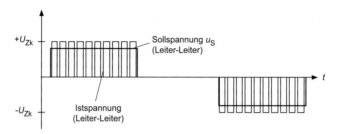

Bild 6.27 Ausgangsspannung des Wechselrichters und mittlere Ausgangsspannung (Sollspannung)

förmigen Spannungsverlauf. Die Höhe der Spannungsblöcke wird
durch die relative Einschaltdauer des aktiven Spannungszeigers bestimmt.

Jeder Spannungsblock entspricht einer bestimmten Position des Läufers. Dreht sich dieser weiter, wird zum nächsten Spannungsblock weitergeschaltet.

Hinweis: Je nach Aufbau des Steuersatzes im Frequenzumrichter sind
auch andere Pulsmuster und Spannungsbilder möglich.

Stromverlauf

Der Ausgangsstrom des Wechselrichters zeigt die typische Blockform
(Bild 6.28). Den rechteckförmigen Stromverläufen sind „Stromzacken"
überlagert. Je höher die Pulsfrequenz des Wechselrichters ist, umso
mehr nähert sich der Stromverlauf der idealen Blockform an.

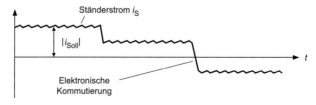

Bild 6.28 Ausgangsstrom des Wechselrichters

6.5.4 Regelungsstruktur

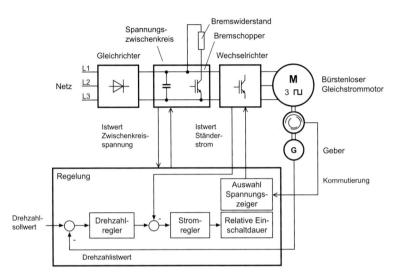

Bild 6.29
Regelungsstruktur des Servoantriebs mit bürstenlosem Gleichstrommotor

Die Regelungsstruktur eines Servoantriebs mit bürstenlosem Gleichstrommotor entspricht weitgehend der des bürstenbehafteten Gleichstrommotors (Bild 6.29). Hinzu kommen lediglich die Auswertung des Kommutierungsgebers und die Auswahl des richtigen Spannungszeigers für die Bestromung der Ständerwicklungen in Abhängigkeit von der Läuferposition.

Der Drehzahlregler gibt den Sollwert für den Ständerstrom i_S vor, der als Ersatzgröße für das einzustellende Drehmoment verwendet wird. Die Ausgangsgröße des Stromreglers ist die Sollständerspannung u_S, die vom Pulssteller über die relative Einschaltdauer eingestellt wird.

Die Regelung kann sowohl analog als auch digital ausgeführt werden. Analoge Regelungen benötigen im Allgemeinen auch einen analogen Drehzahlistwert, so dass diese Servoantriebe über einen Tachogenerator als Drehzahlgeber verfügen.

Modernere digitale Regelungen werten entweder den Kommutierungsgeber auch für die Drehzahlmessung aus oder verwenden zusätzliche inkrementelle Geber für die Drehzahl- und Lagemessung. In diesem Fall kann der Servoantrieb, sofern die erforderlichen Regelfunktionen implementiert sind, auch als Lageregler oder sogar als Positioniersteuerung arbeiten.

Servoantriebe mit bürstenlosem Gleichstrommotor sind sehr dynamisch und können den Strom in weniger als 1 ms anregeln.

6.6 Servoantriebe mit Synchronmotor (Sinuskommutierung)

6.6.1 Aufbau und Anwendungsbereich

Servoantriebe mit Synchronmotor und Sinuskommutierung sind die Weiterentwicklung der Servoantriebe mit bürstenlosem Gleichstrommotor. Sie sind sehr stark verbreitet und werden nahezu ausschließlich mit digitalen Servostellern angeboten. Ihr Leistungsbereich reicht etwa von 0,5 Nm bis 200 Nm.

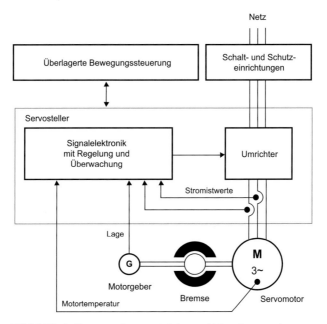

Bild 6.30 Aufbau von Servoantrieben mit Synchronmotor

Servoantriebe mit Synchronmotor weisen einen sinusförmigen Motorstrom und einen sehr guten Rundlauf auf. Sie sind mit Motorgebern zur Lagemessung ausgestattet und können mit einem Geber die Stromkommutierung sowie Drehzahl- und Lageregelung abdecken (Bild 6.30). Die Montage von 2 Gebern, wie sie bei bürstenlosem Gleichstrommotor erforderlich ist, entfällt.

Servoantriebe mit Synchronmotor stellen heute im industriellen Maschinenbau die Universallösung für Servoantriebe dar.

Das Leistungsteil eines Servoantriebs mit Synchronmotor ist mit dem eines herkömmlichen Frequenzumrichters bzw. eines Servoantriebs mit bürstenlosem Gleichstrommotor identisch.

6.6.2 Der Synchronmotor

Der Synchronmotor (Bild 6.31) ist dem bürstenlosen Gleichstrommotor im Aufbau sehr ähnlich. Beide Motoren unterscheiden sich lediglich durch die Gestaltung des magnetischen Kreises und die Verteilung der Ständerwicklungen. Das in Synchronmotoren vom Ständerstrom aufgebaute Magnetfeld hat eine sinusförmige Verteilung über dem Umfang und entspricht etwa der eines Asynchronmotors.

Bild 6.31
Synchronservomotoren

Der Synchronmotor wird mit 3 um 120° zeitlich versetzen sinusförmigen Strömen betrieben. Er ist also ein Drehstrommotor. Aus dem sinusförmigen Stromverlauf leitet sich auch der Begriff der Sinuskommutierung ab. Wie beim Asynchronmotor erzeugen die Ständerströme ein rotierendes Magnetfeld (Bild 6.32). Dieses Magnetfeld durchsetzt auch den Läufer des Synchronmotors, der mit Permanentmagneten versehen ist. Auf den Läufer wirkt ein Drehmoment und er versucht, sich im Magnetfeld des Ständers auszurichten.

Funktionsprinzip

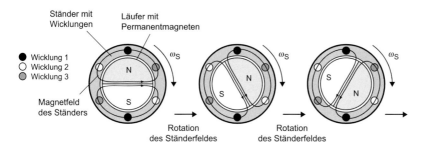

Bild 6.32 Funktionsprinzip des Synchronmotors

Da sich das Magnetfeld des Ständers kontinuierlich mit der Winkelgeschwindigkeit ω_S weiterdreht, folgt der Läufer mit der gleichen Geschwindigkeit ω_{mech}. Das Drehfeld und der Läufer bewegen sich synchron, es gibt also keinen Schlupf. Aus dieser Eigenschaft leitet sich der Name Synchronmotor ab.

Zwischen dem Magnetfeld des Ständers und dem Magnetfeld des Läufers sollte möglichst ein Winkel von 90° bestehen. Dann ist das Motordrehmoment maximal. Über den Effektivwert des Ständerstroms I_s kann das Drehmoment exakt eingestellt werden. Für den Synchronmotor gilt unter dieser Bedingung:

$$M = k_T \cdot I_S$$

mit k_T: Drehmomentkonstante

Die Drehmomentkonstante k_T ist eine konstruktive Größe des Motors und kann aus seinem Datenblatt entnommen werden. Damit liegen beim Synchronmotor ähnliche Verhältnisse wie im Gleichstrommotor vor.

Um die Orientierung zwischen dem eingeprägten Strom und den Läuferpolen aufrecht zu erhalten, wird die aktuelle Läuferposition vom Lagegeber erfasst und an den Servosteller übertragen. Der Lagegeber ist exakt auf die Pole des Läufers ausgerichtet. Wird diese Justage wesentlich verändert, führt das zur Unbrauchbarkeit des Motors. Die Justagevorschriften sind von Hersteller zu Hersteller verschieden und müssen bei Bedarf (z.B. bei der Reparatur des Motors) angefragt werden.

Polpaare

Wird das in Bild 6.32 dargestellte dreiphasige Wicklungssystem in der obigen Darstellung vom Strom durchflossen, bildet sich im Motor ein Ständerfeld mit einem Nord- und einem Südpol heraus. Der Motor weist genau ein Polpaar auf. Durch mehrfache Anordnung des dreiphasigen Wicklungssystems und Reihenschaltung der entsprechenden Phasen entstehen Motoren mit mehr als einem Polpaar. Durchläuft der Ständerstrom eine volle Periode, bewegt sich das Magnetfeld bei höherpoligen Motoren nicht mehr um 360°, sondern genau um 360°/Polpaarzahl weiter. Der Läufer des Motors muss die gleiche Polpaarzahl wie der Ständer aufweisen.

Konstruktiver Aufbau

Die Wicklungen des Synchronmotors sind im Allgemeinen in einem genuteten Blechpaket untergebracht (Bild 6.33).

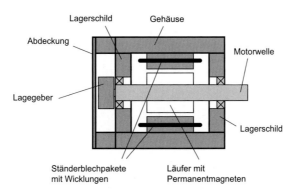

Bild 6.33 Konstruktiver Aufbau des Synchronmotors

Der Läufer besteht aus einem Zylinder, auf dem Permanentmagnete befestigt sind. Er umschließt die Motorwelle, auf der sich auch der Lagegeber befindet. Diese Konstruktion erlaubt sehr hohe Motordrehzahlen (> 10.000 U/min)

Der Anschluss des Motors erfolgt bei kleineren Leistungen über Stecker und konfektionierte Kabel und bei größeren Leistungen über einen Klemmkasten. Die Wicklungen sind mit U, V, W gekennzeichnet. Es ist jeweils nur ein Wicklungsende zugänglich. Die anderen Wicklungsenden sind in Sternschaltung miteinander verbunden.

6.6.3 Frequenzumrichter für Servoantriebe mit Synchronmotor

Frequenzumrichter für Servoantriebe mit Synchronmotor unterscheiden sich in Aufbau und Funktion nicht von Frequenzumrichtern für Asynchronmotoren. Viele Hersteller bieten Frequenzumrichter an, die beide Motortypen je nach gewählter Parametereinstellung betreiben können. Frequenzumrichter sind ausführlich in Kapitel 5 beschrieben.

6.6.4 Regelungsstruktur

Servoantriebe mit Synchronmotor verwenden ebenfalls das Prinzip der Vektorregelung. Ströme, Spannungen und magnetische Flussverkettungen werden als Raumzeiger aufgefasst und in entsprechenden Koordinatensystemen beschrieben. Für Synchronmotoren wird dabei das *läuferflussorientierte Koordinatensystem* verwendet (Bild 6.34). In diesem Koordinatensystem ist die d-Achse fest mit dem Läufer verbunden und exakt auf das Magnetfeld des Läufers ausgerichtet.

Koordinatensystem

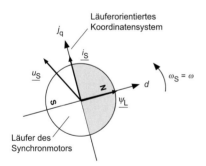

Bild 6.34
Läuferflussorientiertes
Koordinatensystem des
Synchronmotors

Das Koordinatensystem rotiert also mit dem Läufer. Die Komponenten der Raumzeiger werden in diesem Koordinatensystem zu Gleichgrößen.

Im läuferflussorientierten Koordinatensystem weist der Ständerstromzeiger i_S zwei Komponenten i_{sd} und i_{sq} auf. Es lässt sich zeigen, dass diese beiden Komponenten unterschiedliche Wirkungen haben:

Stromkomponenten

- *Feldbildende Komponente i_{sd}*
  Die Stromkomponente i_{sd} stärkt oder schwächt den Fluss des Läufers, der von den Permanentmagneten erzeugt wird.

- *Drehmomentbildende Komponente i_{sq}*
  Die Stromkomponente i_{sq} ist bei einem gegebenen Läuferfluss für das Drehmoment, das der Synchronmotor entwickelt, verantwortlich. Sie hat damit die gleiche Wirkung wie der Ankerstrom beim Gleichstrommotor.

Motormodell

Wie bei der Vektorregelung des Asynchronmotors sind die Stromkomponenten i_{sd} und i_{sq} rein mathematische Größen. Sie treten physikalisch in dieser Form nicht auf, sondern müssen aus den realen Phasenströmen des Synchronmotors berechnet werden. Gleiches gilt für die Stellgröße des Stromreglers. Die vom Stromregler berechneten Spannungen sind ebenfalls mathematische Größen und müssen in reale Spannungen, die der Frequenzumrichter auch in den Synchronmotor einprägen kann, umgerechnet werden. Zu diesem Zweck verfügt die Regelung des Frequenzumrichters über ein mathematisches Modell des angeschlossenen Synchronmotors. In diesem Motormodell finden die Umrechnungen zwischen physikalischen Strömen und Spannungen und den zugehörigen Raumzeigern bei Betrachtung im läuferflussorientierten Koordinatensystem statt. Damit die Umrechnung korrekt funktioniert, muss die Lage des Läufers exakt bekannt sein und vom Lagegeber auf der Motorwelle gemessen werden.

Außerdem benötigt das Modell die elektrischen Parameter des angeschlossenen Motors. Sie müssen am Servosteller eingegeben werden.

Regler

Die Stromregelung (Bild 6.35) besteht wie bei einer Vektorregelung üblich aus 2 Reglern für beide Komponenten des Ständerstromvektors i_S. Die Stromregelung hält die feldbildende Komponente i_{sd} auf 0 und

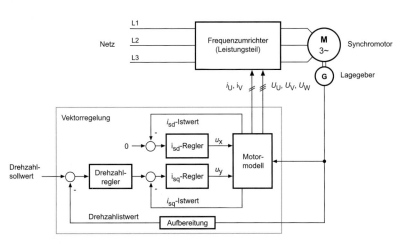

Bild 6.35 Regelungsstruktur des Servoantriebs mit Synchronmotor

prägt den vom Drehzahlregler geforderten Strom i_{sq} ein. Damit weist der Ständerstromzeiger $\underline{i}_S$ einen Winkel von 90° zum Läuferfluss auf.

Der Drehzahlregler erkennt Abweichungen der Drehzahl vom Sollwert und verändert je nach Bedarf den Drehmomentsollwert. Da das Drehmoment nicht direkt gemessen wird, dient die Stromkomponente i_{sq} als Ersatzgröße. Damit weist die Regelung wieder die bekannte Kaskadenstruktur auf.

Hinweis: Sehr leistungsfähige Servosteller bieten inzwischen auch die Möglichkeit zum Feldschwächbetrieb an. Dabei wird bei hohen Drehzahlen eine Stromkomponente i_{sd} eingeprägt, die das Feld der Permanentmagnete im Synchronmotor schwächt. Allerdings sind hier besondere Sicherheitsvorkehrungen zu treffen. Fällt der Servosteller aufgrund eines Fehlers aus, läuft der Synchronmotor unkontrolliert. Bei einem sehr schnell drehenden Motor werden dann unzulässig große Klemmenspannungen induziert. Eine entsprechende Schutzschaltung muss dann im Fehlerfall die Klemmen des Synchronmotors kurzschließen.

6.7 Servoantriebe mit Asynchronmotor

Servoantriebe mit Asynchronmotor runden das Spektrum der Servoantriebe im Bereich großer Leistungen ab. Ihr Leistungsbereich reicht etwa von 3 kW bis 400 kW bzw. von 20 Nm bis 2500 Nm. Sie kommen bei

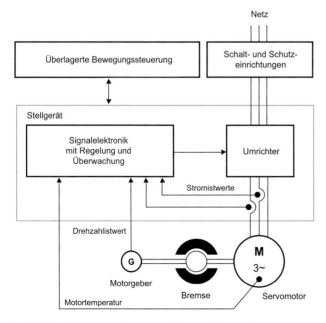

Bild 6.36 Aufbau von Servoantrieben mit Asynchronmotor

großen Scheren und Pressen, Druckmaschinen und Kunststoffspritz-maschinen zum Einsatz.

In ihrem Aufbau unterscheiden sie sich nicht von drehzahlveränderlichen Antrieben mit vektorgeregeltem Asynchronmotor (Bild 6.36). Lediglich der Asynchronmotor selbst ist auf Servoanwendungen zugeschnitten. Er weist im Vergleich zu Standardmotoren eine schlankere Bauweise (Bild 6.37) und eine niedrigere Nennspannung auf. Die Kühlung erfolgt immer als Fremdkühlung, da der Motor auch im Stillstand ein Drehmoment aufbringen muss. Üblich sind luftgekühlte (mit Fremdlüfter) und wassergekühlte Motoren.

Bild 6.37
Asynchronservomotor

Da die Ausführung des Stellgeräts und der Regelung identisch sind mit der Ausführung bei drehzahlveränderlichen Antrieben mit vektorgeregeltem Asynchronmotor, sei an dieser Stelle auf Kapitel 5 verwiesen.

6.8 Direktantriebe

6.8.1 Aufbau und Anwendungsbereich

Antriebe mit Getriebe

Viele elektrische Antriebe sind mit einem Getriebe ausgestattet. Es passt die vom Motor abgegebenen Drehzahlen und Drehmomente an die Erfordernisse der Arbeitsmaschine an oder wandelt die rotatorische Bewegung des Motors in eine lineare Bewegung um. Bild 6.38 zeigt ein Beispiel.

Der Wandlungsprozess innerhalb eines Getriebes ist nicht ideal. Je nach Konstruktion des Getriebes verhindert ein vorhandenes Getriebespiel bzw. die begrenzte Steifigkeit eine ideale Wandlung der Bewegungsgrö-

Bild 6.38
Servomotor mit
Zykloidengetriebe

ßen. Die Dynamik des Bewegungsvorganges wird durch das Getriebe begrenzt. Dieses Problem kann durch aufwändige Maßnahmen in der Getriebekonstruktion zwar verringert, aber nicht restlos beseitigt werden.

Ein neuer Lösungsansatz zielt deshalb darauf ab, das Getriebe komplett einzusparen und Motoren so zu konstruieren, dass sie die erforderlichen Bewegungsgrößen direkt erzeugen. Diese Antriebe werden als Direktantriebe bezeichnet. Zwei Typen von Direktantrieben sind zu unterscheiden (Bild 6.39):

Antriebe ohne Getriebe

- *Antriebe mit Linearmotor* führen unmittelbar eine lineare Bewegung aus, ohne dass ein Getriebe an der Wandlung der rotatorischen Bewegung in eine lineare Bewegung beteiligt ist.

- *Antriebe mit Torquemotor* sind rotatorische Antriebe und erzeugen bei niedrigen Drehzahlen sehr hohe Drehmomente. Bei diesen Antrieben kann das Getriebe entfallen, das bei herkömmlichen schnell laufenden Motoren die hohe Drehzahl auf eine niedrigere Drehzahl untersetzt.

Beide Motoren sind vom Wirkprinzip her Synchronmotoren. Damit ist der Direktantrieb in seiner Struktur genauso aufgebaut wie ein Servoantrieb mit Synchronmotor.

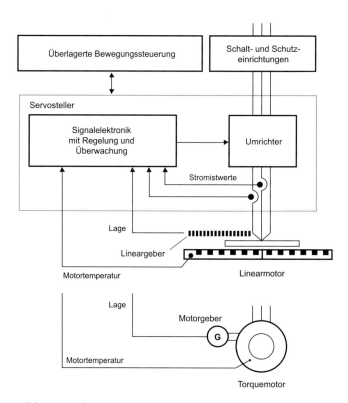

Bild 6.39 Aufbau von Servoantrieben mit Linear- oder Torquemotor

163

Direktantriebe sind in der Anschaffung relativ teuer. Ihr Einsatz beschränkt sich deshalb auf Anwendungen, in denen ihre Vorteile auch wirklich benötigt werden.

Die nachfolgenden Ausführungen beschränken sich auf die Darstellung der Linear- und Torquemotoren. Die Wirkungsweise des Servostellers und der Regelung kann den vorhergehenden Kapiteln entnommen werden.

Hinweis: Bei Linearmotoren werden in der industriellen Praxis auch Asynchronmotoren verwendet. Dabei handelt es sich aber oft um Speziallösungen, die hier nicht weiter behandelt werden.

6.8.2 Linearmotor

Funktionsprinzip

Der Linearmotor kann gedanklich aus einem axial aufgeschnittenen Synchronmotor abgeleitet werden. Er besteht aus einem Primär- und einem Sekundärteil. Das Primärteil entspricht dem Ständer und das Sekundärteil dem Läufer eines rotatorischen Synchronmotors (Bild 6.40).

Im Primärteil ist ein dreiphasiges Wicklungssystem untergebracht, das entlang des Verfahrweges mehrere Pole aufweist. Die Wicklungen sind um 120° gegeneinander versetzt. Das Sekundärteil besteht aus Permanentmagneten mit abwechselnder Magnetisierungsrichtung. Die Permanentmagnete weisen die gleiche Polteilung wie das Primärteil auf.

Werden die Wicklungen des Primärteils mit Drehstrom beaufschlagt, bildet sich im Primärteil des Linearmotors ein „wanderndes" Magnetfeld heraus. Dieses Magnetfeld durchsetzt auch die Permanentmagneten des Sekundärteils. In der Folge wirkt zwischen Primärteil und Sekundärteil eine Kraft. Ist das Primärteil beweglich angebracht und steht der Sekundärteil fest, reagiert das Primärteil und führt eine seitwärtsgerichtete Bewegung aus.

Wie beim Synchronmotor ist die wirkende Kraft dann am größten, wenn die magnetischen Pole des Primärteils um 90° versetzt zum Magnetfeld des Sekundärteils stehen. Deshalb wird die Position des Primär-

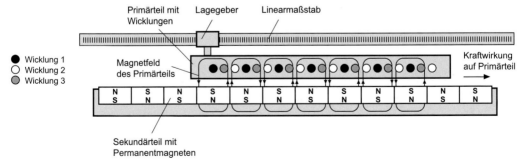

Bild 6.40 Konstruktiver Aufbau des Linearmotors

teils mit einem linearen Lagegeber erfasst und an den Servosteller übertragen. Dieser prägt die Ströme so in die Wicklungen des Primärteils ein, dass der optimale Winkel von 90° eingehalten wird. Im Allgemeinen wird die Lageinformation im Stellgerät gleichzeitig als Istwert für den Geschwindigkeits- und den Lageregler verwendet.

Bild 6.41
Komponenten eines
Linearmotors

Die geometrische Anordnung von Primär- und Sekundärteil wird durch mechanische Führungen realisiert (Bilder 6.41 und 6.42). Diese sind anwendungsspezifisch und werden vom Maschinenbauer festgelegt. Die Montage des lauffähigen Motors erfolgt deshalb erst in der Arbeitsmaschine selbst. Der Linearmotor wird als sogenannter Einbau- oder Bausatzmotor geliefert. Die Einzelteile werden vom Maschinenbauer zum kompletten Motor kombiniert. Die Montage des Linearmotors erfordert spezielle Fertigkeiten und Vorrichtungen, da die Permanentmagnete des Sekundärteils auf alle Eisenteile in ihrer Umgebung hohe Anziehungskräfte ausüben.

Konstruktiver Aufbau

Zur Verlängerung des Verfahrweges werden mehrere Sekundärteile hintereinander montiert. Die Sekundärteile, die nicht vom Primärteil

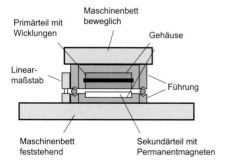

Bild 6.42 Lagerung des Linearmotors

165

abgedeckt sind, müssen mit einer entsprechend beweglichen Schutzabdeckung versehen werden, um das Eindringen von Spänen und anderen Eisenteilen in den Luftspalt zu vermeiden.

Gleiches gilt für den Linearmaßstab. Auch er ist mit hochwertigen Abdeckungen und Dichtsystemen zu versehen. Der Linearmaßstab selbst besteht bei hohen Genauigkeitsanforderungen aus einem Glaskörper als Informationsträger. Zum Referenzieren sind über die Länge des Verfahrweges mehrere Nullimpulse angeordnet. Linearmaßstäbe müssen exakt auf die Pollage des Sekundärteils justiert werden.

Linearmotoren haben einen geringeren Wirkungsgrad als rotatorische Synchronmotoren und erwärmen sich stärker. Aus diesem Grund werden Linearmotoren häufig mit einer Flüssigkeitskühlung (im Allgemeinen Wasser) versehen und mit mehreren Sensoren bezüglich ihrer Temperatur überwacht.

Der Kabelanschluss erfolgt über Stecker oder im Klemmkasten. Da die Kabel bei beweglichen Primärteilen in Schleppketten geführt und hohen Beschleunigungen ausgesetzt werden, müssen sie entsprechend hochwertig sein.

Linearmotoren erreichen Vorschubkräfte bis ca. 30 kN und Geschwindigkeiten bis 500 m/min.

6.8.3 Torquemotor

Funktionsprinzip

Der Torquemotor kann am einfachsten als ein Linearmotor betrachtet werden, der zu einem Zylinder gebogen und dessen Enden miteinander verbunden wurden (Bild 6.43). Er ähnelt einem rotatorischen Synchronmotor mit einer sehr hohen Polpaarzahl und einem großen Durchmesser.

Im Ständer sind die um 120° je Polteilung versetzten Wicklungen untergebracht, die mit Drehstrom beaufschlagt werden. Der Ständerstrom generiert ein hochpoliges Drehfeld, das langsam rotiert. Der Läufer folgt entsprechend. Aufgrund des großen Durchmessers weist der Motor ein hohes Drehmoment auf.

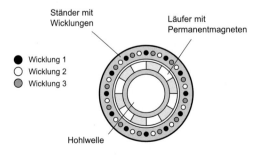

Bild 6.43 Aufbau des Torquemotors

166

Torquemotoren werden als Einbau- oder Komplettmotoren angeboten. Bei Einbaumotoren (Bild 6.44) verfügen die Motoren über keine eigenen Lager, sondern müssen auf gelagerte Maschinenwellen aufgebracht werden. Der Ständer und der Läufer werden als Einzelteile geliefert. Die Montage des Einbaumotors erfordert wie beim Linearmotor spezielle Kenntnisse und Fertigkeiten.

Bild 6.44
Komponenten eines
Einbau-Torquemotors

Aufgrund des großen Durchmessers sind Torquemotoren mit Hohlwellen ausgestattet. Das erleichtert die Integration in die Arbeitsmaschine. Torquemotoren werden sowohl mit Luft- als auch mit Wasserkühlung angeboten.

Der Lagegeber muss bei vielen Torquemotoren extern angebracht werden. Die Anbindung an die Motorwelle erfolgt z.B. über Zahnriemen. Der Lagegeber muss auf die Magnetpole des Läufers ausgerichtet werden.

Torquemotoren erreichen Drehmomente von 100 Nm bis ca. 5 kNm und Geschwindigkeiten von 10 U/min bis 300 U/min.

6.9 Regelung und Optimierung von Servoantrieben

6.9.1 Allgemeine Gütekriterien zur Beurteilung von Regelkreisen

Die Regelung von physikalischen Größen ist ein Steuerverfahren, bei dem die zu beeinflussende Größe (Regelgröße) laufend erfasst und mit einem Sollwert (Führungsgröße) verglichen wird. Treten Abweichungen auf, wird eine Stellgröße so verändert, dass die Abweichung minimal wird oder ganz verschwindet.

Regelkreis

Die Hauptkomponenten des Regelkreises sind die Regelstrecke und der Regler (Bild 6.45). Die Regelstrecke ist die zu beeinflussende Komponente. Der Regler ist eine Funktionseinheit, die nach vorgegebenen Algorithmen aus der Regelabweichung die erforderliche Stellgröße zur Verringerung der Regelabweichung berechnet.

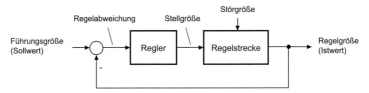

Bild 6.45 Aufbau eines allgemeinen Regelkreises

Regelabweichungen treten entweder

- durch Änderungen der Führungsgröße (z.B. durch Vorgabe neuer Sollwerte) oder

- durch Störgrößen, die auf die Regelstrecke einwirken,

auf.

Signalflusspläne und Übertragungsglieder

Zur Beschreibung von Regelkreisen werden Signalflusspläne verwendet. Sie bestehen aus Signalpfaden und Übertragungsgliedern. Die Übertragungsglieder wandeln ihre Eingangsgröße nach einer mathematischen Funktion (Übertragungsfunktion) in ihre Ausgangsgröße um. Man unterscheidet

- lineare und nichtlineare sowie

- kontinuierliche und diskontinuierliche (zeitdiskrete)

Übertragungsglieder. Moderne Frequenzumrichter und Servosteller haben eine digitale Regelung, die diskontinuierlich arbeitet. Die Übertragungsglieder der Regelung müssten deshalb bei genauer Betrachtung als diskontinuierliche Übertragungsglieder behandelt werden. Ist die Abtastzeit hinreichend klein, ist jedoch die vereinfachende Betrachtung als kontinuierliche Übertragungsglieder zulässig, von der nachfolgend ausgegangen wird.

Führungs- und Störverhalten

Die Qualität von Regelkreisen wird anhand von Kenngrößen bewertet. Dabei sind zwei grundsätzliche Betriebsfälle des Regelkreises zu unterscheiden:

- Das *Führungsverhalten* beschreibt, wie der Regelkreis auf Änderungen des Sollwerts reagiert. Ideales Führungsverhalten liegt vor, wenn der Istwert exakt dem Sollwert folgt.

- Das *Störverhalten* beschreibt, wie der Regelkreis auf Störgrößen reagiert. Ideales Störverhalten liegt vor, wenn Störgrößen keinen Einfluss auf den Istwert haben.

Für beide Betriebsfälle sind Gütekriterien der Regelgröße

- im Zeitbereich (als Funktion über der Zeit) und

- im Frequenzbereich (als Funktion über die Frequenz der Führungsgröße oder der Störgröße)

definiert.

Im Zeitbereich sind folgende allgemeine Gütekriterien üblich:

- Der *Regelfaktor* ist eine Kenngröße für die Regelabweichung, die sich bei konstanten Sollwerten oder Störgrößen einstellt (Bild 6.46). Brauchbare Regelkreise zeichnen sich durch einen Regelfaktor von 0 aus. Das heißt, der Regelkreis kann Sollwertänderungen folgen und Störungen ausregeln.

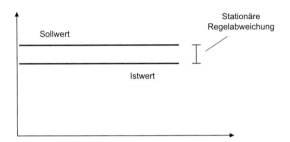

Bild 6.46 Regelabweichung

- Die *Anregelzeit* ist eine Kenngröße für die Reaktionsgeschwindigkeit einer Regelung nach einer sprungförmigen Änderung des Sollwerts oder der Störgröße. Sie beginnt, nachdem der Istwert ein vorgegebenes Toleranzband verlässt, und sie endet, wenn der Istwert erstmalig in ein vorgegebenes Toleranzband um den Sollwert eintritt (Bild 6.47).

- Die *Ausregelzeit* ist eine Kenngröße für die Geschwindigkeit, mit der eine Regelung nach einer sprungförmigen Änderung des Sollwerts oder der Störgröße auf ihren Endwert einschwingt. Sie beginnt, nachdem der Istwert ein vorgegebenes Toleranzband verlässt, und endet, wenn der Istwert letztmalig in ein vorgegebenes Toleranzband um den Sollwert eintritt. Im Idealfall entspricht die Ausregelzeit der Anregelzeit (Bild 6.47).

- Die *Überschwingweite* beschreibt die stärkste Amplitude des Istwerts während eines Einschwingvorganges nach einer sprungförmigen

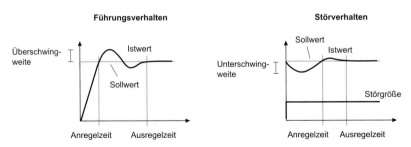

Bild 6.47 Anregel- und Ausregelzeit

Änderung des Sollwerts oder der Störgröße. Sie wird entweder absolut oder relativ, bezogen auf den stationären Endwert, angegeben.

- Der *Schleppfehler* ist eine Kenngröße für die Regelabweichung, die sich bei einem rampenförmigen Sollwert stationär einstellt (Bild 6.48). Der Schleppfehler ist besonders bei Lageregelkreisen im Zusammenhang mit Bahnsteuerungen von Bedeutung. Lageregelungen mit einem sehr kleinen Schleppfehler können den vorgegebenen Bahnen sehr gut folgen und erreichen damit eine hohe Konturgenauigkeit. Das ist besonders bei Bearbeitungsmaschinen (Fräsen, Drehen) von hoher Bedeutung. Der Schleppfehler wird häufig auch als Schleppabstand bezeichnet.

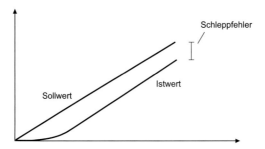

Bild 6.48 Schleppfehler

Für Servoantriebe werden oft spezielle Gütekriterien angegeben:

- Die *Verzugszeit* ist eine Kenngröße für die Reaktionsgeschwindigkeit einer Regelung nach einer sprungförmigen Änderung des Sollwerts oder der Störgröße. Sie beginnt, nachdem sich der Sollwert oder die Störgröße geändert haben, und endet, wenn der Istwert ein vorgegebenes Toleranzband verlässt. Die Verzugszeit kommt also zur Anregelzeit noch hinzu. Sie wird durch die zyklische Arbeitsweise digitaler Regelungen verursacht.

- Die *Auflösung* gibt bei digitalen Regelungen an, mit welcher Schrittweite ein Sollwert (z.B. ein Lagesollwert) vorgegeben werden kann.

- Die *Genauigkeit* ist dem Regelfaktor sehr ähnlich. Sie gibt die stationäre Abweichung des Istwerts vom Sollwert an. Diese Abweichung hat ihre Ursache jedoch nicht in einer ungünstigen Regelstruktur, sondern in der begrenzten Genauigkeit der Messsysteme und der digitalen Signalverarbeitung. Das heißt, der Regler erkennt eine Regelabweichung innerhalb der Genauigkeitsgrenzen nicht.

- Die *Wiederholgenauigkeit* gibt an, wie genau eine Sollposition bei mehrmaligem Anfahren erreicht wird.

- Die *Konstanz K* beschreibt die Schwankungsbreite eines Istwerts um seinen Bemessungswert. Zum Beispiel können Drehzahlabweichungen $n_{max} - n_{min}$ bezogen auf die Bemessungsdrehzahl n_N angegeben werden.

$$K = \frac{n_{max} - n_{min}}{n_N}$$

- Die Konstanz ist zum Beispiel bei Walz- oder Folienziehprozessen von großer Bedeutung, da sie direkt die Oberflächengüte des bearbeiteten Materials beeinflusst.

- Die *Welligkeit* beschreibt den Oberschwingungsgehalt eines Istwertes. Sie wird als Effektivwert der Oberschwingungen bezogen auf den Bemessungswert angegeben. Eine typische Angabe bei elektrischen Antrieben ist die Drehmomentwelligkeit.

Ein sehr leistungsfähiges Mittel zur Bewertung eines Regelkreises ist der Frequenzgang. Er beschreibt das Verhalten des Regelkreises in verschiedenen Frequenzbereichen und ist für die Darstellung des Führungs- und Störverhaltens geeignet.

Gütekriterien im Frequenzbereich

Um den Frequenzgang zu ermitteln, wird der Regelkreis mit einer sinusförmigen Eingangsgröße (Sollwert oder Störgröße) beaufschlagt und der Verlauf der Ausgangsgröße (Istwert) beobachtet. Das Ergebnis wird im Bodediagramm dargestellt. Das Bodediagramm enthält zum einen den Amplitudengang und zum anderen den Phasengang.

- Der *Amplitudengang* beschreibt das Verhältnis der Amplituden von Eingangs- und Ausgangsgröße in Abhängigkeit von der Frequenz der Eingangsgröße. Es ist üblich, dieses Verhältnis im dekadischen Logarithmus oder in Dezibel (dekadischer Logarithmus multipliziert mit 20) darzustellen.

- Der *Phasengang* beschreibt den Winkelversatz (die Phasenverschiebung) zwischen Eingangs- und Ausgangsgröße.

Amplituden- und Phasengang werden über der Kreisfrequenz ω (Frequenz multipliziert mit 2π) der Eingangsgröße dargestellt (Bild 6.49). Die Kreisfrequenz ω wird im Bodediagramm ebenfalls im dekadischen Logarithmus abgetragen. Mit dem Frequenzgang können die Grenzfrequenz und die Phasenreserve eines Regelkreises ermittelt werden. Diese beiden Größen stellen die eigentlichen Gütekriterien eines Regelkreises dar.

- Die *Grenzfrequenz* gibt an, bis zu welcher Frequenz ein Regelkreis Sollwertänderungen folgen oder Störgrößen unterdrücken kann. Hochwertige Regelkreise insbesondere bei Servoantrieben weisen hohe Grenzfrequenzen auf.

- Die *Phasenreserve* ist ein Maß für die Stabilität eines Regelkreises. Sie wird ebenfalls im Bodediagramm ermittelt. Allerdings wird dabei nicht der geschlossene, sondern der offene Regelkreis betrachtet. Am

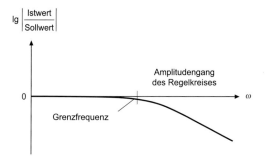

Bild 6.49 Amplitudengang des geschlossenen Regelkreises
mit Grenzfrequenz

Schnittpunkt des Amplitudenganges des offenen Regelkreises mit der ω-Achse wird im Phasengang die Winkelverschiebung zwischen Eingangs- und Ausgangsgröße abgelesen. Die Differenz dieser Winkelverschiebung zu –180° wird als Phasenreserve bezeichnet. Je größer diese Phasenreserve ist, umso stabiler ist der Regelkreis.

6.9.2 Regelkreise bei Servoantrieben

Servoantriebe weisen im Allgemeinen eine kaskadierte Regelungsstruktur auf (Bild 6.50). Andere Regelungsstrukturen konnten sich bisher nicht in der Breite durchsetzen. In mehreren überlagerten Regelkreisen werden die wesentlichen Zustandsgrößen

- Drehmoment (Strom),

- Drehzahl und

- Lage

separat geregelt. Der überlagerte Regler berechnet jeweils den Sollwert für den unterlagerten Regelkreis. Der Stromregler ermittelt als unterster Regler den Spannungssollwert, übergibt ihn an das Leistungsteil, das dann die entsprechende Spannung bzw. die entsprechenden Spannungen an den Klemmen des Motors bereitstellt. Die Strom-, Drehzahl- und Lageistwerte werden durch Sensoren und Geber erfasst und in die Regelkreise zurückgeführt.

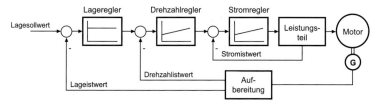

Bild 6.50 Struktur der KaskadenRegelung bei elektrischen Antrieben

Je nach Ausführung kann der Lageregler auch in einer übergeordneten Positioniersteuerung angeordnet sein und der Antrieb drehzahlgeregelt arbeiten. An der Kaskadenstruktur der Regelkreise ändert sich dadurch jedoch nichts.

Die verschiedenen Motoren, die bei Servoantrieben eingesetzt werden, erfordern hinter der Stromregelung Motormodelle oder eine Kommutierungslogik zur Bildung der erforderlichen Klemmenspannungen. Aus regelungstechnischer Sicht sind diese Funktionen nicht relevant und werden vernachlässigt. Sie sind für die Regelung sozusagen transparent. Treten jedoch in einem Antrieb trotz optimierter Stromregelung Probleme auf, sind diese Funktionen bei der Ursachensuche sehr wohl zu berücksichtigen.

Oberhalb der Stromregelung, beginnend mit dem Drehzahlregler, weisen die verschiedenen Servoantriebe aus Sicht der Regelung keine prinzipiellen Unterschiede mehr auf.

6.9.3 Optimierung des Stromregelkreises

Der Stromregelkreis muss nur noch bei analogen Servostellern manuell optimiert werden. Digitale Geräte verfügen über eine Selbstoptimierung, die auf den eingegebenen oder gemessenen Motorparametern beruht.

Bei der manuellen Optimierung wird der Stromregler mit kleinen Sollwertsprüngen beaufschlagt. Die Sollwertvorgabe erfolgt meist über einen analogen Eingang. Bei digitalen Geräten können die intern vorhandenen Festsollwerte verwendet werden. Für die Optimierung der Stromregelung muss der Drehzahlregler deaktiviert sein und der Sollwert direkt auf den Stromregler wirken. Der Servosteller ist entsprechend zu parametrieren.

Der Stromregelkreis wird auf gutes Führungsverhalten optimiert. Das ist sinnvoll, da im Stromregelkreis praktisch keine dynamischen Störgrößen wirken. Die im Motor drehzahlabhängig induzierte Spannung (EMK) ist eine langsam veränderliche Größe und wird vom Regler im Allgemeinen problemlos beherrscht.

PI-Regler

Der Stromregler ist als PI-Regler ausgeführt (Bild 6.51).

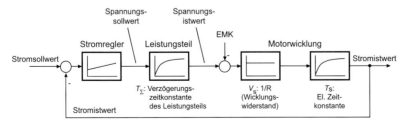

Bild 6.51 Stromregelkreis am Beispiel eines Gleichstrommotors

Seine Einstellparameter sind die

- Proportionalverstärkung K_P und die

- Nachstellzeit T_N.

Betragsoptimum Diese Parameter werden nach dem sogenannten Betragsoptimum eingestellt. Bei dieser Einstellung weist der geschlossene Regelkreis für einen großen Frequenzbereich eine Übertragungsfunktion von $G(\omega) = 1$ auf. Das heißt, in einem großen Frequenzbereich kann der Istwert dem Sollwert folgen. Für die Optimierung nach dem Betragsoptimum lassen sich folgende einfache Bestimmungsgleichungen für die Reglerparameter angeben.

$$K_p = \frac{T_S}{V_S \cdot 2 T_\Sigma} \qquad T_N = T_S$$

Tabelle 6.7 Einstellwerte für den Stromregler bei verschiedenen Motortypen

Servoantrieb mit	Gleichstrom-motor	Bürstenloser Gleichstrommotor	Synchron-motor	Asynchron-motor
Ersatzzeit-konstante des Leistungsteils T_Σ	Stromrichter: $1/(6\,f_{Netz})$ Pulssteller: $1/f_{Puls}$	$1/f_{Puls}$	$1/f_{Puls}$	$1/f_{Puls}$
Streckenver-stärkung V_S	$1/R_A$	$1/R_S$	$1/R_S$	$1/R_S$
Streckenzeit-konstante T_S	L_A/R_A	L_S/R_S	L_S/R_S	L_S/R_S

L in H R in Ω

Die optimalen Einstellparameter ergeben sich aus den Kenngrößen des Motors (elektrische Zeitkonstante T_S und ohmscher Wicklungswiderstand R) sowie einer Ersatzzeitkonstante T_Σ des Leistungsteils (Tabelle 6.7). Diese Ersatzzeitkonstante berücksichtigt vereinfacht die dynamischen Eigenschaften des Leistungsteils, d.h. die Geschwindigkeit, mit der eine vom Stromregler geforderte Spannungsänderung an den Motorklemmen wirksam werden kann.

Übergangsfunktion Regelkreise, die nach dem Betragsoptimum eingestellt wurden, weisen in der Übergangsfunktion (Sprungantwort) ein Überschwingen von weniger als 5 % auf. Die Anregelzeit liegt typischerweise bei dem 5-fachen der Ersatzzeitkonstante T_Σ des Leistungsteils (Bild 6.52).

Hinweis: Die Optimierung erfolgt im Kleinsignalbereich. Das heißt, dass die Sollwertsprünge für den Strom so klein gewählt werden, dass die im Antrieb vorhandenen Begrenzungen (Spannung, Strom) nicht erreicht werden.

Beispiel:
Servosteller mit f_{Puls} = 4 kHz; T_S = 0,25 ms; I_{soll} = 1 A
K_p und T_N optimal eingestellt

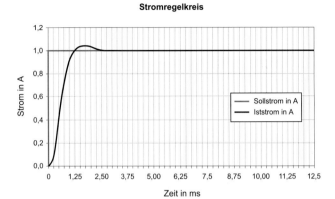

Bild 6.52 Übergangsfunktion eines optimal eingestellten Stromregelkreises

Sind die Reglerparameter nicht auf die Regelstrecke abgestimmt, treten Abweichungen vom optimalen Übergangsverhalten auf. Bei geringfügig verstellten Reglerparametern sind diese problemlos verkraftbar. Zu starke Abweichungen verringern die Dynamik oder bringen den Antrieb zum Schwingen (Bild 6.53).

Betragsoptimal eingestellte Stromregelkreise weisen eine Durchtrittsfrequenz von $^1/_2 T_\Sigma$ auf. Bis zu dieser Frequenz ist die Stromregelung in

Beispiel:
Servosteller mit f_{Puls} = 4 kHz; T_Σ = 0,25 ms; I_{soll} = 1 A
K_p = 3$K_{p\_optimal}$

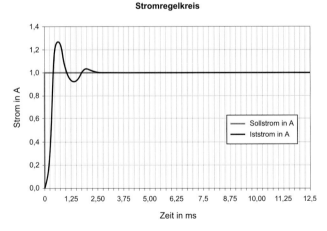

Bild 6.53 Übergangsfunktion eines Stromregelkreises mit zu großer Proportionalverstärkung

der Lage, Sollwertänderungen zu folgen. Oberhalb dieser Frequenz verhält sie sich wie ein ungeregeltes System. Die Stromregelung folgt den Sollwertänderungen nicht mehr. Da die Zeitkonstante T_Σ die Ersatzzeitkonstante des Leistungsteils ist, hängt die Dynamik der Stromregelung unmittelbar von der Dynamik des Leistungsteils ab. Aus diesem Grund werden für Servoanwendungen nur hochdynamische Leistungsteile verwendet. Mit diesen Leistungsteilen sind Grenzfrequenzen von mehr als 1 kHz im Stromregelkreis erreichbar.

6.9.4 Optimierung des Drehzahlregelkreises

Der Drehzahlregelkreis (Bild 6.54) kann bei digitalen Servostellern oft automatisch optimiert werden. Entsprechende Geräte verfügen über eine Selbstoptimierung, die auf einer Messung der relevanten Streckenparameter beruht. Allerdings erfordert die Messung den Hochlauf des Antriebs mit angekoppelter Last. Das ist nicht in allen Anwendungen möglich. Deshalb ist die manuelle Optimierung oder Nachoptimierung des Drehzahlreglers nach wie vor gängige Praxis.

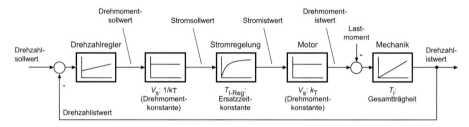

Bild 6.54 Drehzahlregelkreis

Bei der manuellen Optimierung wird der Drehzahlregler mit kleinen Sollwertsprüngen beaufschlagt. Die Sollwertvorgabe erfolgt entweder über einen analogen Eingang oder unter Verwendung der internen Festsollwerte. Für die Optimierung der Drehzahlregelung muss der eventuell vorhandene Lageregler deaktiviert und der Sollwert direkt auf den Drehzahlregler wirken. Der Servosteller ist entsprechend zu parametrieren.

Symmetrisches Optimum

Im Drehzahlregelkreis tritt das Lastmoment als Störgröße auf. Das Lastmoment wird sowohl von der Anwendung als auch von wenig deterministischen Einflüssen wie Reibung, Unwuchten und Rastmomenten bestimmt. Um diese Einflüsse gut zu beherrschen, erfolgt die Optimierung des Drehzahlregelkreises auf optimales Störverhalten. Der Drehzahlregler ist als PI-Regler ausgeführt. Seine Parameter werden nach dem sogenannten symmetrischen Optimum eingestellt. Damit wird erreicht, dass der geschlossene Drehzahlregelkreis für einen großen Frequenzbereich Störgrößen unterdrückt und das Lastmoment in weiten Frequenzbereichen keinen Einfluss auf die Drehzahl an der Motorwelle hat.

Zur Vereinfachung der Regelungsstruktur bei der Betrachtung des Drehzahlregelkreises kann der unterlagerte Stromregelkreis durch ein PT1-Glied mit der Verzögerungszeitkonstante $T_{\text{I-Reg}}$ betrachtet werden. Ist der Stromregler nach dem Betragsoptimum eingestellt, gilt in guter Näherung:

$$T_{\text{I-Reg}} = 4\,T_{\Sigma}$$

Für die Optimierung nach dem symmetrischen Optimum lassen sich einfache Bestimmungsgleichungen für die Reglerparameter angeben:

$$K_{\text{p}} = \frac{T_{\text{i}}}{2\,T_{\text{I-Reg}}} \qquad T_{\text{N}} = 4\,T_{\text{I-Reg}}$$

mit $\qquad T_{\text{i}} = J \cdot \text{s/kgm}^2$

J in kgm^2 Gesamtträgheit bestehend aus Trägheitsmoment
                 des Motors und der Arbeitsmaschine

Die optimalen Einstellparameter ergeben sich aus der Ersatzzeitkonstante des Stromregelkreises und dem Trägheitsmoment des mechanischen Systems.

Regelkreise, die nach dem symmetrischen Optimum eingestellt wurden, weisen in der Übergangsfunktion (Sprungantwort) ein Überschwingen von ca. 43 % auf (Bild 6.55). Die Anregelzeit liegt typischerweise bei dem 3-fachen der Zeitkonstante $T_{\text{I-Reg}}$.   *Übergangsfunktion*

Eine entsprechend optimierte Drehzahlregelung weist eine Durchtrittsfrequenz von ca. $^{1}/_{2}\,T_{\text{I-Reg}}$ auf. Bis zu dieser Frequenz ist die Drehzahlregelung in der Lage, Sollwertänderungen zu folgen. Oberhalb dieser Frequenz verhält sie sich wie der offene Regelkreis und folgt den Sollwertänderungen nicht mehr. Da die Zeitkonstante $T_{\text{I-Reg}}$ die Ersatzzeitkonstante der unterlagerten Stromregelung ist, hängt die Dynamik der Drehzahlregelung unmittelbar von der Dynamik der Stromregelung ab.

Bezüglich des Führungsverhaltens sind nach dem symmetrischen Optimum eingestellte Regelkreise nicht optimal. Das Überschwingen ist zu stark und die Drehzahlregelung ist zu „scharf". Oft ist bei der Einstellung nach dem symmetrischen Optimum selbst im Stillstand ein deutliches „Brummen" oder „Pfeifen" des Antriebs zu hören. Ursache sind kleine stochastische Ungenauigkeiten in der Drehzahlmessung, die der Drehzahlregler als Störgrößen interpretiert und auf die er reagiert. Die Optimierung nach dem symmetrischen Optimum ist daher in der Praxis nur bei Servoantrieben mit sehr guten Drehzahlgebern machbar. Bei diesen Antrieben wird dann durch additive Filter oder durch erweiterte PI-Regler das Führungsverhalten optimiert und das starke Überschwingen beseitigt.

Beispiel:
Servosteller mit f_{Puls} = 4 kHz; $T_{I\text{-}Reg}$ = 1,0 ms; n_{soll} = 10 U/min
K_p und T_N optimal eingestellt

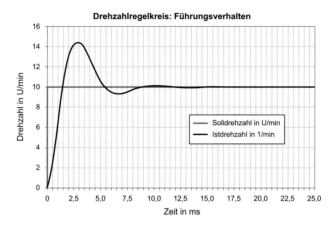

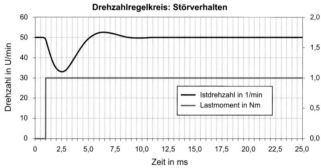

Bild 6.55
Übergangsfunktionen eines optimal eingestellten Drehzahlregelkreises

Bei einfacheren Antrieben senkt man im Allgemeinen einfach die Proportionalverstärkung K_P ab und erhöht gleichzeitig die Nachstellzeit T_N, bis ein akzeptables Regelverhalten entsteht. Leider ist damit auch eine deutliche Verschlechterung des Störverhaltens verbunden, die dann in Kauf genommen werden muss.

Experimentelle Bestimmung von T_i

Das Trägheitsmoment des Motors und der Arbeitsmaschine ist oft nicht genau bekannt. Damit können die Zeitkonstante T_i und die optimalen Reglereinstellungen nicht berechnet werden. In diesem Fall muss die Zeitkonstante T_i experimentell ermittelt werden.

Dazu wird der Servoantrieb drehzahlgeregelt betrieben und das Motormoment auf ca. 50 % bis 80 % seines Nennwerts im Steller begrenzt. Anschließend wird ein Drehzahlsollwertsprung in Höhe des Nennwerts vorgegeben. Der Antrieb läuft an der Drehmomentgrenze auf Nenndrehzahl hoch. Aus der Hochlaufzeit lässt sich die Zeitkonstante T_i berechnen (Bild 6.57).

Beispiel:
Servosteller mit f_{Puls} = 4 kHz; T_{I-Reg} = 1,0 ms; n_{soll} = 10 U/min
K_p = 0,5 $K_{p\_optimal}$ und T_N = 3 $T_{N\_optimal}$

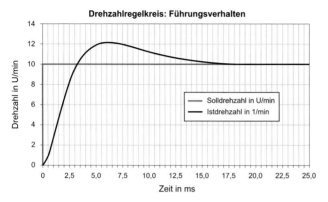

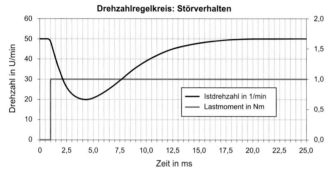

Bild 6.56 Übergangsfunktionen eines falsch eingestellten Drehzahlregelkreises

Gegenüber Änderungen der Gesamtträgheit z.B. bei Anwendungen mit Be- und Entladevorgängen ist der Drehzahlregler relativ robust.

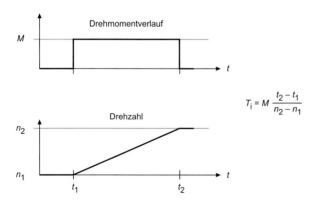

$$T_i = M \, \frac{t_2 - t_1}{n_2 - n_1}$$

Bild 6.57 Ermittlung der Zeitkonstante T_i im Hochlaufversuch

179

6.9.5 Optimierung des Lageregelkreises

Der Drehzahlregelkreis kann bei hochwertigen digitalen Servostellern zum Teil automatisch optimiert werden. Meistens erfolgt jedoch eine Optimierung per Hand oder eine rein empirische Einstellung. Das ist möglich, da der Lageregler meistens als reiner P-Regler ausgeführt ist und nur die Proportionalverstärkung als Einstellwert hat. Die Proportionalverstärkung hat beim Lageregler einen besonderen Namen und wird als k_V-Faktor bezeichnet.

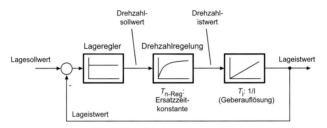

Bild 6.58 Lageregelkreis

Zur Vereinfachung der Regelungsstruktur wird der unterlagerte Drehzahlregelkreis als PT1-Glied mit der Verzögerungszeitkonstante $T_{\text{n-Reg}}$ betrachtet. Ist der Drehzahlregler nach dem symmetrischen Optimum eingestellt, gilt in guter Näherung:

$$T_{\text{n-Reg}} = 3\,T_{\text{I-Reg}}$$

Betragsoptimum   Der Lageregler wird auf Führungsverhalten optimiert und nach dem Betragsoptimum eingestellt. Damit lässt sich folgende einfache Bestimmungsgleichung für den k_V-Faktor angeben.

$$k_V = \frac{T_i}{2\,T_{\text{n-Reg}}}$$

mit

$T_i = 60/I$ I: Auflösung des Gebers in Inc./U
                   Erfassung der Drehzahl n in U/min

Der optimale k_V-Faktor ergibt sich aus der Geberauflösung und der Ersatzzeitkonstante des Drehzahlregelkreises $T_{\text{n-Reg}}$.

Übergangsfunktion   Der Lageregelkreis weist bei Einstellung nach dem Betragsoptimum in der Übergangsfunktion (Sprungantwort) ein Überschwingen von weniger als 5 % auf (Bild 6.59). Die Anregelzeit liegt typischerweise bei dem 5-fachen der Ersatzzeitkonstante $T_{\text{n-Reg}}$ des Drehzahlregelkreises. Da die Zeitkonstante $T_{\text{n-Reg}}$ die Ersatzzeitkonstante der unterlagerten Dreh-

Beispiel:
Servosteller mit f_{Puls} = 4 kHz; $T_{n\text{-}Reg}$ = 1,5 ms; x_{soll} = 10 Inc.
k_v optimal eingestellt

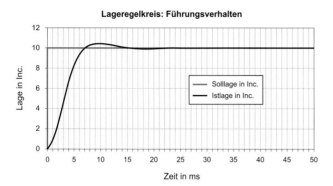

Bild 6.59 Übergangsfunktionen eines optimal eingestellten Lageregelkreises

zahlregelung ist, hängt die Dynamik der Lageregelung unmittelbar von der Dynamik der Drehzahlregelung ab.

In Anwendungen mit Bewegungssteuerung wird oft ein zeitlich verän- Schleppfehler
derlicher Lagesollwert vorgegeben. Hochwertige Lageregelungen folgen dem veränderlichen Sollwert mit einem sehr kleinen Schleppfehler. Der Schleppfehler wird bei einem linear ansteigendem Lagesollwert
sichtbar. Für den Schleppfehler $F_{Schlepp}$ gilt:

$$F_{Schlepp} = \frac{n}{k_v}$$

Beispiel:
Servosteller mit f_{Puls} = 4 kHz; $T_{n\text{-}Reg}$ = 1,5 ms; x_{soll} = 10 Inc./ms
n_{soll} = 293 U/min, k_v optimal eingestellt

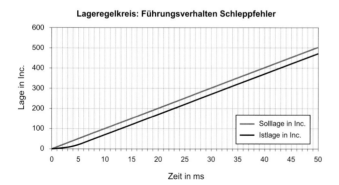

Bild 6.60 Schleppfehler bei optimal eingestelltem Lageregelkreises

Beispiel:
Servosteller mit f_{Puls} = 4 kHz; T_{n-Reg} = 1,5 ms; x_{soll} = 10 Inc./ms
n_{soll} = 293 U/min, k_v = $2k_{v\_optimal}$

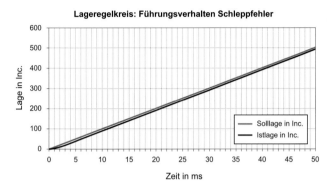

Bild 6.61 Schleppfehler bei zu großem k_v-Faktor

Der k_v-Faktor beeinflusst unmittelbar die Größe des Schleppfehlers, der bei Verfahrvorgängen auftritt. Je größer der k_v-Faktor ist, umso kleiner ist der sich einstellende Schleppfehler $F_{Schlepp}$. Deshalb geht man in der Praxis oft den Weg, den k_v-Faktor einfach so groß einzustellen, wie es der Antrieb zulässt. Man erhöht den k_v-Faktor schrittweise, bis der Antrieb anfängt zu schwingen, und senkt ihn dann wieder leicht ab.

6.10 Funktionen moderner Servosteller

6.10.1 Allgemeines

Servosteller sind modernen digitalen Frequenzumrichtern sehr ähnlich. Deshalb unterscheiden sich ihre Funktionen nur in den Teilen, die sich auf die speziellen Anwendungsgebiete bzw. die angeschlossenen Motor- und Gebertypen beziehen. Nachfolgend sollen daher nur die Funktionen genauer behandelt werden, in denen Servosteller von digitalen Frequenzumrichtern abweichen.

6.10.2 Leistungsoptionen

Bremschopper und Bremswiderstand

Zum dynamischen Bremsen benötigen Servoantriebe einen Bremschopper und einen Bremswiderstand. Je nach Baugröße sind beide Komponenten im Gerät bereits integriert oder werden extern an den Zwischenkreis des Servostellers angeschlossen.

Ausgangsdrossel, Ausgangsfilter

Servoantriebe lassen am Wechselrichterausgang keine zusätzlichen Drosseln oder Filter zu, da sie die Dynamik der Stromregelung unzulässig verschlechtern würden.

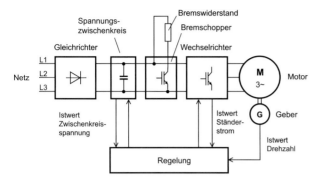

Bild 6.62 Servosteller mit Leistungsoptionen im Zwischenkreis

6.10.3 Elektronikoptionen

Servosteller können unterschiedliche Funktionsinhalte abdecken. Einfache Servosteller arbeiten als reine Drehzahlregler, leistungsfähige Geräte bieten komplette integrierte Bewegungssteuerungen an. Grundsätzlich gilt: Je mehr Funktionen im Servosteller integriert sind, umso flexibler muss der Steller bezüglich seiner Schnittstellen sein. Leistungsfähige Steller können deshalb mit mehreren Elektronikoptionen gleichzeitig erweitert werden und diese parallel betreiben. Das betrifft im Wesentlichen die Geber- und Kommunikationsschnittstellen.

Sicherheitsoptionen werden in wenigen Jahren wahrscheinlich zur Standardausrüstung bei Servostellern gehören.

Die Parametrierung der Servosteller erfolgt aufgrund ihres Funktionsumfanges vorzugsweise über ein PC-Programm. Angebotene Bedienfelder dienen im Wesentlichen nur noch zur Anzeige der Betriebszustände und zur Fehlerdiagnose.

6.10.4 Prozessschnittstelle

Aufgrund der größeren Funktionalität der Servosteller bietet die Prozessschnittstelle mehr Daten zum Austausch mit einer überlagerten Steuerung an. Die grundsätzliche Funktion ist aber identisch mit der bei Frequenzumrichtern.

Sollen Lageinformationen (Lageistwert, Lagesollwert) zwischen Servosteller und überlagerter Steuerung übertragen werden, ist eine zeitlich exakt synchronisierte Datenübertragung in beide Richtungen erforderlich.

6.10.5 Anwenderschnittstelle

Bezüglich der Anwenderschnittstelle gibt es keine Unterschiede zwischen Frequenzumrichtern und digitalen Servostellern.

6.10.6 Regelungs- und Steuerungsfunktionen

Servosteller sind in ihren Funktionen relativ klar strukturiert. Viele Sonderfunktionen, die bei Frequenzumrichtern implementiert sind, werden bei Servostellern weggelassen, um die kostbare Rechenleistung der Mikroprozessoren für die Dynamik der Regelungen zu sparen. Ähnlich wie bei den Frequenzumrichtern lassen sich folgende grobe Funktionsblöcke bilden (Bild 6.63):

- Strom- und Drehzahlregelung

- Sollwertaufbereitung

- Sollwert- und Befehlsquellen

- Positioniersteuerung und Lageregelung

- Schutz- und Überwachungsfunktionen

- Diagnose

- Inbetriebnahmefunktionen

Diese Funktionsblöcke sind über interne Signalpfade miteinander verknüpft. Diese Signalpfade sind je nach benötigter Funktionalität durch den Anwender änderbar.

Strom- und Drehzahlregelung

Die meisten Servosteller sind bezüglich der Stromregelung auf einen Motortyp ausgerichtet. Einige sehr leistungsfähige Geräte bieten aber Stromregelungen für Synchron- und für Asynchronmotoren an. Während der Inbetriebnahme wählt der Anwender dann den entsprechenden Motortyp aus.

Strom- und Drehzahlregelung sind bei Servostellern oft mit komplexen Filtern versehen, die Schwingungen in den Regelkreisen bedämpfen sollen. Oft ist es nur mit korrekter Abstimmung der Filter möglich, die Regelung entsprechend dynamisch einzustellen. Neben den Filtern sind alle notwendigen Begrenzungen für Drehmoment, Strom und Drehzahl zum Schutz der Arbeitsmaschine vor Überlastungen in der Regelung enthalten.

Sollwertaufbereitung

Wird der Servoantrieb als Drehzahlsteller verwendet, bietet die Sollwertaufbereitung Möglichkeiten zur:

- Addition von mehreren Sollwerten zu einem Summensollwert (z.B. Hauptsollwert vom Feldbus und Korrektursollwert vom analogen Eingang)

- Verstärkung/Abschwächung des Sollwertes

- Begrenzung des Sollwerts

- Bildung von Hoch- und Rücklauframpen zur Vermeidung von Überlastungen und Drehmomentstößen.

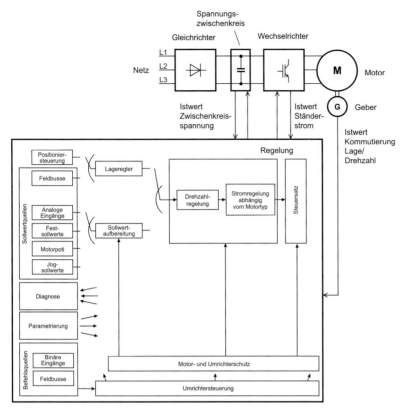

Bild 6.63 Regelungsfunktionen eines Servostellers

Ist dem Servoantrieb eine Bewegungssteuerung überlagert, werden die Hoch- und Rücklauframpen im Allgemeinen auf 0 gestellt, um die Dynamik des Antriebs voll auszunutzen.

Mit dem integrierten Lageregler und der Positioniersteuerung kann der Servoantrieb technologisch erweitert werden.

Positioniersteuerung und Lageregler

Arbeitet der Servoantrieb als Lageregler, erfolgt die Sollwertvorgabe von einer überlagerten Positioniersteuerung über einen Feldbus. Neben dem Lagesollwert können dabei auch Vorsteuerwerte für die Drehzahl und manchmal auch für den Strom mit übertragen werden. Vor dem Drehzahl- und dem Stromregler sind entsprechende Additionspunkte für die Anbindung der Vorsteuersignale vorgesehen.

Übernimmt der Servosteller auch die Funktion der Positioniersteuerung, enthält er ein komplettes Verfahrprogramm, das über binäre Signale gestartet und in seinem Ablauf beeinflusst wird.

Servosteller verfügen wie Frequenzumrichter über eine Reihe von Funktionen zum Schutz des Antriebs vor gefährlichen Betriebszustän-

Motor- und Umrichterschutz

den. Gegenüber dem Frequenzumrichter sind besonders die Funktionen zur Überwachung der Motorgeber deutlich stärker ausgeprägt.

Diagnose und Inbetriebnahme

Servosteller bieten gegenüber Frequenzumrichtern ein erweitertes Spektrum an PC-gestützten Inbetriebnahme- und Diagnosefunktionen an. Bespiele hierfür sind automatische Filtereinstellungen oder die selbsttätige Aufnahme von Frequenzgängen.

7 Schrittantriebe

7.1 Aufbau und Anwendungsbereich

Schrittantriebe sind spezielle Ausprägungen von Servoantrieben. Sie werden für Anwendungen mit Bewegungsführung eingesetzt und werden gesteuert betrieben. Das heißt, Schrittantriebe verfügen nicht über geschlossene Regelkreise für Strom, Drehzahl und Lage. Dadurch sind sie zwar weniger dynamisch und robust gegenüber Störgrößen, dafür aber sehr kostengünstig und einfach zu handhaben.

Schrittantriebe bestehen aus einem Schrittmotor und einem Stellgerät (Bild 7.1). Der Schrittmotor wird zwei- oder mehrphasig mit einer Folge von Stromimpulsen angesteuert. Bei jedem Impuls führt der Motor eine Drehbewegung um einen definierten Winkelschritt aus. Die Stromimpulse werden in einer Endstufe, die Teil des Stellgeräts ist, erzeugt. Die Vorgabe der auszuführenden Winkelschritte erfolgt durch die überlagerte Bewegungssteuerung. Der Positionssollwert wird von ihr inkrementell als Impulsfolge an das Stellgerät übertragen. Im Stellgerät werden dann die erforderlichen Stromimpulse für den Schrittmotor erzeugt.

Aufbau

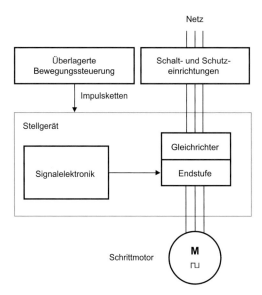

Bild 7.1 Aufbau von Schrittantrieben

Schrittantriebe können ohne Geberrückführung schrittgenau positionieren. Die Positionierung erfolgt gesteuert. Deshalb darf der Antrieb nicht überlastet oder zu stark beschleunigt werden, sonst kommt es zu Schrittverlusten oder der Motor bleibt einfach stehen. Darum wird in manchen Anwendungen die erreichte Position zusätzlich mit einem Lagegeber überwacht – was die Vorteile des Schrittantriebs schmälert.

Schrittantriebe sind 4-Quadranten-Antriebe. Sie können in beide Richtungen motorisch beschleunigen und generatorisch bremsen. Sie sind aber praktisch nicht überlastbar. Das unterscheidet sie von konventionellen Servoantrieben.

Anwendungen
Schrittantriebe werden in kostensensitiven Positionieranwendungen aller Art im unteren Leistungsbereich eingesetzt. Schrittantriebe führen vor allem Zustellbewegungen in Be- und Verarbeitungsmaschinen sowie Datenausgabegeräten (Plottern, Druckern) aus. Schrittantriebe sind aupßerdem im Geräte- und Apparatebau für einfache Positionieranwendungen weit verbreitet. Es ist zu beobachten, dass mehr und mehr Servoantriebe mit Synchronmotor auch im Bereich kleinerer Leistungen in die Domäne der Schrittmotoren eindringen. Allerdings ist nicht zu erwarten, dass Schrittantriebe in der Breite von echten Servoantrieben abgelöst werden.

Schrittantriebe geben ein Drehmoment von bis zu 5 Nm ab.

7.2 Systematik der Schrittantriebe nach Motortyp

Schrittantriebe lassen sich am besten anhand des verwendeten Motortyps systematisieren (Bild 7.2).

Bild 7.2 Klassifizierung der Schrittantriebe nach dem Motortyp

Es gibt drei Schrittmotorprinzipien:

- Der *Permanentmagnetschrittmotor* ist ein reiner Synchronmotor. Er hat eine relativ grobe Teilung.

- Der *Reluktanzschrittmotor* hat einen Weicheisenläufer mit weniger Zähnen als der Ständer. Es sind sehr feine Teilungen möglich. Der Reluktanzschrittmotor ist heute aber kaum mehr anzutreffen.

- Der *Hybridschrittmotor* ist eine Mischung aus Permanent- und Reluktanzschrittmotor. Er vereinigt die beiden Prinzipien und erlaubt deshalb eine feine Schrittteilung.

7.3 Technische Daten

Schrittmotoren werden mit speziellen Motordaten klassifiziert. Diese sollen zum einen die Anpassung an die mechanischen Anforderungen der Arbeitsmaschine und zum anderen die Auswahl eines geeigneten Stellgeräts ermöglichen. Um Abstimmungsprobleme zu vermeiden, sollten Stellgerät und Schrittmotor vom gleichen Hersteller bezogen werden.

Motordaten

- *Schrittzahl:* Gibt an, in viele Schritte eine Motorumdrehung aufgeteilt ist.

- *Schrittwinkel:* Gibt an, welchen mechanischen Winkel der Motor bei einem Vollschritt zurücklegt.

- *Maximales Motordrehmoment:* Das Lastmoment darf dieses Drehmoment im stationären Betrieb nicht überschreiten, da der Motor ansonsten Schritte verliert oder stehen bleibt. Die Beschleunigung des Motors muss so gewählt werden, dass das erforderliche Beschleunigungsmoment unter dem maximalen Drehmoment bleibt.

- *Haltemoment:* Drehmoment, das der Motor im Stillstand abgeben kann.

- *Trägheitsmoment:* Dient zur Berechnung des maximalen Beschleunigungsvermögens.

- *Positioniergenauigkeit:* Auftretende mechanische Reibung verhindert, dass sich der Läufer des Schrittmotors ganz exakt auf das Magnetfeld ausrichtet. Es entsteht bei jedem Schritt eine Abweichung von der Ideallage, die als Positioniergenauigkeit im Datenblatt des Schrittmotors angegeben wird.

- *Maximale Startfrequenz:* Mit dieser Frequenz darf der stillstehende Motor maximal beaufschlagt werden, damit er noch sicher anläuft. Die maximale Startfrequenz reduziert sich, wenn das Trägheitsmoment der Arbeitsmaschine hinzukommt.

- *Nennspannung, Nennstrom:* Dienen der Auswahl eines geeigneten Stellgeräts

- *Wicklungswiderstand, elektrische Zeitkonstante:* Dienen der Auswahl eines geeigneten Stellgeräts

- *Phasenzahl*

Nenndaten
Stellgerät

Die Stellgeräte werden elektrisch über

*   die Nennanschlussspannung,

*   die Anzahl der Ausgangsphasen,

*   die Ausgangsspannung und

*   den Ausgangsstrom

spezifiziert.

Funktionell unterscheidet man Stellgeräte mit

*   unipolarer oder bipolarer Ansteuerung,

*   Konstantspannungs- und Konstantstrombetrieb und

*   Vollschritt-, Halbschritt- und Mikroschrittbetrieb.

7.4 Der Schrittmotor

7.4.1 Allgemeines

Bild 7.3
Schrittmotoren

Beim Schrittmotor sind die Wicklungen im Ständer untergebracht. Der Läufer trägt keine elektrischen Wicklungen. Der Schrittmotor ist damit wartungsfrei.

Der Läufer des Schrittmotors hat magnetische Vorzugsrichtungen. Diese werden entweder durch Permanentmagnete auf dem Läufer (Permanentmagnetschrittmotor) oder eine starke Nutung des Läufers (Reluktanzschrittmotor, Hybridschrittmotor) erreicht. Werden die Ständerwicklungen von einem Strom durchflossen, entsteht im Motor ein Magnetfeld, das auch den Läufer durchsetzt. Der Läufer reagiert und führt eine Drehbewegung aus. Die Drehbewegung endet, wenn sich der Läufer entsprechend dem im Ständer erzeugten Magnetfeld ausgerichtet hat.

Nachfolgend werden Schrittmotoren mit bipolarer Wicklungsansteuerung vorgestellt. Das heißt, der Strom in den Wicklungen kann in beiden Richtungen fließen.

7.4.2 Permanentmagnetschrittmotor

Im Bild 7.4 ist ein Läufer mit Permanentmagneten dargestellt. Die Permanentmagnete sind so ausgeführt, dass zwei Polpaare entstehen. Nordpol und Südpol wechseln sich auf dem Umfang des Läufers gleichmäßig ab.

Funktionsprinzip

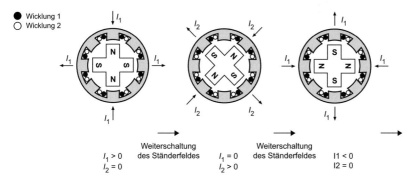

Bild 7.4 Funktionsprinzip des Permanentmagnetschrittmotors

Der Ständer weist zwei Wicklungen auf. Sie sind so angeordnet, dass zwei Polpaare entstehen. Läufer und Ständer haben die gleiche Polpaarzahl. Die Wicklungen werden nacheinander jeweils mit einem positiven oder negativen Strom beaufschlagt oder stromlos geschalten. Bei jeder Änderung des Stromflusses dreht sich das Magnetfeld im Ständer weiter. Der Läufer folgt dem Magnetfeld, richtet sich entsprechend neu aus und vollzieht eine Drehbewegung von 30°. Die Schrittweite des Schrittmotors im Bild beträgt demnach 30°. Durch die Anordnung weiterer Nord- und Südpole auf dem Läufer und im Ständer könnte die Schrittweite verringert werden. Allerdings wären dann die Wicklungen sehr klein und könnten nicht ökonomisch hergestellt werden.

Man geht deshalb zu sogenannten Klauenpolmotoren über. Dort werden die Pole nicht durch separate Wicklungen, sondern durch Metallklauen, die aus gestanztem Blech hergestellt werden, gebildet (Bild 7.5). Die Wicklungen sind einfache Ringwicklungen, die in zwei hintereinander liegenden Statoren untergebracht sind. Werden die Wicklungen bestromt, bilden sich zwischen den Klauen einer Wicklung magnetische Felder aus. Diese durchsetzen auch den Läufer. Da der Läufer mit Permanentmagneten besetzt ist, reagiert er und richtet sich aus. Ändert sich die Stromrichtung, ändert sich auch die Richtung der Magnetisierung zwischen den Klauen und der Läufer richtet sich entsprechend anders aus.

Ausführung als
Klauenpolmotor

Mit Klauenpolmotoren werden Winkelschritte von > 6° erreicht.

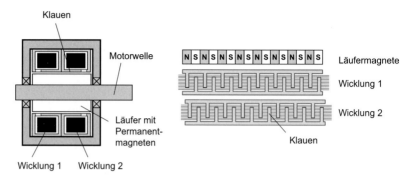

Bild 7.5 Konstruktiver Aufbau des Klauenpolmotors

Durch Verändern der Reihenfolge, in der die Wicklungen des Ständers mit positiven und negativen Strömen beaufschlagt werden, ist die Drehrichtung des Läufers steuerbar.

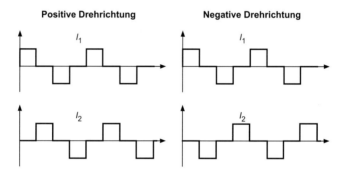

Bild 7.6 Stromverlauf im Schrittmotor in Abhängigkeit von der Drehrichtung

Hinweis: Um ein höheres Drehmoment zu erreichen, werden im Allgemeinen 2 Wicklungen gleichzeitig bestromt. Der Läufer richtet sich dann zwischen den Positionen bei einphasiger Bestromung aus. An der Schrittweite ändert sich dadurch nichts.

7.4.3 Hybridschrittmotor

Aufbau

Der Hybridschrittmotor ist eine Mischung aus Permanentmagnet- und Reluktanzschrittmotor. Konstruktiv sind die Ständerwicklungen in einem genuteten Blechpaket untergebracht. Das Blechpaket ist so ausgeformt, dass Polschuhe entstehen.

Der Läufer ist mit einem axial magnetisierten Permanentmagneten versehen. Auf den beiden Enden des Permanentmagneten ist jeweils ein Polrad (Läuferkappe) aufgebracht. Ein Polrad verkörpert den Nord-, das

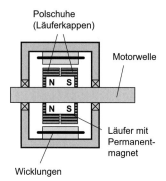

Polschuhe
(Läuferkappen)

Motorwelle

N S

N S

Läufer mit
Permanent-
magnet

Wicklungen

Bild 7.7
Konstruktiver Aufbau
des Hybridschrittmotors

andere den Südpol. Die Polräder des Läufers und der Ständer haben eine gezahnte Oberfläche. Die Zahnung der beiden Polräder ist genau um 180° (eine halbe Zahnteilung) gegeneinander versetzt.

Wird eine Wicklung bestromt, richtet sich der Läufer aus. Beide Polräder sind in diesen Vorgang einbezogen. Die Ausrichtung erfolgt derart, dass sich je nach Stromrichtung und Polrad entweder

Funktionsprinzip

- Zahn-Zahn oder
- Zahn-Lücke

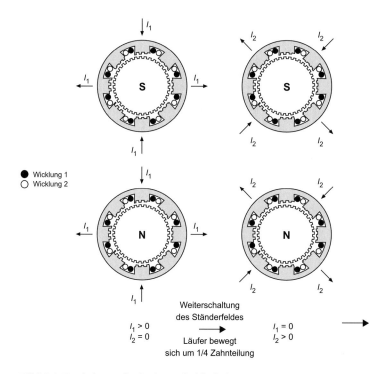

Bild 7.8 Funktionsprinzip des Hybridschrittmotors

193

der Polräder und der aktiven Polschuhe des Ständers exakt gegenüberstehen. Wird jetzt die andere Wicklung bestromt, findet die Ausrichtung mit den jetzt aktiven Polschuhen des Ständers statt. Der Läufer bewegt sich um ¼ Zahnteilung (Bild 7.8).

Hybridschrittmotoren sind im industriellen Einsatz weit verbreitet. Sie erreichen ein relativ hohes Drehmoment und können mit einer entsprechend feinen Zahnteilung Schrittwinkel von weniger als 1° realisieren.

7.5 Ansteuergeräte

Stellgeräte für Schrittmotoren wandeln eine Eingangsspannung in Ketten von Spannungs- bzw. Stromimpulsen um. Mit diesen werden die Wicklungen des angeschlossenen Schrittmotors beaufschlagt.

Diese Umwandlung geschieht in einem zweistufigen Prozess:

1. Im ersten Schritt wird die Netzspannung in einem Gleichrichter in eine Gleichspannung gewandelt.

2. Im zweiten Schritt werden aus der Gleichspannung die benötigten Impulsketten gewonnen.

Die Erzeugung der Gleichspannung kann im Stellgerät oder zentral durch ein Netzteil erfolgen. Insbesondere Stellgeräte kleinerer Leistung werden direkt an eine Gleichspannungsquelle angeschlossen.

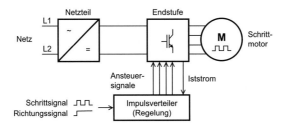

Bild 7.9 Schrittantrieb

Stellgeräte für Schrittmotoren weisen zwei Hauptkomponenten auf (Bild 7.9):

- Der *Impulsverteiler* generiert aus dem Schritt- und dem Richtungssignal, die von der überlagerten Steuerung vorgegeben werden, die Ansteuerimpulse für die Endstufe.

- Die *Endstufe* ist das eigentliche Leistungsteil des Stellgeräts. Hier werden aus der Gleichspannung die benötigten impulsförmigen

Strom- und Spannungsverläufe zur Ansteuerung des Schrittmotors gewonnen.

Schrittmotorsteuerungen lassen sich aufgrund des niedrigen Leistungsbedarfs von Schrittmotoren sehr gut in andere elektronische Systeme wie z.B. PCs und Steuerungen integrieren. Bild 7.10 zeigt eine entsprechende Einsteckkarte.

Bild 7.10
Schrittmotorsteuerung
als Einsteckkarte

Der Impulsverteiler berechnet aus den beiden Eingangssignalen die Ansteuersignale für die Endstufe. Die Eingangssignale können entweder

Impulsverteiler

- zwei um 90° versetzte Impulsketten oder
- eine Impulskette mit Richtungssignal

sein. Bei zwei Impulsketten wird aus der Abfolge der steigenden und fallenden Flanken die Richtungsinformation abgeleitet.

Impulsverteiler beherrschen im Allgemeinen den Vollschritt- und den Halbschrittbetrieb.

- Beim *Vollschrittbetrieb* werden immer beide Wicklungen des Motors bestromt. Der Motor entwickelt damit ein größeres Drehmoment als im Halbschrittbetrieb, neigt aber aufgrund der größeren Schrittweite leichter zu Schwingungen.

- Beim *Halbschrittbetrieb* werden abwechselnd beide oder nur eine Wicklung mit Strom beaufschlagt. Dadurch ergeben sich Zwischenschritte und der Schrittwinkel wird feiner aufgelöst. So sind genauere Positioniervorgänge und ein schwingungsarmer Drehzahlverlauf möglich. Die feinere Auflösung der Winkelschritte wird allerdings durch ein geringeres Drehmoment während der Halbschritte erkauft.

Bild 7.11 zeigt die Signal- und Stromverläufe bei bipolarer Ansteuerung. Bei bipolarer Ansteuerung fließen die Ströme I_1 und I_2 sowohl in positiver als auch negativer Richtung. I_1 ergibt sich durch das Zusam-

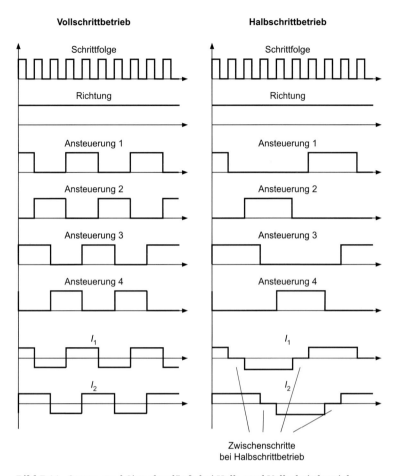

Vollschrittbetrieb **Halbschrittbetrieb**

Schrittfolge

Richtung

Ansteuerung 1

Ansteuerung 2

Ansteuerung 3

Ansteuerung 4

I_1

I_2

Zwischenschritte
bei Halbschrittbetrieb

Bild 7.11 Strom- und Signalverläufe bei Halb- und Vollschrittbetrieb

menwirken der Ansteuerungen 1 und 2, I_2 durch die Ansteuerungen 3 und 4.

Bei unipolarer Ansteuerung werden andere Ansteuersignale verwendet. Da der Strom bei unipolarer Ansteuerung nur in eine Richtung fließt, ist dann für jede Stromphase auch nur ein Ansteuersignal erforderlich.

Endstufe

Die Endstufe prägt den Strom in die Motorwicklungen ein. In Bild 7.12 ist eine Schaltungsvariante für eine bipolare Ansteuerung nach Bild 7.11 mit Spannungseinprägung dargestellt.

Jeweils zwei Transistoren bilden einen Brückenzweig. Zwei Brückenzweige versorgen eine Motorwicklung. Die Schaltung ist so aufgebaut, dass die oberen Transistoren automatisch durchgesteuert werden, wenn die unteren Transistoren gesperrt sind. An den unteren Transistoren sind die Signale des Impulsverteilers angeschlossen.

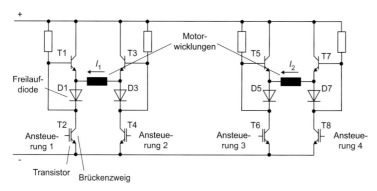

Bild 7.12 Endstufe für bipolare Ansteuerung

Arbeitet die Endstufe, liegt an den Wicklungen des Motors eine Folge von Spannungsimpulsen an. Der Strom folgt diesen Impulsen und stellt sich je nach Wicklungsinduktivität mehr oder weniger schnell ein. Der Strom wird gesteuert eingeprägt. Daraus ergibt sich eine Begrenzung für die maximale Schrittfrequenz. Die Spannungsimpulse müssen immer so lang sein, dass sich der erforderliche Strom auch einstellen kann. Hochwertige Endstufen verfügen deshalb über Möglichkeiten, den Stromanstieg zu beschleunigen (Bilevel-Endstufen, Parallelschaltung von Kondensatoren, Stromchopperung).

Verfügt die Endstufe über die Möglichkeit, den Betrag des Stroms z.B. durch Pulsweitenmodulation zu beeinflussen, ist auch ein Mikroschrittbetrieb möglich. Im Mikroschrittbetrieb werden zu den bereits bekannten Stromwerten $I > 0$, $I = 0$, $I < 0$ noch Zwischenwerte eingestellt. Damit können die Schritte des Motors noch feiner unterteilt werden.

7.6 Regelverhalten

Schrittmotoren sind vom Prinzip her Synchronmotoren. Das heißt, je nach Stärke des wirkenden Lastmoments tritt eine Auslenkung des Läufers aus der Ruhelage ein. Die Auslenkung wird als Lastwinkel bezeichnet. Mit steigendem Lastwinkel steigt auch das vom Motor aufgebrachte Drehmoment. Beim stillstehenden Motor ergeben sich damit je nach Richtung und Stärke des Lastmoments Abweichungen von der Solllage.

Positioniergenauigkeit

Schrittantriebe sind schwingungsfähige Gebilde. Mit jedem Stromimpuls wird auch ein Drehmomentimpuls erzeugt, der mechanische Schwingungen anregt.

Resonanzen

Schrittantriebe arbeiten gesteuert und können den Schwingungen in der Drehzahl nicht entgegenwirken. Das mechanische System sollte deshalb gut gedämpft und das auf die Motorwelle bezogene externe Trägheitsmoment nicht größer als das 5-fache Motorträgheitsmoment sein (Bild 7.13).

197

Bild 7.13
Schrittmotor und externes
Trägheitsmoment

Die Neigung zu Schwingungen ist auch im Drehzahlverlauf des Schrittantriebs erkennbar (Bild 7.14). Jeder Stromimpuls bewirkt einen Einschwingvorgang der Läuferlage. Mit zunehmender Frequenz wird der Einschwingvorgang bereits vom Folgeimpuls überlagert und der Drehzahlverlauf glättet sich.

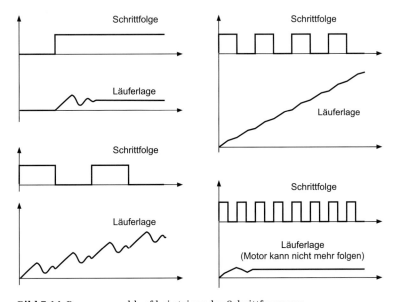

Bild 7.14 Bewegungsablauf bei steigender Schrittfrequenz

Kennlinien

Der mögliche Arbeitsbereich von Schrittmotoren wird mit zwei Kennlinien beschrieben (Bild 7.15):

- Die *Anfahrkennlinie* beschreibt das maximale Lastmoment, das der Motor bei einer bestimmten Startfrequenz überwinden kann. Aus dieser Frequenz kann der Motor auch stillgesetzt werden. Der Arbeitsbereich unter dieser Kennlinie wird auch als „Start-Stopp-Bereich" bezeichnet. Er ist besonders bei einfachen Anwendungen mit Schrittantrieben als Drehzahlsteller interessant. Durch einfaches Zu- und Abschalten der Stromimpulse wird dort der Antrieb entweder in Drehung oder in den Stillstand versetzt. Damit ergeben sich nur sehr geringe Anforderungen an die überlagerte Steuerung.

- Die *Betriebskennlinie* beschreibt das maximale Drehmoment, das der Motor bei einer bestimmten Arbeitsfrequenz aufbringen kann. Diese Kennlinie begrenzt den „Beschleunigungsbereich". Beginnend mit der Startfrequenz wird der Motor durch weitere Erhöhung der Frequenz in diesen Bereich hinein beschleunigt.

Die Anfahrkennlinie muss bei Ankopplung einer Fremdträgheit in Richtung der Drehmomentachse gestaucht werden. Mit gekoppelter Fremdträgheit reduziert sich die zulässige Start/Stoppfrequenz f_{Start}.

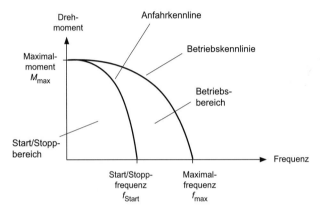

Bild 7.15 Kennlinien des Schrittmotors

Hinweis: Im Allgemeinen unterscheiden sich für einen Schrittantrieb die Kennlinien für Voll-, Halb- und Mikroschrittbetrieb.

8 Elektrische Antriebssysteme im Überblick

8.1 Vom Antrieb zum Antriebssystem

Was ist ein System? Ein System bezeichnet ein Gebilde, dessen Elemente miteinander in Wechselwirkung stehen und als Ganzes eine funktionelle Einheit bilden. Die Systemelemente selbst haben eine definierte Funktion und beeinflussen sich über ihre Schnittstellen gegenseitig. Durch diese gegenseitigen Beeinflussungen wird eine neue, übergeordnete Funktionalität erreicht. Ein System lässt sich durch die Definition zweckmäßiger Systemgrenzen von seiner Umwelt (den übrigen Systemen) weitgehend abgrenzen. Damit ist es modellierbar und kann isoliert betrachtet werden. Bei Systemen unterscheidet man die Makro- und die Mikroebene. Auf der Makroebene befindet sich das System als Ganzes. Auf der Mikroebene befinden sich die Systemelemente.

Systeme bei elektrischen Antrieben Elektrische Antriebe bestehen aus den typischen Systemkomponenten Elektromotor und Stellgerät. Je nach Komplexität werden weitere Systemkomponenten wie Geber, Bremse, Getriebe usw. ergänzt. Diese Komponenten stehen in engen Beziehungen zueinander und beeinflussen sich gegenseitig. Jeder elektrische Antrieb ist deshalb im Sinne der Systemdefinition bereits ein System. Betrachtet man die Komponenten des Antriebs wiederum isoliert, stellt sich auch deren Systemcharakter heraus. Auch ein Elektromotor und ein Stellgerät sind für sich genommen bereits Systeme. Eine Betrachtung von Antriebssystemen setzt deshalb eine klare Definition der zu betrachtenden Systemkomponenten voraus.

Energie- und Informationsaustausch als Schnittstellen in Antriebssystemen Im Rahmen dieses Buchs ist ein elektrisches Antriebssystem definiert als ein System aus mindestens einem elektrischen Antrieb, der mit anderen Systemkomponenten in Beziehungen steht. Andere Systemkomponenten können weitere Antriebe, Automatisierungsgeräte, Kommunikationsnetzwerke, Arbeitsmaschinen, Energieversorgungsnetze usw. sein. Das Antriebssystem wird zur Erfüllung einer bestimmten Funktion zusammengestellt. Dabei werden sowohl die beteiligten Systemelemente als auch ihre Beziehungen untereinander festgelegt. Zwischen dem Antrieb und anderen Systemelementen findet ein Energie- und Informationsaustausch statt (Bild 8.1). Ein Stoffaustausch, wie er in vielen anderen Systemen auftritt, ist in elektrischen Antriebssystemen nicht vorhanden. Dieser spielt sich je nach Anwendung in der Arbeitsmaschine ab und soll nicht innerhalb des Antriebssystems untersucht werden.

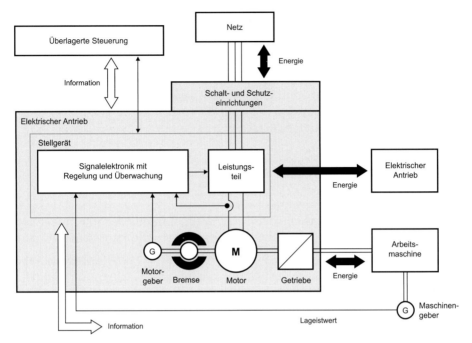

Bild 8.1 Energie- und Informationsflüsse als antriebsinterne Schnittstellen

Die Betrachtung elektrischer Antriebssysteme soll aus zwei Blickwinkeln erfolgen:

- aus funktioneller Sicht und

- unter besonderer Betrachtung der Schnittstellen zwischen den Systemelementen.

Bei der Betrachtung aus funktioneller Sicht wird dargestellt, für welche typischen Automatisierungsaufgaben welche Systemkomponenten erforderlich sind und wie die Aufgabenverteilung zwischen diesen Komponenten erfolgt. Dabei wird davon ausgegangen, dass der elektrische Antrieb die zentrale Komponente darstellt und deutlich mehr als nur die Funktion des einfachen Drehzahlstellers übernimmt.

Funktionelle Systemsicht

Die energetischen und informationstechnischen Vernetzungen in Antriebssystemen sind vielfältig. Bei der Betrachtung der Schnittstellen in einem Antriebssystem sollen deshalb ausgewählte Beziehungen zwischen Systemkomponenten näher betrachtet werden. Bei diesen Beziehungen handelt es sich um erwünschte Beziehungen, die vorteilhaft ausgeprägt werden müssen, als auch um unerwünschte Beziehungen (z.B. EMV), die möglichst vermieden werden sollen.

Beziehungen zwischen den Systemkomponenten

8.2 Systematik elektrischer Antriebssysteme

8.2.1 Komponenten in Antriebssystemen

Automatisierungs-pyramide

Bei der Betrachtung von Automatisierungslösungen hat es sich als zweckmäßig erwiesen, die verwendeten Automatisierungskomponenten nach ihrer Funktion zu klassifizieren und drei Funktionsebenen zuzuordnen. Man unterscheidet:

- die Bedienebene,

- die Steuerungsebene und

- die Feldebene.

Die Funktionsebenen sind hierarchisch übereinander angeordnet und werden in Form einer Automatisierungspyramide dargestellt.

Bedienebene

Die Bedienebene stellt die zentrale Schnittstelle zwischen Mensch und Maschine dar. Sie beinhaltet alle Komponenten einer Maschine oder Anlage, die der Visualisierung von Prozessgrößen dienen und den steuernden Eingriff durch das Bedienpersonal ermöglichen. Typische Elemente der Bedienebene sind zum Beispiel:

- Bedienfelder verschiedenster Ausprägung,

- Displays zur Darstellung von Prozessgrößen, aber auch

- PCs zur Speicherung von Prozessdaten.

Steuerungsebene

Die Steuerungsebene bildet das „Gehirn" von Automatisierungslösungen. Sie übernimmt die Regelungs- und Steuerungsaufgaben, die die gesamte Maschine oder Anlage betreffen. Sie stellt sicher, dass die eigentliche Aufgabe einer Maschine oder Anlage erfüllt wird. Beispiele dafür sind:

- Eine numerische Steuerung in einer Drehmaschine, die die Hauptspindel und die Vorschubachsen so steuert, dass ein Werkstück entsprechend den Vorgaben bearbeitet wird.

- Eine Robotersteuerung, die die verschiedenen Achsen eines Schweißroboters so steuert, dass die Schweißpunkte an einer Autokarosserie genau an der richtigen Stelle gesetzt werden.

- Eine Bewegungssteuerung in einer Druckmaschine, die dafür sorgt, dass alle Farbschichten exakt zueinander gedruckt werden und auf diese Weise ein farbiges Gesamtbild entsteht.

Feldebene

Die Feldebene ist die Schnittstelle zwischen dem Automatisierungssystem und dem Produktionsprozess. Über die Elemente der Feldebene wirkt das Automatisierungssystem über Aktoren auf den Produktionsprozess ein. In der Feldebene angeordnete Sensoren erfassen die erforderlichen Messgrößen (Sensoren) für die Abarbeitung der Regelungs- und Steuerungsaufgaben und geben diese an die Steuerungsebene zurück.

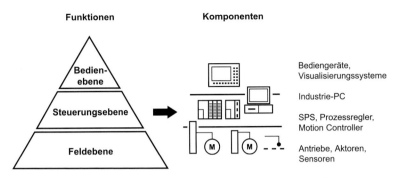

Bild 8.2 Logische Ebenen von Automatisierungslösungen, verteilt auf zugeschnittene Komponenten

In der klassischen Ausprägung der Automatisierungspyramide sind jeder Ebene zugeschnittene Komponenten mit eindeutigen Funktionen zugeordnet (Bild 8.2):

Bedienebene: Bedienpanels, Bediendisplays

Steuerungsebene: Speicherprogrammierbare Steuerungen (SPS), Controller

Feldebene: Aktoren (z.B. Antriebe), Sensoren (z.B. Positionssensoren)

Bei klassischen Automatisierungslösungen trifft deshalb das Modell der Automatisierungspyramide sowohl für die Funktionen als auch für die eingesetzten Geräte zu.

Viele Automatisierungskomponenten sind heute digital ausgeführt und verfügen über Mikroprozessoren, die preisgünstig und in großer Vielfalt zur Verfügung stehen. Das hat zur Folge, dass besonders Automatisierungskomponenten der Bedien- und Feldebene mit nur sehr geringen Mehrkosten in ihrer Leistungsfähigkeit ausgebaut werden können. Sie werden damit in die Lage versetzt, Funktionen, die bisher der Steuerungsebene vorbehalten waren, zu übernehmen. Typische Beispiele dafür sind:

Die Automatisierungspyramide verändert sich

- Industrie-PCs mit SPS-, Regelungs- und Bedienfunktionen

- „intelligente" Sensoren mit integrierter Signalvorverarbeitung

- „intelligente" Antriebe mit integrierten Positionier-, Gleichlauf- und SPS-Funktionen

Die Kommunikation zwischen digitalen Automatisierungskomponenten erfolgt im Allgemeinen durch Feldbusse. Diese ermöglichen es, alle in der Automatisierungslösung anfallenden Informationen jeder Automatisierungskomponente in einem definierten Zeitraster zur Verfügung zu stellen. Die Informationen laufen nicht mehr zwingend in der SPS zusammen, sondern stehen praktisch allen Komponenten zur Verfügung. Damit ist die Verarbeitung von Informationen nicht mehr zwingend an eine bestimmte Komponente, z.B. die SPS, gebunden, sondern kann innerhalb der Automatisierungslösung an beliebiger Stelle erfolgen. In letzter Konsequenz könnten die Funktionen der Steuerungsebene, die klassisch in einer SPS abgearbeitet wurden, auf die Geräte der Bedien- und Feldebene verteilt werden (Bild 8.3).

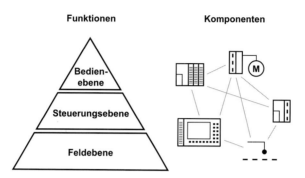

Bild 8.3 Logische Ebenen von Automatisierungslösungen, verteilt auf universelle Komponenten

Die klare Zuordnung von Automatisierungskomponenten zu bestimmten Funktionen der Automatisierungspyramide nimmt ab. Es werden mehr und mehr „Mischgeräte" eingesetzt, die Funktionen verschiedener Ebenen in sich vereinen.

Elektrische Antriebe spielen in diesem Prozess eine treibende Rolle. Sie verfügen über leistungsfähige Prozessoren und Echtzeitbetriebssysteme. Wesentliche Prozesssignale wie Drehzahl und Position liegen in ihnen ohnehin schon vor. Moderne digitale Antriebe bieten sich deshalb geradezu an, zusätzliche Regel- und Steueraufgaben zu übernehmen. In Antriebssystemen, wie sie im Rahmen dieses Buchs verstanden werden sollen, spielen deshalb „intelligente" Antriebe eine herausragende Rolle.

8.2.2 Funktionalität von Antriebssystemen

Die Anwendungen elektrischer Antriebe sind vielfältig und kaum überschaubar. Entsprechend schwer fällt eine umfassende Systematisierung der Antriebssysteme und der von ihnen abgedeckten Funktionen. Am einfachsten lassen sich Antriebssysteme bezüglich der Regelbarkeit der elektrischen Antriebe in Systeme mit

• Konstant- und drehzahlveränderlichen Antrieben oder

• mit Servoantrieben

unterscheiden. Folgt man dieser Systematik, ergibt sich eine direkte Zuordnung zu den zwei wesentlichen Anwendungsgebieten für elektrische Antriebssysteme:

- Prozessregelung und

- Bewegungsführung (Motion Control)

Antriebe in Prozessregelungen beeinflussen über ihre Drehzahl und das abgegebene Drehmoment, also die abgegebene Leistung, eine Prozessgröße. Die Drehzahl ist konstant oder langsam veränderlich, das Drehmoment wird vom auftretenden Lastmoment bestimmt. Über die Drehzahl wird eine Prozessgröße zielgerichtet beeinflusst. Beispiele dafür sind:

Antriebe in Prozessregelungen

- Pumpen, die einen Flüssigkeitsdruck erzeugen

- Lüfter und Ventilatoren, die einen Luftstrom erzeugen

- Förderbänder, die einen Strom von Fördergut erzeugen

- Antriebe in Walzstraßen, Papiermaschinen, Folienstreckanlagen, Beschichtungsanlagen, Chemiefaseranlagen, Drahtziehmaschinen, in denen durchlaufende Warenbahnen bearbeitet werden

Die Prozessgrößen wie Druck, Volumenstrom, Materialdicke oder Zugspannung werden mit Sensoren erfasst und an den Antrieb zurückgegeben. Der Antrieb verarbeitet diese Prozessgrößen und verändert seine Drehzahl so, dass die Prozessgröße auf einem gewünschten Sollwert gehalten wird. Der Antrieb arbeitet somit nicht mehr als reines Stellglied für die Drehzahl, sondern als Prozessregler. Dazu ist er mit einem zusätzlichen Prozessregler ausgestattet, der dem Drehzahlregler überlagert ist und Anschlussmöglichkeiten für die erforderliche Sensorik bietet. Er muss mit weiteren Systemkomponenten interagieren, etwa anderen Antrieben, der überlagerten Anlagensteuerung und Visualisierungsgeräten. Antriebe, die als Prozessregler arbeiten, bilden deshalb immer ein Antriebssystem (Bild 8.4).

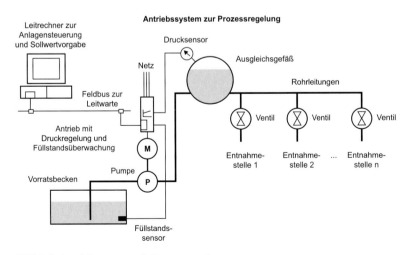

Bild 8.4 Antriebssystem als Prozessregler

Antriebe in Motion-Control-Anwendungen

Antriebe zur Bewegungsführung (Motion Control) beeinflussen über ihre aktuelle Winkellage die Position eines Maschinenelements oder Werkstückes. Die Zielposition ändert sich häufig und schnell, so dass in diesen Anwendungen eine konstante Drehzahl nur temporär als Übergangszustand auftritt. Beispiele für derartige Anwendungen sind:

- Vorschubantriebe in Werkzeugmaschinen

- Antriebe in Verpackungsmaschinen

- Walzenantriebe in Druckmaschinen

- Antriebe in Webmaschinen

- Antriebe in Kunststoffspritzmaschinen

Die Positionserfassung und die Lageregelung lassen sich sehr einfach in elektrische Antriebe integrieren. Deshalb bietet es sich an, auch die restlichen Bewegungsfunktionen im Antrieb abarbeiten zu lassen und den Antrieb zu einem vollwertigen Positionier- bzw. Gleichlaufantrieb auszubauen.

Bewegungsaufgaben treten selten „isoliert" auf. Im Normalfall müssen immer mehrere Achsen in ihren Bewegungen aufeinander abgestimmt werden, um ein gemeinsames Prozessziel zu erreichen. Damit intera-

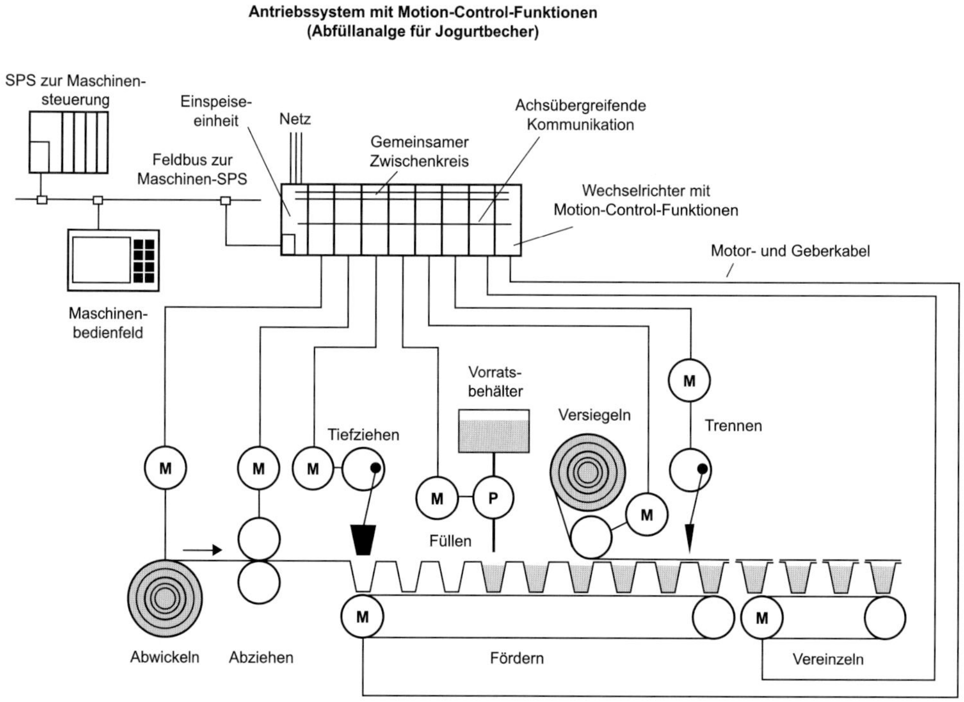

Bild 8.5 Antriebssystem in einer Motion-Control-Anwendung

gieren mehrere Motion-Control-Antriebe miteinander und bilden ein Antriebssystem. Auch diese Systeme werden je nach Bedarf durch weitere Automatisierungs-, Sicherheits- und Visualisierungskomponenten ergänzt. Bild 8.5 zeigt ein entsprechendes Beispiel.

8.2.3 Informationsfluss in Antriebssystemen

Alle Komponenten eines Antriebssystems, die über Signalverarbeitung verfügen, tauschen mit anderen Komponenten Informationen aus. Dieser Informationsaustausch wird wegen seines Umfanges und aufgrund der Tatsache, dass er in beide Richtungen verläuft, auch als „Kommunikation" bezeichnet. Die Kommunikation in Antriebssystemen ist charakterisiert durch

- die Kommunikationsinhalte, also die Daten, die ausgetauscht werden, und

- die Kommunikationsmedien, also die physikalischen Mechanismen, über die der Datenaustausch erfolgt.

Datenflüsse treten innerhalb der Automatisierungspyramide von unten nach oben und von oben nach unten auf.

Kommunikations-inhalte

Von der Spitze der Automatisierungspyramide nach unten erfolgt die Vorgabe von Sollwerten und Steuerbefehlen. Von unten nach oben werden aktuelle Istwerte und Zustandsmeldungen zurückgegeben (Bild 8.6).

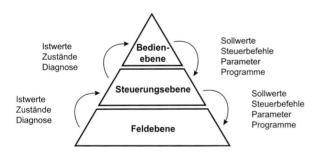

Bild 8.6 Informationsflüsse in Automatisierungslösungen

Typische Beispiele dafür sind:

- von der Bedien- zur Steuerungsebene:
  - Rezeptauswahl
  - Anwahl des Betriebsmodus (Hand/Automatik, Materialeinzug, Normalbetrieb usw.)
  - Start-/Stoppkommandos

> - Sollwerte für Prozessgrößen (Arbeitsgeschwindigkeit, Durchfluss, Temperatur, Druck usw.)
> - Parameter (Hochlaufzeit, Reglerverstärkung usw.)

- von der Steuerungs- zur Bedienebene:
  - Istwerte aus dem Prozess (Produktionsmenge, Füllstand, Temperatur usw.)
  - Betriebs- und Diagnosemeldungen (Zustände, Warnungen, Störungen usw.)

- von der Steuerungs- zur Feldebene:
  - Sollwerte für Aktoren (Drehmoment, Drehzahl, Position, Temperatur usw.)
  - Start-/Stoppkommandos
  - Parameter (Hochlaufzeit, Reglerverstärkung usw.)

- von der Feld- zur Steuerungsebene
  - Istwerte der einzelnen Aggregate (Leistung, Strom, Drehmoment, Drehzahl, Position usw.)
  - Betriebs- und Diagnosemeldungen (Warnungen, Störungen, Alarme usw.)

Kommunikations-medien

Für die technische Realisierung des Datenaustausches stehen verschiedene Möglichkeiten zur Auswahl:

- Binäre und analoge Signale per Einzelader

  Die Übertragung binärer und analoger Signale über Kabel stellt die klassische Art der Kommunikation dar und ist sehr einfach zu handhaben. Da für jedes zu übertragende Signal eine einzelne Ader benötigt wird, ist der Umfang an übertragbaren Signalen jedoch begrenzt.

  Binäre Signale arbeiten im Allgemeinen mit einem Spannungspegel von 0 V/24 V. Analoge Signale sind meistens als

  - Spannungssignale von -10 V bis +10 V bzw. 0 V bis +10 V oder als
  - Stromsignale 0 mA bis 20 mA bzw. 4 mA bis 20 mA

  definiert. Sind viele binäre Signale zu übertragen, bietet sich eine serielle Übertragung mit entsprechenden Interfacesystemen an, z.B. AS-Interface.

- Serielle Schnittstellen

  Diese Schnittstellen erlauben es, mehrere Signale seriell zu übertragen und so die übertragbare Datenmenge ohne wesentliche Erhöhung der Material- und Montagekosten zu steigern. Außerdem können Parametrier- und Programmdaten, die digitale Geräte für ihre Funktion benötigen, ebenfalls über ein Kommunikationsmedium übertragen werden. Serielle Schnittstellen lassen im Allgemeinen nur eine Kommunikation zwischen zwei Partnern zu.

Klassische, kabelgebundene serielle Schnittstellen sind RS232-, RS422- und RS485-Schnittstellen. Sie werden zur Kommunikation in der Feldebene mit Gebern und Sensoren, aber auch für die Parametrierung von Komponenten mittels Laptop verwendet. Neuere Schnittstellen für die Parametrierung mittels Laptop sind USB-, Infrarot- oder Bluetooth-Schnittstellen.

• Feldbusse

Die konsequente Weiterentwicklung der seriellen Schnittstellen zu Feldbussen ermöglichte es, die übertragbare Datenmenge zu steigern und mehrere Automatisierungskomponenten in einem Kommunikationsnetzwerk zu vereinen. Außerdem ermöglichte die Standardisierung der Feldbusse die Kommunikation zwischen Komponenten verschiedener Hersteller.

Die Anzahl der verfügbaren Feldbusse ist relativ groß. In Europa sind CAN, Interbus, Sercos und PROFIBUS die klassischen Feldbusse. Neuere Feldbusse wie PROFINET basieren auf Ethernettechnologie und werden in einigen Jahren zumindest bei Neuanlagen die klassischen Feldbusse ablösen.

8.2.4 Energiefluss zwischen Antrieben

Alle Komponenten eines Antriebssystems sind auch energetisch miteinander verbunden. Klar zu erkennen ist der Energiefluss durch die Leistungskomponenten vom Versorgungsnetz über das Stellgerät und den Motor zur Arbeitsmaschine. Er wurde bei der Vorstellung der verschiedenen Motoren und Stellgeräte bereits diskutiert.

Wenn die Zwischenkreise der Umrichter miteinander gekoppelt werden, kann zwischen mehreren Antrieben mit Frequenzumrichter ein Austausch elektrischer Energie erfolgen. In Mehrantriebssystemen ist das eine beliebte Lösung, um generatorische Betriebsfälle zu beherrschen und einen Energieausgleich zwischen den Antrieben herzustellen, der unabhängig vom Versorgungsnetz ist. Deshalb wird diese technische Lösung später genauer betrachtet.

Oft sind Antriebe mechanisch miteinander gekoppelt. Beispiele dafür sind Fahrantriebe oder Antriebe in Walzstraßen. Das Drehmoment, das ein Antrieb in das mechanische System einprägt, wirkt auf die anderen Antriebe als Lastmoment zurück. Diese Rückwirkungen müssen regelungstechnisch kontrolliert werden, da anderenfalls das Gesamtsystem nicht zu gebrauchen ist.

8.2.5 Elektromagnetische Beeinflussungen

Eine unerwünschte Kopplung von Komponenten eines Antriebssystems kommt durch galvanische und feldgebundene Störungen zustande. Diese Kopplungen werden im Fachgebiet „Elektromagnetische Verträglichkeit" genauer untersucht und Maßnahmen zu ihrer Unterdrückung abgeleitet.

Netzrückwirkungen Unerwünschte Beeinflussungen, die den Energiefluss betreffen, sind die sogenannten Netzrückwirkungen. Die bisherige Annnahme, dass die Netzspannung eine stabile Größe ist, muss aufgehoben werden. Zwischen den Systemkomponenten Antrieb und Versorgungsnetz findet eine Beeinflussung statt, die zu Unverträglichkeiten und Zusatzverlusten führen kann und deshalb gesondert betrachtet werden muss.

Allgemeine elektromagnetische Störungen Neben energetischen Beeinflussungen treten Beeinflussungen der Informationsübertragung auf. Die Informationsübertragung zwischen den Komponenten des Antriebsystems sowie die Informationsverarbeitung erfolgen zum großen Teil durch elektrische Signale. Diese sind durch Vorgänge in benachbarten Stromkreisen oder durch elektrische und magnetische Felder beeinflussbar.

8.3 Auslegung von elektrischen Antrieben als Systemaufgabe

Elektrische Antriebe schließen die Lücke zwischen dem Versorgungsnetz, das elektrische Energie bereitstellt, und der Arbeitsmaschine, die mechanische Energie abnimmt. Die Auslegung eines einfachen elektrischen Antriebs ist deshalb bereits eine Systemaufgabe. Der Antrieb und seine Elemente müssen so ausgewählt werden, dass die Anforderungen der anderen Systemelemente Arbeitsmaschine und Versorgungsnetz erfüllt werden.

In komplexen Antriebssystemen müssen zusätzlich Systemkomponenten wie weitere Antriebe, Sensoren oder überlagerte Steuerungen funktionell, informationstechnisch und aus Sicht des Energieflusses berücksichtigt werden. Die Vielfalt möglicher Lösungen ist hoch und die Herausforderung besteht darin, ein funktionell ausreichendes und trotzdem kostengünstiges Antriebssystem zu entwerfen.

9 Feldbusse für elektrische Antriebe

9.1 Veranlassung und Funktionsprinzip

Die Automatisierungslösungen in modernen Maschinen und Anlagen sind durch

Veranlassung zur Einführung von Feldbussen

- eine steigende Anzahl von Sensoren und Aktoren,

- die Dezentralisierung der Komponenten und

- eine zunehmende „Intelligenz" der Komponenten

gekennzeichnet.

In klassischen Automatisierungslösungen war eine zentrale Steuerung die einzige „intelligente" Komponente, zu der alle Zustandssignale und Istwerte hingeführt wurden bzw. von der alle Steuersignale und Sollwerte wegführten. In heutigen Lösungen ist die „Intelligenz" verteilt und sitzt oft sogar vor Ort innerhalb der Maschine außerhalb des zentralen Schaltschranks, z.B. in dezentralen Antrieben (Bild 9.1). Mit dieser Entwicklung ist eine quantitative und qualitative Zunahme der auszutauschenden Signale verbunden. Dies wird besonders offensichtlich, wenn man die Vielzahl der Diagnoseinformationen bedenkt, die für die Überwachung einer solchen Automatisierungslösung erforderlich sind.

Um den Installations- und Verdrahtungsaufwand bzw. den erforderlichen Platzbedarf in vertretbaren Grenzen zu halten, muss der Datenaustausch über einen Feldbus erfolgen. Die Verdrahtung von Einzel-

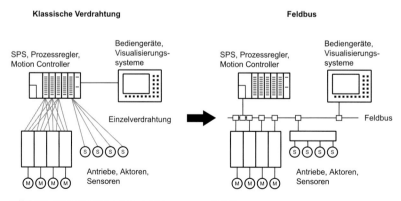

Bild 9.1 Von der Einzelverdrahtung zum Feldbus

211

signalen ist aufgrund ihrer Menge praktisch nicht mehr realisierbar. Die Veranlassung für das Aufkommen der Feldbusse war nämlich gerade die stetig anwachsende Menge an auszutauschenden Signalen und Daten.

Viele verschiedene Feldbusse

An Feldbusse werden spezielle Anforderungen bezüglich

- Datendurchsatz,

- Echtzeitfähigkeit,

- Robustheit und

- Preis

gestellt. Diese Anforderungen variieren je nach Art der zu vernetzenden Automatisierungskomponenten. Feldbusse, die Aktoren und Sensoren in der Feldebene verbinden, müssen einfach zu handhaben und sehr kostengünstig sein. Feldbusse für die Kommunikation zwischen Motion-Control-Steuerungen und Servoantrieben müssen hohe Anforderungen an die Echtzeitfähigkeit erfüllen. Folglich haben sich für verschiedene Ebenen der Automatisierungspyramide unterschiedliche Feldbusse herausgebildet. Das Bestreben von Herstellern und Nutzerorganisationen, über eigene Feldbusse Kunden dauerhaft an das eigene Produktspektrum zu binden, führte zum Aufkommen einer Vielzahl verschiedener Feldbusse in der industriellen Praxis. Um die Anbindung von Automatisierungskomponenten verschiedener Hersteller an einen Feldbus zu ermöglichen, sind die wichtigsten Feldbusse heute durch internationale Normen spezifiziert.

Grundelemente von Feldbussen

Ein Feldbus als Kommunikationsnetzwerk ist durch folgende Elemente bzw. Regeln eindeutig definiert:

- Zwischen allen angeschlossenen Komponenten existiert ein gemeinsames physikalisches Verbindungsnetz.

- Es gibt ein Protokoll, also eine Anzahl von festen Regeln, wie der Datenaustausch zwischen den Komponenten zu erfolgen hat.

- Die Kommunikationspartner werden über eindeutige Adressen (bzw. Identifier bei CAN-Bus) selektiert.

- Es existiert ein Mechanismus, um Zugriffskonflikte bei gleichzeitigem Zugriff durch mehrere Komponenten zu vermeiden.

Serielle Datenübertragung

Da bei der Vernetzung von Automatisierungskomponenten größere Entfernungen zu überwinden sind, sind Feldbusse seriell aufgebaut. Das heißt, über einen Lichtwellenleiter oder ein elektrisches Adernpaar werden die Daten seriell übertragen. Die Daten werden bitweise auf das Übertragungsmedium ausgegeben (Senden) und von allen Teilnehmern erfasst (Empfangen). Es kann immer nur ein Teilnehmer senden, aber alle Teilnehmer empfangen gleichzeitig. Anhand der Adresse bzw. spezieller Kennungen im Telegramm erkennt jeder empfangende Teilnehmer, ob das Telegramm auch für ihn relevant ist. Als Telegramm bezeichnet man eine Folge von Bits, die in einem Block übertragen werden. Um den Beginn eines neuen Telegramms erkennen zu können, muss zwischen zwei Telegrammen eine Pause eingehalten werden. Bild 9.2 zeigt den prinzipiellen Aufbau der Telegramme.

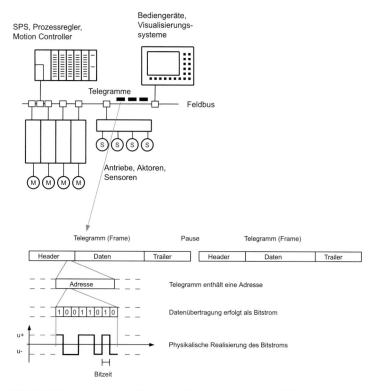

Bild 9.2 Prinzip der seriellen Datenübertragung mit Feldbussen

Die Geschwindigkeit der Übertragung wird durch die Baudrate (Bits/Sekunde) definiert:

Baudrate = 1/Bitzeit   Bitzeit in s

Sender und Empfänger müssen die gleiche Baudrate aufweisen, damit der Bitstrom richtig interpretiert werden kann. Üblich sind bei klassischen Feldbussen im Augenblick Baudraten von 1 MBd bis >10 MBd. Mit der Einführung von Feldbussen auf der Basis von Ethernet werden Baudraten bis 100 MBd und darüber Anwendung finden.

Von der International Standardization Organisation (ISO) wurde das Open System Interconnection Model (OSI-Modell) entwickelt (Bild 9.3). Es beschreibt die Kommunikationsregeln (Protokoll) losgelöst von einer konkreten Implementierung. Das Protokoll wird dabei in 7 Schichten hierarchisch unterteilt. Jede Schicht stellt ihrer darüberliegenden

ISO/OSI-Referenz-modell

213

Schicht spezielle Dienste zur Verfügung. Ein Datentelegramm wird beginnend oder endend vom dem jeweiligen Programm, das die Daten erzeugt oder verarbeitet, von Schicht zu Schicht neu ver- oder entpackt. Bildlich könnte man sich einen Brief vorstellen, der immer wieder, mit einer neuen Briefmarke und Kontrollvermerken versehen, in einen neuen Briefumschlag gesteckt und dann weitergegeben wird.

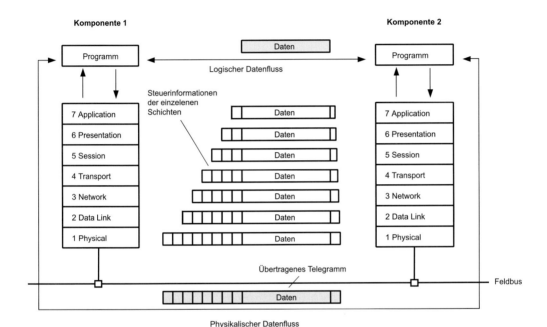

Bild 9.3 ISO/OSI- Referenzmodell für die Datenübertragung

Damit zwei Teilnehmer an einem Feldbus Daten austauschen und sich „verstehen" können, müssen die Protokollschichten bei beiden Teilnehmern gleich implementiert sein. Was vom Sender „verpackt" wurde, muss vom Empfänger in exakt umgekehrter Reihenfolge wieder „entpackt" werden. Nur unter dieser Bedingung ist ein korrekter Datenaustausch möglich.

Die unteren Schichten des ISO/OSI-Modelle sind oft als Hardware, die oberen Schichten in Software implementiert. Entsprechende Softwarepakete bezeichnet man als Layerstack oder Kommunikationsstack.

Die klassischen Feldbusse verfügen nur über die Schichten 1, 2 und 7. Sie erfüllen die in Tabelle 9.1 aufgeführten Aufgaben.

Der SPS-Programmierer muss sich mit den busspezifischen Regeln der Schicht 7 und den darüber hinausgehenden Festlegungen (z.B. Profilen) auseinandersetzen. Monteure und Inbetriebsetzer von Automatisierungsanlagen sind gefordert, die spezifischen Regeln der Schicht 1

214

Tabelle 9.1 Für Feldbusse relevante Schichten des ISO/OSI- Referenzmodells

Schicht	Bedeutung	Aufgabe
1	*Bit-Übertragungs-schicht*	definiert • Übertragungsmedium (Lichtwellenleiter, Kabel, Stecker, Pinbelegungen, Leitungslängen usw.) • Signalpegel • Modulationsart • Baudraten
2	*Sicherungs-schicht*	definiert • Buszugriffsverfahren und Ablaufsteuerung • Fehlersicherung der Übertragung (Paritätsbits, Block Check usw.)
...		
7	*Anwendungs-schicht*	definiert • Dienste (Schreiben, Lesen von Werten, Parametern etc.) • Ist die Schnittstelle zum eigentlichen Programm (Anwenderprogramm in der SPS, Firmware bei digitalen Antrieben)

(Verkabelung, Baudrateneinstellung) und der Schicht 2 (Adressverga-be) genauestens zu beachten. Alle anderen Schichten müssen von der Systemsoftware der Kommunikationspartner beherrscht werden und liegen in der Verantwortung der Gerätehersteller.

Die busspezifischen Definitionen der Schicht 7 sind im Allgemeinen so breit und universell, dass Programmierer einen sehr großen Freiraum für die Gestaltung des Datenaustausches haben. Nutzen sie diesen, entstehen individuelle Lösungen, die den Austausch einer Komponente gegen die Komponente eines anderen Herstellers einschränken bzw. einen Umprogrammieraufwand in der SPS erfordern. Um das zu verhindern, schließen sich Nutzer und Anbieter von Feldbuskomponenten in Nutzerorganisationen zusammen. Diese Nutzerorganisationen treiben die Standardisierungsbemühungen voran und definieren sogenannte Profile für Hauptanwendungsgebiete. Diese Profile sind geräte- oder funktionsspezifische Einschränkungen bzw. Detaildefinitionen für die Schicht 7. So existieren z.B. Profile für

Profile und Nutzergruppen

• Aktoren und Sensoren,

• elektrische Antriebe oder

• sicherheitsgerichtete Anwendungen.

Für den Anwender von Feldbussen ist neben der Kenntnis des Feldbusses also auch die Kenntnis der Profile erforderlich. Profile unterliegen einer ständigen Weiterentwicklung, so dass das entsprechende Wissen laufend aktualisiert werden muss.

Beispiel:

In einem Profil für elektrische Antriebe ist im Detail spezifiziert, wie ein Drehzahlsollwert und welche Steuersignale an welcher Stelle im Telegramm übertragen werden. Auch die Reaktion des Antriebs auf spezielle Steuersignale ist festgelegt. Wickeln zwei Antriebe ihre Kommunikation und die Reaktion auf bestimmte Kommandos nach dem gleichen Profil ab, sind sie nahezu ohne Aufwand in der SPS gegeneinander austauschbar.

9.2 Übersicht gebräuchlicher Feldbusse

Aus der großen Anzahl weltweit verfügbarer Feldbusse werden nachfolgend die in Europa am häufigsten eingesetzten Feldbusse in ihren wichtigsten Ausprägungen gegenübergestellt.

Tabelle 9.2 Die am weitesten verbreiteten Feldbusse

Kriterium	AS-Interface	CAN	Interbus S	PROFIBUS DP	Sercos	PROFINET
Topologie	Linie, Baum, Stern	Linie	Ring (aktiv)	Linie	Ring (LWL)	Punkt zu Punkt (Linie, Baum, Stern)
Teilnehmer	1 Master, 62 Slaves	max. 128 Teilnehmer	1 Master, 512 Slaves	123 Slaves, 1 Master (mehrere Master ebenfalls möglich)	254	nicht spezifiziert
Busmedium	2-Draht-Flachkabel ungeschirmt	Twisted Pair geschirmt	5-Draht	Twisted Pair geschirmt	Lichtwellen-leiter	2 x Twisted Pair geschirmt
Schnittstelle	speziell	RS 485 (Derivat)	RS 485	RS 485	speziell	speziell
Übertra-gungsrate	167 kBit/s	Bis 1 MBit/s	Bis 2 MBit/s	Bis 12 MBbit/s	Bis 8 MBit/s	100 MBit/s
Hierarchie, Zugriff	Single Master, Polling	Multi Master; CSMA/CA	Single Master, verteiltes Schie-beregister	Single Master, Polling	Single Master, Zeitraster	Consumer-Provider, logi-sche Master

9.3 AS-Interface

9.3.1 Übersicht

AS-Interface steht für Aktuator-Sensor-Interface. Es ist ein kostenoptimiertes serielles Kommunikationssystem speziell für die Anbindung von Sensoren und Aktoren an eine überlagerte Steuerung. AS-Interface ist für den Einsatz in der untersten Ebene der Automatisierungspyramide vorgesehen. Die ursprüngliche Aufgabe des AS-Interfaces bestand in der Übertragung binärer Signale und dem Ersatz einer Vielzahl von

Einzelleitungen durch ein einziges serielles Kabel. Dieses Kabel dient gleichzeitig zur Energieversorgung der Sensoren und Aktoren, so dass im Idealfall nur ein Kabel ins Feld zu den Sensoren und Aktoren geführt werden muss. Inzwischen ist mit AS-Interface auch die Übertragung digitalisierter Analogwerte sowie die Übertragung von Parametern und Diagnoseinformationen möglich. Im Bezug auf elektrische Antriebe ist AS-Interface in Kombination mit Konstant- oder drehzahlveränderlichen Antrieben von Interesse. Diese Antriebe werden über Binärsignale ein- und ausgeschaltet. Durch die Anwahl von im Antrieb hinterlegten Festsollwerten mit Binärsignalen ist eine einfache Drehzahlverstellung mit AS-Interface möglich.

Tabelle 9.3 Merkmale von AS-Interface

AS-Interface in Stichpunkten

Merkmal	Beschreibung
Topologie	Linien- und Baumstruktur
Kopplung	passiv
Ausdehnung	100 m ohne Repeater, 300 m mit Repeater
Teilnehmer	max. 62 Slaves, max. 248 binäre Eingänge + 186 binäre Ausgänge (erweiterte Version)
Zugriff	Master-Slave-Verfahren, zyklisches Polling, max. 10 ms Zykluszeit, Slaves haben eigene Adressen
Signale	binäre Signale, analoge Signale (aufgeteilt auf 6 AS-Interface-Zyklen), Parameterbits
Kabel	2-adrige, ungeschirmte Profilleitung (gelb) für Energie und Daten, additive Energieversorgung der Slaves über Zusatzkabel möglich (24 V schwarzes Kabel, 230 V rotes Kabel)
Anschlusstechnik, Montage	Durchdringungstechnik in speziellen Anschlussmodulen, keine Stecker und kein Abisolieren von Leitungen
Sicherheitsgerichtete Signale	können in einer speziellen Variante übertragen werden
Normung	international genormt in EN 50295, IEC 62026
Nutzerorganisation	www.as-interface.com

9.3.2 Topologie, Verkabelung, Physik

AS-Interface unterstützt folgende Topologien, in denen die Kommunikationsteilnehmer physikalisch zusammengeschaltet werden (Bild 9.4):

Topologie

- Linienstruktur

- Baumstruktur

- Sternstruktur

AS-Interface gestattet Verzweigungen, so dass neben der klassischen Linienstruktur auch Baum- und Sternstrukturen möglich sind. Alle Kommunikationsstränge laufen am AS-Interface-Master zusammen. AS-In-

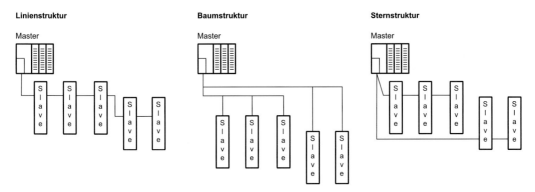

Bild 9.4 Bustopologien von AS-Interface

terface ist damit sehr gut geeignet, Signale in ausgedehnten Maschinen und Anlagen zu verteilen, und es lässt sich flexibel an die Maschinen- und Anlagenstruktur anpassen.

**Systemkompo-
nenten**

Im AS-Interface sind folgende Systemkomponenten enthalten (Bild 9.5):

• Der *Master* organisiert den Buszugriff und den Datenaustausch mit den angeschlossenen Slaves. Er ist im Allgemeinen in eine speicher-programmierbare Steuerung integriert.

• Die *Slaves* bilden die Bindeglieder zu den eigentlichen Sensoren und Aktoren. Sie sind entweder direkt in diese integriert (z.B. in einem Leuchtmelder mit AS-I-Anschluss) oder bilden eine separate Bau-gruppe. Im letzteren Fall sind konventionelle Sensoren und Aktoren über binäre Einzelsignale an den AS-I-Slave angeschlossen. Unter ei-ner Slaveadresse können dann mehrere Sensoren oder Aktoren gele-sen bzw. angesteuert werden. Die Slaves stellen auch die Versor-gungsspannung für die Sensoren und Aktoren bereit.

• Das *Netzteil* stellt die 24 V für die Energieversorgung der Slaves bereit.

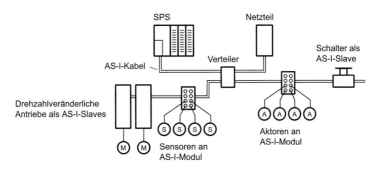

Bild 9.5 Teilnehmer am AS-Interface

- *Repeater* dienen als Verstärker im Netzwerk und erlauben die Verlängerung von Liniensegmenten um jeweils 100 m (max. 300 m).

AS-Interface zeichnet sich durch ein einfaches, verpolungssicheres Kabel- und Kontaktierungssystem aus (Bild 9.6). Verwendet wird ein 2-adriges ungeschirmtes Flachkabel mit einer speziellen Form. Dieses Kabel wird in den Slaves in spezielle Führungen eingelegt und durch Schließen eines Deckels kontaktiert. Die Isolation muss dabei nicht entfernt werden, sondern wird in der Führung beim Anschließen von Kontakten durchstoßen. Damit ist ein Anschluss in kürzester Zeit fast ohne Werkzeugeinsatz möglich. Die Verbindung ist auch wieder lösbar (max. viermal) und die Isolation ist selbstheilend. Diese Anschlusstechnik erreicht einen Schutzgrad bis IP 67 und ist damit auch für raue Einsatzbedingungen geeignet.

Verdrahtung

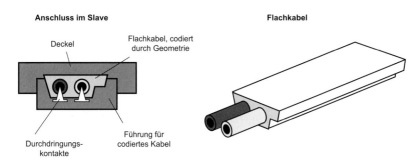

Bild 9.6 Aufbau des AS-Interface-Kabels

Die Signalübertragung erfolgt nach dem Verfahren der alternierenden Pulsmodulation (APM, Bild 9.7). Dazu wird die Sendebitfolge in den Manchestercode umgewandelt:

Signalübertragung mit APM

Sendebit = 0: steigende Flanke in der Hälfte der Bitzeit

Sendebit = 1: fallende Flanke in der Hälfte der Bitzeit

Die nun entstandene Bitfolge im Manchestercode wird vom Sender in ein Stromsignal umgesetzt und auf die AS-I-Leitung ausgegeben. Das verwendete AS-I-Netzteil ist über ein Datenentkopplungsnetzwerk, bestehend aus Induktivitäten und Widerständen, mit dem Bus verbunden. Der vom Sender hervorgerufene Stromfluss führt zu einer definierten Spannungsabsenkung oder -anhebung hinter dem Datenentkopplungsnetzwerk im AS-I-Netzwerk. Dieses Spannungssignal wird von allen anderen Teilnehmern am AS-I-Bus erkannt und in die ursprüngliche Sendebitfolge zurückverwandelt.

Die Strom- und Spannungssignale verlaufen näherungsweise sinusförmig und enthalten nur geringe hochfrequente Anteile. Damit werden eine geringe Störabstrahlung und die Einhaltung der EMV-Grenzwerte erreicht.

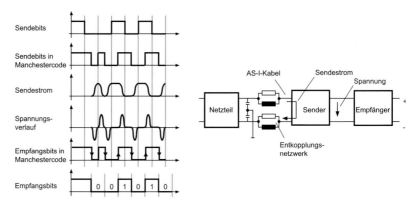

Bild 9.7 Signalverläufe bei AS-Interface und Entkopplung des Netzteils (Hinweis: Die Datenübertragung beginnt erst in der 2. Periode. Die 1. Periode entspricht dem Wartezustand.)

Die Übertragungsrate von AS-Interface liegt bei 167 kBit/s.

9.3.3 Zugriffsverfahren

Telegramme und Buszyklus

AS-Interface arbeitet mit einem Master-Slave-Verfahren und zyklischem Polling. Der Master sendet ein Telegramm an den ersten Slave, der nach einer definierten Masterpause sofort antwortet. Der Master wartet jetzt die Slavepause ab und spricht dann den nächsten Slave an. Dieser Vorgang wiederholt sich mit allen angeschlossenen Slaves. Hat der letzte Slave geantwortet, ist ein Buszyklus abgeschlossen. Mit der erneuten Ansprache an Slave 1 beginnt der Master einen neuen Buszyklus.

Bild 9.8 zeigt den Telegrammaufbau für die einfache Version von AS-Interface (max. 31 Slaves).

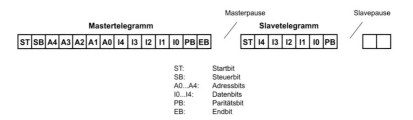

Bild 9.8 Telegrammaufbau bei AS-Interface

Die Dauer für einen Buszyklus liegt entweder bei 5 ms oder 10 ms. Innerhalb dieser Zeit werden alle über AS-Interface angeschlossenen Sensoren und Aktoren ausgelesen bzw. mit neuen Daten versorgt. Bedenkt man, dass die Zykluszeit einer SPS im Allgemeinen größer als 10 ms ist, weist AS-Interface ein ausreichend gutes Zeitverhalten auf.

Zur korrekten Funktion eines AS-I-Netzwerkes müssen alle Slaves über eindeutige Adressen verfügen. Die Adressen werden während der Inbetriebnahmen entweder

- direkt am Slave über ein Adressiergerät eingestellt oder
- vom AS-I-Master mit einem Spezialtelegramm an den Slave übertragen.

Im letzteren Fall darf sich nur ein Slave mit der Adresse 0 (der zu adressierende Slave) im AS-I-Netzwerk befinden. Die eingestellten Adressen werden in den Slaves ausfallsicher gespeichert.

9.4 CAN

9.4.1 Übersicht

CAN steht für Controller Area Network. CAN wurde Mitte der 80er Jahre für den Einsatz in Kraftfahrzeugen entwickelt und verbindet dort die elektrischen Komponenten. Ziel von CAN war es, die umfangreichen Kabelbäume in Fahrzeugen zu reduzieren. Bei der Entwicklung von CAN standen die Forderungen nach

- niedrigen Kosten,
- einfacher Handhabung und
- hoher Übertragungssicherheit

bei ausreichend hoher Übertragungsgeschwindigkeit im Vordergrund.

CAN ist inzwischen nicht mehr auf den Einsatz in Fahrzeugen begrenzt, sondern hat sich zu einem anerkannten Feldbus in der Automatisierungstechnik entwickelt. Besonders die geringen Kosten und die Verfügbarkeit einer hohen Anzahl von CAN-Komponenten von verschiedenen Herstellern sorgen für eine große Beliebtheit von CAN. Auch elektrische Antriebe werden am CAN betrieben. Um den Betrieb von Komponenten verschiedener Hersteller am CAN und die gegenseitige Austauschbarkeit zu ermöglichen, haben sich Nutzer und Anbieter von CAN-Komponenten in der Nutzerorganisation CiA (CAN in Automation) zusammengeschlossen.

Die CiA hat den CAN Application Layer (CAL) für die Schicht 7 und weitere Festlegungen in Design-Spezifikationen (DSxxx) definiert. Der CAL stellt eine Ansammlung von Kommunikationsdiensten dar, die noch nicht auf eine spezielle Anwendung zugeschnitten sind. Zugeschnittene Dienste werden durch CANopen in Geräteprofilen definiert. Zum Beispiel wird in CiA 401 das Profil für elektrische Antriebe und Motion Control beschrieben. Eine weitere parallele Definition für die Schicht 7 ist in den USA unter dem Namen DeviceNet weit verbreitet.

Tabelle 9.4 Merkmale von CAN

Merkmal	Beschreibung
Topologie	Linienstruktur, mit Abschlusswiderständen
Kopplung	passiv
Ausdehnung	40 m (1 Mbit/s) bis 1000 m (50 kBit/s)
Teilnehmer	max. 128
Zugriff	Multi-Master-Verfahren, jeder Teilnehmer hat einen eigenen Identifier
Signale	binäre Signale, analoge Signale, Parameter, Diagnoseinformationen
Kabel	verdrillte 2-Draht-Leitung, geschirmt
Anschlusstechnik, Montage	Stecker
Sicherheitsgerichtete Signale	können in einer speziellen Variante übertragen werden
Normung	international genormt in ISO 11898
Nutzerorganisation	www.can-cia.org

9.4.2 Topologie, Verkabelung, Physik

Topologie

CAN arbeitet mit einer Linienstruktur. Als Übertragungsmedium dient eine verdrillte und geschirmte 2-Draht-Leitung (Bild 9.9).

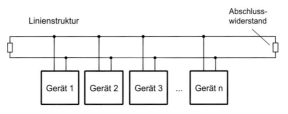

Bild 9.9 Bustopologie im CAN

Die Ausdehnung des Netzwerkes und die Länge der Abgänge zu den einzelnen Komponenten sind begrenzt.

Komponenten am CAN versenden ihre Telegramme mit einem Identifier, der die zu versendende Nachricht kennzeichnet. Sendet eine Komponente zyklisch immer nur eine Nachricht (z.B. ihren aktuellen Istwert), wirkt der Identifier ähnlich wie eine Adresse. Alle Komponenten sind am CAN im Prinzip gleichberechtigt und können, sofern kein anderer Teilnehmer aktiv ist, jederzeit Telegramme abschicken. Bei kollidierenden Buszugriffen entscheidet der Identifier, welche Komponente den Zugriff erhält und ihr Telegramm absetzen kann.

222

Die Komponenten werden über Stecker an CAN angeschlossen. Meist Verkabelung sind die Stecker so aufgebaut, dass in ihnen die Adern weitergeschleift werden. Damit sind Stecker ohne Unterbrechung der CAN-Verbindungen lösbar. Die Schirmanbindung wird ebenfalls im Stecker realisiert (Bild 9.10).

Am ersten und am letzten Teilnehmer sind die erforderlichen Abschlusswiderstände zu aktivieren. Sie sind entweder im Gerät oder im Stecker untergebracht und werden per Mikroschalter betätigt.

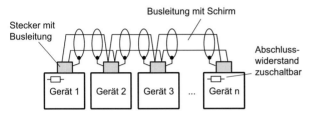

Bild 9.10 Geräteanschluss im CAN

Spezielle Kabeltypen sind für CAN nicht vorgeschrieben. Zur Unterdrückung von Störeinflüssen sollten die beiden Signaladern verdrillt und das Kabel geschirmt sein. Je nach verwendeter Physik sind Kabelimpedanzen einzuhalten.

Die am häufigsten für CAN genutzte Übertragungsphysik ist in der ISO Physik 11898-2 als sogenannte „High-Speed"-Variante wie folgt spezifiziert:

- 2-Draht-Übertragung

- Differenzsignale

- Low: −2 V
  High: +7 V

- Leitungsimpedanz 120 Ohm

Vorschläge für Kabel, Stecker und Pinbelegungen sind ebenfalls in der Norm angegeben. Zusätzliche Spezifikationen enthält die CiA-Empfehlung DS102.

CAN verwendet Not Return to Zero (NRZ) für die Codierung der Bits auf Signalübertragung der Datenleitung. Das heißt, während der gesamten Bitzeit liegt der Bus je nach Bitwert 0 oder 1 entweder auf Low- oder High-Pegel. Anders als bei der zur Manchestercodierung findet kein Signalwechsel innerhalb der Bitzeit statt.

9.4.3 Zugriffsverfahren

Buszugriff und Identifier

CAN ist ein Multi-Master-System. Alle Teilnehmer können selbständig Telegramme absenden. Der Buszugriff wird durch das CSMA/CA-Verfahren gesteuert:

- CSMA (Carrier Sense Multiple Access)
  Alle Teilnehmer überwachen den Bus (Carrier Sense). Sendewillige Teilnehmer warten nach einem gesendeten Telegramm die definierte Ruhepause ab. Ist diese verstrichen, beginnen sie mit dem Sendevorgang (Multiple Access).

- CA (Collision Avoiding)
  Als erstes sendet jeder Teilnehmer bitweise seinen Identifier. Parallel liest jeder Teilnehmer den tatsächlich auftretenden Pegel auf der Busleitung zurück. Erkennt ein Teilnehmer, dass der aktuelle Buspegel nicht mit dem eigenen gerade gesendeten Identifier übereinstimmt, sendet offensichtlich ein weiterer Teilnehmer mit einem höher prioren Identifier. Der unterlegene Teilnehmer erkennt das, zieht sich zurück und stellt seinen Sendeversuch ein. Der höher priore Teilnehmer setzt den Sendevorgang fort (Bild 9.11).

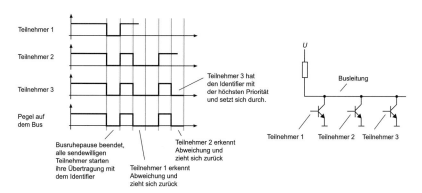

Bild 9.11 Buszugriff im CAN

Damit dieser Mechanismus funktioniert, muss der High-Pegel im CAN rezessiv und der Low-Pegel dominant sein. Die Ausgangstreiber für CAN sind entsprechend aufgebaut. Die prinzipielle Funktion kann man sich wie eine Open-Collector-Schaltung vorstellen.

Die Zugriffsrechte im CAN werden durch die Identifier bestimmt. Für Komponenten, die Nachrichten mit niederprioren Identifiern senden wollen, ergeben sich unter Umständen lange Wartezeiten, bis sie ihre Telegramme absetzen können. In automatisierungstechnischen Anwendungen geht man deshalb oft den Weg, die Sendeversuche der einzelnen Teilnehmer von der SPS koordinieren zu lassen. Das heißt, im Normalfall senden Teilnehmer erst, wenn sie von der SPS dazu aufgefordert wurden. Lediglich bei Alarmen werden Teilnehmer selbständig aktiv. Diese Regeln werden in der Schicht 7 von CAN definiert.

Bild 9.12 zeigt den Telegrammaufbau im CAN nach Spezifikation 2.0B.   Telegramme

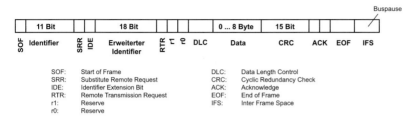

Bild 9.12 Telegrammaufbau im CAN

Die Anteile bis zum RTR-Bit dienen der Koordinierung des Buszugriffs (Collision Avoiding). Die folgenden Bits spezifizieren die Länge der Nettodaten. Die Nettodaten werden von der CRC-Prüfsumme gefolgt. Diese Prüfsumme wird im Sender erzeugt und im Empfänger aus den empfangenen Daten erneut berechnet. Stimmen empfangene CRC-Prüfsumme und berechnete CRC-Prüfsumme überein, war die Datenübertragung korrekt. Abweichungen deuten auf eine fehlerhafte Übertragung hin. Im ACK-Feld wird von anderen Teilnehmern noch während des Sendevorgangs die Richtigkeit des Telegramms durch Überschreiben dieser Bits bestätigt. Der Sender liest das ACK-Feld zurück. Erkennt er keine Bestätigung durch einen anderen Teilnehmer am CAN, geht er von einer fehlerhaften Übertragung aus und wiederholt seinen Sendeversuch zu einem späteren Zeitpunkt. Grund für diesen Mechanismus ist, dass im CAN mit einem Telegramm mehrere Teilnehmer gleichzeitig angesprochen werden (Multicasting). Damit kann der Sender eines Telegramms keine direkte Bestätigung vom Empfänger in einem Antworttelegramm erhalten, da es ja mehrere Empfänger geben kann. Deshalb überwachen alle Teilnehmer am Bus ein Telegramm auf korrekte Übertragung. Das EOF-Feld schließt das Telegramm ab.

Hinweis: Im Standardformat nach Spezifikation 2.0A entfallen SRR, erweiterter Identifier und r0.

9.4.4 Projektierung

Viele Hersteller bieten Komponenten für CAN an. Die Projektierung des Datenaustausches ist aufgrund der Gerätevielfalt und der damit verbundenen Kombinationsmöglichkeiten manchmal mit Problemen verbunden. Zur Beobachtung und Diagnose des Busverkehrs dienen sogenannte „CAN-Busanalyzer" oder „CAN-Busmonitore". Sie ermöglichen:

- Simulation des Netzwerkes

- Beobachtung, Aufzeichnung und Interpretation des Datenverkehrs

- Ausführung von Kommunikationstests

- Nachbilden von Busteilnehmern

- Aufstellen von Busstatistiken

Diese Tools sind als PC-Programme ausgeführt und sollten bei der Inbetriebnahme und Fehlersuche in CAN-Netzwerken eingesetzt werden.

9.5 PROFIBUS DP

9.5.1 Übersicht

PROFIBUS DP (Process Field Bus für Dezentrale Peripherie) dient zur Ansteuerung von Sensoren und Aktoren durch eine zentrale Steuerung in der Automatisierungstechnik. Die Vernetzung von Steuerungen untereinander ist ebenfalls möglich. PROFIBUS DP ist im europäischen Raum sehr stark verbreitet, nicht zuletzt durch seine enge Integration in die Steuerungsfamilie Simatic S5/S7. PROFIBUS DP zeichnet sich durch seine große Leistungsfähigkeit und breite Skalierbarkeit aus. PROFIBUS DP ist ein typischer typischer Universalbus mit

- hoher Übertragungsgeschwindigkeit,

- Echtzeitfähigkeit und Querverkehr sowie

- einem sicherheitsgerichteten Protokoll.

Die Breite der möglichen Anwendungen für PROFIBUS DP bedingt einen gewissen Overhead im Telegrammaufbau und eine umfangreichere Projektierung. Als reiner Sensor-Aktor-Bus wäre PROFIBUS DP überdimensioniert.

Im Laufe der Zeit sind durch Weiterentwicklung mehrere Versionen für die verfügbaren Grundfunktionen von PROFIBUS DP entstanden:

- PROFIBUS DP für den zyklischen Austausch der Daten
  und die Diagnose

- PROFIBUS DP-V1 für den azyklischen und zyklischen
  Datenaustausch zuzüglich der Alarmbehandlung

- PROFIBUS DP-V2 für den isochronen (taktsynchronen)
  Datenaustausch

Werden Komponenten am PROFIBUS eingesetzt, muss geprüft werden, welche Grundfunktionen die jeweiligen Komponenten abdecken.

PROFIBUS DP ist international standardisiert. Anwender und Hersteller haben sich in der PROFIBUS-Nutzer-Organisation (PNO) zusammengeschlossen und treiben dort die Standardisierung weiter voran.

Am Markt ist eine Vielzahl von PROFIBUS-Komponenten verfügbar. Elektrische Antriebe lassen sich sowohl in einfachen als auch zeitkritischen Anwendungen mit Motion Control am PROFIBUS betreiben. Entsprechende Profile wurden von der PNO definiert:

- PROFIBUS Profile for variable speed drives
- PROFIdrive – Profile drive technology

Tabelle 9.5 Merkmale von PROFIBUS DP

PROFIBUS DP in Stichpunkten

Merkmal	Beschreibung
Topologie	Linienstruktur, mit Abschlusswiderständen
Kopplung	passiv
Ausdehnung	bis 1,2 km je Segment (elektrischer Aufbau mit Zweidrahtleitung) bei 9,6 kBit/s
Teilnehmer	max. 124
Zugriff	Token Passing für Multi-Master-Betrieb, unterlagert Master-Slave-Betrieb mit Polling
Signale	binäre Signale, analoge Signale, Parameter, Diagnoseinformationen
Kabel	verdrillte 2-Draht-Leitung, geschirmt (LWL ebenfalls möglich)
Anschlusstechnik, Montage	Stecker
Sicherheitsgerichtete Signale	können mit einem speziellen Profil (PROFIsafe) übertragen werden
Normung	international genormt in EN 50170, IEC 61158/IEC 61784
Nutzerorganisation	www.profibus.com

9.5.2 Topologie, Verkabelung, Physik

PROFIBUS DP arbeitet ausschließlich mit einer Linienstruktur (Bild 9.13). Als Übertragungsmedium dient in den meisten Fällen eine verdrillte und geschirmte 2-Draht-Leitung.

Topologie

Die Ausdehnung des Netzwerkes und die Länge der Stichleitungen zu den einzelnen Komponenten sind begrenzt. PROFIBUS DP ist segmen-

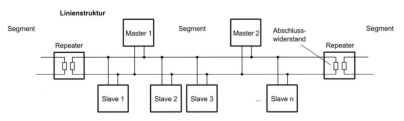

Bild 9.13 Bustopologie von PROFIBUS

227

tiert. Je Segment können max. 32 Teilnehmer (Master und Slaves) physikalisch angeschlossen werden. Die Kopplung zwischen Segmenten erfolgt über Repeater. Die Repeater regenerieren und verstärken Bussignale.

Verkabelung   Die Busteilnehmer werden über Stecker an PROFIBUS DP angeschlossen (Bild 9.14). Meist sind die Stecker so aufgebaut, dass in ihnen die Adern weitergeschleift werden. Damit sind Stecker ohne Unterbrechung der PROFIBUS DP-Verbindungen lösbar. Die Schirmanbindung wird ebenfalls im Stecker realisiert.

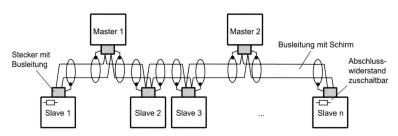

Bild 9.14 Geräteanschluss bei PROFIBUS DP

Am ersten und am letzten Teilnehmer im Segment sind die Abschlusswiderstände zu aktivieren. Sie sind entweder im Gerät oder im Stecker untergebracht und werden per Mikroschalter betätigt. Die Teilnehmer mit Abschlusswiderständen müssen immer mit Spannung versorgt werden; Kommunikationsstörungen treten in der Praxis oft aufgrund fehlerhaft zugeschalteter Abschlusswiderstände auf.

Für die Verdrahtung von PROFIBUS DP sind nur Kabel zu verwenden, die folgender Spezifikation entsprechen:

Wellenwiderstand:	$135 \ldots 165\,\Omega$
Kapazitätsbelag:	$< 30\,\text{pF/m}$
Schleifenwiderstand:	$110\,\Omega/\text{km}$
Aderndurchmesser:	$0{,}64\,\text{mm}$
Adernquerschnitt:	$> 0{,}34\,\text{mm}^2$

Um das Risiko von Kommunikationsstörungen zu senken, sollten nur Kabel und Stecker von renommierten Herstellern verwendet werden. Die Adern von PROFIBUS sind grün und rot ummantelt. Sie dürfen bei der Installation auf keinen Fall vertauscht werden.

Signalübertragung   PROFIBUS DP verwendet Not Return to Zero (NRZ) für die Codierung der Bits auf der Datenleitung. Das heißt, während der gesamten Bitzeit liegt der Bus je nach Bitwert 0 oder 1 entweder auf Low- oder High-Pegel. Anders als bei der Manchestercodierung findet kein Signalwechsel innerhalb der Bitzeit statt.

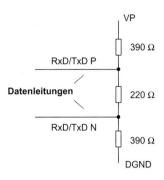

Bild 9.15
Leitungsabschluss bei RS 485

Die beim PROFIBUS DP eingesetzte Übertragungstechnik entspricht **RS 485**
dem amerikanischen Standard RS 485 (Recommended Standard, Bild
9.15).

Sie ist wie folgt spezifiziert:

- 2-Draht-Übertragung, Differenzsignale erdsymmetrisch

- Pegel Sender: Logisch 0: $1,5 \, V \leq U \leq 5 \, V$
                    Logisch 1: $-5 \, V \leq U \leq -1,5 \, V$
  Empfänger: Logisch 0: $U > 0,2 \, V$
                    Logisch 1: $U < -0,2$

- max. 32 Teilnehmer je Segment

- max. 1,2 km Leitungslänge

9.5.3 Zugriffsverfahren

PROFIBUS DP hat zwei wichtige Anforderungen zu erfüllen:

1. Die Kommunikation zwischen speicherprogrammierbaren Steuerungen (SPS), die als Master am Bus arbeiten, ist sicherzustellen. Jede
   Steuerung muss genügend Zeit für die Abwicklung ihrer Kommuni-
   kationsaufgaben erhalten.

2. Zusätzlich muss jede Steuerung mit den ihr zugeordneten Sensoren
   und Aktoren, die als Slaves am Bus arbeiten, zyklisch und in definierten Zeitabständen Daten austauschen können.

Der Buszugriff erfolgt deshalb mit einem Token-Passing-Verfahren und
einem unterlagerten Master-Slave-Verfahren mit Polling. Durch die eindeutige Zuteilung der Zugriffsrechte treten beim PROFIBUS DP keine
Kollisionen im Buszugriff auf.

Beim Token-Passing-Verfahren besitzt ein Master am PROFIBUS DP zu   **Token Passing**
einem bestimmten Zeitpunkt die Buszugriffsberechtigung, die als Token bezeichnet wird. Hat dieser Master seine Kommunikationsaufga-
ben abgewickelt, gibt er mit einem speziellen Telegramm das Token an
den nächsten Master weiter (Bild 9.16). Dann wickelt dieser ebenfalls

seine Kommunikation ab und gibt das Token ebenfalls weiter. Das Token wandert von Master zu Master und befindet sich in einem zyklischen Umlauf. Innerhalb einer parametrierbaren Zeitspanne muss das Token einmal allen Mastern übergeben werden.

Im PROFIBUS DP wird zwischen 2 Mastern unterschieden:

- Master Klasse 1 sind Steuerungen.

- Master Klasse 2 sind Programmiergeräte, die nur zeitweilig (z.B. während der Anlageninbetriebnahme) am Bus angeschlossen sind. Sie verfügen über zusätzliche Dienste wie z.B. die Adresszuweisung für Slaves.

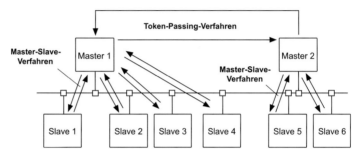

Bild 9.16 Buszugriff bei PROFIBUS DP

Master-Slave

Der Master, der die Buszugriffsberechtigung besitzt, wickelt den Datenaustausch mit den ihm zugeordneten Slaves nach dem Master-Slave-Verfahren ab. Der Master sendet ein Telegramm an den 1. Slave, dass dieser umgehend beantwortet. Anschließend spricht der Master den 2. Slave an, der wiederum sofort antwortet. Dieser Vorgang setzt sich mit den restlichen Slaves fort.

Telegramme

Bild 9.17 zeigt den Telegrammaufbau für PROFIBUS DP.

Neben den Telegrammanteilen zur Organisation und Sicherung der Datenübertragung (SYN, SD2, LE, LEr) enthält jedes Telegramm die Ziel-

Bild 9.17 Telegrammaufbau bei PROFIBUS DP

adresse (DA) und die Absenderadresse (SA). So kann jedes Telegramm eindeutig zugeordnet werden.

Die Art des Telegramms (z.B. Datenanforderung, Quittieren, Synchronisation usw.) wird im Byte Frame Control (FC) angezeigt. Die ersten beiden Bytes des Datenbereichs dienen zum Aufruf spezieller Dienste in der Schicht 2. Typische Dienste sind z.B. die Anforderung von Diagnose- und Konfigurationsdaten sowie das Schreiben/Lesen von Aus- und Eingängen bzw. Prozessdaten.

Jedes Byte des Telegramms wird als UART-Zeichen übertragen und mit einem Start-, Stop- und Paritätsbit versehen. Aus 8 logischen Bits werden so 11 zu übertragende Bits. Gemeinsam mit den Kontrollmechanismen (z.B. FCS) wird so eine hohe Übertragungssicherheit erreicht.

9.5.4 PROFIBUS DP-V2

Mit der Spezifikation DP V2 wurden die Taktsynchronität und der Querverkehr im PROFIBUS eingeführt. Beide Eigenschaften sind für elektrische Antriebssysteme von hoher Bedeutung.

Servoantriebe erfassen die Lage der Motorwelle zyklisch in einem sehr präzisen Zeitraster. Da der Lageistwert für die Stromkommutierung benötigt wird, erfolgt die Abtastung im Rechentakt der Stromregelung und damit mehrmals innerhalb eines Buszyklus.

Taktsynchronität im PROFIBUS DP

Der vom Antrieb gemessene Lageistwert soll an eine überlagerte Positioniersteuerung übertragen und dort im Lageregler verarbeitet werden. Von der Erfassung der Lage bis zum Eintreffen der Information in der Positioniersteuerung vergeht eine gewisse Totzeit. Dieser Umstand ist systembedingt und kann durch kurze Abtastzeiten, kurze Buszyklen und eine hohe Baudrate des Feldbusses lediglich abgemildert, aber nicht eliminiert werden. Ist die Totzeit bekannt, kann die Positioniersteuerung den durch die zeitverzögerte Übertragung verursachten Fehler kompensieren. Eine unabdingbare Voraussetzung dafür ist allerdings, dass die Totzeit konstant, also immer gleich ist. Würden der Reglertakt des Servoumrichters und der Buszyklus des Profibusses unabhängig voneinander laufen, käme es zu variablen Totzeiten. Die Positioniersteuerung würde mal mehr und mal weniger alte Lageistwerte erhalten. Dieses Problem wird mit zunehmender Drehzahl des Antriebs immer größer, da dann die Differenzen zwischen zwei aufeinander folgenden Lageistwerten steigen. Als Folge reagiert der Lageregler in der Positioniersteuerung sehr unruhig und verschlechtert das Regelverhalten.

Abhilfe schafft die im PROFIBUS DP V2 verfügbare Taktsynchronität (Bild 9.18). Wird sie aktiviert, hat PROFIBUS DP einen exakt äquidistanten Buszyklus, auf den sich die Servoantriebe synchronisieren. Dazu sendet der Master (Positioniersteuerung) zu Beginn jedes Zyklus ein spezielles Synchronisiertelegramm an alle Teilnehmer. Diese emp-

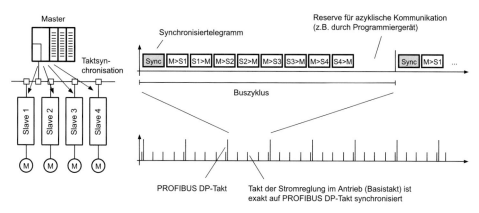

Bild 9.18 Taktsynchronisation bei PROFIBUS DP-V2

fangen das Telegramm gleichzeitig und synchronisieren ihre internen Rechenzeitscheiben auf den zentralen Bustakt. Dazu verfügen sie über spezielle Synchronisierschaltungen in der Signalelektronik. Ist die Synchronisierung erfolgt, verhält sich zum Beispiel ein Servoantrieb so, als hätte er mit der Positioniersteuerung einen gemeinsamen Taktgenerator. Damit wird erreicht, dass Lageinformationen immer mit der gleichen definierten Verzögerung bei der Positioniersteuerung ankommen.

PROFIBUS DP mit Taktsynchronität verfügt innerhalb des Buszyklus über den zyklischen Kommunikationsteil und den azyklischen Kommunikationsteil. In der zyklischen Kommunikation tauscht die Steuerung (Master Klasse 1) Daten mit den Slaves aus. Im azyklischen Teil kommuniziert zum Beispiel ein Programmiergerät (Master Klasse 2) während der Inbetriebnahmephase mit den Slaves. Damit ein Programmiergerät jederzeit ohne Störungen des Buszyklus an PROFIBUS DP angeschlossen werden kann, muss innerhalb des Buszyklus immer eine gewisse Reservezeit freigehalten werden.

Querverkehr im PROFIBUS DP

Moderne digitale Antriebe übernehmen immer mehr Funktionen, die bisher klassischen Steuerungen vorbehalten waren. Werden einfache Steuerungsaufgaben im Antrieb bearbeitet, müssen oft Signale mit anderen Antrieben ausgetauscht werden. Ein Beispiel dafür ist eine einfache Gleichlauffunktion zweier Antriebe. Beide Antriebe sollten starten, wenn der jeweils andere Antrieb auch betriebsbereit ist und keine Störung aufweist. Zu diesem Zweck muss also jeder Antrieb über den Betriebszustand des anderen Antriebs informiert sein. Beim klassischen Master-Slave-Zugriffsverfahren würde die überlagerte Steuerung die entsprechenden Zustandsinformationen von den Antrieben einlesen und an den jeweils anderen Antrieb weitergeben. Der Informationsaustausch würde immer über die Steuerung erfolgen. Um diesen Prozess abzukürzen, verfügt PROFIBUS DP-V2 über die Fähigkeit zum Querverkehr.

232

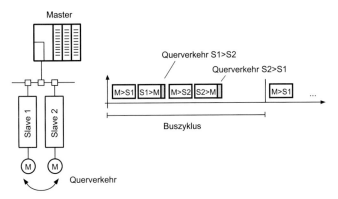

Bild 9.19 Querverkehr bei PROFIBUS DP-V2

Querverkehr heißt, dass ein Slave in seinem Antworttelegramm Daten sendet, die gar nicht für die Steuerung (Master), sondern für einen anderen Slave bestimmt sind (Bild 9.19). Da immer alle Slaves am PROFIBUS DP ein Telegramm „mithören", erreichen die Daten somit auch den Slave, für den sie bestimmt sind. Im obigen Beispiel würde das bedeuten, dass beide Antriebe ihren Betriebszustand zusätzlich mitsenden und der jeweils andere Antrieb diese empfängt.

Diese Art des Buszugriffs wird als Publisher-Subscriber-Modell bezeichnet.

Hinweis: Für den Querverkehr ist trotzdem eine überlagerte Steuerung notwendig, die den Buszyklus organisiert und den Telegrammverkehr anstößt. Der Querverkehr ersetzt nicht die Masterfunktion, sondern legt lediglich einen „Bypass" an der Steuerung vorbei.

9.5.5 Projektierung

Bevor ein PROFIBUS DP-Netzwerk seine Funktion aufnehmen kann, muss es projektiert und konfiguriert werden. Für diese Aufgaben ist im Allgemeinen im Engineering-Tool der Steuerung umfangreiche Funktionalität vorhanden. Zum Beispiel erfolgt die Projektierung des PROFIBUS DP für die Steuerungsfamilie SIMATIC innerhalb des Engineering-Tools Step 7.

Gerätestammdatei GSD

Für die Projektierung muss das Engineering-Tool alle Geräte bezüglich ihrer Kommunikationseigenschaften kennen, die an PROFIBUS DP angeschlossen werden sollen. Diese Eigenschaften sind in der Gerätestammdatei (GSD) niedergelegt. Sie dient als „Personalausweis" für jede PROFIBUS DP-Komponente.

Die GSD ist ein vom Gerätehersteller bereitgestelltes elektronisches Datenblatt (Textdatei) zur Beschreibung der Geräteeigenschaften bei zyklischer PROFIBUS DP-Kommunikation. Bild 9.20 zeigt ein Beispiel einer solchen GSD.

```
;==============================================================================
; GSD-File for PROFIBUS DP option FFP31C for MOVITRAC 31 Inverter (size 1..4)
;
; Version:      V1.31
; Release Date: 24.03.2000
;
; SEW-EURODRIVE
; Technical support Electronics:
;       Postbox 3023
;       76642 Bruchsal
;       Tel: +49 7251/75-1780..1787
;       Fax: +49 7251/75-1769
;
; This GSD file uses additional files:
;           sew3100n.bmp
;           sew3100s.bmp
;
; GSD syntax is checked with GSD Editor V2.1 and GSD-Checker V2.2
;
; File version history:
; ---------------------
;
;    V1.31 / 24.03.2000
;           Changes from version 1.20 to 1.31:
;           - MOVITRAC 31+FFP31 is assigned to slave family DRIVES
;           - Bitmap files specify the symbolic representation
;
;    V1.20 / 24.06.1997
;           -1st release
;------------------------------------------------------------------------------
; The latest version of this GSD file can be downloaded from the SEW homepage,
; URL http://www.SEW-EURODRIVE.de.
;
;==============================================================================
;
;
#PROFIBUS_DP
GSD_Revision = 1                        ;
Vendor_Name="SEW-EURODRIVE"             ;
Model_Name="MOVITRAC 31+FFP31"          ;
Revision="1.0"                          ;
Ident_Number = 0x3100                   ;
Protocol_Ident=0                        ;
Station_Type=0                          ;
FMS_supp = 1                            ;
Hardware_Release="821994X"              ;
Software_Release="8220069"              ;
9.6_supp = 1                            ;
19.2_supp = 1                           ;
93.75_supp = 1                          ;
187.5_supp = 1                          ;
500_supp = 1                            ;
1.5M_supp = 1                           ;
MaxTsdr_9.6 = 60                        ;
MaxTsdr_19.2 = 60                       ;
MaxTsdr_93.75 = 60                      ;
MaxTsdr_187.5 = 60                      ;
MaxTsdr_500 = 100                       ;
MaxTsdr_1.5M = 150                      ;
Redundancy = 0                          ;
```

Bild 9.20 Beispiel für eine GSD

```
Repeater_Ctrl_Sig = 2                    ;
24V_Pins = 0                             ;
Implementation_Type = "SPC"              ;
Bitmap_Device = "sew3100n"               ;
Bitmap_Diag = "sew3100s"   ;
Freeze_Mode_supp = 1                     ;
Sync_Mode_supp = 1                       ;
Auto_Baud_supp = 1                       ;
Set_Slave_Add_supp = 0                   ;
User_Prm_Data_Len = 10                   ;
User_Prm_Data = 0x00,0x00,0x00,0x00,0x00,0x00,0x00,0x00,0x00,0x00;
Max_Diag_Data_Len = 8                    ;
Slave_Family = 1@SEW                     ;
Min_Slave_Intervall = 0x0020             ;
Modular_Station = 1                      ;
;
;The PROFIBUS DP slave option FFP31C supports different modules.
;You can choose ONE of the following DP configurations:
;
Max_Module = 1                  ;
Max_Input_Len = 14              ;
Max_Output_Len = 14             ;
Max_Data_Len = 28               ;
;
;Configuration 1:  1 word process data
;---------------- consistent via total length
Module = "1 PD   (1 word)          " 0xF0  ;
EndModule
;
;Configuration 2:  2 words Process Data
;--------------- consistent via total length
Module = "2 PD   (2 words)          " 0xF1  ;
EndModule
;
;Configuration 3:  3 words process data
;--------------- consistent via total length
Module = "3 PD   (3 words)          " 0xF2  ;
EndModule
;
;=========================================================
;
;Configuration 4: 4 words parameter channel + 1 word process data
;---------------- consistent via total length
Module = "Param + 1 PD   (4+1 words)" 0xF3, 0xF0  ;
EndModule
;
;Configuration 5: 4 words parameter channel + 2 words process cata
;---------------- consistent via total length
Module = "Param + 2 PD   (4+2 words)" 0xF3, 0xF1  ;
EndModule
;
;Configuration 6: 4 words parameter channel + 3 words process data
;---------------- consistent via total length
Module = "Param + 3 PD   (4+3 words)" 0xF3, 0xF2  ;
EndModule
;
;Configuration 7: Universal configuration for other modules
Module = "Universal configuration" 0x00;
EndModule
;
```

Bild 9.20 Beispiel für eine GSD (Forts.)

EDD und FDT

Die GSD war die erste Beschreibungsdatei für PROFIBUS DP-Slaves. Auch sie wurde weiterentwickelt und existiert bereits in mehreren Ständen (Revisions).

Zur Abdeckung komplexerer Anforderungen im Engineering wurden weitere Beschreibungsdateien spezifiziert:

- Die *Electronic Device Description (EDD)* ist ebenfalls eine textuelle Beschreibung. Sie definiert die azyklischen kommunizierten Gerätefunktionen, grafische Möglichkeiten und allgemeine Geräteinformationen wie Bestelldaten, Wartungshinweise usw. Die EDD wird zusätzlich zur GSD verwendet. Mit dem EDD-Interpreter können diese Daten einem Bedienprogramm übergeben werden. Damit sind Komponenten verschiedener Hersteller in einer einheitlichen Weise darstellbar.

- Das *Field Device Tool (FDT)* ist eine Schnittstellenspezifikation. Auf dessen Basis können Gerätehersteller Softwaretreiber anbieten, mit deren Hilfe ihre Geräte in ein übergreifendes Bedienprogramm eingebunden werden können.

Diagnose

Für die Fehlersuche in einem PROFIBUS DP-Netzwerk stehen sowohl Diagnosefunktionen im Engineeringtool der Steuerung als auch separate Busmonitore zur Verfügung.

9.6 PROFINET I/O

9.6.1 Übersicht

PROFINET ist der Standard der PROFIBUS-Nutzerorganisation für die Feldbuskommunikation über Ethernet. PROFINET verwendet Ethernet als Basis und definiert zusätzliche Funktionen auf allen Protokollebenen, ohne die Ethernetfunktionen zu verändern. PROFINET ist in zwei Ausprägungen verfügbar:

- *PROFINET CBA* (Component Based Automation) dient zur Verschaltung technischer Module, Maschinen- oder Anlagenkomponenten zu einer Gesamtlösung. Die Module werden als PROFINET-Komponenten in Form von Funktionsbausteinen modelliert. Die Ein- und Ausgänge der Funktionsbausteine werden im Engineeringtool grafisch miteinander verschaltet. PROFINET CBA übernimmt die Konfiguration der gesamten Kommunikationsfunktionen im Netzwerk und entlastet den Anwender von dieser Aufgabe.

- Mit *PROFINET I/O* (Input/Output) erfolgt die Einbindung der dezentralen Feldgeräte direkt am Ethernet. PROFINET I/O ist damit die Weiterentwicklung von PROFIBUS DP.

Die nachfolgenden Ausführungen beziehen sich ausschließlich auf PROFINET I/O.

Mit dem Übergang auf Ethernet als Kommunikationsplattform werden einige Verbesserungen im Vergleich zu klassischen Feldbussen erreicht:

- Viel höhere Übertragungsgeschwindigkeiten, bis zu 100 mal schneller.

- Die weltweite Verfügbarkeit von Ethernetkomponenten (Kabel, Stecker, Schaltkreise) führt zu einer Vereinheitlichung der Kommunikationshardware.

- Vertikale Integration, da Bürokommunikation und Feldbuskommunikation parallel im gleichen Netzwerk ablaufen können. Die Grenzen zwischen Feld- und Bürokommunikation können aufgehoben werden.

Mit der Einführung von Ethernet in der Feldbusebene wird allerdings auch das Problem der Informationssicherheit in den Feldbereich exportiert. Ethernetbasierte Netzwerke müssen vor dem Eindringen von außen z.B. durch Firewalls geschützt werden.

Da PROFINET I/O auf Ethernet basiert, sind die Schichten 1 bis 4 nach ISO/OSI-Modell ausgeführt. Prinzipiell sind am Ethernet alle Geräte gleichberechtigt. Durch eine entsprechende Projektierung werden bei PROFINET I/O die Feldgeräte, also auch die elektrischen Antriebe, einer Steuerung zugeordnet. Die von PROFIBUS DP gewohnte Master-Slave-Sicht ist damit auf PROFINET I/O übertragen worden.

Tabelle 9.6 Merkmale von PROFINET

Merkmal	Beschreibung
Topologie	Stern, Ring, Linie, Baum
Kopplung	aktiv
Ausdehnung	bis 100 m je Segment
Teilnehmer	nur durch MAC-Adressraum begrenzt
Zugriff	voll duplex, kollisionsfrei, Fast Ethernet 100 MBit/s mit Switch-Technologie
Signale	binäre Signale, analoge Signale, Parameter, Diagnoseinformationen
Kabel	paarweise verdrillte 4-Draht-Leitung, geschirmt, Kategorie 5 (IEC 11801), Lichtwellenleiter ebenfalls möglich
Anschlusstechnik, Montage	RJ45-Stecker
Sicherheitsgerichtete Signale	Mit PROFIsafe Profil
Normung	Ethernet: IEEE 802.3, PROFINET: IEC 61158
Nutzerorganisation	www.profibus.com

PROFINET I/O ermöglicht eine sehr schnelle Echtzeitkommunikation. Damit ist PROFINET I/O auch als Feldbus für elektrische Servoantriebe in anspruchsvollen Motion-Control-Anwendungen geeignet. Es ist anzunehmen, dass PROFINET I/O einige am Markt verbreitete Spezialbusse in diesem Sektor ablösen wird. Das PROFIdrive Profil ab Version 4 spezifiziert das Verhalten von Antrieben am PROFINET I/O. Das PROFIsafe Profil spezifiziert die sicherheitsgerichtete Variante von PROFINET I/O.

9.6.2 Topologie, Verkabelung, Physik

Topologie

PROFINET basiert auf Fast Ethernet mit Switch-Technologie. Der Einsatz von Switches ermöglicht den Aufbau verschiedener Topologien (Bild 9.21):

- In der *Sterntopologie* arbeitet ein Switch als zentraler Sternverteiler mit Einzelverbindungen zu allen Teilnehmern.

- Eine *Baumtopologie* entsteht durch die Zusammenschaltung mehrerer Sterne.

- Die *Linientopologie* entsteht, wenn mehrere Switches in Reihe geschaltet werden und von diesen Switches Stichleitungen zu den Teilnehmern abgehen. Die Switches können aber auch in die Teilnehmer

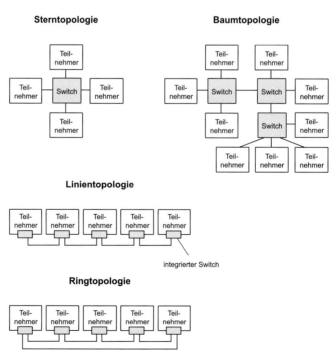

Bild 9.21 Bustopologien von PROFINET

integriert sein. Diese Topologie dürfte bei elektrischen Antrieben vorzugsweise zur Anwendung kommen.

- Wird eine Linientopologie an ihren Enden wieder zusammengeschlossen, entsteht eine *Ringtopologie*. Sie ermöglicht redundante Kommunikation.

Die Vielfalt an möglichen Topologien gestattet es, für jede Anwendung die optimale Netzkonfiguration zu wählen. Die Ausdehnung des Netzwerkes ist lediglich durch die maximale Länge der Verbindungsleitungen von 100 m zwischen den einzelnen Komponenten begrenzt. Jede Komponente ist eine aktive Komponente. Das heißt, physikalisch kommunizieren immer nur 2 Teilnehmer über eine Leitung miteinander. Jeder Teilnehmer muss eine eingehende Nachricht an den nächsten Teilnehmer aktiv weitersenden, bis sie den eigentlichen Adressaten erreicht. Darin unterscheidet sich PROFINET von klassischen Feldbussen, bei denen jeder Teilnehmer jede Nachricht am Bus „mithören" konnte.

PROFINET I/O unterscheidet folgende Gerätetypen (Bild 9.22):

Systemkomponenten

- Der *I/O-Controller* ist im Allgemeinen eine speicherprogrammierbare Steuerung, in der das Anwenderprogramm abläuft.

- Das *I/O-Device* ist ein Feldgerät (z.B. ein elektrischer Antrieb), das einem I/O-Controller logisch zugeordnet ist.

- Der *I/O-Supervisor* ist ein Programmiergerät oder PC für Inbetriebnahme und Diagnose.

Weitere Systemkomponenten sind:

- *Switche und Hubs* für die physische Segmentierung des Netzes und

- *Proxies* (Stellvertreter) für die Einbindung von Subnetzen, die nicht auf PROFINET basieren. Über diese Proxies können z.B. bestehende PROFIBUS DP-Netze an PROFINET angeschlossen werden.

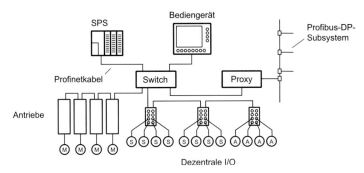

Bild 9.22 Systemkomponenten am PROFINET I/O

239

Verkabelung

PROFINET verwendet symmetrische Kupferkabel mit paarweiser Verdrillung (Twisted Pair). Kabel und Verbindungselemente müssen geschirmt ausgeführt sein. Die Geräteanschlüsse sind als Buchse ausgeführt. Die Verbindungskabel weisen beidseitig Stecker auf. Als Stecker kommen RJ45- und M12-Steckverbinder zum Einsatz.

PROFINET arbeit im Vollduplex-Mode. Das heißt, auf einer Leitung können Daten über die zwei vorhandenen Aderpaare gleichzeitig in beide Richtungen übertragen werden. Die Sendeausgänge eines Teilnehmers müssen mit den Empfangseingängen des anderen Teilnehmers verbunden werden. Je nach Art der verbundenen Teilnehmer sind unterschiedliche Kabel erforderlich (Bild 9.23):

- Cross-Over-Kabel zwischen Teilnehmern des gleichen Typs (PC-PC, Switch-Switch)

- 1:1-Kabel für Teilnehmer unterschiedlichen Typs (PC-Switch, Switch-Feldgerät)

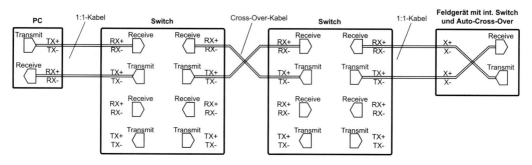

Bild 9.23 Verkabelung am PROFINET I/O

Switche in PROFINET-Feldgeräten unterstützen Auto-Cross-Over und erkennen die Sende- und Empfangsleitungen automatisch.

Signalübertragung

Die hohe Datenübertragungsrate von Fast Ethernet (100 Mbit/s) erlaubt nicht mehr die Anwendung einfacher Codiermechanismen wie Manchester Code oder NRZ. Angewendet wird stattdessen ein Codierverfahren mit dem Namen 4B/5B. Dieses Verfahren sortiert die eigentlichen Daten so um, dass eine sichere Übertragung möglich ist. In der Empfängerseite werden die ursprünglichen Daten wieder rekonstruiert. Die Signalpegel auf der Leitung bewegen sich im Bereich von 0 bis ca. 1,5 V.

9.6.3 Zugriffsverfahren

Bei PROFINET werden die Teilnehmer direkt miteinander verbunden. Eine gemeinsame Datenleitung, auf der Zugriffskonflikte auftreten können, existiert nicht mehr. Damit ein Telegramm sein Ziel erreicht, muss es von den Switchen im PROFINET I/O aktiv weitergeleitet werden.

240

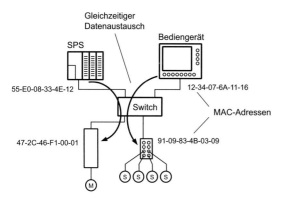

Bild 9.24 Unterscheidung der Teilnehmer durch MAC-Adressen

Jeder Teilnehmer am PROFINET verfügt über eine eindeutige MAC-Adresse (Media Access Control) mit einer Länge von 6 Byte, die im Hexformat angegeben wird. Die MAC-Adressen werden den Geräten bereits bei der Herstellung mitgegeben und sind im Allgemeinen nicht änderbar. Jeder Switch kennt die an seinen Ports erreichbaren Teilnehmer bzw. deren MAC-Adressen und kann so empfangene Telegramme am richtigen Port weiterleiten (Bild 9.24). Die Zieladresse (Destination Address) und die Absenderadresse (Source Address) sind im Telegramm enthalten.

MAC-Adresse

Bild 9.25 zeigt den Telegrammaufbau bei PROFINET I/O. Das Telegramm ist für Layer 2 nach dem ISO/OSI-Modell definiert, der Telegrammaufbau entspricht einem Standard Ethernet Frame.

Telegramme

Preamble	SFD	Destination Address	Source Address	Length	Data	FCS
7 Bytes	1 Byte	6 Bytes	6 Bytes	2 Bytes	46...1500 Bytes	4 Bytes

SFD: Start Field Delimiter (10101011)   FCS: Frame Check Sequence

Bild 9.25 Telegrammaufbau im PROFINET I/O

Im Gegensatz zu klassischen Feldbussen sind bei PROFINET auch die Schichten 3 und 4 des ISO/OSI-Referenzmodells definiert (Tabelle 9.7). Grund dafür ist, dass PROFINET auf Ethernettechnologie aufsetzt und die Durchgängigkeit zur Bürokommunikation sichergestellt werden muss.

Schicht 3 und 4

Das Internet Protocol ist eine Definition der Schicht 3 und ermöglicht die Kommunikation über Netzwerkgrenzen hinweg. Zur Identifikation von Netzwerken und Teilnehmern im Subnetz dient die IP-Adresse (Bilder 9.26 und 9.27). Neben der MAC-Adresse benötigen alle Teilnehmer also auch noch eine IP-Adresse. Diese wird in der Projektierung vergeben.

Internet Protocol

Tabelle 9.7
Zusätzliche Schichten aus dem ISO/OSI-Referenzmodell bei PROFINET I/O

Schicht	Bedeutung	Aufgabe
3	Vermittlungs-schicht	definiert • Übertragungswege durch das Netzwerk zwischen Sender und Empfänger
4	Transport-schicht	definiert • Steuerung zur fehlerfreien und folgerichtigen Ablieferung von Telegrammen

Die IP-Adresse ist eine 4-Byte-Adresse und wird in Dezimalschreibweise angegeben.

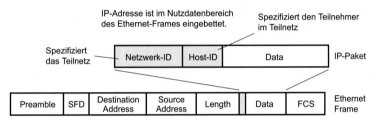

Bild 9.26 Einbettung des IP-Pakets in das Ethernet Frame

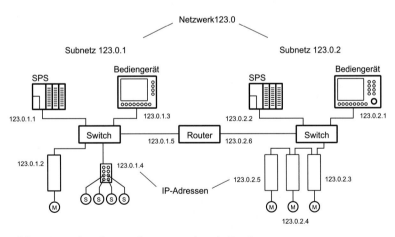

Bild 9.27 Strukturierung der Netzwerke mit IP-Adressen

Transport Control Protocol

Mit dem Internet Protocol werden Telegramme zwischen Teilnehmern übertragen. Die Dateninhalte der Telegramme (Datagramme) müssen im Empfänger wieder zu einer vollständigen Datei oder einem vollständigen Datenblock zusammengesetzt werden. Das Internet Protocol kann nicht garantieren, dass alle Datagramme ankommen, nicht doppelt ankommen und in der richtigen Reihenfolge ankommen. Um diese Nachteile zu beseitigen, wird in der Schicht 4 des ISO/OSI-Referenzmodells zusätzlich das Transport Control Protocol (TCP) eingesetzt (Bild 9.28). Das heißt, mit jedem Telegramm werden Daten mitgesendet, die eine korrekte Rekonstruktion der ursprünglichen Datei bzw. des ursprünglichen Datenblockes ermöglichen.

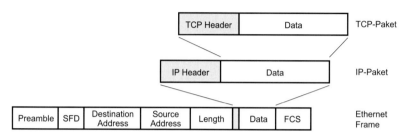

Bild 9.28 Einbettung des TCP-Pakets in das IP-Paket

TCP arbeitet verbindungsorientiert. Das heißt, zwischen Sender und Empfänger wird eine Verbindung (logisch) auf- und nach Abschluss der Übertragung wieder abgebaut. Der Empfänger quittiert den Empfang jedes Datagramms. Diese Übertragung ist sehr sicher, aber auch zeitaufwändig.

Eine schnellere Datenübertragung ermöglicht das User Datagram Protocol (UDP), das anstelle von TCP Verwendung findet. UDP verzichtet auf den Verbindungsauf- und -abbau sowie Transportquittungen. UDP ist damit effizienter als TCP. Die fehlende Sicherung der Datagramme kann in der Applikationsschicht realisiert werden. **User Datagram Protocol**

Mit den vorgestellten Protokollen ist die Durchgängigkeit von PROFINET zur klassischen IT-Welt gegeben. Diese Standardkommunikation ist jedoch nicht für alle Anwendungen ausreichend leistungsfähig. Insbesondere zeitkritische Daten sind nicht schnell und deterministisch genug übertragbar. Zum Beispiel kommt es in den Switches zu Telegrammstaus. Einlaufende Telegramme, die vom gleichen Port weitergesendet werden müssen, werden vom Switch in eine Warteschlange eingereiht und nacheinander verschickt. Damit ist keine genaue Vorhersage mehr möglich, wann ein Telegramm beim Empfänger eintrifft. Je nach aktueller Netzlast sind die Warteschlangen unterschiedlich lang und die Übertragungsdauer schwankt. Die Kommunikation ist nicht echtzeitfähig. Um diesen Nachteil des Ethernets zu beseitigen, hat PROFINET Real-Time-Erweiterungen: **Erweiterungen für Real-Time**

- Bei der *Real-Time*-(RT)-Kommunikation wird auf TCP/IP bzw. UDP/IP verzichtet und ein eigenes Real-Time-Protokoll eingesetzt (Bild 9.29). Dieses Spezialprotokoll baut auf der Ethernetkommunikation im Layer 2 auf und verwendet die MAC-Adressen zur Teilnehmeradressierung. Die Kommunikation kann dadurch in den Feldgeräten sehr schnell abgearbeitet werden und es werden Reaktionszeiten im Bereich einiger Millisekunden erreicht. Um den Echtzeitdatenverkehr gegenüber anderen Daten zu priorisieren, wird den Echtzeittelegrammen im PROFINET die Priorität 7 (Network Control) zugeordnet. Dadurch dürfen diese Telegramme im Switch „vordrängeln" und werden in der Warteschlange immer ganz vorn eingereiht.

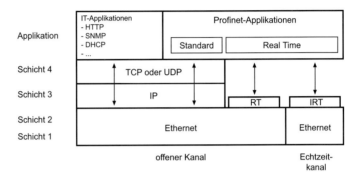

Bild 9.29 Schichtenmodell von PROFINET I/O

Mit dieser Maßnahme wird die Deterministik deutlich verbessert. Da sie einen Standardmechanismus von Ethernet nutzt, können für RT-Kommunikation auch Standard-Switches eingesetzt werden. Für viele Anwendungen in der Antriebstechnik ist diese Deterministik aber immer noch nicht ausreichend.

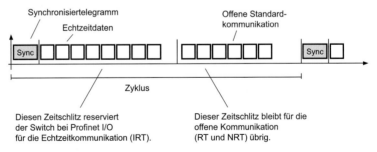

Bild 9.30 Zeitschlitze für verschiedene Kommunikationsklassen

- Für anspruchsvolle Antriebs- und Motion-Control-Applikationen wurde *Isochrones Real Time* (IRT) spezifiziert. IRT ermöglicht den Datenaustausch zwischen 100 Teilnehmern innerhalb von 1 ms mit einem Timer-Jitter von 1 μs. Spezielle ASICS in den Switches reservieren einen bestimmten Zeitschlitz (IRT Channel) für die Echtzeitkom-

munikation und sorgen für die exakte Synchronisierung der Feldgeräte auf den Zeittakt. Die Standardkommunikation (TCP/IP, UDP/IP)
und die RT-Kommunikation erfolgen in der verbleibenden Zeit
(Open Channel). Selbst bei umfangreicher Standardkommunikation
bleibt der Zeitschlitz für die Echtzeitkommunikation offen. Aufgrund
dieser speziellen Funktionalität können für IRT keine Standard-Switches eingesetzt werden.

Damit ergibt sich das nachfolgend dargestellte Modell für die Tele-
grammübertragung. IRT-Telegramme verhalten sich wie Züge, die auf
einem eigenen Schienennetz (IRT Channel) exakt nach Fahrplan ver-
kehren. RT- und Standardtelegramme teilen sich eine 2-spurige Auto-
bahn, wobei RT-Telegramme die Standardtelegramme im Switch über-
holen können (Bild 9.31). Bei zu hohem Telegrammverkehr kommt es
zu Staus.

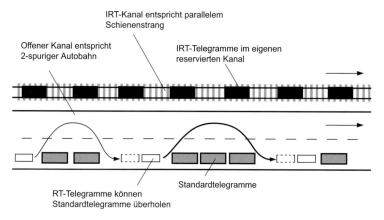

Bild 9.31 Modell zur Parallelität von Echtzeit- und Nicht-Echtzeitkommunikaton
(eine Fahrtrichtung)

Welcher Kommunikationskanal (Standard oder Echtzeit) verwendet
werden soll, entscheidet der Anwender in der Projektierungsphase.

9.6.4 Gerätebeschreibungen zur Projektierung

Zur Beschreibung der Eigenschaften eines I/O-Geräts am PROFINET I/O
wird die General Station Description (GSD) verwendet, eine XML-basier-
te Beschreibungsdatei.

General Station Description

Die PROFINET Component Description (PCD) ist ebenfalls eine XML-ba-
sierte Beschreibungsdatei. Sie enthält Informationen zu den Funktionen und den Softwareobjekten einer PROFINET-Komponente.

PCD

10 Prozessregelung mit elektrischen Antrieben

10.1 Begriffsdefinition

Industrielle Fertigungsprozesse sind durch kontinuierliche oder diskontinuierliche Bewegungsabläufe gekennzeichnet. Im folgenden Kapitel werden Fertigungsprozesse mit überwiegend kontinuierlichen Bewegungen betrachtet.

Die erforderlichen Bewegungen werden durch elektrische Antriebe eingeprägt. Diese stellen Drehzahlen und Drehmomente zur Verfügung, die von Regel- und Start/Stopp-Bewegungen abgesehen konstant oder zeitlich langsam veränderlich sind und als Stellgrößen für die eigentliche zu beeinflussende Prozessgröße dienen. Die Prozessgrößen sind äußerst vielgestaltig und variieren je nach Anwendung sehr stark. Beispiele für Prozessgrößen sind:

- Durchflussmenge, Luftstrom

- Flüssigkeits- und Gasdruck

- Geschwindigkeit einer Warenbahn oder Zugkraft in einer Warenbahn

- Fördergeschwindigkeit

Aufgrund der großen Vielseitigkeit ist eine allgemeingültige Betrachtung von Anwendungen, in denen Prozessgrößen gezielt mit elektrischen Antrieben beeinflusst werden, kaum möglich. Deshalb werden nachfolgend typische Anwendungen mit ihren Systemeigenschaften vorgestellt. Aus diesen Anwendungen können durch Modifikation und Kombination der eingesetzten Prinzipien ähnliche Anwendungen abgeleitet werden.

10.2 Prozessregelung mit Einzelantriebssystemen

10.2.1 Komponenten

Einfache Fertigungsprozesse benötigen oft nur einen einzelnen elektrischen Antrieb. Das Einzelantriebssystem besteht dann aus:

- Motor, Geber, Getriebe, Bremse

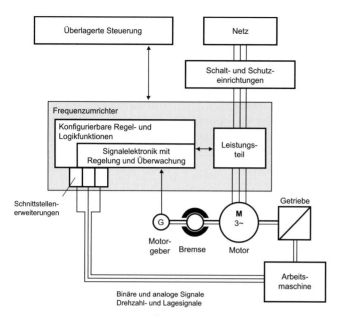

Bild 10.1 Einzelantrieb als Prozessregler

- Stellgerät (z.B. Frequenzumrichter, Bremswiderstand, netz- und motorseitige Zusatzkomponenten)

- Hilfsstromversorgungen

- Technologieregler und „freien Funktionsbausteinen"

- Sensoren zur Messung der relevanten Prozessgrößen

- den Schnittstellen zum Prozess, zum Energieversorgungsnetz und einem eventuell vorhandenen überlagerten Automatisierungsgerät (z.B. SPS)

Technologieregler können eigenständige Geräte sein. Kostengünstiger ist es jedoch, sie in den Antrieb zu integrieren und die Regelungsfunktionen des Stellgeräts entsprechend zu erweitern. Besonders bei Antrieben mit Frequenzumrichtern ist dieser Trend sehr ausgeprägt. Viele Frequenzumrichter verfügen über entsprechende konfigurierbare Softwarefunktionen und die Möglichkeit, ihre Anzahl an binären und analogen Ein-/Ausgängen durch steckbare Zusatzbaugruppen zu erweitern.

Erfordern die technologischen Funktionen unterschiedliche Drehzahlen und Drehmomente, kommen drehzahlveränderliche Antriebe zum Einsatz. Für einfache Anwendungen, in denen lediglich Start-Stopp-Bewegungen erforderlich sind, können auch Konstantantriebe verwendet werden.

247

10.2.2 Beispiel: Füllstandsregelung mit Konstantantrieb

Ein Konstantantrieb mit Asynchronmotor und Sanftanlasser soll den Füllstand in einem Wasservorratsbehälter regeln (Bild 10.2). Der Wasserstand wird mit 3 Sensoren erfasst. Der Antrieb arbeitet als Zweipunktregler. Sinkt der Wasserstand unter den Minimalwert, schaltet der Antrieb ein, bis der Wasserstand den Maximalwert erreicht. Dann wird der Antrieb stillgesetzt. Zum schonenden Anlauf und Abbremsen wird ein Sanftanlasser verwendet. Erreicht der Wasserstand aufgrund einer Fehlfunktion den Überlauf, wird der gesamte Antrieb als Schutzmaßnahme vom Netz getrennt.

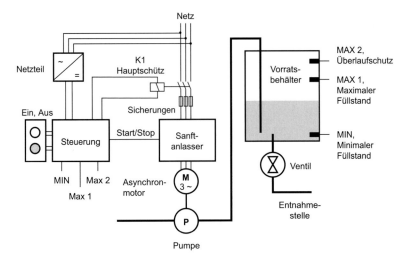

Bild 10.2 Füllstandsregelung mit Konstantantrieb

Ein Minimalbedienfeld mit Ein- und Aus-Taster ermöglicht die Steuerung der Füllstandsregelung.

Die benötigte Ablaufsteuerung wird außerhalb des Antriebs realisiert, da Sanftanlasser (noch) keine für den Anwender frei verwendbaren Logikfunktionen aufweisen. Die Umsetzung der Ein-/Ausschaltlogik erfolgt klassisch mit Hilfe einer fest verdrahteten Schützsteuerung.

Im Sanftanlasser werden die Hoch- und Rücklauframpe für die Motorspannung eingestellt. Der Motor selbst läuft mit einer festen Drehzahl, die sich aus seiner Polpaarzahl ergibt. Bei Bedarf kann die Steuerung um weitere Überwachungsfunktionen, z.B. für die Motortemperatur, ergänzt werden.

Konstantantriebe sind in ihrer Drehzahl praktisch nicht veränderbar. Die Beeinflussung der Prozessgröße (z.B. des Füllstandes wie im Beispiel) erfolgt damit über das Ein- und Ausschalten des Antriebs (Bild 10.3). Die zugehörigen Prozessregler arbeiten als Zweipunktregler.

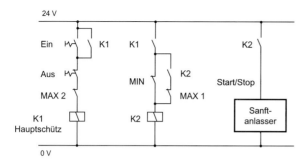

Bild 10.3 Relaisschaltung für Füllstandsregelung mit Konstantantrieb

10.2.3 Beispiel: Druckregelung

An einem Extruder werden Kunststoffprofile aus Granulat hergestellt (Bild 10.4). Der Vorratsbehälter für das Granulat sitzt über der Förderschnecke. Sie wird von einem elektrischen Antrieb angetrieben und fördert das Granulat durch die Extrusionsstrecke. Diese besteht

- aus einer Heizzone, wo das Granulat geschmolzen wird,

- einer Matrize, durch die der flüssige Kunststoff gepresst wird und in der er seine Form erhält, und

- einer Kühlzone, in der sich das fertige Profil wieder verfestigt.

Der Materialfluss durch den Extruder wird vom elektrischen Antrieb geregelt. Als Regelgröße dient der Druck vor der Matrize. Der Antrieb muss in seiner Drehzahl verstellbar sein, deshalb kommt ein Asynchronmotor mit Frequenzumrichter zum Einsatz. Dieser wird mit ge-

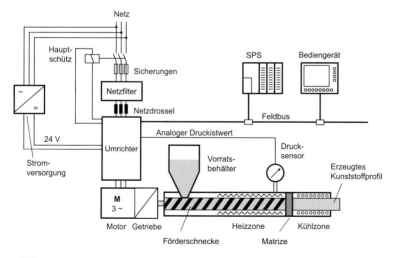

Bild 10.4 Druckregelung mit drehzahlveränderbarem Antrieb

berloser Vektorregelung betrieben. Ein Bremschopper ist nicht erforderlich, da der Antrieb beim Abschalten sofort stehen bleibt und nicht aktiv gebremst werden muss. Der Umrichter schaltet sein Hauptschütz erst nach Erteilung des Ein-Befehls selbständig ein. Deshalb muss die Regelelektronik des Umrichters separat mit 24 V versorgt werden.

Dem Antrieb ist eine Maschinensteuerung überlagert. Sie steuert die anderen Maschinenelemente wie Heizung, Kühlung, Befüllung des Vorratsbehälters usw. Der Signalaustausch zum Antrieb erfolgt über einen Feldbus. So kann der Antrieb nicht nur komfortabel gesteuert werden, sondern es ist auch der Zugriff auf umfangreiche Diagnoseinformationen möglich.

Die Druckregelung erfolgt im Umrichter (Bild 10.5). Dazu wird der Druckistwert mit einem Sensor erfasst und als Analogwert vom Umrichter eingelesen. Kernstück der Druckregelung ist der im Umrichter integrierte Technologieregler. Er ist dem Drehzahlregler überlagert und generiert aus der Abweichung zwischen Drucksoll- und Druckistwert den Drehzahlsollwert für den Antrieb.

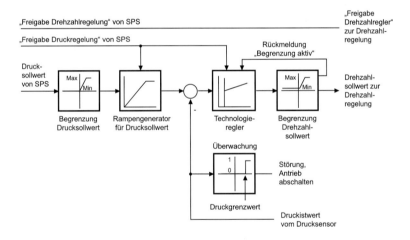

Bild 10.5 Regelschema der Druckregelung mit drehzahlveränderbarem Antrieb

Neben der eigentlichen Regelung sind weitere Funktionen zur Sollwertaufbereitung und zur Überwachung erforderlich:

• Der Drucksollwert der SPS wird begrenzt. Negative und zu hohe Drucksollwerte werden im Antrieb ignoriert. Damit ist ein Schutz gegen Fehler im SPS-Programm gegeben.

• Der Drucksollwert wird langsam hochgefahren. Dadurch werden abrupte Regelbewegungen des Antriebs und damit verbundene Drehmomentstöße vermieden. Das Getriebe wird geschont.

- Der Drehzahlsollwert, der vom Technologieregler ermittelt wird, muss begrenzt werden:
  - Die zulässige Maximaldrehzahl der Schnecke darf nicht überschritten werden.
  - Der Antrieb darf nicht rückwärts drehen.
  - Der Antrieb muss auch bei abgeschalteter Druckregelung eine Minimaldrehzahl aufweisen, damit der Kunststoff immer im Fluss bleibt und den Extruder nicht verstopft.
- Bei Überschreitung des Druckgrenzwerts liegt eine Störung vor und der Antrieb muss abgeschaltet werden.

Die Funktionen zur Sollwertaufbereitung und Überwachung sind abhängig von der jeweiligen Anwendung und oft deutlich aufwändiger als die eigentliche Regelung. Um eine optimale Anpassbarkeit an die zu erfüllende Aufgabe zu erreichen, werden in der Regelungssoftware des Antriebs häufig sogenannte „freie Funktionsbausteine" angeboten. Der Anwender „verschaltet" diese Funktionsbausteine so, dass die von ihm gewünschte Funktion erreicht wird.

10.2.4 Beispiel: Aufzugantrieb

Ein Aufzug stellt zwar keinen industriellen Fertigungsprozess dar, ist aber trotzdem ein typischer Anwendungsfall für ein elektrisches Antriebssystem (Bild 10.6).

Zum Einsatz kommt ein Asynchronmotor mit Frequenzumrichter. Da auch kleine Drehzahlen beim Stillsetzen und Anfahren exakt be-

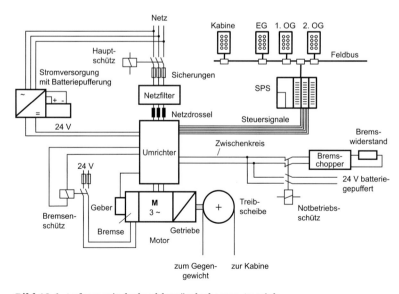

Bild 10.6 Aufzug mit drehzahlveränderbarem Antrieb

herrscht werden müssen, wird der Motor vektoriell geregelt und ein Drehzahlgeber verwendet. Beim Stillsetzen des Aufzuges bremst der Antrieb aktiv ab. Die anfallende Bremsenergie wird in einem Bremswiderstand in Wärme umgesetzt. Auf die Bremseinheit, bestehend aus Bremschopper und Bremswiderstand, kann in dieser Anwendung nicht verzichtet werden. Zum Halten des Antriebs im Stillstand ist der Motor mit einer Haltebremse ausgerüstet. Das Öffnen und Schließen der Bremse muss mit dem Drehmomentauf- und -abbau im Motor koordiniert werden. Die Bremsensteuerung ist deshalb in die Regelung des Umrichters integriert.

Für den Notbetrieb bei Netzausfall ist eine batteriegepufferte Stromversorgung vorgesehen. Sie erhält die Regelelektronik des Umrichters funktionsfähig und wird bei Netzausfall auch in den Zwischenkreis des Umrichters geschaltet. Damit ermöglicht sie bei Ausfall der Energieversorgung eine Schleichfahrt bis zur nächsten Etage.

Der Aufzug wird von einer SPS gesteuert. Diese erfasst alle Signale in der Aufzugkabine sowie in den Etagen und steuert entsprechende Leuchtmelder an den Türen und in der Aufzugkabine an. Aufgrund der Vielzahl der Signale und der räumlichen Entfernungen erfolgt die Anbindung über einen Aktor-Sensor- oder Feldbus. Zwischen Steuerung und Antrieb müssen nur wenige Signale ausgetauscht werden, so dass die Verdrahtung über Einzeladern sinnvoll ist.

Den Ablauf einer Aufzugfahrt steuert die SPS. Das Öffnen und Schließen der Haltebremse steuert der Umrichter. Damit sind die Steue-

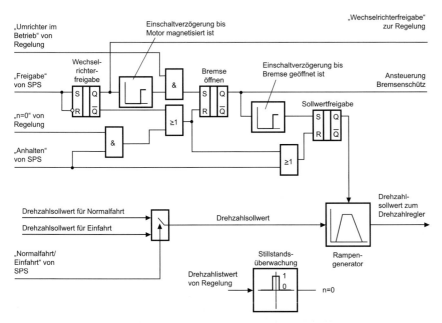

Bild 10.7 Regelschema des Aufzugs mit drehzahlveränderbarem Antrieb

rungsabläufe sehr eng miteinander verflochten. Der Entwurf der Aufzugsteuerung erfordert deshalb ein sehr gutes Verständnis für die Abläufe in der SPS und im Antrieb sowie deren Zusammenwirken.

Bild 10.7 zeigt vereinfacht die Funktion der Bremsensteuerung im Umrichter. Die Bremse wird erst geöffnet, wenn der Antrieb eingeschaltet und der Asynchronmotor stromführend ist. Dann kann der Antrieb das erforderliche Haltemoment aufbringen. Nach dem Kommando zum Öffnen der Bremse muss noch eine gewisse Zeit abgewartet werden, bis die Bremse auch tatsächlich geöffnet ist. Erst dann kann der Drehzahlsollwert freigegeben und der Aufzug in Bewegung gesetzt werden.

Nähert sich die Kabine dem Zielstockwerk, schaltet die SPS den Drehzahlsollwert auf den langsameren Einfahrwert um. Kurz vor Erreichen der Endposition gibt die SPS das Kommando „Anhalten" aus und setzt den Drehzahlsollwert durch Rücksetzen der Sollwertfreigabe auf 0. Steht der Antrieb still, wird das Kommando zum Öffnen der Bremse deaktiviert und die Bremse schließt. Anschließend sollte die SPS die Freigabe ebenfalls zurücksetzen und den Motor stromlos schalten.

10.3 Prozessregelung mit Mehrantriebssystemen

10.3.1 Komponenten

In komplexen Fertigungsprozessen werden mehrere elektrische Antriebe benötigt, die gemeinsam eine Antriebsaufgabe lösen. Die Antriebe müssen drehzahlverstellbar sein, so dass heute überwiegend drehzahlveränderliche Antriebe mit Frequenzumrichtern eingesetzt werden.

Alle Antriebe wirken gleichzeitig auf den Prozess ein. Damit entsteht die Notwendigkeit, die Antriebe untereinander zu koordinieren. Diese Koordinationsfunktion kann zentral in einer überlagerten Steuerung oder dezentral in den Antrieben selbst erfolgen. Meist kommt ein Mischkonzept zum Einsatz:

- Die überlagerte Steuerung wickelt die logischen Funktionen zur Maschinen- oder Anlagensteuerung ab.

- Die Antriebe koordinieren die Prozessgrößen (Druck, Zug, Kraft, Drehzahl, Drehmoment usw.) untereinander.

Dementsprechend werden oft zwei getrennte Feldbusse eingesetzt. Ein standardisierter Feldbus wie z.B. CAN oder PROFIBUS dient zur Kommunikation zwischen Steuerung und Antrieben. Ein individueller, sehr schneller Antriebsbus wickelt die Kommunikation zwischen den Antrieben ab.

Mehrantriebssystem mit zentraler Einspeisung und Wechselrichtern

Neben der logischen Verknüpfung tritt zwischen den elektrischen Antrieben oft auch eine energetische Verknüpfung auf. Das ist besonders bei Prozessen mit durchlaufenden Warenbahnen der Fall. Sind die Antriebe kraftschlüssig mit der Warenbahn verbunden und tritt kein Schlupf auf, werden über die Warenbahn Kräfte von einem Antrieb zum anderen übertragen. Zugkräfte, die ein Antrieb aufbaut, müssen vom Nachbarantrieb kompensiert werden. Ein Antrieb arbeitet motorisch, der andere generatorisch. Um den Energieausgleich nicht über das Versorgungsnetz vornehmen zu müssen, werden Mehrantriebssysteme mit speziellen modularen Stellgeräten ausgerüstet. Eine zentrale Einspeisung wandelt die Netzspannung in die Zwischenkreisspannung um und stellt sie an einer zentralen Zwischenkreisschiene zur Verfügung. An diese Schiene werden separate Wechselrichter angeschlossen, die aus der Zwischenkreisspannung die benötigte Motorspannung gewinnen (Bild 10.8).

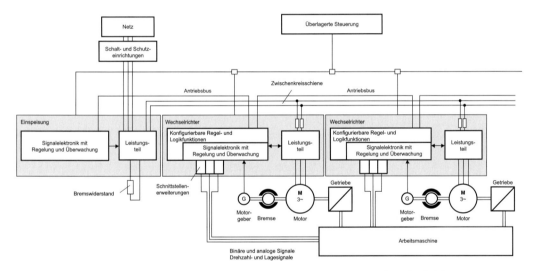

Bild 10.8 Mehrantriebssystem mit Einspeisung und Wechselrichtern

Der Energieausgleich zwischen motorisch und generatorisch arbeitenden Antrieben erfolgt im Zwischenkreis.

Die Einspeisung wird oft rückspeisefähig ausgelegt. Beim Stillsetzen der Maschine anfallende generatorische Summenleistung wird dann ins Netz zurückgespeist. Um das Stillsetzen auch beim Netzausfall zu beherrschen, ist zusätzlich ein Bremschopper mit externem Bremswiderstand vorgesehen. Bei Antriebssystemen größerer Leistung ist der Bremschopper nicht mehr in der Einspeisung integriert, sondern als separates Modul ausgeführt, das am Zwischenkreis angeschlossen wird.

Für den Fall, dass kein Energieausgleich im Zwischenkreis erforderlich ist, können Mehrantriebssysteme auch mit klassischen Frequenzumrichtern ausgeführt werden (Bild 10.9).

Mehrantriebssystem mit Umrichtern

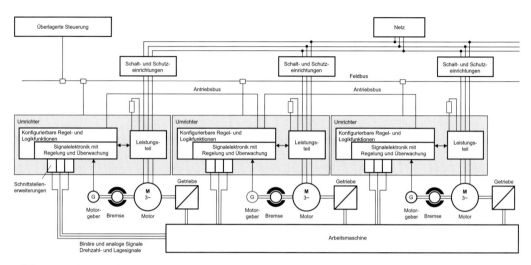

Bild 10.9 Mehrantriebssystem mit Umrichtern

Tabelle 10.1 gibt einen Überblick über die Vor- und Nachteile der jeweiligen Antriebslösung.

Tabelle 10.1 Vergleich der Umrichterkonfigurationen

Kriterium	Einspeisung und Wechselrichter	Freqenzumrichter
Energieausgleich im Zwischenkreis	+ sehr einfach möglich	− prinzipiell möglich, wenn Zwischenkreis nach außen geführt, aber aufwändig
Verfügbarkeit	− ein Ausfall der Einspeisung führt zum Stillstand der gesamten Anlage	+ wenn ein einzelner Umrichter ausfällt, ist ein weiterer Betrieb der Anlage je nach Anwendung möglich
Energierückspeisung	+ Energierückspeisung über Auswahl einer entsprechenden Einspeisung möglich	− Frequenzumrichter mit Energierückspeisung werden kaum am Markt angeboten
Erweiterbarkeit	− mit einer Änderung der Einspeisung verbunden	+ einfach möglich durch Hinzufügen eines weiteren Umrichters
Bremschopper, Bremswiderstand	+ nur einmal an der Einspeisung erforderlich	− an jedem Umrichter erforderlich
Verdrahtung	+ Absicherung im Wechselrichter integriert	− Einzelverdrahtung und Einzelabsicherung der Umrichter ist aufwändig

Tabelle 10.1 Vergleich der Umrichterkonfigurationen (Forts.)

Kriterium	Einspeisung und Wechselrichter	Freqenzumrichter
Platzbedarf	+ geringer, da Module auf Anreihbarkeit optimiert sind	− gross
Gerätetausch	− auch bei laufender Anlage nur möglich, wenn je Wechselrichter ein separater Lasttrenner mit Vorladeeinrichtung vorgesehen wird	+ bei laufender Anlage möglich, wenn je Umrichter ein separater Lasttrenner vorgesehen wird

Ein Mehrantriebssystem besteht damit aus:

- Motor, Geber, Getriebe, Bremse

- Stellgeräten (Einspeisung, Wechselrichtern, Frequenzumrichtern, Bremschopper und Bremswiderstand, netz- und motorseitige Zusatzkomponenten)

- Hilfsstromversorgungen

- dem Technologieregler und „freien Funktionsbausteinen"

- Sensoren zur Messung der relevanten Prozessgrößen

- den Schnittstellen zum Prozess, zum Energieversorgungsnetz und einem eventuell vorhandenen überlagerten Automatisierungsgerät (z.B. SPS).

Nachfolgend werden einige Beispiele für solche Systeme vorgestellt.

10.3.2 Beispiel: Fahrwerksantrieb mit mechanisch gekoppelten Antrieben

In einem Kranfahrwerk sollen zwei Achsen angetrieben werden. Die Antriebe sind über den Boden, auf dem der Kran fährt, mechanisch miteinander verkoppelt (Bild 10.10).

Beide Antriebe erhalten von der überlagerten Steuerung den gleichen Drehzahlsollwert. Aufgrund leicht unterschiedlicher Raddurchmesser an Vorder- und Hinterachse ergeben sich bei gleicher Antriebsdrehzahl unterschiedliche Fahrgeschwindigkeiten an den Rädern. Durch die mechanische Kopplung kann sich aber nur eine mittlere Fahrgeschwindigkeit einstellen. Das heißt, eine Achse dreht aus Sicht des zugehörigen Antriebs zu langsam und die andere zu schnell. Bei geregelten Antrieben reagiert der Drehzahlregler auf diese Abweichungen und versucht, die jeweilige Achse zu beschleunigen bzw. abzubremsen. Ein Antrieb läuft damit an seine positive Drehmomentbegrenzung und der andere Antrieb an seine negative Drehmomentbegrenzung. Ein sinnvoller Betrieb des Fahrwerkes ist nicht möglich.

Abhilfe ist auf zwei Wegen erreichbar:

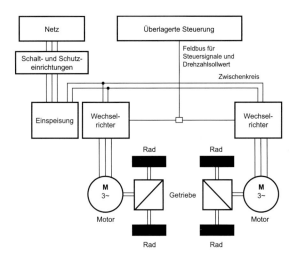

Bild 10.10 Fahrwerk mit zwei drehzahlveränderbaren Antrieben

- Die Antriebe werden im Master-Slave-Betrieb gefahren.

- Ein Antrieb nimmt eine Lastausgleichsregelung vor.

Im Master-Slave-Betrieb übernimmt ein drehzahlgeregelt arbeitender Antrieb die Rolle des Masters. Der Drehmomentsollwert des Masters wird über den Feldbus, den Antriebsbus oder als Analogwert an den Slaveantrieb weitergegeben. Der Slaveantrieb arbeitet drehmomentgeregelt und dient als Drehmomentverstärker des Masterantriebs. Damit ergibt sich die in Bild 10.11 dargestellte Regelungsstruktur.

Master-Slave-Betrieb mit Drehmomentregelung

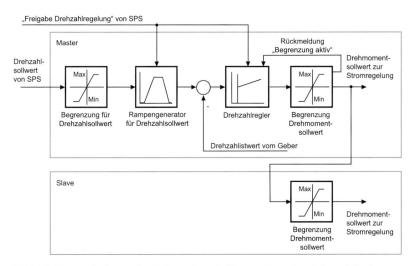

Bild 10.11 Regelschema des Fahrwerks mit Master-Slave-Betrieb und Drehmomentregelung im Slaveantrieb

Master-Slave-Betrieb mit übersteuerter Drehzahlregelung

Im dem Fall, dass der reibschlüssige Bodenkontakt der Räder am Slaveantrieb z.B. beim Überfahren einer Ölspur verloren geht, würde der Slaveantrieb aufgrund des konstant eingespeisten Drehmoments enorm beschleunigen. Aus diesem Grund ersetzt man die reine Drehmomentregelung meistens durch eine übersteuerte Drehzahlregelung (Bild 10.12).

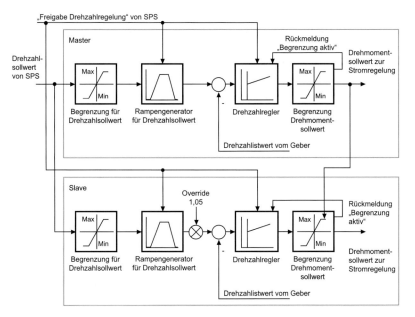

Bild 10.12 Regelschema des Fahrwerks mit Master-Slave-Betrieb und übersteuerter Drehzahlregelung im Slaveantrieb

Bei dieser Lösung erhalten beide Antriebe von der SPS den gleichen Drehzahlsollwert und werden gleichzeitig ein- und ausgeschaltet. Die Rampengeneratoren (Hochlaufgeber) sind in beiden Antrieben gleich eingestellt. Im Slaveantrieb wird der Drehzahlsollwert leicht übersteuert, so dass sein Drehzahlregler je nach Drehrichtung an die positive oder negative Drehmomentbegrenzung läuft. Die Drehmomentgrenzen des Slaveantriebs sind nicht fest eingestellt, sondern werden vom Masterantrieb vorgegeben. Je nach Drehmomentbedarf des Masterantriebs werden die Drehmomentgrenzen des Slaveantriebs erhöht oder abgesenkt. Der Slave läuft damit ebenfalls drehmomentgeregelt. Der vorgeschaltete Drehzahlregler dient im Normalbetrieb nur dazu, den Drehmomentsollwert an die Begrenzung zu führen. Reißt der kraftschlüssige Kontakt der Räder zum Boden ab, beschleunigt der Slaveantrieb maximal bis auf die Übersteuerungsdrehzahl (z.B. 1,05 der Solldrehzahl).

Lastausgleichsregelung

Eine Alternative zur übersteuerten Drehzahlregelung besteht darin, beide Antriebe drehzahlgeregelt zu betreiben und in einem Antrieb ei-

258

nen Lastausgleichsregler zu implementieren (Bild 10.13). Diese Variante ist immer dann von Vorteil, wenn die Drehmomentgrenzen in der Antriebssoftware nicht veränderlich sind und deshalb die übersteuerte Drehzahlregelung nicht eingesetzt werden kann.

Der Lastausgleichsregler vergleicht die Solldrehmomente beider Antriebe. Sind diese nicht gleich, generiert der Lastausgleichsregler einen Korrektursollwert für die Drehzahl. Dieser Korrektursollwert beschleunigt im obigen Bild den Antrieb 2, wenn sein Drehmoment kleiner ist als das von Antrieb 1. Antrieb 2 baut in der Folge mehr Drehmoment auf und entlastet Antrieb 1. Ist das Drehmoment im Antrieb 2 größer als in Antrieb 1, wird der Drehzahlsollwert in Antrieb 2 abgesenkt und er entlastet sich auf Kosten von Antrieb 1. Der vom Lastausgleichsregler berechnete Drehzahlkorrekturwert muss auf einen kleinen Betrag (wenige U/min) begrenzt werden.

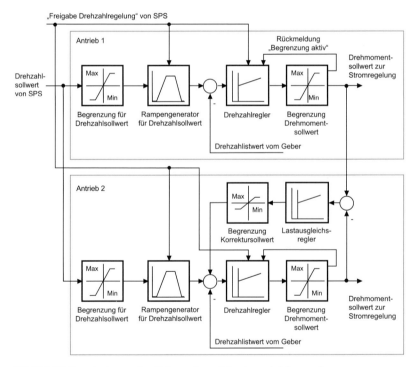

Bild 10.13 Regelschema des Fahrwerks mit Lastausgleichsregelung

Alle Varianten der Master-Slave- und Lastausgleichsregelung erfordern eine Übertragung des Drehmoments von einem Antrieb zum anderen. Sollte diese Übertragung gestört werden, ist eine einwandfreie Funktion des Antriebssystems nicht mehr gegeben. Deshalb muss die Datenübertragung überwacht werden. Erfolgt der Datenaustausch über einen Feld- oder Antriebsbus, überwachen die Antriebe die Kom-

Überwachung der Kommunikation

munikation ohnehin. Telegrammausfälle führen zum Auslösen einer Störung und zur Abschaltung. Schwieriger ist dieses Problem bei einer analogen Signalübertragung zu lösen. Eine Ausfallüberwachung ist lediglich bei Stromsignalen von 4..20 mA möglich. Sinkt das Eingangssignal unter 2 mA, wird durch die Überwachungsfunktion im Slaveantrieb eine Störung ausgelöst und der Antrieb gesperrt. Die überlagerte Steuerung erkennt die Störung im Slaveantrieb und sperrt auch den Masterantrieb.

Die Signalübertragung über die 4..20 mA lässt ohne Zusatzmaßnahmen nur die Übertragung positiver Drehmomente zu. Da der Fahrantrieb aber in beide Richtungen fahren soll, müssen auch negative Drehmomente übertragen werden. Im Masterantrieb muss der Arbeitsbereich des Drehmoments von $-M_{max} < 0 < M_{max}$ durch Addition eines Offsets und Multiplikation mit einem Verstärkungsfaktor auf den Signalbereich von 4..20 mA abgebildet werden. Im Slaveantrieb erfolgt dann die Rückrechnung.

10.3.3 Beispiel: Beschichtungsanlage mit Zug- und Wickelantrieben

Anwendungen mit durchlaufenden Warenbahnen

Typische Anwendungen für Mehrantriebssysteme sind Anlagen, in denen eine Warenbahn

- geometrisch (walzen, ziehen, strecken) oder

- in ihrer Oberflächengüte (beschichten, versiegeln, verkleben)

verändert wird. Die Warenbahn durchläuft dabei ein System von Walzen und Umlenkrollen, die Zug- und Umformkräfte in die Warenbahn einbringen. Einzelne Walzen- oder Walzengruppen werden dazu mit elektrischen Antrieben versehen, die die erforderlichen Drehmomente bereitstellen. Die Einprägung der Zugkräfte erfolgt über Reibung (z.B. mit Gummiwalzen) oder Walzenpaare, die die Warenbahn einklemmen. Es entsteht ein System aus mechanisch gekoppelten Antrieben, die sich gegenseitig beeinflussen. Die Kraftübertragung zwischen den Antrieben erfolgt über die Warenbahn und kann je nach Material

- sehr gering (Folien, dünne Kunststofffäden) oder

- sehr stark (Stahlblech, Stahldraht)

- ausgeprägt sein.

Aus regelungstechnischer Sicht ergibt sich die Aufgabe, eine Schlaufenbildung der Warenbahn zwischen zwei angetrieben Walzen zu vermeiden. Die Warenbahn muss dazu eine gewisse mechanische Spannung besitzen.

Regelverfahren zur Vermeidung von Schlaufen in der Warenbahn

Diese mechanische Spannung können die elektrischen Antriebe auf zwei Wegen erzeugen (Bild 10.14):

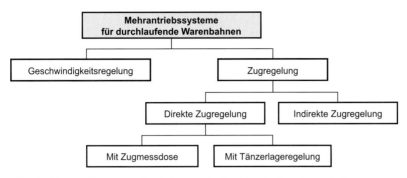

Bild 10.14 Regelkonzepte für Anlagen mit durchlaufenden Warenbahnen

- Bei *Anwendungen mit Streckung der Warenbahn* (Folienstreckanlagen, Chemiefaseranlagen) werden die Antriebe ausschließlich drehzahlgeregelt betrieben. Von Antrieb zu Antrieb wird der Geschwindigkeitssollwert mit einem Verstreckungsfaktor größer 1 multipliziert. Jeder Folgeantrieb läuft damit schneller als sein Vorgängerantrieb und prägt eine Zugkraft in die Warenbahn ein. Eine Schlaufenbildung kann damit nicht auftreten.

- Bei *Anwendungen ohne Streckung der Warenbahn* (Beschichtungsanlagen) muss die Zugkraft, die auf die Warenbahn wirkt, geregelt werden. Die Antriebe verfügen dann zusätzlich zum Drehzahlregler über eine überlagerte Zugregelung. Die Zugkraft innerhalb der Warenbahn wird entweder rechnerisch bestimmt (indirekte Zugregelung) oder direkt gemessen (direkte Zugregelung). Bei Anlagen mit Tänzerlageregelung prägt die Tänzerwalze die Zugkraft ein und der Antrieb verhindert lediglich die Schlaufenbildung.

In allen Fällen bestimmt eine überlagerte Steuerung die Grundgeschwindigkeit, mit der die Warenbahn durch die Anlage läuft. Die Steuerung enthält auch den zentralen Rampengenerator zum Hochfahren und Abbremsen der Anlage. Hochfahr- und Abbremsvorgänge können je nach Anlage bis zu einigen Minuten dauern. Zusätzlich generiert die Steuerung die Steuerbefehle für die Antriebe und überwacht ihre Funktion durch Auswertung der Zustandsmeldungen. Aufgrund der Vielzahl zu übertragender Signale kommen ausschließlich Feldbusse für die Kommunikation zwischen Steuerung und Antrieben zum Einsatz. **Aufgabe der überlagerten Steuerung**

Anlagen mit durchlaufenden Warenbahnen müssen oft auch im Stillstand mit definierten Zugkräften betrieben werden. Um die erforderliche Präzision zu erreichen, werden vektoriell geregelte Asynchronmotoren mit Drehzahlgebern verwendet.

Eine Sonderrolle nehmen in Anwendungen mit durchlaufenden Warenbahnen die Wickelantriebe ein. Ihre Aufgabe ist es, die Warenbahn am Beginn des Prozesses abzuwickeln und am Ende des Prozesses wieder aufzuwickeln. Während des Wickelvorganges ändert sich der Durch- **Wickelantriebe** messer des Wickels und es ergibt sich ein veränderlicher Umrechnungsfaktor zwischen

- Antriebsdrehzahl und Umfangsgeschwindigkeit des Wickels sowie

- Antriebsdrehmoment und Zugkraft in der Warenbahn.

Zusätzlich ändert sich die mechanische Trägheit des Gesamtsystems sehr stark und erfordert eine Anpassung der Proportionalverstärkung im Drehzahlregler.

Wickelantriebe benötigen deshalb fortlaufend Informationen über den aktuellen Wickeldurchmesser. Der Wickeldurchmesser wird deshalb entweder direkt gemessen oder in einem Funktionsblock „Durchmesserrechner" im Wickelantrieb kontinuierlich berechnet.

Antriebe mit Energieausgleich

Je nach Verteilung der Zugkräfte zwischen den einzelnen Antriebsstationen ergeben sich unterschiedliche Betriebspunkte für die Antriebe. Einige Antriebe arbeiten im generatorischen Betrieb. Aus diesem Grund wird vorzugsweise ein Antriebssystem gewählt, das aus einer Einspeisung und mehreren Wechselrichtern besteht. Dann erfolgt über den Zwischenkreis der Energieausgleich zwischen generatorisch und motorisch arbeitenden Antrieben.

Anlage ohne Zugregelung

In einer Anlage ohne Zugregelung (Bild 10.15) arbeiten alle Antriebe im drehzahlgeregelten Betrieb. Eine Erfassung der Zugspannung in der Warenbahn findet nicht statt. Der Zug stellt sich entsprechend der Geschwindigkeitsverhältnisse frei ein. Deshalb kann dieses Verfahren nur

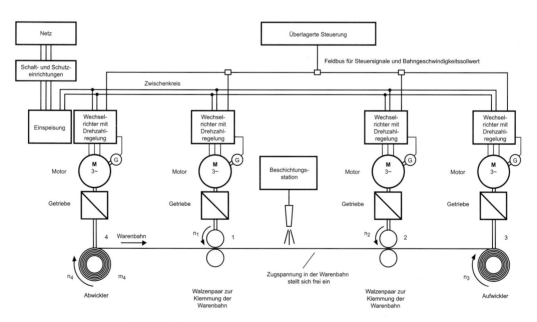

Bild 10.15
Mehrantriebssystem mit Geschwindigkeitsregelung (ohne Zugregelung)

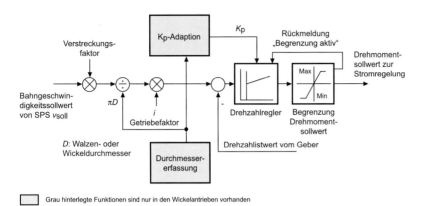

Grau hinterlegte Funktionen sind nur in den Wickelantrieben vorhanden

Bild 10.16 Regelschema bei Geschwindigkeitsregelung

bei dehnbaren Warenbahnen angewendet werden, die auf Zugspannungen mit Längenänderungen reagieren können.

In den Antrieben ergibt sich damit die in Bild 10.16 dargestellte Regelungsstruktur.

Aus dem Sollwert der Bahngeschwindigkeit v_{soll}, den die überlagerte SPS bereitstellt, ergibt sich nach Berücksichtigung des Verstreckungsfaktors, des Walzen- bzw. Wickeldurchmessers und der Getriebeübersetzung die Solldrehzahl n_{soll} für jeden Antrieb. Bei Wickelantrieben geht dabei der veränderliche Wickeldurchmesser in die Berechnung ein. Dementsprechend muss eine Messeinrichtung zur Erfassung des aktuellen Durchmessers vorhanden sein.

Die Solldrehzahl wird vom Drehzahlregler eingeprägt. Eine Adaptionsschaltung berechnet bei den Wickelantrieben fortlaufend aus dem aktuellen Wickeldurchmesser das Gesamtträgheitsmoment des mechanischen Systems und passt die Proportionalverstärkung K_p des Drehzahlreglers entsprechend an. Die Drehmomentgrenzen müssen so eingestellt werden, dass der Antrieb in allen zulässigen Betriebszuständen die erforderliche Drehzahl auch erreichen kann. Die Drehmomentbegrenzung dient nur zum Schutz des mechanischen Systems im Fehlerfall.

Ist die Warenbahn nicht dehnbar (z.B. Papier, Alufolie), muss die Zugspannung in der Warenbahn überwacht und bei Bedarf korrigiert werden. Diese Überwachung dient einerseits der Vermeidung von Schlaufen und andererseits der Vermeidung von Bahnrissen. Die Zugspannung muss also in einem gewissen Fenster gehalten werden, um einen reibungslosen Durchlauf der Warenbahn durch die Beschichtungsanlage zu gewährleisten.

Anlage mit indirekter Zugregelung

Einen einfachen und kostengünstigen Weg zur Sicherstellung definierter Zugverhältnisse in der Warenbahn bietet das Verfahren der indirek-

263

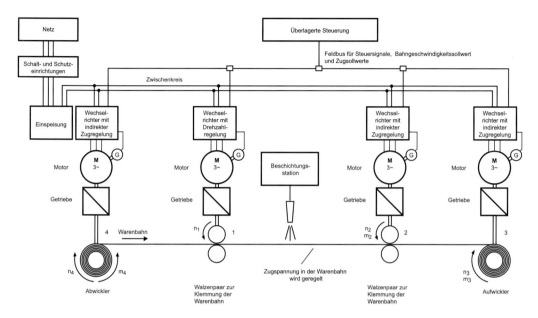

Bild 10.17 Mehrantriebssystem mit indirekter Zugregelung

ten Zugregelung (Bild 10.17). Es zeichnet sich dadurch aus, dass der Zug in der Warenbahn nicht gemessen, sondern aus dem Drehmoment der Antriebe hergeleitet wird. Das Drehmoment der Antriebe dient als Stellgröße für die Zugspannung in der Warenbahn.

Die Wirkungsweise dieses Prinzips sei anhand des Antriebs 2 erläutert, der dem drehzahlgeregelten Antrieb 1 nachgelagert ist. Der Antrieb 2 speist ein Drehmoment m_2 in die Walzen ein. An der Oberfläche der Walzen wird dieses Drehmoment als Zugkraft F_{zug} wirksam und über die Warenbahn an die vorgelagerte Klemmstelle (drehzahlgeregelter Antrieb 1) übertragen. Die wirksame Kraft führt zu einer leichten der Grunddrehzahl überlagerten Drehbewegung der Walzen am Antrieb 1. Da der Antrieb 1 drehzahlgeregelt betrieben wird, erkennt er die Drehzahlabweichung und baut sehr schnell ein entsprechendes Gegenmoment auf, wirkt der Auslenkung entgegen und unterdrückt die überlagerte Drehbewegung. Im Ergebnis kompensieren sich die Zugkräfte von Antrieb 2 und 1. Die Warenbahn spannt sich und überträgt die Zugkraft F_{zug}. In gleicher Weise arbeiten die beiden Wickelantriebe. So baut sich beginnend von Antrieb 1 der Zug in der gesamten Anlage auf.

Um aus der gewünschten Zugkraft F_{zug} das erforderliche Drehmoment m_{soll} der Antriebe zu berechnen, muss der Walzen- bzw. Wickeldurchmesser bekannt sein. Wickelantriebe haben deshalb einen Funktionsblock zur Ermittlung des aktuellen Wickeldurchmessers.

Betrachtet man ausschließlich den störungsfreien Betrieb der Anlage, wäre mit Ausnahme von Antrieb 1 für alle Antriebe der Betrieb in rei-

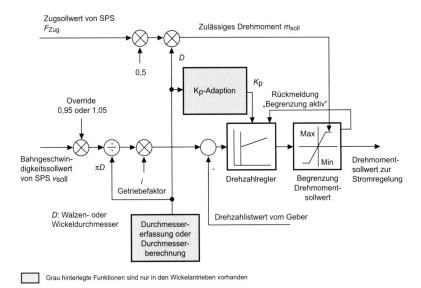

Grau hinterlegte Funktionen sind nur in den Wickelantrieben vorhanden

Bild 10.18 Regelschema bei indirekter Zugregelung

ner Drehmomentregelung ausreichend. Praktisch ist jedoch zu berücksichtigen, dass es zu einem Riss der Warenbahn kommen kann. In diesem Fall wird über die Warenbahn kein Gegenmoment mehr übertragen und in Folge dessen beschleunigen die rein drehmomentgeregelten Antriebe theoretisch unbegrenzt. Um das zu vermeiden, müssen die betreffenden Antriebe im Falle eines Bahnrisses aus dem drehmomentgeregelten in den drehzahlgeregelten Betrieb übergehen.

Dieses Verhalten wird dadurch erreicht, dass alle Antriebe grundsätzlich drehzahlgeregelt betrieben werden. Allerdings erhält der Drehzahlregler als Eingangsgröße nicht den Drehzahlsollwert, der der tatsächlichen Bahngeschwindigkeit entspricht, sondern einen unter- bzw. übersteuerten Sollwert. Dieser ergibt sich aus der Multiplikation der gewünschten Bahngeschwindigkeit mit einem Override. Die betreffenden Antriebe versuchen daher die Warenbahn langsamer bereitzustellen oder schneller abzutransportieren als der drehzahlgeregelte Antrieb 1. In Folge dessen entsteht in der Warenbahn eine Zugspannung und alle Antriebe mit Ausnahme von Antrieb1 laufen an ihre Drehmomentgrenzen. Die Drehmomentregelung wird durch eine unter- bzw. übersteuerte Drehzahlregelung erreicht. Wird nun das maximal zulässige Drehmoment m_{max} der Antriebe auf den zuvor berechneten Drehmomentsollwert m_{soll} begrenzt, prägen die entsprechenden Antriebe die Kraft F_{Zug} in die Warenbahn ein. Durch Variation von m_{max} kann der eingeprägte Zug in der Warenbahn variiert werden.

Neben der Bahngeschwindigkeit muss die überlagerte SPS jetzt auch die Zugkräfte F_{soll} bereitstellen, die jeder Antrieb in die Warenbahn einprägen soll.

Die indirekte Zugregelung ist zwar sehr einfach zu realisieren, weist aber einige Nachteile auf:

- Bei Anfahr- und Bremsvorgängen sowie aufgrund von Reibung und Fehlern in der Durchmesserberechnung ruft das Motordrehmoment m_{soll} nicht die Zugkraft F_{Zug} hervor, die eigentlich gewünscht ist. Die Krafteinprägung erfolgt bei genauer Betrachtung nur gesteuert und ist relativ ungenau.

- Die Zugkräfte der einzelnen Antriebe überlagern sich beginnend von den Wicklern hin zum Antrieb 1. Eine Änderung der Zugkraft an einem Antrieb hat damit auch Auswirkungen auf die Zugspannung in der Warenbahn an anderen Stellen der Anlage.

Sind diese Nachteile nicht akzeptabel, muss das Verfahren der direkten Zugregelung verwendet werden.

Hinweis: In Anlagen mit nichtdehnungsfähigen Warenbahnen kann der aktuelle Wickeldurchmesser aus der Bahngeschwindigkeit und der Drehzahl der Wickelantriebe errechnet werden. Die Messung des Wickeldurchmessers kann dann, wenn der Startwert des Durchmessers zu Beginn eines Wickelvorganges bekannt ist, entfallen und durch eine Rechenfunktion ersetzt werden.

Anlage mit direkter Zugregelung Die fehlerbehaftete Zugeinprägung der indirekten Zugregelung wird bei Anlagen mit direkter Zugregelung (Bild 10.19) beseitigt. Die Zugspannungen in der Warenbahn werden mit Zugmessdosen gemessen

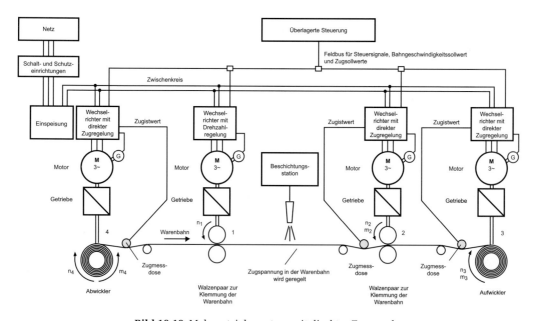

Bild 10.19 Mehrantriebssystem mit direkter Zugregelung

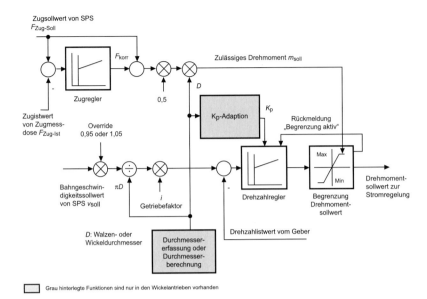

Grau hinterlegte Funktionen sind nur in den Wickelantrieben vorhanden

Bild 10.20 Regelschema bei direkter Zugregelung

und dienen als Eingangsgröße für eine Zugregelung in den betreffenden Antrieben.

Die Antriebe werden mit unter- bzw. übersteuerter Drehzahlregelung (Bild 10.20) betrieben. Die Einstellung der Zugkraft erfolgt wieder über die Drehmomentgrenzen des Drehzahlreglers. Das zulässige Drehmoment m_{max} wird in bekannter Weise aus dem Zugsollwert F_{Zug} berechnet, den die überlagerte SPS vorgibt. Zusätzlich kommt aber ein Zugregler zum Einsatz, der eine Korrekturkraft F_{korr} ermittelt. Diese Korrekturkraft ergibt sich aus der Differenz der Sollspannung $F_{Zug\text{-}Soll}$ und der Istspannung $F_{Zug\text{-}Ist}$ in der Warenbahn. Die Istspannung $F_{Zug\text{-}Ist}$ wird dabei von der Zugmessdose gemessen. Ist die Istspannung zu gering, schaltet der Zugregler eine positive Korrekturkraft F_{korr} auf. Ist die Istspannung zu hoch, schaltet der Zugregler eine negative Korrekturkraft F_{korr} auf.

Auf diese Weise kann jeder Antrieb in dem von ihm beeinflussten Abschnitt der Anlage die Zugspannung in der Warenbahn auf dem geforderten Wert $F_{Zug\text{-}Soll}$ halten. Die Überlagerung der Zugkräfte, wie sie bei der indirekten Zugregelung auftritt, ist bei der direkten Zugregelung beseitigt. Die Veränderung der Zugkraft in einem Abschnitt der Anlage hat keine Rückwirkungen auf die Zugkraft in anderen Abschnitten.

Der Zugregler arbeitet relativ langsam. Auf diese Weise werden ruckartige Regelbewegungen vermieden und die Gefahr von Bahnrissen verringert.

Anlage mit Tänzer-lageregelung

Ist die Warenbahn sehr empfindlich gegenüber Schwankungen der Zugkraft (z.B. Aluminiumfolie), werden Anlagen mit Tänzerwalzen eingesetzt (Bild 10.21). Tänzerwalzen werden von der Warenbahn umschlungen und bilden in der Warenbahn eine Schlaufe aus. Sie können je nach Ausführung Hub- und Schwenkbewegungen ausführen und so die Schlaufe vergrößern oder verkleinern. Tänzerwalzen schaffen auf diese Weise einen Materialpuffer und wirken ausgleichend, wenn Laststöße oder Zugschwankungen auftreten. Diese Pufferfunktion ist zum Beispiel bei „unrunden" Wickeln mit Höhenschlag oder mit Lagensprüngen (Seile, Kabel) sehr hilfreich.

Die Tänzerwalze ist mit einer Feder oder einem Pneumatikventil verbunden, die bzw. das der Hub- oder Schwenkbewegung der Tänzerwalze entgegen wirkt. Über die Feder oder das Pneumatikventil wird die Zugkraft in die Warenbahn eingebracht.

Die elektrischen Antriebe wirken dieser Kraft entgegen. Bei Kräftegleichgewicht verbleibt die Tänzerwalze in ihrer augenblicklichen Position und bewegt sich nicht. In der Warenbahn herrscht die von der Tänzerwalze eingeprägte Zugkraft.

Die Antriebe haben dafür zu sorgen, dass die ihnen zugeordneten Tänzerwalzen in der Mittelstellung verbleiben. Dazu benötigen die Antriebe zusätzlich zu ihrer Drehzahlregelung einen überlagerten Tänzerlageregelkreis (Bild 10.22).

Der Tänzerlageregler generiert eine Korrekturgeschwindigkeit v_{korr}, die je nach Anordnung des Antriebs in der Anlage zum eigentlichen Ge-

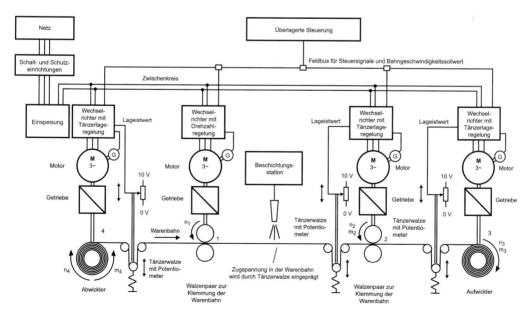

Bild 10.21 Mehrantriebssystem mit Tänzerlageregelung

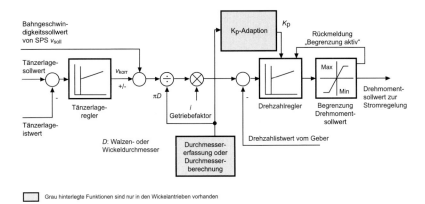

Grau hinterlegte Funktionen sind nur in den Wickelantrieben vorhanden

Bild 10.22 Regelschema bei Tänzerlageregelung

schwindigkeitssollwert addiert oder von ihm subtrahiert wird. Dieser Korrektursollwert liegt im Allgemeinen bei wenigen Prozent der Bahngeschwindigkeit v_{soll}.

Der Tänzerlageregler ist als PID-Regler ausgeführt. Damit ist er in der Lage, auch im ausgeregelten Betriebszustand einen Korrekturwert v_{korr} auszugeben. Der zusätzliche D-Anteil verbessert die Dynamik des Lageregelkreises.

Eine schwerwiegende Betriebsstörung der Anlage tritt auf, wenn die Warenbahn reißt. In diesem Fall muss die gesamte Anlage so schnell wie möglich stillgesetzt werden, da anderenfalls die Warenbahn unkontrolliert in die Hohlräume zwischen den Anlagenteilen eingepresst wird. Neben dem Materialverlust durch Zerstörung der Warenbahn selbst drohen schwerwiegende Beschädigungen der Anlage. Eine schnelle Erkennung des Bahnrisses und die entsprechende Reaktion darauf sind deshalb außerordentlich wichtig.

Bahnrisserkennung

Folge eines Bahnrisses ist der Verlust der Zugspannung in der Warenbahn. Das vom Antrieb abgegebene Drehmoment sinkt aufgrund der fehlenden Zugkraft in der Warenbahn ab. Damit ist der Bahnriss am einfachsten durch Überwachung des Drehmomentistwerts des Antriebs zu erkennen. Bei Anlagen mit Tänzerlageregelung geht die Tänzerwalze an ihren mechanischen Anschlag und verbleibt dort. Der Bahnriss kann bei solchen Anlagen auch durch Überwachung der Tänzerlage erkannt werden.

Wird von einem Antrieb ein Bahnriss festgestellt, erfolgt eine entsprechende Meldung an die überlagerte Steuerung. Diese leitet dann den Schnellhalt mit einem entsprechenden Steuerkommando in allen Antrieben ein.

10.4 Antriebe mit integrierten Technologiefunktionen

In den vorangegangenen Abschnitten wurden Antriebssysteme in unterschiedlichen Ausprägungen für verschiedene Prozessregelungen vorgestellt. Gemeinsam war allen Beispielen, dass neben den typischen antriebstechnischen Funktionen zur Drehzahl- und Drehmomenteinprägung anwendungsspezifische Mess-, Steuer- und Regelfunktionen benötigt wurden. Diese Funktionen werden zunehmend aus der externen Steuerung in moderne digitale Antriebe verlagert. Diese Verlagerung ist immer dann von Vorteil, wenn dadurch

- die externe Steuerung entlastet wird und damit kleiner ausfallen oder ganz eingespart werden kann,

- geringere Datenmengen zwischen Steuerung und Antrieb übertragen werden müssen und damit die Anforderungen an den verwendeten Feldbus sinken,

- die Regelgüte steigt, weil technologische Regelungen im Antrieb dynamischer auf Regelabweichungen reagieren können als Regler in überlagerten Steuerungen (Zykluszeit der Steuerung), oder

- modulare Maschinenkonzepte möglich werden.

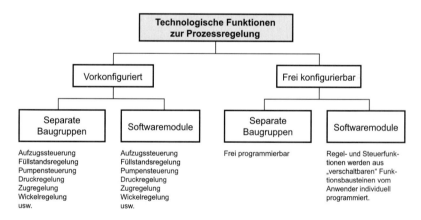

Bild 10.23 Realisierungsmöglichkeiten für technologische Regelfunktionen

Die Integration von technologischen Funktionen in digitale Antriebe erfolgt auf unterschiedlichen Wegen. Für häufig wiederkehrende Anwendungen stellen die Antriebshersteller fertige Funktionspakete zur Verfügung. Die benötigten Regel- und Steuerungsfunktion sind auf die jeweilige Anwendung zugeschnitten und werden durch Parametrierung an die konkreten Gegebenheiten angepasst. Diese Funktionspakete laufen entweder als zusätzliches Softwaremodul im Zentralprozessor des Stellgeräts (Stromricher oder Umrichter) oder auf speziellen Technologiebaugruppen ab. Die Technologiebaugruppen werden im Stellgerät auf dafür vorgesehenen Steckplätzen montiert. Momentan geht der Trend zu Softwaremodulen. Das heißt, die Prozessoren der Stellgeräte werden so leistungsstark ausgelegt, dass sie zusätzliche technologische Regelungen mit bewältigen können.

Die technologischen Anwendungen sind vielfältig und können nicht alle mit vorkonfigurierten technologischen Funktionen abgedeckt werden. Es ist deshalb notwendig, individuelle technologische Funktionen im Antrieb zu realisieren. Die leistungsfähigste Variante besteht in der Integration einer frei programmierbaren Baugruppe in das Stellgerät. So sind heute elektrische Antriebe am Markt verfügbar, die komplette SPS-Funktionen im Antrieb auf einer eigenen Baugruppe realisieren können.

Für einfachere Anwendungen kommen „frei verschaltbare" bzw. „frei konfigurierbare" Funktionsbausteine zum Einsatz. Es handelt sich dabei um Softwaremodule, die im Zentralrechner des Stellgeräts vorhanden sind. Diese Funktionsbausteine decken unterschiedliche Grundfunktionen ab (Bild 10.24). Der Anwender wählt die benötigten Funktionsbausteine aus und „verschaltet" sie entsprechend seinen Bedürfnissen. **Frei verschaltbare Funktionsbausteine**

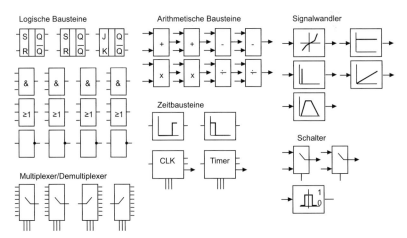

Bild 10.24 Vorgefertigte Softwarefunktionsbausteine zur Programmierung von technologischen Funktionen

Die Anzahl der verfügbaren Funktionsbausteine ist begrenzt. Deshalb können im Vergleich zu frei programmierbaren Baugruppen nur einfache technologische Funktionen abgedeckt werden.

Die Verschaltung der Funktionsbausteine erfolgt durch Parametrierung an der Signalsenke. An den Eingängen der Funktionsbausteine wird die Signalquelle ausgewählt, von der das Eingangssignal bezogen **Verschaltungsparameter und Einstellparameter**

271

werden soll. Dazu verfügt jeder Eingang über einen Verschaltungsparameter. Die Ausgangssignale aller Funktionsbausteine sind eindeutig
nummeriert. Durch Eintragen einer Signalnummer im Verschaltungsparameter wird die Signalquelle für den jeweiligen Eingang eindeutig
ausgewählt.

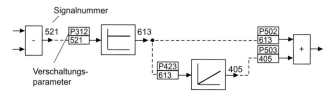

Bild 10.25 Verknüpfung von Softwarefunktionsbausteinen über
Parametereinstellungen

Die Vorgehensweise ist in Bild 10.25 exemplarisch an einem aus Funktionsbausteinen aufgebauten PI-Regler dargestellt. Zum Beispiel wird
durch Setzen des Parameters P312 auf den Wert 521 der Eingang des
Proportionalgliedes mit dem Ausgang des Subtrahierers verbunden.

Ist die Struktur der technologischen Funktion durch Verschaltung der
betreffenden Funktionsbausteine hergestellt, erfolgt die Anpassung
durch Einstellung der funktionellen Parameter. Im obigen Beispiel werden durch entsprechende Parameter in den Funktionsbausteinen die
Proportionalverstärkung im Proportionalglied und die Nachstellzeit im
Integrierglied eingestellt.

11 Motion Control mit elektrischen Antrieben

11.1 Begriffsdefinition und Funktionen

In vielen Fertigungsprozessen besteht die Antriebsaufgabe darin, ein Maschinenelement zu einer bestimmten Zeit in eine bestimmte Position zu bringen und seine Position als Funktion der Zeit zu regeln. Die Position ist die führende Größe, Drehzahl und Drehmoment sind untergeordnete Prozessgrößen. Solche Antriebsaufgaben sind durch einen diskontinuierlichen Drehzahlverlauf gekennzeichnet. Typisch ist die fortwährende Drehzahländerung. Vorzugsweise kommen deshalb in diesen Anwendungen Servoantriebe zum Einsatz.

Bis vor wenigen Jahren waren Verarbeitungsmaschinen mit einem drehzahlveränderbaren Zentralantrieb ausgerüstet. Dieser stellte die mechanische Energie für die gesamte Maschine bereit. Die Energie wurde dann über ein System aus Wellen und Getrieben innerhalb der Maschine verteilt. Die ungleichmäßigen Bewegungen wurden durch spezielle ungleichmäßig übersetzende Getriebe aus der gleichmäßigen Bewegung des Zentralantriebs gewonnen. Durch die starre mechanische Kopplung waren alle Bewegungen automatisch aufeinander synchronisiert.

Antriebsvereinzelung und elektronische Bewegungsführung

Dieses mechanische Konzept begrenzt die Flexibilität und Produktivität der Maschinen, da Formatwechsel der zu verarbeitenden Produkte mit aufwändigen mechanischen Änderungen verbunden sind und die begrenzte Steifigkeit einiger mechanischer Elemente eine Erhöhung der Taktzyklen einfach nicht erlaubt.

Gelöst wird dieses Problem durch den Ersatz des Zentralantriebs und der mechanischen Elemente durch elektronisch koordinierte Einzelantriebe (Bild 11.1). Die Einzelantriebe speisen die Energie dort ein, wo sie benötigt wird. Die Bewegungskoordination übernimmt eine elektronische Steuerung. Sie erfasst die Position der betroffenen Maschinenteile, vergleicht sie mit den vom Programm vorgegebenen Sollwerten und steuert die Einzelantriebe. Sind Formatänderungen erforderlich, werden nur einige Parameter im Programm geändert, was wesentlich schneller und einfacher geht als der Austausch von Getriebeelementen.

Bei Werkzeugmaschinen ist die elektronische Bewegungskoordination von Servoantrieben mit überlagerten numerischen Steuerungen seit vielen Jahren Stand der Technik. Der Grund dafür ist, dass Werkzeugmaschinen sehr flexibel an unterschiedlichste zu bearbeitende Werkstücke anpassbar sein müssen.

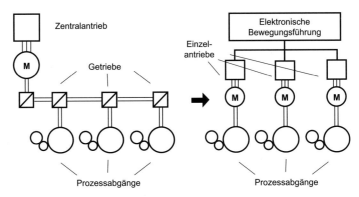

Bild 11.1
Ablösung des Zentralantriebs durch elektronisch koordinierte Einzelantriebe

Motion Control

Motion Control ist der moderne Ausdruck für Bewegungsführung und beinhaltet alle Funktionen und Komponenten zur räumlichen und zeitlichen Koordination von Maschinenelementen in Verarbeitungsmaschinen.

Grob kann man von der Teilung einer Motion-Control-Lösung in

- die eigentliche Bewegungssteuerung und

- den unterlagerten Antrieb

ausgehen. Die Grenze zwischen Steuerung und Antrieb ist zunehmend fließend. Klassische Lösungen ordnen z.B. den Lageregler und den Interpolator der Bewegungssteuerung zu. In vielen heutigen Lösungen sind Lageregler und Interpolator jedoch oft schon im Antrieb enthalten.

Im Allgemeinen besteht eine Motion-Control-Lösung mit Servoantrieben aus folgenden Funktionseinheiten (Bild 11.2):

- Antrieb mit Strom- und Drehzahlregelung

- Lageregelung

- Aufbereitung des Lageistwerts (Bewertung, Versatz)

- Interpolator

- Positionier- oder Gleichlaufsteuerung

Bei Anwendungen mit Schrittantrieben entfallen alle Regelkreise und die Lageistwertaufbereitung.

Motion-Control-Funktionen

Je nach Art der zu lösenden Bewegungsaufgabe haben sich verschiedene Typen von Motion-Control-Funktionen herausgebildet:

- *Positionieren* ist das Anfahren einer Zielposition aus einer Startposition heraus. Zu Beginn und am Ende des Positioniervorganges ist die Geschwindigkeit gleich Null. Das Positionieren ist eine Funktion, die sich auf eine Achse und damit einen Antrieb allein bezieht.

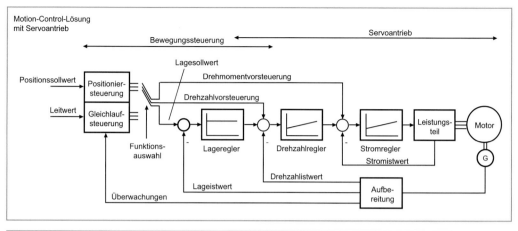

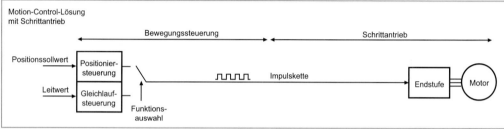

Bild 11.2 Regelungsstruktur bei Motion-Control-Lösungen mit Servoantrieb oder Schrittantrieb

Hinweis: Als Achse bezeichnet man bei Bewegungsaufgaben die Einheit aus elektrischem Antrieb und angeschlossenen mechanischen Maschinenelementen.

- Beim *Gleichlauf (Synchronisieren)* wird von einer Leitbewegung in Echtzeit eine Folgebewegung nach einem bestimmten Bewegungsgesetz abgeleitet. Beim Synchronisieren sind mindestens 2 Achsen beteiligt:
  - eine Masterachse und
  - eine oder mehrere Slaveachsen.

Positionieren und Gleichlauf beschreiben weitgehend eingrenzbare Funktionsumfänge in Verarbeitungsmaschinen. Sie werden deshalb vom Hersteller vorkonfiguriert und als fertige Funktionspakete bereitgestellt. Die Anpassung an die konkrete Anwendung erfolgt durch Parametrierung.

Gleichlauffunktionen lassen sich noch weiter unterscheiden (Bild 11.3):

Besondere Gleichlauffunktionen

- Beim *Geschwindigkeitsgleichlauf* sind die Drehzahlen der Master- und Slaveachse zueinander proportional. Der Geschwindigkeitsgleichlauf wurde bei den Prozessregelungen (Abschnitt 8.2.2) betrachtet.

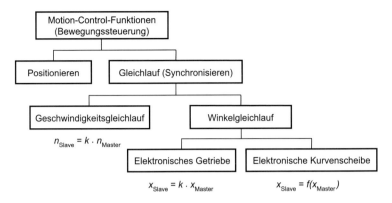

Bild 11.3 Systematik der Motion-Control-Funktionen

Kommt es aufgrund von Störgrößen (z.B. Laständerungen) zu Schwankungen der Folgegeschwindigkeit und damit zu Winkelabweichungen zwischen Leit- und Folgebewegung, werden diese Abweichungen nicht erkannt und nicht ausgeregelt. Diese Eigenschaft unterscheidet den Geschwindigkeitsgleichlauf vom Winkelgleichlauf.

- Beim *Winkelgleichlauf* stehen die Winkelpositionen der Master- und Slaveachse in einem festen Verhältnis. Winkelabweichungen zwischen Leit- und Folgebewegung werden erkannt und ausgeregelt.
  - Sind die Winkelpositionen von Master- und Slaveachse über einen Proportionalitätsfaktor *k* miteinander verbunden, spricht man von einem *elektronischen Getriebe*. Die elektronische Welle stellt einen Sonderfall des elektronischen Getriebes mit *k* = 1 dar.
  - Bei *elektronischen Kurvenscheiben* wird die Position der Slaveachse über eine Funktion aus der Winkelposition der Masterachse abgeleitet. Elektronische Kurvenscheiben gehören zu den anspruchsvollsten Motion-Control-Funktionen. Sie dienen der Nachbildung mechanischer Kurvenscheiben und ungleichförmig übersetzender Getriebe durch Software.

11.2 Darstellung und Verarbeitung von Lageinformationen

Darstellung der Lagewerte als Signed Integer

Bewegungssteuerungen verarbeiten Lageinformationen wie z.B. Lagesoll- und Lageistwerte. Die Darstellung dieser Lageinformationen erfolgt vorteilhaft als ganze Zahl im Signed-Integer-Format (Zweierkomplement). Dieses Format bietet sich an, weil damit

- Lageistwerte von Lagegebern als ganze Zahl in Form von Inkrementen bereitgestellt werden und

- bei der Addition bzw. Subtraktion keine Rundungsfehler auftreten können.

Rundungsfehler müssen unbedingt vermieden werden, da sie über einen längeren Zeitraum zu Lageabweichungen führen.

Die interne Verarbeitung und Darstellung von Lageinformationen sollen an einem Lageistwert beispielhaft dargestellt werden (Bild 11.4).

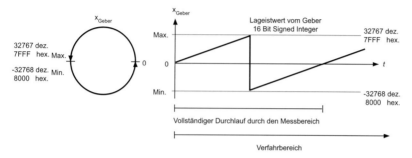

Bild 11.4 Darstellung der Lageinformationen in Motion-Control-Lösungen

Die Lageerfassung liefert den Lageistwert mit einer definierten Wortbreite. Es sei davon ausgegangen, dass diese 16 Bit beträgt. Bei einer gleichförmigen Rechtsdrehbewegung hat das Lagesignal dann den typischen, oben dargestellten sägezahnförmigen Verlauf. Beginnend vom Nullpunkt steigt der Lageistwert bis auf den positiven Maximalwert an, springt anschließend auf den negativen Minimalwert und steigt dann wieder bis auf 0.

Bei einer Linksdrehung fällt der Lageistwert bis auf den negativen Minimalwert, springt dann auf den positiven Maximalwert und sinkt anschließend wieder kontinuierlich ab. Nach jedem Messbereich wiederholt sich der Signalverlauf. Der Messbereich entspricht

- bei inkrementellen Gebern je nach Strichzahl mehreren Umdrehungen,

- bei Singleturn-Absolutwertgebern im Allgemeinen einer mechanischen Umdrehung und

- bei Multiturn-Absolutwertgebern der Anzahl der erfassbaren mechanischen Umdrehungen.

Der Lageistwert ist nur innerhalb des Messbereichs eindeutig. Das ist für praktische Anwendungen oft nicht ausreichend, da sich der abzudeckende Verfahrbereich über mehrere Signalperioden (Messbereiche) erstreckt. Aus den Lageistwerten des Gebers muss deshalb innerhalb des Verfahrbereichs der Achse ein eindeutiger Lageistwert abgeleitet werden. Diese Aufbereitung des Lageistwerts geschieht bei Positionier-

und Gleichlaufanwendungen unterschiedlich und wird in den Abschnitten 11.3.4 und 11.4.2 behandelt.

Berechnen der Lagedifferenz

Durch die Integerrechnung im Zweierkomplement ergeben sich bei der Berechnung der Lagedifferenz $x_{soll} - x_{ist}$ Besonderheiten. Das soll anhand der in Bild 11.5 dargestellten Verläufe bei einer Rechtsdrehung verdeutlicht werden.

Liegt bei einer angenommenen Rechtsdrehung der Istwert x_{ist} hinter dem Sollwert x_{soll} zurück, entsteht eine positive Lagedifferenz $x_{soll} - x_{ist}$. Der Lageregler würde die Achse beschleunigen und versuchen, den Lagefehler auszugleichen. Fällt der Istwert x_{ist} noch weiter hinter den Sollwert x_{soll} zurück, vergrößert sich die Lagedifferenz. Wird die Lagedifferenz schließlich größer als $2^{15} - 1$, kommt es zu einem Umschlagen des Vorzeichens und die Lagedifferenz wird plötzlich als negativer Wert interpretiert. Der Lageregler erkennt dann ein Voreilen des Lageistwerts x_{ist} und versucht, die Achse abzubremsen.

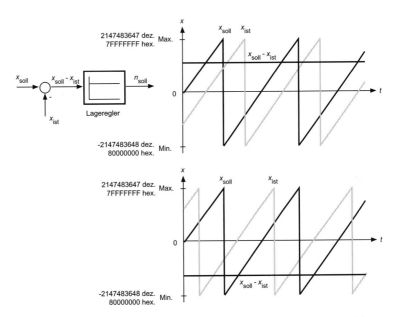

Bild 11.5 Vorzeichenumkehr der Lagedifferenz bei großen Lageabweichungen

Prinzipiell hat der Lageregler bei zyklischen Signalen die Möglichkeit, durch Beschleunigen oder Abbremsen der Achse die Verläufe von Soll- und Istwert zur Deckung zu bringen.

Ohne steuernde Eingriffe von außen wählt der Lageregler immer den kürzeren Weg, was zu einem undefinierten Verhalten der Achse führen würde. In praktischen Anwendungen werden deshalb

- beim Anlauf der Achse die Korrekturrichtung des Lagereglers oft fest vorgegeben (aufholen oder abwarten) und

- nach Unterschreiten der Schwelle für die Schleppfehlerüberwachung beide Korrekturrichtungen freigegeben. Durch Aktivierung der Schleppfehlerüberwachung wird verhindert, dass die Lagedifferenz den kritischen Bereich erreicht und es zum Umschlag im Vorzeichen der Lagedifferenz kommt.

11.3 Positionieren

11.3.1 Anwendungen und Grundlagen

Positionieranwendungen treten immer dann auf, wenn Material oder Werkstücke diskontinuierlich zu- oder abgeführt werden müssen. Typische Positionieranwendungen sind:

- Walzenvorschubbewegungen in Verpackungsmaschinen, Pressen, Scheren und Biegestationen

- Rotationsbewegungen in Drehtischen und Bearbeitungsmaschinen (z.B. Positionieren eines Werkstücks unter einen Bohrkopf)

- Lineare Hub- und Verfahrbewegungen in Handlingssystemen, Bearbeitungsmaschinen (z.B. Positionieren einer Möbelplatte zum Bohren von Löchern), Robotern, Ausschleusstationen und Regalbediengeräten

Die Positionieranwendungen unterscheiden sich dabei hinsichtlich ihres Verfahrbereichs. Einige Positionieranwendungen arbeiten nur in einer Richtung und haben einen unendlichen Verfahrbereich (z.B. Walzenvorschübe). Andere Anwendungen erfordern Vor- und Rückbewegungen und sind bezüglich ihres Verfahrbereichs begrenzt (z.B. Regalbediengeräte). In diesen Anwendungen muss das Verlassen des zulässigen Verfahrbereichs von der Positioniersteuerung verhindert werden. **Verfahrbereich**

Ein weiteres Unterscheidungskriterium wird durch die Art der Bewegung des zu positionierenden Maschinenelements bestimmt. **Rotations- und Linearachsen**

- Bei *Rotationsachsen* führt das betreffende Maschinenelement eine Rotationsbewegung aus. Die Sollposition wird in Winkeleinheiten vorgegeben. Der Bewegungsbereich kann begrenzt und unbegrenzt sein.

- Bei *Linearachsen* führt das betreffende Maschinenelement eine Linearbewegung aus. Die Sollposition wird in Längeneinheiten vorgegeben. Der Bewegungsbereich ist begrenzt.

11.3.2 Positioniersteuerung

Aufbau einer Positioniersteuerung

Motion-Control-Anwendungen mit Positionierfunktionen sind im Allgemeinen dadurch gekennzeichnet, dass eine Achse in einer bestimmten Reihenfolge verschiedene Positionen anfahren muss. Es tritt eine definierte Abfolge von Positioniervorgängen auf. Die Positioniervorgänge werden vom Anwender in einem Anwenderprogramm festgelegt. Die Positioniersteuerung arbeitet dieses Programm ab und steuert den ihr zugeordneten Servoantrieb.

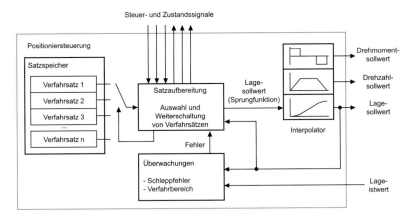

Bild 11.6 Funktionelle Bestandteile einer Positioniersteuerung

Die Positioniersteuerung (Bild 11.6) verfügt über folgende wesentliche Funktionseinheiten:

- Im *Satzspeicher* sind die Verfahrsätze gespeichert. Jeder Verfahrsatz enthält eine Positionieranweisung. Die Summe der Verfahrsätze bildet das Positionierprogramm, das vom Anwender erstellt wird. Die Verfahrsätze sind in vielen Steuerungen wie die Befehlszeilen eines Programms aufgebaut. Einige Steuerungen legen Verfahrsätze auch als Funktionsbausteine (z.B. PLCopen) ab.

- Ist ein Verfahrsatz abgearbeitet, wird zur nächsten Anweisung übergegangen. Die Verarbeitung der einzelnen Verfahrsätze übernimmt innerhalb der Positioniersteuerung die *Satzaufbereitung*. Wie der Interpreter eines Softwareprogramms arbeitet sich die Satzaufbereitung durch die einzelnen Verfahrsätze hindurch. Die Reihenfolge und der Bearbeitungsfluss der einzelnen Verfahrsätze wird durch

  - Weiterschaltbedingungen des aktuellen Verfahrsatzes,

  - den Bearbeitungsstand des aktuellen Verfahrsatzes und

  - externe Steuersignale

  beeinflusst.

- Der *Interpolator* generiert den eigentlichen Lagesollwert für den Lageregler. Zusätzlich leitet er aus dem zeitlichen Verlauf des Lagesollwerts die Vorsteuerwerte für die Drehzahl- und Strom- bzw. Drehmomentregelung ab.

Die herstellerspezifisch aufgebauten Verfahrsätze enthalten die einzelnen Positionierbefehle (Bild 11.7). **Verfahrsätze**

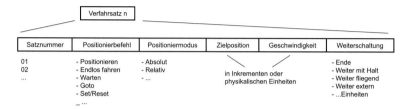

Bild 11.7 Wichtigste Bestandteile eines Verfahrsatzes

- Der *Positionierbefehl* enthält die eigentliche Handlungsanweisung. Neben dem Positionieren ist
  - auch der drehzahlgeregelte Betrieb (Endlos fahren),
  - das Warten für eine bestimmte Zeit,
  - der Sprung zu einem Verfahrsatz oder
  - das Setzen/Rücksetzen von Zustandssignalen möglich.

- Der *Positioniermodus* gibt an, ob absolut oder relativ verfahren werden soll. Beim absoluten Positionieren bezieht sich die Positionsangabe auf den absoluten Nullpunkt. Beim relativen Positionieren bezieht sich die Positionsangabe auf die aktuelle Position (Bild 11.8).
  - Absolutes Positionieren wird bei Achsen mit einem eindeutigen Verfahrbereich und einem absoluten Nullpunkt eingesetzt. Ein Beispiel dafür ist ein Regalbediengerät, dessen absoluter Nullpunkt am Beginn der Lagergasse liegt. Alle Positionierbefehle beziehen sich auf diesen Nullpunkt.
  - Relatives Positionieren kommt bevorzugt bei Anwendungen mit unendlichem Verfahrbereich zum Einsatz. Typische Anwendungen sind Drehtische, die sich zyklisch weiterdrehen, und Walzenvorschübe zur diskontinuierlichen Förderung von Warenbahnen.

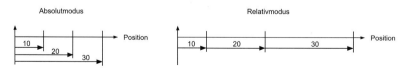

Bild 11.8
Interpretation der Zielposition beim absoluten und relativen Positionieren

281

- *Zielposition* und *Geschwindigkeit* sind Parameter für den Positionier-vorgang.

  In einigen Positioniersteuerungen können zusätzlich noch Override-Werte angegeben werden. Sie wirken wie Proportionalitätsfaktoren für die Geschwindigkeit und/oder die Beschleunigung.

- Die *Weiterschaltbedingung* ist eine wichtige Information für die Satzaufbereitung. Sie gibt an, wie nach Abarbeitung des aktuellen Verfahrsatzes zu verfahren ist. Mit ihrer Hilfe wird der Programm-fluss gesteuert (Bild 11.9).

  - Im Modus „Weiter extern" wird nach Abarbeitung eines Verfahrsat-zes gewartet, bis ein externes Signal die Bearbeitung des nächsten Verfahrsatzes freigibt.

  - Im Modus „Weiter mit Halt" wird ein Verfahrsatz abgearbeitet. Die Achse fährt in die Zielposition ein und kommt zum Stillstand. An-schließend beginnt die Bearbeitung des nächsten Verfahrsatzes.

  - Im Modus „Weiter fliegend" beginnt der neue Verfahrsatz, wenn im aktuellen Verfahrsatz der Bremsvorgang beginnen würde. Die Achse kommt also nicht zum Stillstand und geht direkt in den nächsten Positioniervorgang über.

  - Der Modus „Ende" beendet das Positionierprogramm.

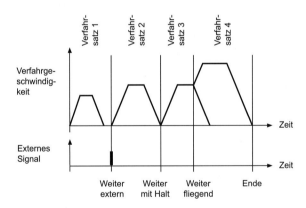

Bild 11.9 Verhalten der Positioniersteuerung bei verschiedenen Weiterschaltbedingungen

Steuer- und Zustandssignale

Über ihre Steuer- und Zustandssignale wird eine Positioniersteuerung in eine Automatisierungslösung eingebunden. Die Steuer- und Zu-standssignale sind im Allgemeinen herstellerspezifisch. Einige häufig anzutreffende Signale sind in Tabelle 11.1 aufgeführt.

Neben diesen Signalen der Positioniersteuerung sind in einer Gesamt-lösung auch noch die Steuer- und Zustandssignale des Servoantriebs zu berücksichtigen und in der überlagerten Steuerung zu verarbeiten.

Tabelle 11.1 Typische Steuer- und Zustandssignale einer Positioniersteuerung

Steuersignale	Zustandssignale
Anwahl Betriebsart (mehrere Signale)	Achse ist referenziert
Tippen vorwärts	Achse fährt vorwärts
Tippen rückwärts	Achse fährt rückwärts
Schnell/langsam	Position erreicht und Halt
Satz überspringen	Aktuelle Betriebsart (mehrere Signale)
Anwahl Override (mehrere Signale)	Aktuelle Satznummer (mehrere Signale)
Anwahl Satz (mehrere Signale)	Bearbeitung läuft
Quittieren	Wartezeit läuft
Restweg löschen	Funktion beendet
Start	Startfreigabe erteilt

Die korrekte Ausführung der Positioniervorgänge wird von der Positioniersteuerung überwacht. Ist der Schleppfehler (Abweichung zwischen Lagesollwert und -istwert) zu groß oder verlässt die Achse den zulässigen Arbeitsbereich, löst die Fehlerüberwachung einen Alarm aus und die Positioniersteuerung stoppt die weitere Bewegungsausführung.

Fehlerüberwachung

Soll eine Achse eine neue Position anfahren, kann der neue Lagesollwert nicht einfach als sprungförmiger Sollwert an den Eingang des Lagereglers geschaltet werden. Der Servoantrieb würde in diesem Fall sehr schnell mit seinem Maximaldrehmoment auf seine Maximaldrehzahl beschleunigen und beim Erreichen der Solllage in gleicher Weise abbremsen. Die Achse würde über die Sollposition hinausfahren und müsste anschließend rückwärts in die Sollposition einlaufen. Ein sanftes Anfahren der Sollposition wäre unmöglich.

Interpolator zur Generierung der Sollwerte

Der Interpolator generiert deshalb aus dem Positionssollwert, dem ihm die Satzaufbereitung übergibt, einen verrundeten zeitlichen Verlauf des Lagesollwertes. Diesem verrrundeten Verlauf folgt die Achse und sie fährt ohne Überschwingen in die Sollposition ein (Bild 11.10). Der Interpolator interpoliert also zwischen dem Lage-Startwert und dem Lage-Endwert. Davon leitet sich sein Name ab.

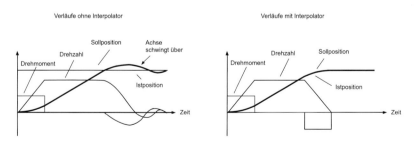

Bild 11.10
Bedeutung des Interpolators für überschwingfreie Positioniervorgänge

Neben dem verrundeten Verlauf des Lagesollwerts berechnet der Interpolator auch die zu diesem Verlauf gehörenden Drehzahl- und Drehmomentverläufe. Sie können direkt als Vorsteuerwerte in der Antriebsregelung verwendet werden. Dadurch wird die Dynamik der Antriebsregelung verbessert. Der Servoantrieb kann dem verrundeten Verlauf des Lagesollwerts praktisch verzögerungsfrei folgen, der Schleppfehler ist nahezu 0.

Hinweis: In praktischen Anwendungen wird auf die Vorsteuerung des Drehmoments oft verzichtet, da die für die Berechnung erforderlichen mechanischen Trägheiten nicht bekannt oder zeitlich veränderlich sind.

Funktionsweise des Interpolators

Die Berechnung des verrundeten zeitlichen Verlauf des Lagesollwerts erfolgt abschnittsweise (Bild 11.11). Der Interpolator zerlegt den Bewegungsvorgang in die Phasen

- Beschleunigen,

- Konstantfahrt und

- Bremsen.

Die Konstantfahrt kann bei kurzen Positionierwegen auch entfallen. Dann schließt die Bremsphase unmittelbar an die Beschleunigungsphase an.

Für jeden Abschnitt berechnet der Interpolator nach einer mathematischen Funktion, der sogenannten Bewegungsfunktion, den Verlauf des Lagesollwerts. Als Bewegungsfunktionen werden

- Winkelfunktionen (Sinus, Cosinus) und

- Polynome (quadratisch, kubisch und 5. Ordnung)

verwendet. Die Bewegungsfunktionen werden so berechnet, dass im Lagesollwert an den Übergängen zwischen der Beschleunigungs-, der

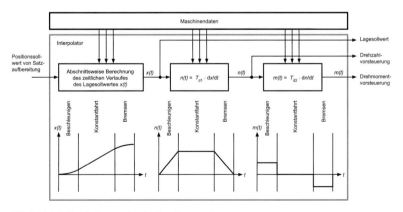

Bild 11.11 Funktionsprinzip des Interpolators

Konstantfahrt- und der Bremsphase keine Knicke oder Sprünge auftreten.

Ist der zeitliche Verlauf des Lagesollwertes ermittelt, werden die Vorsteuerwerte für die Drehzahl und das Drehmoment durch Differentiation aus dem Lagesollwert gewonnen.

11.3.3 Maschinendaten

Bei der Berechnung der zeitlichen Verläufe von Lage, Drehzahl und Drehmoment müssen die konstruktiven Gegebenheiten der Achse berücksichtigt werden. Zum Beispiel ist der Bewegungsablauf vom Interpolator so zu berechnen, dass die maximal zulässigen Positionen, Geschwindigkeiten, Drehzahlen, Beschleunigungen und Drehmomente nicht überschritten werden. Hinzu kommt oft noch eine Begrenzung des Drehmomentanstieges, der als Ruck bezeichnet wird. All diese Kennwerte sind in den Maschinendaten der Positioniersteuerung hinterlegt. Der Anwender muss sie während der Inbetriebnahme eingeben.

Neben Grenzwerten enthalten die Maschinendaten auch allgemeine Kenngrößen. Zum Beispiel werden im Interpolator die beiden Differentiationszeitkonstanten T_{d1} und T_{d2} zur Berechnung der Drehzahl und des Drehmoments benötigt. In diese Zeitkonstanten gehen konstruktive Größen wie Geberauflösung und mechanisches Trägheitsmoment ein, die der Interpolator aus den Maschinendaten ableitet.

Die Maschinendaten variieren in ihrer konkreten Ausprägung und in ihrem Umfang je nach Hersteller der jeweiligen Positioniersteuerung. Tabelle 11.2 zeigt einige häufig anzutreffende Maschinendaten.

Tabelle 11.2 Typische Maschinendaten, die der Positioniersteuerung übergeben werden müssen

Maschinendatum	Bedeutung
Achstyp	Linearachse oder Rotationsachse
Maximale Position	Begrenzung der Position in positive Fahrtrichtung
Minimale Position	Begrenzung der Position in negative Fahrtrichtung
Position Software-endschalter positiv	Auslösepunkt für einen Softwareendschalter, der bei Aktivierung eine Weiterfahrt in positiver Fahrtrichtung verhindert
Position Software-endschalter negativ	Auslösepunkt für einen Softwareendschalter, der bei Aktivierung eine Weiterfahrt in negativer Fahrtrichtung verhindert
Maximale Geschwindigkeit	Maximale Geschwindigkeit, mit der die Achse verfahren darf
Maximale Drehzahl	Maximale Drehzahl des Motors
Maximale Beschleunigung	Maximale Beschleunigung der Achse
Maximales Drehmoment	Maximales Drehmoment des Motors

Tabelle 11.2 Typische Maschinendaten, die der Positioniersteuerung übergeben werden müssen (Forts.)

Maschinendatum	Bedeutung
Maximaler Ruck	Maximale Drehmomentänderung des Motors
Gebertyp	Absolutwertgeber oder Inkrementalgeber
Auflösung Motorgeber	Inkremente je Umdrehung und Anzahl der Umdrehungen bei Absolutwertgebern
Auflösung Maschinengeber	Inkremente je Umdrehung und Anzahl der Umdrehungen bei Absolutwertgebern
Übersetzung Messgetriebe	Falls der Maschinengeber über ein Messgetriebe mit dem Maschinenelement verbunden ist
Getriebefaktor	Übersetzung des Motorgetriebes
Längeneinheit der Position	Festlegung der Maßeinheit für die Positionsvorgabe, z.B.: • 1 entspricht 0,1 mm • 1 entspricht 1/1000 Umdrehung
Referenzposition	Position, auf die die Lageerfassung bei Überfahren des Referenzpunkts gesetzt wird
Motorträgheit	Trägheitsmoment des Motors inklusive der Bremse
Fremdträgheit	Trägheit des mechanischen Systems (absolut oder auf die Motorwelle bezogen)

11.3.4 Lageerfassung, Lageaufbereitung und Referenzieren

Bezugssystem der Positioniersteuerung

Eine Positioniersteuerung arbeitet in einem definierten Bezugssystem. Das heißt, die von ihr verarbeiteten Lagesoll- und Lageistwerte beziehen sich auf ein mechanisches Element innerhalb der Achse. Prinzipiell ist es möglich, die Lageinformationen

- auf das zu positionierende Maschinenelement oder

- auf die Motorwelle

zu beziehen (Bild 11.12).

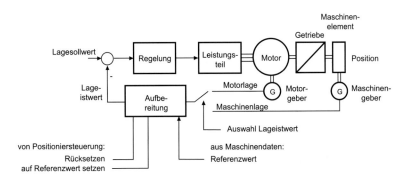

Bild 11.12 Lageerfassung mit Motorgeber oder Maschinengeber

286

Die einfachste Lösung besteht darin, das Bezugssystem entsprechend der Anordnung des Lagegebers zu wählen. Befindet sich der Lagegeber an der Motorwelle, beziehen sich alle Positionierbefehle auf die Motorwelle. Wird die Lage mit einem externen Maschinengeber erfasst, beziehen sich alle Lageinformationen auf das Maschinenelement, an dem der Geber angebracht ist.

Im Allgemeinen überschreitet der Verfahrbereich einer Achse den Messbereich des Lagegebers. Der vom Geber bereitgestellte Lageistwert muss deshalb so aufbereitet werden, dass er keine Sprünge im Verfahrbereich aufweist. Nur unter dieser Bedingung ist die Lageinformation innerhalb des Verfahrbereichs eindeutig.

Abbildung der Gebermesswerte auf den Verfahrbereich

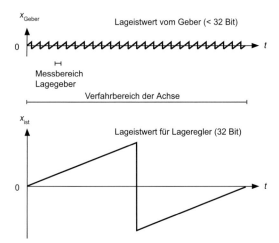

Bild 11.13 Aufbereitung des gemessenen Lageistwerts für den Lageregler

Diese Aufgabe übernimmt der Funktionsblock „Aufbereitung" (Bild 11.13). Er berechnet aus den vom Geber bereitgestellten Messwerten zyklisch die Lageänderung, die zwischen zwei Abtastzeitpunkten aufgetreten ist. Die Lageänderungen werden aufaddiert. Bei dieser Addition findet eine Erweiterung des Zahlenformats auf 32 Bit statt. Damit wird der darstellbare Zahlenbereich enorm vergrößert. Ein Überlauf findet jetzt erst nach mehreren Geberumdrehungen statt und der mögliche Verfahrbereich beträgt jetzt 2^{32}. Die Anzahl der möglichen Geberumdrehungen lässt sich wie folgt berechnen:

$$U = \frac{2^{32}}{A}$$

mit U: Anzahl der erfassbaren Umdrehungen
          A: Auflösung des Gebers in Ink./Umdrehung

Zum Beispiel umfasst der Verfahrbereich bei einem Geber mit einer Auflösung von 2048 Ink./Umdrehung $2^{32}/2048 = 2097152$ Umdrehungen.

Referenzieren des Lageistwerts

Erfolgt die Lagemessung mit einem inkrementellen Geber oder Single-Turn-Absolutwertgeber, ist nach dem Einschalten der Betriebsspannung die absolute Position der Achse nicht bekannt. Zum Beispiel kann ein linear verfahrbarer Werkzeugschlitten am Anfang, in der Mitte oder am Ende seines Verfahrbereichs stehen. Die absolute Position muss deshalb ermittelt werden, bevor der eigentliche Betrieb der Achse beginnen kann. Dies geschieht mit einer Referenzfahrt. Die Referenzfahrt ist ein besonderer Betriebsmodus der Positioniersteuerung, der einmalig nach dem Einschalten der Betriebsspannung durchlaufen wird.

Bei einer Referenzfahrt wird die Achse drehzahlgeregelt mit niedriger Geschwindigkeit in die definierte Referenzierrichtung verfahren. Bei der Beispielanwendung mit dem Werkzeugschlitten würde sich dieser z.B. nach links bewegen (Bild 11.14). Ein externer Sensor (z.B. eine Lichtschranke) erkennt, wenn die Achse ihre Referenzposition erreicht, und löst ein binäres Referenzsignal (Referenzimpuls) aus. Dieses Signal wird von der Aufbereitung ausgewertet. Erkennt sie das Referenzsignal, setzt sie den Lageistwert für den Lageregler auf den vom Anwender definierten Referenzwert und beendet die Referenzfahrt.

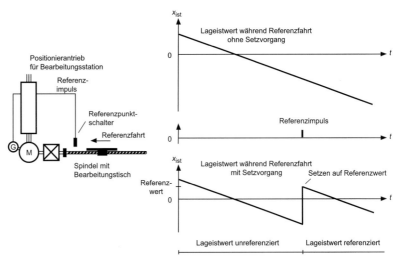

Bild 11.14 Referenzieren des Lageistwerts

Ausgehend von dieser Referenzlage addiert die Aufbereitung nachfolgend alle erkannten Lageänderungen auf und stellt so eine korrekte Absolutlage für den Lageregler bereit.

Muss die Referenzlage sehr exakt erfasst werden, kommt ein verfeinertes Verfahren zum Einsatz. Das binäre Signal des Referenzpunktschalters dient dann nur als Grobsignal zum Start der „Feinreferenzierung". Dabei wird nach Erkennen des Referenzsignales auf das Eintreffen des nächsten Nullimpulses vom Lagegeber gewartet. Dieser Nullimpuls löst dann das eigentliche Setzen des Lageistwerts auf den Referenzwert aus. Da der Nullimpuls die Lage wesentlich genauer erfasst als ein externer Schalter, kann bei diesem Verfahren die Referenzposition sehr präzise erkannt werden.

Hinweis: In einigen Anwendungen werden sehr ausgefeilte Referenzierabläufe verwendet. Sie ermöglichen es z.B., den Einfluss von Getriebespielen und Elastizitäten im mechanischen System zu kompensieren.

In der Praxis treten Positionieranwendungen auf, die einen unbegrenzten Verfahrbereich haben. Zum Beispiel wächst bei Walzenvorschüben, die immer nur in eine Richtung positionieren, der Lageistwert theoretisch unendlich.

Rücksetzen des Lageistwerts

Bei diesen Anwendungen ist der absolute Lageistwert nicht von Interesse, da nur relativ positioniert wird. Es bietet sich daher an, den Lageistwert mit jedem neuen Positionierauftrag auf 0 zurückzusetzen. Die Aufbereitung verfügt deshalb über einen Rücksetzeingang, der von der Positioniersteuerung angesteuert wird. Um unkontrollierte Regelbewegungen zu vermeiden, erfolgt gleichzeitig auch ein Rücksetzen des Lagesollwerts am Lagereglereingang auf 0.

Bild 11.15 verdeutlicht diese Zusammenhänge. In realen Vorschubbewegungen hätte der Lageistwert allerdings einen S-förmigen Verlauf und würde nicht linear ansteigen.

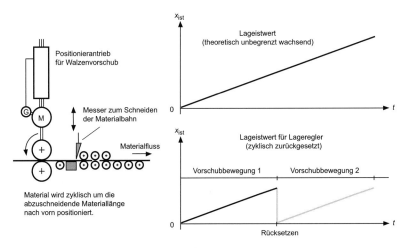

Bild 11.15 Zyklisches Zurücksetzen des Lageistwerts

11.4 Gleichlauf (Synchronisieren)

11.4.1 Anwendungen und Grundlagen

Gleichlaufanwendungen sind dadurch gekennzeichnet, dass sich zwei oder mehrere Maschinenelemente in einer festen Winkelrelation zueinander bewegen. Sie verhalten sich so, als wären sie durch ein mechanisches Getriebe miteinander verbunden. Da mechanische Getriebe je nach Ausführung zwischen Antriebs- und Abtriebsseite gleichförmig und ungleichförmig übersetzen können, unterscheidet man auch entsprechende Gleichlauffunktionen wie

- elektronisches Getriebe: $x_{Slave} = k \cdot x_{Master}$ und

- elektronische Kurvenscheibe: $x_{Slave} = f(x_{Master})$

Allen diesen Funktionen ist gemeinsam, dass von einer Leitachse (Masterachse) die Bewegungen einer oder mehrerer Folgeachsen (Slaveachsen) abgeleitet werden (Bild 11.16).

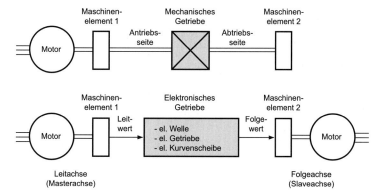

Bild 11.16 Analogie zwischen mechanischem und elektronischem Getriebe

Beispiele für typische Gleichlaufanwendungen sind:

- Winkelgleichlauf bei Kranbrücken
  Der rechte und linke Fahrantrieb einer Kranbrücke werden so synchronisiert, dass die Brücke nicht verkantet.

- Winkelgleichlauf bei Druckmaschinen
  Alle Druckwalzen werden so aufeinander synchronisiert, dass die einzelnen Druckfarben exakt übereinander gedruckt werden.

- Querschneider
  Eine Schneidwalze wird so auf eine kontinuierlich durchlaufende Warenbahn synchronisiert, dass das Material in Stücke mit definierter Länge geschnitten wird.

- Fliegende Säge, Quersiegler
  Eine Säge- oder Versiegelungseinrichtung fährt zeitweise mit einer kontinuierlich durchlaufenden Warenbahn mit und sägt sie dabei durch oder versiegelt sie (z.B. bei der Herstellung von Tüten aus Folienschläuchen)

Je nach Anwendung ergeben sich für die Master- und Slaveachse unterschiedliche Verfahrbereiche (Tabelle 11.3). Diese Unterschiede müssen bei der Aufbereitung der Lageinformationen berücksichtigt werden. Betroffen sind dabei sowohl der Lageistwert der Masterachse, der als Sollwert für die Slaveachse dient, als auch der Lageistwert der Slaveachse selbst.

Verfahrbereiche

Tabelle 11.3
Gleichlauffunktionen und zugehörige Verfahrbereiche der Slaveachse

Verfahrbereich Masterachse	Gleichlauffunktion für Slaveachse	Verfahrbereich Slaveachse	Beispiel
Begrenzt, Bewegung in beide Richtungen	El. Getriebe $x_{Slave} = k \cdot x_{Master}$	Begrenzt, Bewegung in beide Richtungen	Fahrwerk einer Kranbrücke
Unbegrenzt, Bewegung in eine Richtung	El. Getriebe $x_{Slave} = k \cdot x_{Master}$	Unbegrenzt, Bewegung in eine Richtung	Druckwerke in einer Druckmaschine
	El. Kurvenscheibe $x_{Slave} = f(x_{Master})$	Unbegrenzt, Bewegung in eine Richtung	Querschneider mit Schneidwalze
		Begrenzt, Bewegung in beide Richtungen	Fliegende Säge

11.4.2 Gleichlaufsteuerung

Der Gleichlauf zwischen der Slaveachse und der Masterachse wird von einer Synchronisier- bzw. Gleichlaufsteuerung (Bild 11.17) realisiert. Die Gleichlaufsteuerung wirkt auf den Antrieb der Slaveachse ein. Ihre Aufgabe besteht darin, aus dem von der Masterebene bereitgestellten Leitwert den Lagesollwert für den Lageregler der Slaveachse abzuleiten und den Servoantrieb entsprechend zu steuern. Dieser Prozess erfolgt kontinuierlich. Im Gegensatz zu einer Positioniersteuerung arbeitet eine Gleichlaufsteuerung nicht ablauforientiert, sondern besteht im Wesentlichen aus einer kontinuierlichen Signalaufbereitung.

Aufbau einer Synchronisiersteuerung

Innerhalb der Gleichlaufsteuerung sind verschiedene Stufen der Signalaufbereitung zu durchlaufen:

- In der *Leitwertgenerierung* wird entschieden, ob ein realer Leitwert von einem externen Master oder ein künstlicher Leitwert von einem virtuellen internen Master verwendet wird. Diese Auswahl wird einmalig getroffen und vom Anwender fest eingestellt.

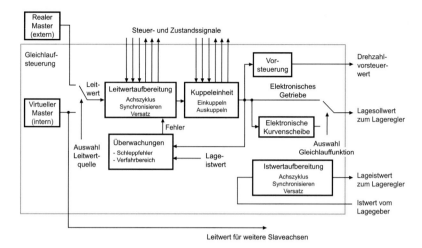

Bild 11.17 Funktionelle Bestandteile einer Synchronisiersteuerung

- In der *Leitwertaufbereitung* wird der Leitwert entsprechend der Anwendung umgeformt. Der Leitwert wird bei Bedarf auf einen bestimmten Achszyklus umgerechnet, referenziert und mit Versatzwerten (Offsets) beaufschlagt.

- In der *Kuppeleinheit* wird der Leitwert in Abhängigkeit von externen Steuersignalen angehalten (Auskuppeln), durchgereicht (Normalbetrieb) oder aus dem angehaltenen Zustand (Stillstand der Slaveachse) wieder in den veränderlichen Zustand überführt (Einkuppeln).

- In der *Sollwertaufbereitung* wird der eigentliche Lagesollwert für den Lageregler ermittelt. Je nach Betriebsart kommen die unterschiedlichen Berechnungsvorschriften für das elektronische Getriebe und die elektronische Kurvenscheibe zum Einsatz. Die Betriebsart wird vom Anwender vorgegeben.

- Die *Vorsteuerung* leitet aus dem Verlauf des Lagesollwerts einen Vorsteuerwert für die Drehzahl des Antriebs ab. Durch die Vorsteuerung des Lagereglers folgt die Slaveachse der Masterachse sehr genau und der Schleppfehler wird nahezu 0.

Realer und virtueller Master

Als Quelle des Leitwerts dient entweder ein realer oder virtueller Master (Bild 11.18).

- Bei einem *realen Master* ist die Quelle des Leitwerts ein anderer Antrieb oder ein externer Geber. Der Leitwert wird von einem Lagegeber erfasst und an die Gleichlaufsteuerung übertragen. Die Übertragung der Lageinformation erfolgt entweder
    - direkt (z.B. über eine Impulskette bei Impulsgebern) oder
    - indirekt über einen Feldbus.

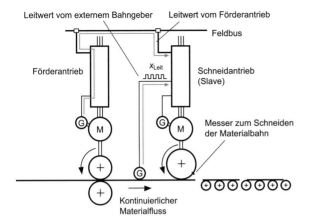

Bild 11.18 Leitwert von einem realen Master

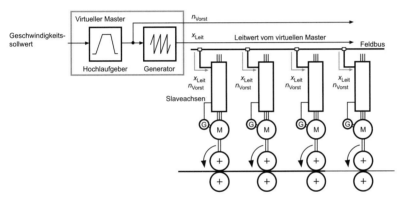

Bild 11.19 Leitwert von einem virtuellen Master

- Bei einem *virtuellen Master* wird der Leitwert in einem Generator künstlich erzeugt und an mehrere Slaveachsen weitergegeben. Im Ergebnis entsteht ein Gleichlauf zwischen den Slaveachsen (Bild 11.19).

Der Vorteil des virtuellen Masters liegt darin, dass bei einer totzeitbehafteten Übertragung über einen Feldbus alle Slaveachsen den Leitwert mit der *gleichen* Verzögerung erhalten. Damit entsteht kein Versatz zwischen den Slaveachsen. Außerdem liefert ein virtueller Master ideale Leitwerte, die frei von Verfälschungen sind. Geberfehler oder EMV-Probleme spielen bei der Gewinnung des zentralen Leitwerts keine Rolle. Insbesondere bei Druckmaschinen wird häufig der virtuelle Master eingesetzt.

Bei Anbindung des virtuellen Masters an einen Feldbus wird zusätzlich die Leitgeschwindigkeit an die Slaveachsen übertragen. Sie dient dort als Vorsteuerwert für die Drehzahl.

Der virtuelle Master ist häufig in einer Slaveachse untergebracht. Für diese Achse muss dann die Verzögerung, die sich bei Weitergabe des Leitwerts über den Feldbus ergibt, intern nachgebildet werden.

Leitwertaufbereitung, Normierung auf den Achszyklus

In der Slaveachse wird der Leitwert des Masters aufbereitet. Eine wichtige Rolle spielt dabei der Achszyklus. Er hat eine ähnliche Bedeutung wie der Verfahrbereich bei Positionieranwendungen.

Der Achszyklus Ink_{AZykl} ist eine anwendungsspezifische Größe. Er definiert die Länge des Bewegungsabschnitts, der sich in dieser Anwendung laufend wiederholt. Beispiele für solche anwendungsspezifischen Zyklen sind:

- die vollständige Umdrehung einer Druckwalze

- die vollständige Umdrehung eines Rades am Fahrwerk einer Kranbrücke

- der Durchlauf eines abzuschneidenden Materialstückes im Querschneider

- der Durchlauf eines abzuschneidenden Materialstückes bei der fliegenden Säge

Der Achszyklus wird im Bezugssystem des Leitwerts definiert (Bild 11.20). Innerhalb des Achszyklus muss der Leitwert eindeutig sein. Im Allgemeinen überschreitet der Achszyklus den Messbereich des Leitwertgebers. Der vom Leitwertgeber bereitgestellte Leitwert muss des-

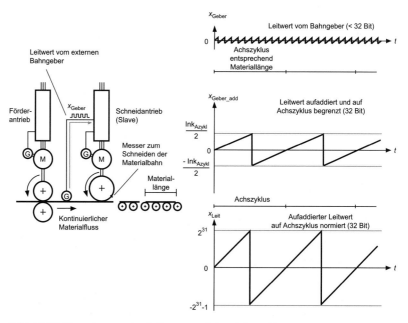

Bild 11.20 Normierung des Leitwerts auf den Achszyklus

halb so aufbereitet werden, dass er keine Sprünge im Achszyklus mehr aufweist. Nur unter dieser Bedingung ist die Lageinformation innerhalb des Achszyklus eindeutig.

Beispiel: Leitwerterfassung mit inkrementellem Bahngeber

Geberauflösung	4096 Ink./Umdrehung
Aus der Anwendung geforderter Achszyklus	$Ink_{Azykl} = 819200$ Ink. (entspricht 200 Geberumdrehungen)
Normierungsfaktor	$2^{32}/Ink_{Azykl} = 5242,88$
Wertebereich Leitwert (32 Bit)	$-2147483648 \leq x_{Leit} \leq 2147483647$

Jedes vom Geber in x_{Geber} gelieferte Inkrement bewirkt im Leitwert x_{Leit} einen Sprung von 5243 Inkrementen.

Nach dem Einschalten der Betriebsspannung beginnt die Erfassung und Aufbereitung des Leitwerts (Bild 11.21) mit einem undefinierten Startwert. Der Leitwert ist nicht auf das mechanische System referenziert.

Leitwertaufbereitung, Referenzieren des Leitwerts

Diese Aufbereitung erfolgt im Funktionsblock „Leitwertaufbereitung". Er berechnet aus dem vom Master bereitgestellten Leitwert zyklisch die Lageänderung, die zwischen zwei Abtastzeitpunkten aufgetreten ist. Die Lageänderungen werden aufaddiert. Überschreitet der aufaddierte Leitwert den Wert $Ink_{Azykl}/2$, wird Ink_{Azykl} abgezogen. Unterschreitet der aufaddierte Leitwert den Wert $-Ink_{Azykl}/2$, wird Ink_{Azykl} addiert. In diesem Verarbeitungsschritt findet eine Erweiterung des Zahlenformats auf 32 Bit statt. Damit wird der darstellbare Zahlenbereich enorm vergrößert. Der maximal mögliche Achszyklus beträgt 2^{32}.

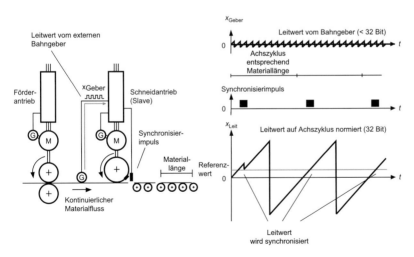

Bild 11.21 Synchronisieren des Leitwerts

Anschließend muss der Leitwert noch exakt auf den Achszyklus normiert werden. Das heißt, der auf 32 Bit erweiterte Leitwert wird mit dem Faktor $2^{32}/Ink_{Azykl}$ multipliziert. Damit entsteht ein Leitwert, der nach Durchlauf eines Achszyklus den gesamten mit 32 Bit darstellbaren Wertebereich ausnutzt.

Zum Beispiel ist bei einem Querschneider zum Einschaltzeitpunkt nicht bekannt, wie viel Material bereits gefördert wurde und an welchem Punkt innerhalb des Achszyklus sich der Prozess im Augenblick befindet. Ähnliche Effekte treten auf, wenn ein Schlupf zwischen Bahngeber und Materialbahn vorhanden ist. Aus diesem Grund muss der Leitwert regelmäßig auf das mechanische System referenziert werden. Dieser Vorgang hat eine ähnliche Funktion wie das Referenzieren bei Positionieranwendungen. Allerdings findet der Referenziervorgang bei Gleichlaufanwendungen nicht nur einmalig, sondern zyklisch statt. Man bezeichnet diesen Vorgang deshalb bei Gleichlaufanwendungen auch als Synchronisieren.

Ein externer Sensor (z.B. eine Lichtschranke oder ein BERO) erkennt den Synchronisierpunkt (z.B. eine Materialkante oder eine Referenzmarke). Dieses Signal wird von der Leitwertaufbereitung ausgewertet. Erkennt sie das Synchronisiersignal, setzt sie den Leitwert auf den vom Anwender definierten Referenzwert und setzt an diesem Referenzpunkt die Aufbereitung des Leitwerts fort. Dieser Vorgang wiederholt sich zyklisch. Unter praktischen Bedingungen sollten nur sehr kleine Korrekturen des Leitwerts erforderlich sein. Sind beim ersten Durchlaufen der Synchronisierposition z.B. nach dem Einschalten der Betriebsspannung größere Korrekturen erforderlich, setzt die Leitwertaufbereitung den Leitwert nicht schlagartig auf den Referenzwert, sondern führt ihn in einer zeitabhängigen Rampe auf den korrekten Wert. So werden Sollwertsprünge am Lageregler und abrupte Regelbewegungen vermieden.

Leitwertaufbereitung, Addition des Versatzes

In einigen Anwendungen soll das Bedienpersonal einer Maschine die Möglichkeit haben, den Bezug des Leitwerts zum mechanischen System manuell nachzujustieren. In diesem Fall wird zum Leitwert ein vom Bediener einstellbarer Offset oder auch Versatz statisch addiert. Dieser Wert wird z.B. über ein Drehpotentiometer oder einen Nummernschalter eingestellt, von der Gleichlaufsteuerung eingelesen und in der Leitwertaufbereitung verarbeitet.

Kuppeleinheit, Einkuppeln und Auskuppeln

Soll der Gleichlauf zwischen Master und Slave für einen oder mehrere Achszyklen unterbrochen werden, ist eine Ein- und Auskuppelfunktion erforderlich (Bild 11.22). Solche Anwendungen benötigt man zum Beispiel bei Ausschleusern, die fehlerhafte Produkte von einem Förderband stoßen.

Eine Auswerteeinrichtung erkennt die fehlerhaften Produkte und gibt einen Ausschleusimpuls an die Gleichlaufsteuerung. Diese generiert ein entsprechendes Signal zum Kuppeln der Achse. Ist die Achse nicht

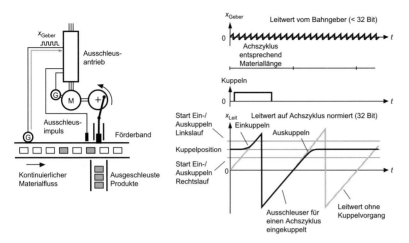

Bild 11.22 Ein- und Auskuppeln des Leitwerts

gekuppelt, wird der Leitwert auf dem Kuppelwert gehalten. Die Slave-achse erhält also einen konstanten Leitwert und verbleibt damit in Ruhe. Wird das Kupplungssignal aktiviert, führt die Gleichlaufsteuerung den Leitwert aus der Kuppelposition auf den ursprünglichen Verlauf. Wird das Kuppelsignal abgeschaltet, führt sie den Leitwert wieder in die Kuppelposition. Der Verlauf des Leitwerts beim Ein- und Auskuppeln wird über den Kuppelweg definiert. Der Kuppelweg ist der Weg zwischen dem Start- bzw. dem Endpunkt des Kuppelvorganges und der Kuppelposition. Erreicht der ursprüngliche Leitwert die definierten Startpunkte für den Ein- bzw. Auskuppelprozess, beginnt der Übergang aus bzw. in die Kuppelposition. Kurze Kuppelwege führen zu schnellen Ein- und Auskuppelbewegungen der Slaveachse. Diese Bewegungen werden mit zunehmender Geschwindigkeit der Masterachse immer dynamischer. Die Kuppelwege sind so zu dimensionieren, dass sie auch bei Maximalgeschwindigkeit der Masterachse von der Slaveachse ausgeführt werden können.

Beim elektronischen Getriebe wird der Leitsollwert unmittelbar als Lagesollwert verwendet. Bei der elektronischen Kurvenscheibe dient der Leitwert als Eingangsgröße für die Kurventabelle, aus der dann der eigentliche Lagesollwert für die Slaveachse gewonnen wird.

Elektronisches Getriebe und elektronische Kurvenscheibe

Auch bei Gleichlauffunktionen ist zu entscheiden, an welchem mechanischen Element innerhalb der Slaveachse der Lageistwert gewonnen wird. Prinzipiell ist es möglich, die Lage

Istwertaufbereitung, Lageerfassung

- an einem Maschinenelement oder
- an der Motorwelle

zu messen (Bild 11.23).

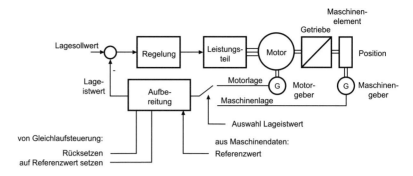

Bild 11.23 Lageerfassung mit Motorgeber oder Maschinengeber

Istwertaufberei-tung, Normierung auf den Achszyklus

Bei Gleichlauffunktionen liegt zwischen Master- und Slaveachse ein bestimmtes Übersetzungsverhältnis *i* vor. Dieses Übersetzungsverhältnis ergibt sich aus den Achszyklen der Masterachse und der Slaveachse. Ist der Achszyklus der Masterachse (des Leitwertes) definiert, wird durch anschließende Festlegung des Achszyklusses der Slaveachse (des Folgewertes) das gewünschte Übersetzungsverhältnis eingestellt. Dazu definiert der Anwender, welchen Weg die Slaveachse (bezogen auf den Maschinen- oder Motorgeber) innerhalb eines Achszyklus des Leitwerts zurücklegen soll. In der Istwertaufbereitung muss als Achszyklus die Anzahl der Inkremente eingegeben werden, die der Istwertgeber ausgeben soll, wenn der Leitwert einen vollen Achszyklus durchläuft.

Definiert man zwischen dem Leitwertgeber und dem Istwertgeber der Slaveachse (Folgewertgeber) ein Übersetzungsverhältnis

$$i = \frac{n_{\text{Leit}}}{n_{\text{Folge}}}$$

mit n_{Leit} Drehzahl des Leitwertgebers
 n_{Folge} Drehzahl des Folgewertgebers,

so gilt folgende Dimensionierungsgleichung:

$$\frac{\text{Ink}_{\text{Azykl}}}{\text{Ink}_{\text{Azykl\_Folge}}} = i \cdot \frac{A_{\text{Leit}}}{A_{\text{Folge}}}$$

mit A_{Leit} Auflösung des Leitgebers in Ink./U
 A_{Folge} Auflösung des Folgegebers in Ink./U

Damit lässt sich für jedes gewünschte Übersetzungsverhältnis *i* der Achszyklus für die Folgeachse berechnen.

Beispiel: Gleichlaufsteuerung mit zwei inkrementellen Gebern
(Bild 11.24)

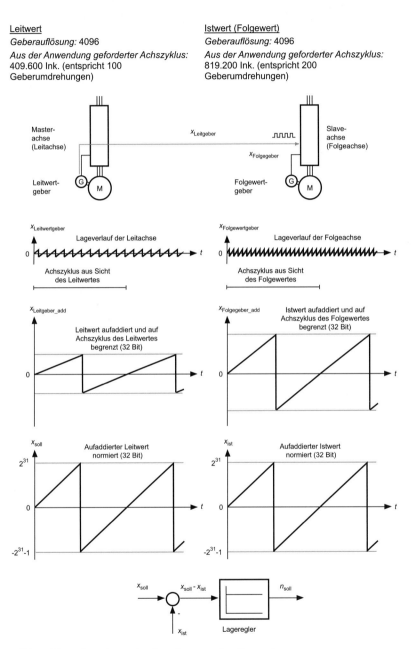

Leitwert
Geberauflösung: 4096
Aus der Anwendung geforderter Achszyklus:
409.600 Ink. (entspricht 100
Geberumdrehungen)

Istwert (Folgewert)
Geberauflösung: 4096
Aus der Anwendung geforderter Achszyklus:
819.200 Ink. (entspricht 200
Geberumdrehungen)

Bild 11.24 Aufbereitung des Lageistwerts der Slaveachse

Istwertaufbereitung, Referenzieren des Folgewerts

Ist die Master- oder die Slaveachse oder sind beide Achsen mit einem inkrementellen Geber ausgerüstet, sind beim Einschalten der Betriebsspannung die jeweiligen absoluten Positionen der Master- als auch der Slaveachse unbekannt. Die Aufbereitung der Lageinformationen beginnt dann im Allgemeinen mit einem Startwert $x = 0$. Damit ist der absolute Winkelversatz zwischen der Master- und der Slaveachse zum Startpunkt nicht ermittelbar. Master- und Slaveachse können beliebig gegeneinander verdreht sein. In vielen Gleichlaufanwendungen muss aber zwischen Master- und Slaveachse ein absoluter Versatz hergestellt werden. Deshalb müssen die Master- und Slaveachsen, die über keinen Absolutwertgeber verfügen, referenziert werden. Im Gegensatz zu einer Positioniersteuerung findet bei einer Gleichlaufregelung jedoch keine Referenzfahrt statt; das Referenzieren der Achsen erfolgt während des Betriebes. Für den Leitwert wurde die prinzipielle Vorgehensweise bereits erläutert.

Jede zu referenzierende Achse verfügt über einen externer Sensor (z.B. eine Lichtschranke), der den Referenzpunkt markiert. Wird der Referenzpunkt überfahren, generiert der jeweilige Sensor ein Referenzsignal.

- Das Referenzsignal der Masterachse wird in der Leitwertaufbereitung der Slaveachse,

- das Referenzsignal der Slaveachse wird in der Istwertaufbereitung der Slaveachse ausgewertet.

Wird das jeweilige Referenzsignal erkannt, werden Leitwert und Istwert (Folgewert) auf die vom Anwender definierten Referenzwerte gesetzt. Die Leit- und die Istwertaufbereitung setzen anschließend an den jeweiligen Referenzpunkten die Aufbereitung des Leit- und des Istwerts (Folgewertes) fort. Dieser Vorgang wiederholt sich bei jedem Überfahren der Referenzpunkte. Müssen beide Achsen, also Master- und Slaveachse, referenziert werden, erfolgt die Korrektur von Leitwert und Istwert immer erst dann, wenn beide Referenzpunkte überfahren wurden.

Um schlagartige Änderungen von Soll- und Istwert am Lageregler zu vermeiden, erfolgt die Korrektur des Leit- und des Istwerts über zeitabhängige Rampenfunktionen.

Hinweis: In praktischen Anwendungen können deutlich komplexere Referenzierverfahren zum Einsatz kommen.

Elektronische Kurvenscheibe

Bei elektronischen Kurvenscheiben wird der Lagesollwert für die Slaveachse nach einer mathematischen Funktion aus dem Leitwert abgeleitet. Diese mathematische Funktion wird mit Hilfe eines Kurvenscheibeneditors auf dem PC berechnet und als Tabelle in der Gleichlaufsteuerung abgelegt (Bild 11.25). Die Kurvenscheibentabelle enthält Wertepaare bestehend aus dem Leitwert und dem zugehörigen Folgewert. Jedes Wertepaar bildet einen Stützpunkt der Kurvenscheibe. Die Anzahl

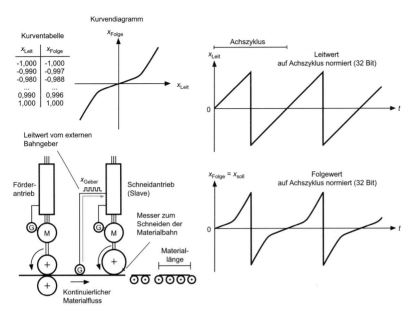

Bild 11.25
Verlauf des Lageistwerts der Slaveachse mit elektronischer Kurvenscheibe

der Stützpunkte ist begrenzt. Zwischen den Stützpunkten interpoliert deshalb die Gleichlaufsteuerung entweder linear oder mittels Splinefunktionen. Prinzipiell ist es auch möglich, die Kurvenscheibe in der Gleichlaufsteuerung in Echtzeit durch analytische Funktionen zu berechnen und nicht in Tabellen abzulegen. Diese Variante wird nachfolgend jedoch nicht weiter betrachtet.

Eingangsgröße für die Kurvenscheibe ist der auf den Achszyklus normierte Leitwert x_{Leit}. Zu jeder Winkelposition findet sich in der Kurvenscheibentabelle der zugehörige Folgewert x_{Folge}. Dieser ist auch auf den Achszyklus normiert und dient als Sollwert für den Lageregler. Der Lagemesswert der Slaveachse wird in der gleichen Weise wie beim elektronischen Getriebe auf den Achszyklus normiert und bildet den Istwert für den Lageregler.

Die Kurvenscheibentabelle muss so angelegt werden, dass es zu Beginn bzw. Ende eines Achszyklus zu keinen Sprüngen des Folgewerts kommt.

Das Referenzieren von Master- und Slaveachse erfolgt in der gleichen Weise wie beim elektronischen Getriebe. Oft ist bei elektronischen Kurvenscheiben die Slaveachse mit einem Absolutwertgeber ausgerüstet und muss nicht referenziert werden. So kann nach dem Einschalten der Betriebsspannung erkannt werden, ob sich die Slaveachse in einer kritischen Position befindet, die das Anfahren der Masterachse verbietet.

Referenzieren des Lageistwerts bei elektronischen Kurvenscheiben

Zum Beispiel darf beim Querschneider der Förderantrieb (Masterachse) nicht anlaufen, wenn das Messer der Schneidwalze (Slaveachse) im

Eingriff ist. Die Slaveachse muss dann erst in ihre Kuppelposition verfahren werden.

Kurvenscheiben-funktionen

Gleichlaufsteuerungen ermöglichen es, Kurvenscheibenfunktionen in verschiedenen Betriebsarten abzuarbeiten. Nachfolgend sind einige typische Betriebsarten aufgeführt. Die konkret unterstützten Betriebsarten sind der Herstellerbeschreibung zu entnehmen.

- Durchlauf der Kurvenscheibe

    - *Kontinuierliche Ausgabe* mit Rücksprung an den Tabellenanfang
      Bei der kontinuierlichen Ausgabe beginnt die Abarbeitung beim Erreichen des Tabellenendes wieder am Anfang der Tabelle. Es erfolgt ein automatischer Rücksprung.

    - *Diskontinuierliche Ausgabe* mit Stopp am Tabellenende
      Bei der diskontinuierlichen Ausgabe verharrt der Folgewert auf dem letzten Wert der Tabelle, wenn das Tabellenende erreicht wurde. Die Slaveachse kommt zum Stillstand. Ein Rücksprung auf den Anfang der Tabelle erfolgt erst durch ein entsprechendes externes Steuersignal.

- Relative und absolute Kurvenscheibe

    - Relative Bearbeitung einer Kurvenscheibe heißt, dass die Folgewerte als Änderung bezogen auf den aktuellen Lageistwert interpretiert werden. Beginnt ein neuer Achszyklus, wird der Lageistwert auf den ersten Folgewert der Kurvenscheibentabelle gesetzt. Die Kurvenscheibe startet damit an der aktuellen Istposition der Slaveachse. Relative Kurvenscheiben treten häufig bei durchlaufenden Slaveachsen auf.

    - Bei absoluter Interpretation dient der Folgewert als Sollwert für den Lageregler. Absolute Kurvenscheiben sind oft bei Linearachsen mit zyklischen Bewegungen sinnvoll.

- *Parallele Kurvenscheiben*
  In vielen Bewegungssteuerungen sind mehr als eine elektronische Kurvenscheibe (Tabelle) hinterlegt. Die Gleichlaufsteuerung kann oft mehrere Tabellen parallel speichern und bei Bedarf zwischen diesen Tabellen umschalten. Parallele Tabellen werden benötigt für:

    - Umschaltung auf verschiedene Produktformate
    - Nachladbarkeit von Tabellen während der Bearbeitung
    - Verkettung von Tabellen

Steuer- und Zustandssignale

Über ihre Steuer- und Zustandssignale wird die Gleichlaufsteuerung in eine Automatisierungslösung eingebunden. Die Steuer- und Zustandssignale sind im Allgemeinen herstellerspezifisch. Einige häufig anzutreffende Signale sind in Tabelle 11.4 aufgeführt.

Neben diesen Signalen der Gleichlaufsteuerung sind in einer Gesamtlösung auch noch die Zustandssignale der Masterachse sowie die Steuer-

Tabelle 11.4
Typische Steuer- und Zustandssignale einer Synchronisiersteuerung

Steuersignale	Zustandssignale
Start Synchronisieren	Achse ist synchron
Tippen vorwärts	Achse fährt vorwärts
Tippen rückwärts	Achse fährt rückwärts
Auswahl Leitwertquelle, Betriebsart, Kurvenscheibe (mehrere Bits)	Achse ist referenziert
Einkuppeln, Auskuppeln	Einkuppeln läuft
Freigabe virtueller Master	Auskuppeln läuft
Start virtueller Master	Virtueller Master im Hochlauf
Virtuellen Master auf Startwert setzen	Virtueller Master auf Sollgeschwindigkeit
Quittieren	Virtueller Master im Rücklauf

und Zustandssignale des Servoantriebs in der Slaveachse zu berücksichtigen und in der überlagerten Steuerung zu verarbeiten.

Bei Gleichlaufsteuerungen wird die Slaveachse bezüglich der Bewegungsausführung überwacht: **Fehlerüberwachung**

- Die *Schleppfehlerüberwachung* löst eine Fehlermeldung aus, wenn der Lageistwert der Slaveachse zu stark vom Lagesollwert abweicht. Das Ansprechen der Schleppfehlerüberwachung deutet auf eine Überlastung der Slaveachse hin. Entweder ist sie mechanisch blockiert oder ihr Beschleunigungsvermögen reicht bei schnellen Geschwindigkeitsänderungen nicht aus.

- Die *Überwachung der Endlagenschalter* wird bei Linearachsen mit einem begrenzten Verfahrbereich eingesetzt (z.B. Quersiegler). Werden Endschalter überfahren, deutet das auf Fehler in der Istwerterfassung, der Referenzpunktermittlung oder ein unzulässiges Überschwingen der Achse aufgrund von Überlast oder fehlerhafter Regleroptimierung hin.

Bei Gleichlauffunktionen wird der Lagesollwert der Slaveachse aus dem   **Vorsteuerung**
Leitwert der Masterachse abgeleitet. Die Vorsteuerung generiert aus dem Lagesollwert einen Vorsteuerwert für die Drehzahl des Servoantriebs in der Slaveachse. Die Berechnung des Vorsteuerwerts erfolgt durch Differentiation des Lagesollwertes (Bild 11.26).

Bei Anwendungen mit elektronischem Getriebe wird der Vorsteuerwert oft sogar vom Master selbst bereitgestellt und parallel zum Leitwert an die Slaveachse übertragen. In diesem Fall kann die Berechnung des Vorsteuerwerts in der Slaveachse entfallen.

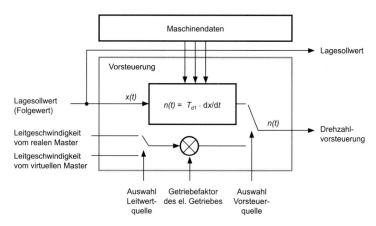

Bild 11.26 Ableitung eines Vorsteuerwerts für die Drehzahl

11.4.3 Maschinendaten

Gleichlaufsteuerungen benötigen wie die Positioniersteuerungen auch Informationen über den konstruktiven Aufbau der Slaveachse. Diese konstruktiven Parameter der Achse werden vom Anwender in den Maschinendaten abgelegt.

Grundsätzlich unterscheiden sich die Maschinendaten bei Gleichlauf- und Positioniersteuerungen nicht. Es sei deshalb an dieser Stelle auf Abschnitt 11.3.3 bei den Positionieranwendungen verwiesen.

11.5 Motion Control mit PLCopen

Veranlassung für PLCopen

Für die Programmierung von Motion-Control-Funktionen stellen die Hersteller von Positionier- und Gleichlaufsteuerungen Programmiertools und zugeschnittene Programmiersprachen zur Verfügung. Manchmal handelt es sich dabei nicht einmal um Programmiersprachen, sondern es werden lediglich Parameter zur Anpassung vorgefertigter Funktionen angeboten. Leider sind die angebotenen Lösungen untereinander kaum kompatibel. Ist ein Anwender gezwungen, den Hersteller zu wechseln, ist die bereits vorhandene Software nicht wiederverwendbar, sondern muss noch einmal erstellt werden.

Eine Reihe von Herstellern und Anwendern hat mit der PLCopen eine internationale Organisation ins Leben gerufen, die die Anwendung und Verbreitung der Programmierung nach IEC 61131-3 für Motion Control forcieren soll. Ziel ist es, Anwenderprogramme zwischen Steuerungen unterschiedlicher Hersteller übertragen zu können.

Bausteine für PLCopen

Die Programmierung auf Basis von PLCopen erfolgt mit Funktionsbausteinen (Bild 11.27). Diese werden im Funktionsplan platziert und an ihren Ein- und Ausgängen mit anderen Funktionsbausteinen verschaltet.

Die anderen Funktionsbausteine sind entweder weitere Bausteine nach PLCopen oder Bausteine des Steuerungsprogramms. Die PLCopen-Bausteine fügen sich damit organisch in das vom SPS-Programmierer erstellte Programm ein; die herstellerspezifischen Details der Soft- und Hardware werden nicht sichtbar.

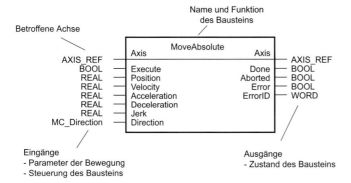

Bild 11.27 Beispiel für einen Motion-Control-Baustein in PLCopen

Die durch PLCopen definierten Bausteine umfassen jeweils Einzelachs- und Mehrachsbausteine für

- die *Verwaltung* (Anlauf nach Power on, Setzen, Rücksetzen usw.) und

- die eigentliche *Bewegungsausführung* (Positionieren und Gleichlauf).

Für Einzelachsen sind zum Beispiel folgende Bausteine definiert:

MoveAbsolute	Führt eine Bewegung zu einer definierten Absolutposition aus.
MoveRelative	Führt eine Bewegung über eine definierte Entfernung aus (Relativbewegung).
MoveSuperimposed	Führt eine relative Bewegung zusätzlich zu einer bereits aktiven Bewegung aus.
MoveContinuous	Führt eine relative Bewegung aus, die mit einer definierten Geschwindigkeit endet. Diese Bewegungen können aneinandergereiht werden.
MoveVelocity	Führt eine dauerhafte Bewegung mit einer definierten Geschwindigkeit aus.
Home	Referenziert die Achse.
Stop	Bricht die Bearbeitung der Funktionsbausteine einer Achse ab und blockiert alle Bewegungen einer Achse.
Power	Schaltet Achsen ein oder aus.

ClearPendingActions	Löscht alle anstehenden MoveContinuous-Befehle mit Ausnahme des gerade aktiven Befehls.
ReadStatus	Meldet den Zustand einer Achse.
ReadAxisError	Gibt Fehlermeldungen einer Achse aus.
ReadParameter	Gibt die herstellerspezifischen Parameter aus.
WriteParameter	Setzt die herstellerspezifischen Parameter auf bestimmte Werte.
ReadActualPosition	Gibt die aktuelle Position aus.
PositionProfile	Führt ein Bewegungsprofil nach einer Positions-Zeit-Funktion aus.
VelocityProfile	Führt ein Bewegungsprofil nach einer Geschwindigkeits-Zeit-Funktion aus.
AccelerationProfile	Führt ein Bewegungsprofil nach einer Beschleunigungs-Zeit-Funktion aus.

Neben den Bausteinen selbst, deren Anzahl die PLCopen-Organisation stetig erweitert, definiert PLCopen auch die Zustände und die Zustandsübergänge der Bewegungssteuerung. Damit können bestimmte Kommandos nur in bestimmten Zuständen wirksam werden. Folgende Zustände sind möglich:

- *Standstill*

- *Stopping*

- *ErrorStop*

- *Homing*

- *Discrete motion*

- *Continuous motion*

- *Synchronized motion*

Die betroffene Achse befindet sich immer in einem dieser Zustände. Durch entsprechende Kommandos (Aktivierung der Funktionsbausteine) wechseln die Zustände.

Die Programmierung mit PLCopen wird vorwiegend in speicherprogrammierbaren Steuerungen eingesetzt. Mit der Verlagerung von Steuerungsbaugruppen in elektrische Antriebe wird PLCopen zukünftig aber auch Einzug in die Servoantriebe halten.

Bild 11.28 (Quelle: PLCopen) zeigt ein einfaches Programmierbeispiel mit zwei Positionierbausteinen. Jeder Baustein entspricht einem Positionierbefehl.

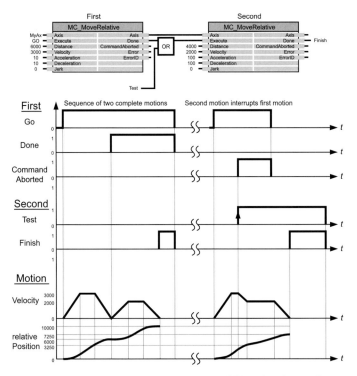

Bild 11.28 Sequenzielle Abarbeitung von Befehlen durch Anreihung von Funktionsbausteinen, Bildquelle PLCopen

11.6 Sicherheitsfunktionen in elektrischen Antrieben

11.6.1 Anwendungen und Grundlagen

In modernen Be- und Verarbeitungsmaschinen werden elektronisch ko- ordinierte Einzelantriebe eingesetzt. Diese Antriebe führen zu Gefahr bringenden Bewegungen, vor denen Menschen geschützt werden müs- sen. Insbesondere bei manuellen Eingriffen in die Maschine, wie sie bei Störfällen oder im Einrichtbetrieb auftreten, sind Schutzmaßnahmen erforderlich. Unerwartete und unkontrollierte Bewegungen müssen verhindert werden. Diese Schutzmaßnahmen werden als Maßnahmen zur „funktionalen Sicherheit" bezeichnet.

Beispiel für eine Sicherheitsfunktion: Bei offener Schutztür darf der An- trieb nicht drehen und kein Drehmoment entwickeln.

Bei Maschinen mit einem Zentralantrieb wird das Antriebssteuergerät oder der Motor bei Bedarf elektrisch vom Netz getrennt und damit eine Bewegung des Motors verhindert. Prinzipiell ist dieser Ansatz auch bei elektronisch koordinierten Einzelantrieben anwendbar. Die Trennung vom Netz ist aber kostenintensiv und auch nicht bei allen Anwendun-

Antriebsvereinze- lung und dezen- trale Sicherheits- funktionen

307

gen gewünscht oder möglich. Oft sind manuelle Eingriffe bei laufender Maschine erforderlich. Beispiele dafür sind das Einführen von Material in Kalanderwalzen oder das schrittweise Verfahren von Druckwalzen, wenn sie manuell gereinigt werden.

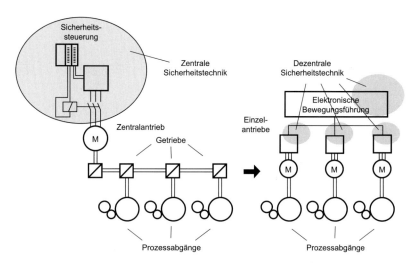

Bild 11.29 Dezentralisierung der Sicherheitsfunktionen

Mit der Vereinzelung der Antriebe einher geht auch die Vereinzelung der Sicherheitsfunktionen (Bild 11.29). Die Sicherheitsfunktionen werden auf verschiedene Komponenten der Automatisierungslösung einschließlich der Feldbusse und Antriebe verteilt. Erst im Zusammenspiel der Einzelfunktionen entsteht die eigentliche Sicherheitsfunktion zum Schutz des Bedienpersonals.

Zuverlässigkeit von Sicherheitsfunktionen

Sicherheitsfunktionen müssen eine hohe Zuverlässigkeit aufweisen. Durch zufällige und systematische Fehler darf es nicht zum Ausfall der Sicherheitsfunktion kommen.

Beispiel: Ein Verschmelzen des Meldekontakts an der Schutztür darf nicht dazu führen, dass bei geöffneter Schutztür der Antrieb anlaufen kann.

Die notwendige Zuverlässigkeit der Sicherheitsfunktionen einer Maschine ergibt sich aus einer Risikobetrachtung. Betrachtet wird dabei,

- wie oft gefährliche Situationen auftreten und

- welcher Schaden durch ein Versagen der Sicherheitsfunktion verursacht wird.

Anhand dieser Betrachtung werden die Sicherheitsfunktionen klassifiziert und einem Safety Integrity Level (SIL) zugeordnet. Die SIL-Kategorie gibt die Versagenswahrscheinlichkeit einer Sicherheitsfunktion an.

In der internationalen Norm IEC 61508 Functional Safety sind 4 Kategorien (SIL 1 bis SIL 4) definiert (Tabelle 11.5).

Tabelle 11.5 SIL-Kategorien

Kategorie	Versagenswahrscheinlichkeit der Sicherheitsfunktion
SIL 1	10^{-2} to 10^{-1}
SIL 2	10^{-3} to 10^{-2}
SIL 3	10^{-4} to 10^{-3}
SIL 4	10^{-5} to 10^{-4}

Je höher die SIL-Kategorie einer Sicherheitsfunktion ist, umso unwahrscheinlicher ist, dass diese Sicherheitsfunktion versagt.

Das Erreichen einer bestimmen Zuverlässigkeitsstufe (SIL-Level) wird von den nationalen Überwachungsbehörden im Rahmen einer Maschinenabnahme geprüft. Um die notwendige Zuverlässigkeitsstufe aufwandsarm zu erreichen und den Nachweis gegenüber der Überwachungsbehörde zu vereinfachen, sind immer mehr elektrische Antriebe bereits mit integrierten Sicherheitsfunktionen ausgestattet. Sie müssen nur noch in der vom Hersteller angegebenen Weise verwendet und entsprechend in die Automatisierungslösung eingebunden werden, um die gewünschte SIL-Kategorie zu erreichen.

Hinweis: Die hier beschriebenen Sicherheitsfunktionen betreffen die funktionale Sicherheit, konkret den Schutz vor gefährlichen Bewegungen. Der Schutz vor gefährlichen Strömen und Spannungen ist zusätzlich sicherzustellen.

Anstelle der trennenden Schutzeinrichtungen und des vom Netz freigeschalteten Antriebs sind intelligentere Sicherheitsfunktionen notwendig, die die notwendige Zuverlässigkeit aufweisen. Folgende Sicherheitsfunktionen wurden definiert:

Integrierte Sicherheitsfunktionen

• Sichere Impulssperre

• Sichere Bewegungsfunktionen

  – Sicherer Betriebshalt

  – Sicheres Stillsetzen

  – Sicher reduzierte Geschwindigkeit/Drehzahl

  – Sicher begrenztes Schrittmaß

  – Sicher begrenzte Absolutlage

  – Sichere Begrenzung von Drehmoment und Kraft

Sie lösen die trennenden Schutzeinrichtungen bei Zentralantrieben ab. Die Bezeichnung und konkrete Ausführung der Funktionen ist herstellerspezifisch und muss in den entsprechenden Unterlagen nachgelesen werden.

11.6.2 Funktion „Sichere Impulssperre"

Bei der Funktion „Sichere Impulssperre" wird die Energieversorgung zum Motor sicher unterbrochen. Der Antrieb entwickelt kein Drehmoment und erzeugt somit keine gefährlichen Bewegungen mehr. Diese Funktion wird durch Sperrung der Ansteuerimpulse an den Leistungshalbleitern im Stellgerät des Antriebs erreicht. Je nach Art der Realisierung sind unterschiedliche SIL-Kategorien erreichbar. Für SIL 3 ist im Allgemeinen eine 2-kanalige Sperrung der Impulse auf getrennten Wegen (Abschaltpfaden) und ein Mechanismus zur Aufdeckung von Fehlern in den beiden Abschaltpfaden erforderlich. Bild 11.30 zeigt eine mögliche Realisierungsvariante.

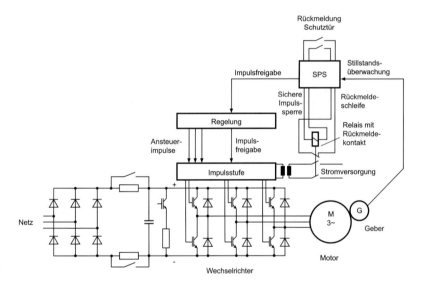

Bild 11.30 Beispiel für die Anwendung der Funktion „Sichere Impulssperre"

Eine fehlersichere SPS überwacht die Stellung einer Schutztür an einer Maschine. Ist die Schutztür geöffnet, darf der Asynchronmotor nicht anlaufen. Der Anlauf wird durch die Sperrung der Impulse im Wechselrichter erreicht. Die Sperrung der Impulse erfolgt auf 2 verschiedenen Abschaltpfaden:

1. Über die Wegnahme des Signals „Impulsfreigabe" sperrt die SPS über die Regelung des Frequenzumrichters die Ansteuerimpulse für die Leistungshalbleiter.

2. Über das Signal „Sichere Impulssperre" unterbricht die SPS die Stromversorgung für die Impulsstufe des Wechselrichters. Damit

können die Leistungshalbleiter des Wechselrichters nicht mehr angesteuert werden.

Die Überwachung der beiden Abschaltpfade zur Aufdeckung „schlafender" Fehler wird durch folgende Maßnahmen erreicht:

1. Nach Wegnahme des Signals „Impulsfreigabe" muss der Antrieb in einer bestimmten Zeit zum Stillstand kommen. Der Stillstand wird durch die SPS über die Auswertung der Gebersignale erkannt. Tritt der Stillstand nicht innerhalb der definierten Zeit ein, liegt offensichtlich ein Versagen des Abschaltpfades über das Signal „Impulssperre" vor. Dieser Test wird im Rahmen der Maschinenfunktionen z.B. bei jedem Stillsetzen durchgeführt.

2. Der Abschaltpfad „Sicherer Halt" wird durch das Rücklesen eines Rückmeldekontakts im Abschaltrelais des Wechselrichters überwacht. Das Abschaltrelais besitzt zwangsgeführte Kontakte, so dass der Rückmeldekontakt gemeinsam mit den Hauptkontakten schaltet. Dieser Test wird im Rahmen der Maschinenfunktionen z.B. vor jedem Anfahren durchgeführt.

Die Realisierung der dargestellten Sicherheitsfunktion erfordert das Zusammenwirken von Antrieb und Steuerung. Der Antrieb erleichtert die Realisierung dieser Sicherheitsfunktion, indem er den 2. Abschaltpfad inklusiv Rückmeldekontakt zur Verfügung stellt.

11.6.3 Sichere Bewegungsfunktionen

Neben der Funktion „Sicherer Halt" bieten Antriebe zunehmend auch sichere Bewegungsfunktionen an. Sie begrenzen den Bewegungsbereich, die Verfahrgeschwindigkeit und das Drehmoment von Antrieben so, dass keine unzulässige Gefährdung des Bedienpersonals einer Maschine auftritt. Die folgende Übersicht zeigt die wichtigsten sicheren Bewegungsfunktionen.

Die Funktion „Sicherer Betriebshalt" dient zur Überwachung der Stillstandsposition eines Antriebs, der sich im drehzahl- oder lagegeregelten Zustand befindet. — „Sicherer Betriebshalt"

Anwendungsbeispiel

Zum Ausmessen von Werkstücken muss die Schutztür in einer Fräsmaschine geöffnet werden. Ein Ab- und Wiederzuschalten des Fräsantriebs würde zu einem Verlust der augenblicklichen Position führen und die Genauigkeit der Bearbeitung verschlechtern. Der Antrieb muss im lagegeregelten Zustand verbleiben.

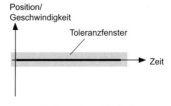

Sicherer Betriebshalt

Die Funktion „Sicheres Stillsetzen" dient zur Überwachung des Geschwindigkeitsverlaufs nach einer Stoppanforderung. Erwartet wird, — „Sicheres Stillsetzen" dass sich die Geschwindigkeit in einer bestimmten Zeit verringert und der Antrieb zum Stillstand kommt.

Anwendungsbeispiel

Nach dem Öffnen einer Schutztür muss der Antrieb so schnell zum Stillstand kommen, dass keine Gefährdung des Bedieners auftritt.

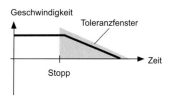

Sicheres Stillsetzen

„Sichere Geschwindigkeit"

Die Funktion „Sichere Geschwindigkeit" dient zur sicheren Begrenzung der Geschwindigkeit bzw. Drehzahl eines Antriebs.

Anwendungsbeispiel

Beim Einrichten einer Maschine oder Einführen einer Materialbahn in ein Walzenpaar darf der Antrieb nur so schnell drehen, dass keine Gefährdung des Bedieners auftritt.

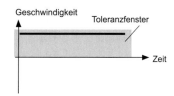

Sichere Geschwindigkeit

„Sicher begrenztes Schrittmaß"

Die Funktion „Sicher begrenztes Schrittmaß" dient zur Überwachung der Positionsänderung eines Antriebs nach einem Startbefehl. Ein vorgegebenes Schrittmaß darf nicht überschritten werden. Nach Erreichen des gewünschten „Schrittes" wird eine „Sichere Impulssperre" oder ein „Sicherer Betriebshalt" wirksam.

Anwendungsbeispiel

Beim manuellen Reinigen von Druckwalzen dürfen diese sich nach Anwahl durch den Bediener immer nur um einen bestimmten Winkelschritt drehen. Der Bediener kann dadurch nicht in die Walzen gezogen werden.

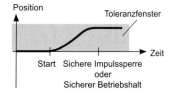

Sicher begrenztes Schrittmaß

„Sicher begrenzte Absolutlage"

Die Funktion „Sicher begrenzte Absolutlage" überwacht die Position eines Antriebs auf Überschreitung der zulässigen Endpositionen.

Anwendungsbeispiel

Ein Regalbediengerät wird sicher in seinem Verfahrbereich in einem Teil der Regalgasse begrenzt. So können im anderen Teil der Regalgasse Umrüstarbeiten stattfinden.

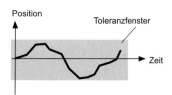

Sicher begrenzte Absolutlage

312

Die Funktion „Sicher begrenztes Drehmoment" überwacht das Drehmoment eines Antriebs auf Überschreitung zulässiger Maximalwerte. Die Gefährdung durch eine gefahrbringende Kraft wird dadurch begrenzt.

Anwendungsbeispiel

Drehtüren oder Walzen können per Hand festgehalten werden und verursachen keine Verletzungen.

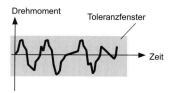

Sicher begrenztes Drehmoment

Erkennt der Antrieb einen Fehler bei der Bearbeitung der sicheren Bewegungsfunktionen, löst er eine „Sichere Impulssperre" aus.

Für sichere Bewegungsfunktionen werden zum Erreichen von SIL 3 in der Regel 2-kanalige Rechnerstrukturen verwendet. Um „schlafende" Fehler aufzudecken, führen beide Rechner neben Selbsttests auch einen kreuzweisen Vergleich der sicherheitsrelevanten Daten durch. Die 2-kanalige Rechnerstruktur wird in der Praxis unterschiedlich umgesetzt. Die beiden Rechner können in einem Antriebsgerät oder verteilt in Antrieb und Steuerung angeordnet sein.

Die Messung der Motorbewegungen und der Achspositionen geschieht oft 2-kanalig über 2 Geber. Sind in den Steuerungen entsprechende Methoden implementiert, kann in einigen Fällen auch auf einen Geber verzichtet werden. Die in den Gebern erzeugten Signale und damit alle Überwachungen für Geschwindigkeit, Positionen, Endlagen, Nocken werden damit 2-kanalig durchgeführt und garantieren so die geforderte hohe Zuverlässigkeit.

Alle sicheren Eingänge, die zum Beispiel zur Anwahl der sicherheitsrelevanten Maschinenfunktionen wie „sicher reduzierte Geschwindigkeit" usw. dienen, sind ebenfalls 2-kanalig vorhanden. Sicherheitsrelevante Eingänge mit langsamen oder seltenen Signalwechseln werden durch erzwungene Signalwechsel (Zwangsdynamisierung) überprüft. Der Test der Ausgänge erfolgt in regelmäßig erforderlichen Stoppzuständen (Teststopps).

11.6.4 Sichere Feldbusse

In modernen Automatisierungslösungen werden auch sicherheitsgerichtete Signale über Feldbusse übertragen. Z.B. werden Not-Aus-Schalter am AS-Interface betrieben oder an fehlersicheren dezentralen Peripheriebaugruppen angeschlossen. Das Not-Aus-Signal muss dann über den Feldbus an die sichere SPS übertragen werden.

Ähnliche Konstellationen gibt es auch mit elektrischen Antrieben. Die Signale zur Aktivierung der integrierten Sicherheitsfunktionen müssen z.B. nicht direkt an den Klemmen des Antriebs aufgelegt, sondern können auch mittels Feldbus übertragen werden. Damit besteht die Anforderung, dass auch die Signalübertragung im Feldbus entsprechend der benötigten SIL-Kategorie eine hohe Zuverlässigkeit aufweist.

In der Praxis werden zwei Realisierungsvarianten für sicherheitsgerichtete Feldbusse verfolgt:

- Speziell zugeschnittene Feldbusse ermöglichen die Übertragung von sicherheitsgerichteten Daten. Diese Busse sind meist herstellerspezifisch.

- Universelle Feldbusse bieten ein spezielles sicherheitsgerichtetes Applikationsprofil an (z.B. Profisafe bei PROFIBUS und PROFINET). Über spezielle Zusatzinformationen werden
  - Datenverfälschungen,
  - fehlende Telegramme,
  - eingefügte Telegramme,
  - mehrfach gesendete Telegramme,
  - vom falschen Absender gesendete Telegramme und
  - der Ausfall des Kommunikationspartners

  erkannt.

Bei einem Fehler in der sicheren Datenübertragung geht der Antrieb in den sicheren Zustand über. Der sichere Zustand entspricht im Allgemeinen der „sicheren Impulssperre".

12 EMV in der elektrischen Antriebstechnik

12.1 Grundlagen

12.1.1 Veranlassung und Begriffsdefinition

Die Gefahr sporadischer Ausfälle elektronischer Systeme aufgrund elektromagnetischer Störeinwirkungen hat in der Vergangenheit stark zugenommen. Dafür sind zwei Ursachen verantwortlich:

1. Die Anzahl und Energie der potentiellen Störquellen steigt, weil
   - die Anzahl elektronischer Geräte und damit der Störquellen zunimmt,
   - die Anzahl der Geräte mit Leistungselektronik wächst und damit der Energiepegel der Störquellen steigt und
   - die Schaltgeschwindigkeit der Leistungshalbleiter steigt.

2. Die Anzahl und Empfindlichkeit der potentiellen Störsenken steigt, weil
   - die Leistungsaufnahme der signalverarbeitenden Elektronik sinkt und sie damit anfälliger für Störungen wird und
   - mikroprozessorgesteuerte digitale Systeme zunehmen und bereits eine einmalige Störung zu fehlerhaften Zuständen führen kann.

Um diesem Trend entgegenzuwirken und technisch beherrschbar zu machen, entstand das Fachgebiet der Elektromagnetischen Verträglichkeit (EMV). Es **EMV als Fachgebiet**

- befasst sich mit der unbeabsichtigten Beeinflussung elektrischer und elektronischer Geräte und Komponenten (Bild 12.1),

- erklärt die Beeinflussungsmechanismen und

- definiert Maßnahmen zur Minimierung der unbeabsichtigten Beeinflussungen, so dass diese nicht zu Störungen führen.

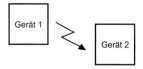

Bild 12.1 Elektromagnetische Beeinflussung

EMV als Eigenschaft

Die Elektromagnetische Verträglichkeit (EMV) als Eigenschaft beschreibt die Fähigkeit von elektrischen Einrichtungen, in einer elektromagnetischen Umgebung hinreichend gut zu funktionieren und elektromagnetische Störgrößen nur in dem Maße auszusenden, dass andere elektrische Einrichtungen in ihrer Funktion nicht wesentlich beeinträchtigt werden.

Mit dieser Definition sind bereits die möglichen Maßnahmen zur Vermeidung von Unverträglichkeiten benannt:

- die Störemission der Störquelle verringern

- die Störempfindlichkeit der Störsenke erhöhen

- den Koppelmechanismus unterbrechen

12.1.2 EMV-Beeinflussungsmodell

Alle Betrachtungen zur EMV gehen von einem Beeinflussungsmodell aus. Es definiert

- die beteiligten elektrischen Einrichtungen als Störquelle und Störsenke sowie

- die Art und Weise ihrer Beeinflussung als Koppelmechanismus.

Eine Störquelle sendet eine elektromagnetische Störgröße aus. Diese wird über einen Koppelmechanismus zu einer Störsenke übertragen und führt dort zu einer elektromagnetischen Störbeeinflussung. Eine elektromagnetische Störbeeinflussung ist eine nicht beabsichtigte elektromagnetische Wirkung. Findet die Beeinflussung innerhalb eines Geräts statt, spricht man von systemeigener Beeinflussung. Beeinflussungen zwischen zwei Geräten werden als systemfremde Beeinflussungen bezeichnet.

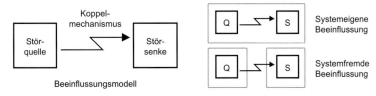

Bild 12.2 Beeinflussungsmodell

Elektrische Antriebe als Störquelle und Störsenke

Systemeigene Beeinflussungen werden vom Hersteller unterhalb kritischer Schwellen gehalten und müssen nicht weiter betrachtet werden. Systemfremde Beeinflussungen entstehen durch die Kombination elektrischer Geräte und äußern sich erst während der Inbetriebnahme oder im Betrieb von Maschinen und Anlagen. Durch entsprechende Maßnahmen ist sicherzustellen, dass die systemfremden Beeinflussungen die

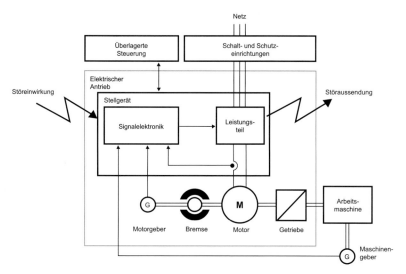

Bild 12.3 Elektrische Antriebe als Störsenke und Störquelle

Störschwellen der beteiligten Geräte nicht überschreiten und damit Funktionsstörungen vermieden werden. Um aufwändige Umrüstaktionen während der Inbetriebnahme zu vermeiden, empfiehlt es sich dringend, Betrachtungen zur EMV bereits bei der Planung von Maschinen und Anlagen durchzuführen.

Moderne elektrische Antriebe sind durch sehr dynamisch schaltende Leistungshalbleiter und hoch taktende Mikroprozessoren gekennzeichnet. Die damit verbundenen schnell wechselnden Ströme und Spannungen sowie die schnell veränderlichen elektrischen und magnetischen Felder können den Antrieb selbst oder andere elektrische oder elektronische Geräte in ihrer Funktion beeinträchtigen. Elektrische Antriebe sind potentielle Störquellen in Automatisierungssystemen.

Elektrische Antriebe verfügen aber auch über eine umfangreiche digitale und analoge Signalverarbeitung. Sie kommunizieren über analoge und binäre Signale sowie Feldbusse mit der überlagerten Automatisierungsebene und anderen Feldgeräten. Damit sind elektrische Antriebe auch anfällig gegen elektromagnetische Störungen und müssen auch als Störsenke betrachtet werden.

Elektrische Antriebe sind aus Sicht der elektromagnetischen Verträglichkeit damit gleichzeitig Störquelle und Störsenke (Bild 12.3).

12.1.3 Koppelmechanismen

Koppelmechanismen beschreiben die Art und Weise, wie Störgrößen von einer Störquelle auf eine Störsenke übertragen werden. Bild 12.4 verdeutlicht die möglichen Koppelmechanismen.

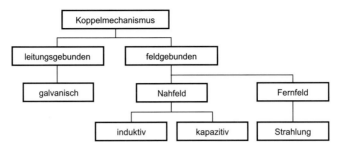

Bild 12.4 Systematik der Koppelmechanismen

Grundlegend wird zwischen leitungsgebundenen und feldgebundenen Koppelmechanismen unterschieden. Während sich die leitungsgebundenen Störungen innerhalb von gemeinsamen Stromkreisen ausbreiten, erfolgt die Ausbreitung feldgebundener Störungen auch zwischen galvanisch getrennten Systemen.

Galvanische Kopplung

Die galvanische Kopplung tritt in Stromkreisen mit gemeinsamen Spannungsquellen und gemeinsamen Leitungen auf.

Bild 12.5 verdeutlicht die Zusammenhänge an einem Beispiel.

Der Strom I_1 im Gerät 1 verursacht an der Leitungsimpedanz Z einen Spannungsabfall U_Z. Die Versorgungsspannung U_2 für das Gerät 2 ergibt sich nach dem Maschensatz zu:

$$U_2 = U_B - U_Z$$

Damit verursacht der Strom I_1 eine Absenkung der Versorgungsspannung U_2 für das Gerät 2. Diese Absenkung ist umso größer,

- je größer der Strom I_1,

- je größer die Änderungsgeschwindigkeit di_1/dt des Stroms I_1 und

- je größer die Leitungsimpedanz Z

sind.

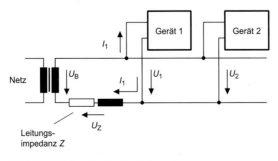

Bild 12.5 Galvanische Beeinflussung

Die induktive Kopplung (Bild 12.6) wird durch die zeitliche Veränderung eines Magnetfeldes hervorgerufen.

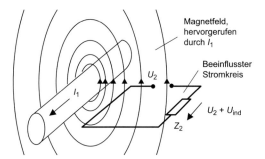

Bild 12.6 Induktive Beeinflussung

Jeder stromdurchflossene Leiter ist von einem Magnetfeld umgeben. Dieses Magnetfeld durchsetzt benachbarte Stromkreise. Ändert sich der im Leiter fließende Strom I_1 zeitlich, induziert das damit verbundene veränderliche Magnetfeld eine Spannung U_{ind} im benachbarten Stromkreis. Diese induzierte Spannung ist der eigentlichen Betriebsspannung U_2 überlagert. An der Verbraucherimpedanz Z_2 wird die Summenspannung

$$U_{summe} = U_2 - U_{ind}$$

wirksam. Wäre beispielsweise Z_2 die Eingangsimpedanz eines Messverstärkers, würde die eigentliche Messspannung U_2 durch eine überlagerte Störspannung verfälscht.

Die induzierte Spannung U_{ind} ist umso größer,

- je größer die Änderungsgeschwindigkeit di_1/dt des Stroms I_1 und

- je größer die Koppelinduktivität zwischen dem Leiter und dem beeinflussten Stromkreis

sind.

Die kapazitive Kopplung (Bild 12.7) wird durch die zeitliche Veränderung eines elektrischen Feldes hervorgerufen.

Jeder spannungsführende Leiter 1 ist von einem elektrischen Feld umgeben. Dieses Feld durchsetzt auch den benachbarten Leiter 2. Ändert sich das Potential des Leiters 1, so ändert sich auch sein elektrisches Feld. Das führt zum Aufbau bzw. Abbau von Ladungsträgern im Leiter 2. Der Auf- und Abbau von Ladungsträgern in Leiter 2 hat einen Lade- bzw. Entladestrom im Stromkreis 2 zur Folge, der einen veränderten Spannungsabfall U_{summe} an der Verbraucherimpedanz Z_2 hervorruft.

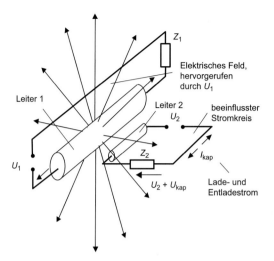

Bild 12.7 Kapazitive Beeinflussung

$$U_{summe} = U_2 - U_{kap}$$

Wäre beispielsweise Z_2 die Eingangsimpedanz eines Messverstärkers, würde die eigentliche Messspannung U_2 durch eine überlagerte Störspannung verfälscht.

Prinzipiell kann eine kapazitive Verkopplung auch zwischen Leitern eines Stromkreises auftreten.

Die Fehlerspannung Spannung U_{kap} ist umso größer,

- je größer die Änderungsgeschwindigkeit dU_1/dt der Spannung U_1 und

- je größer die Koppelkapazität C zwischen den Leitern 1 und 2

sind.

Kopplung durch elektromagnetische Strahlung

Die Kopplung durch elektromagnetische Strahlung wird durch elektromagnetische Wellen hervorgerufen. Elektromagnetische Wellen lösen sich von Stromkreisen ab (Bild 12.8) und breiten sich mit Lichtgeschwindigkeit im Raum aus. Sie sind quantitativ durch ihre elektrische und magnetische Feldstärke gekennzeichnet. Beide Komponenten sind fest miteinander verknüpft. Das veränderliche Magnetfeld ruft ein veränderliches elektrisches Feld hervor, das wiederum ein Magnetfeld hervorruft. Über diesen Mechanismus breitet sich die Welle im Raum aus.

Elektromagnetische Wellen entstehen ursächlich entweder durch ein starkes zeitlich veränderliches Magnetfeld oder durch ein starkes zeitlich veränderliches elektrisches Feld.

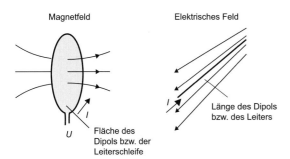

Bild 12.8 Beeinflussung durch elektromagnetische Strahlung

Anordnungen, die diese Felder hervorrufen oder auf solche Felder reagieren, bezeichnet man als Dipole oder Antennen.

Dipole

- *Magnetischer Dipol*
  Ein zeitlich veränderliches Magnetfeld wird durch einen zeitlich veränderlichen Strom in einem magnetischen Dipol bzw. einer Leiterschleife hervorgerufen. Dieser Dipol kann jedoch auch als Empfänger arbeiten, wenn er von einem zeitlich veränderlichen Magnetfeld einer anderen Quelle durchsetzt wird. Dann induziert das Magnetfeld eine Spannung im Dipol. Je größer die Fläche des Dipols bzw. der Leiterschleife ist, umso tiefere Frequenzen können abgestrahlt bzw. empfangen werden.

- *Elektrischer Dipol*
  Ein zeitlich veränderliches elektrisches Feld wird durch eine zeitlich veränderliche Spannung in einem elektrischen Dipol bzw. einem geraden Leiter hervorgerufen. Auch dieser Dipol kann als Empfänger arbeiten, wenn er von einem zeitlich veränderlichen elektrischen Feld einer anderen Quelle durchsetzt wird. Dann influenziert das elektrische Feld die Bewegung von Ladungsträgern im Dipol. Je länger der Dipol bzw. der gerade Leiter ist, umso tiefere Frequenzen können abgestrahlt bzw. empfangen werden.

Die elektromagnetische Strahlung hat ihre Ursache in magnetischen und elektrischen Wechselfeldern und ist damit den induktiven und kapazitiven Koppelmechanismen verwandt. Die Unterscheidung, ob induktive bzw. kapazitive Störbeeinflussung oder elektromagnetische Strahlung vorliegt, lässt sich anhand der Entfernung zwischen Störquelle und Störsenke beurteilen. Man unterscheidet

Nah- und Fernfelder

- ein Nahfeld und

- ein Fernfeld.

Diese Definition bezieht sich auf die Wellenlänge λ des Störsignals S. Das Störsignal S als Funktion des Weges x ist definiert durch:

$$S = S_{max} \cdot \sin(x \cdot 2\pi/\lambda)$$

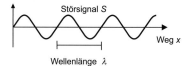

Bild 12.9
Wellenlänge eines Störsignals

Für Abstände x, die sehr viel größer sind als $\lambda/2\pi$, spricht man von einem Fernfeld. Im Fernfeld (Bild 12.10) liegt eine Beeinflussung durch elektromagnetische Strahlung vor.

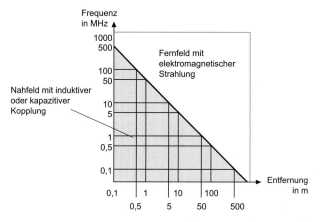

Bild 12.10 Abgrenzung zwischen induktiver und kapazitiver Kopplung einerseits und elektromagnetischer Strahlung andererseits

Mit der Gleichung

$$c = f \cdot \lambda$$

mit c Lichtgeschwindigkeit (300.000 km/s)
       f Frequenz
       λ Wellenlänge

lässt sich das obige Diagramm zur Unterscheidung von Nah- und Fernfeldern in Abhängigkeit von der Frequenz des Störsignals definieren.

Bezogen auf typische Störspektren elektrischer Antriebe ergeben sich daraus folgende Schlussfolgerungen:

- Netzfrequente und pulsfrequente Störungen der Leistungsteile liegen unterhalb von 100 kHz und breiten sich im Nahfeldbereich (induktive und kapazitive Kopplung) aus.

- Störfrequenzen der Mikroprozessoren in digitalen Antrieben liegen im MHz-Bereich und können bereits im Fernfeldbereich als elektromagnetische Strahlung auftreten.

12.1.4 Mathematische Beschreibung

Störgrößen treten

- periodisch oder

- zufällig

auf.

Bezüglich ihrer Signalverläufe unterscheidet man außerdem:

- *Schmalbandige Störgrößen*

Sie weisen nur ausgewählte Frequenzen in einem engen Frequenzbereich auf.

Beispiel: Funksender

Schmalbandige Störgröße

- *Breitbandige Störgrößen*

Sie weisen eine Vielzahl von Frequenzen in einem breiten Frequenzband auf.

Beispiele: Getaktete Stromversorgungen, Netzgleichrichter (Netzrückwirkungen), Netzkurzschlüsse, Umrichter, geschaltete Induktivitäten (Relais), elektrostatische Entladungen, Blitzeinschläge

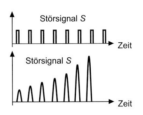

Breitbandige Störgröße

Die Signalform und die zeitlichen Verläufe von Störgrößen sind äußerst vielfältig und verlaufen praktisch nie nach einer idealen Sinusfunktion. Um die nichtsinusförmigen Störgrößen und ihre Auswirkungen mit den Definitionsgleichungen der Wechselstromlehre beschreiben zu können, werden die realen Größen mit Hilfe der Fouriertransformation in sinusförmige Anteile zerlegt. Addiert man diese Anteile, so erhält man wieder die ursprüngliche Größe.

Fourierzerlegung zur Beschreibung von Störgrößen im Frequenzbereich

Das mathematische Verfahren, das diese Zerlegung ermöglicht, wird Fourierzerlegung genannt. Die folgende Gleichung gibt den Ansatz der Fourierzerlegung an:

$$f(t) = \frac{A_0}{2} + \sum_{n=1}^{\infty} [A_n \cos(n\omega_1 t) + B_n \sin(n\omega_1 t)]$$

Dabei sind:

$f(t)$ die zu zerlegende periodische Funktion

A_0 der Koeffizient des Gleichanteils

A_n die Koeffizienten der sinusförmigen Einzelgrößen

B_n die Koeffizienten der cosinusförmigen Einzelgrößen

ω_1 die Kreisfrequenz der Grundschwingung mit $\omega_1 = 2\pi/T$

n ein ganzzahliges Vielfaches der Kreisfrequenz

T Periodendauer der Grundschwingung von $f(t)$

Fasst man die sinus- und cosinusförmigen Anteile einer Frequenz zusammen, erhält man folgende Gleichung:

$$f(t) = \frac{C_0}{2} + \sum_{n=1}^{\infty} C_n \cos(n\omega_1 t + \psi_n)$$

Das ursprüngliche Signal $f(t)$ wird also zerlegt in

- einen *Gleichanteil* $C_0/2$,

- eine *Grundschwingung* mit der Frequenz $n\omega_1$ und der Amplitude C_1

- und eine Anzahl von *Oberschwingungen* mit den Frequenzen $n\omega_1$ und den Amplituden C_n. Die Oberschwingungen werden auch als *Harmonische* bezeichnet.

Die Ergebnisse der Fourierzerlegung werden grafisch mit dem *Frequenzgang*, der aus dem Amplituden- und dem Phasengang besteht, dargestellt:

- Der *Amplitudengang* gibt den Betrag der Amplitude C_n in Abhängigkeit von der Frequenz bzw. Oberschwingung an.

- Der *Phasengang* gibt die zeitliche Verschiebung der Oberschwingung n gegenüber dem Nulldurchgang der Grundschwingung an. Der Phasengang ist oft von untergeordneter Bedeutung und wird meistens nicht betrachtet.

Der Frequenzgang einer Störgröße ist also ihre Beschreibung im Frequenzbereich. Er zeigt sehr anschaulich, welche Frequenzen in einem Störsignal enthalten sind. In der Praxis führt man die Fourierzerlegung mit Frequenzanalysatoren durch. Entsprechende Programme sind in Speicheroszilloskopen enthalten oder für den PC verfügbar.

Beispiel: Für ein Rechtecksignal wird eine Fourierzerlegung durchgeführt. Die Fourierreihe für $f(t)$ lautet:

$$f(t) = \frac{4}{\pi} + \left[\sin(\omega_1 t) + \frac{1}{3}\sin(3\omega_1 t) + \frac{1}{5}\sin(5\omega_1 t) + \frac{1}{7}\sin(7\omega_1 t) + ... \right]$$

Damit ergeben sich folgende Diagramme:

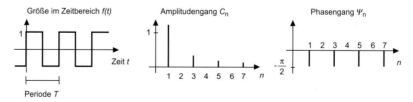

Bild 12.11 Amplituden- und Phasengang eines Rechtecksignals

Wie man sieht, treten bei einem Rechtecksignal nur ungeradzahlige Harmonische auf, die mit zunehmender Frequenz stark abnehmen. Die Reihenentwicklung kann nach wenigen Summanden abgebrochen werden. Sehr hochfrequente Anteile der Störgröße sind in diesem Fall vernachlässigbar.

Rekonstruiert man das ursprüngliche Signal wieder durch schrittweise Addition der einzelnen Anteile, entsteht der in Bild 12.12 dargestellte Signalverlauf.

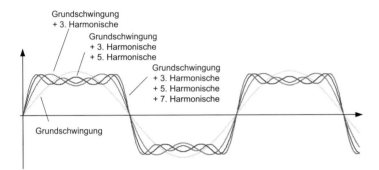

Bild 12.12 Rekonstruktion des Rechtecksignals aus den Frequenzanteilen

Man erkennt, wie durch schrittweise Hinzunahme der höherfrequenten Harmonischen wieder das ursprüngliche Rechtecksignal entsteht.

Wurde die Störgröße in ihre Frequenzanteile zerlegt, lassen sich daraus mathematische Kenngrößen ableiten (Bild 12.13). Diese Kenngrößen werden zur Definition von Grenzwerten in Normen und Standards verwendet.

Kenngrößen aus der Analyse im Frequenzbereich

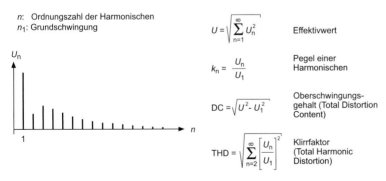

Bild 12.13 Kenngrößen im Frequenzbereich

Kenngrößen aus der Analyse im Zeitbereich

Ähnliche Kenngrößen lassen sich auch aus dem Zeitverlauf der Störgröße ableiten (Bild 12.14).

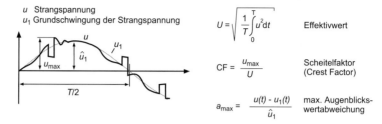

u Strangspannung
u_1 Grundschwingung der Strangspannung

$$U = \sqrt{\frac{1}{T}\int_0^T u^2 dt}$$ Effektivwert

$$CF = \frac{u_{max}}{U}$$ Scheitelfaktor (Crest Factor)

$$a_{max} = \frac{u(t) - u_1(t)}{\hat{u}_1}$$ max. Augenblickswertabweichung

Bild 12.14 Kenngrößen im Zeitbereich

Pegelmaße

Bei Betrachtungen zur elektromagnetischen Verträglichkeit hat man es oft mit Störgrößen zu tun, die große Amplitudenbereiche überdecken. Um zu einer übersichtlichen Darstellung zu gelangen, arbeitet man deshalb mit Pegelmaßen, die in dB (Dezibel) angegeben werden. Diese sind wie folgt definiert:

Tabelle 12.1 Definition der Pegelmaße für Spannung und Leistung

Größe	Formel	Einheit
Spannung	$u = 20\,\log_{10}U$	dB bzw. dB(V) bei Absolutgrößen ($U_0 = 1$)
Leistung	$p = 10\,\log_{10}P$	dB bzw. dB(W) bei Absolutgrößen ($P_0 = 1$)

Umrechnungsbeispiele für die Spannung (Näherung)

Wert in dB(V)	Wert in V gerundet
10 dB(V)	3 V
20 dB(V)	10 V
30 dB(V)	31 V
40 dB(V)	100 V
50 dB(V)	316 V
60 dB(V)	1.000 V
80 dB(V)	10.000 V
100 dB(V)	100.000 V

12.2 Elektrische Antriebe als Störquelle

12.2.1 Galvanische Störungen bei Gleichstromantrieben mit Stromrichter, Gegenmaßnahmen

Eine besondere Form von Störungen, die von Stellgeräten elektrischer Antriebe und insbesondere Stromrichtern verursacht werden, sind Netzrückwirkungen. Als Netzrückwirkungen bezeichnet man alle Einflüsse auf das Energieversorgungsnetz, die zu Abweichungen in der Amplitude, Frequenz und Form der Netzspannung und des Netzstroms führen. Durch Netzrückwirkungen wird die Netzspannung verzerrt; sie weist am Anschlusspunkt nicht mehr ihre ideale Sinusform auf. Solche Störungen entstehen durch galvanische Kopplung bzw. Beeinflussung.

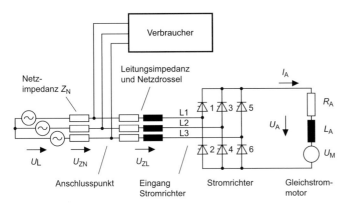

Bild 12.15 Vereinfachtes Schaltbild des Netzes und eines angeschlossenen Stromrichters

Zur Erläuterung der Zusammenhänge soll ein vereinfachtes Schaltbild des Netzes und des Stromrichters verwendet werden (Bild 12.15). Die Netzspannung wird in einem Generator erzeugt und über Transformatoren und Leitungen zum Anschlusspunkt weitergeleitet. Die Induktivitäten und ohmschen Widerstände des Generators, der Leitungen und Transformatoren werden in eine Summenimpedanz Z_N zusammengefasst. Am Anschlusspunkt sind sowohl der Stromrichter mit seiner Netzdrossel als auch parallele Verbraucher angeschlossen. Der Stromrichter ist vereinfacht als 1-Quadranten-Gerät dargestellt.

Bei der Zündung der Thyristoren wird der Ankerstrom von der aktuell stromführenden Netzphase auf die neu gezündete Phase kommutiert. Das heißt, der Strom in einer Phase verlischt und wird von der folgenden Phase übernommen. Aufgrund der Induktivitäten in der Zuleitung erfolgt der Stromab- und -aufbau in den Phasen kontinuierlich und nicht sprungförmig. Für die Dauer der Kommutierung sind zwei Thyristoren einer Halbbrücke leitend, was einem Phasenkurzschluss während der Kommutierung gleichkommt. Die Spannung der beiden Phasen am Eingang des Stromrichters stellt sich während der Kommutierung auf einen Mittelwert ein. Für die zu löschende Phase ergibt sich eine Spannungsspitze, für die neu gezündete Phase ergibt sich ein Spannungseinbruch (Bild 12.16). Tiefe und Dauer der Spannungseinbrüche sind abhängig vom Zündwinkel α und von der Höhe des zu kommutierenden Ankerstroms I_A, also von der Leistung und Belastung des Gleichstromantriebs.

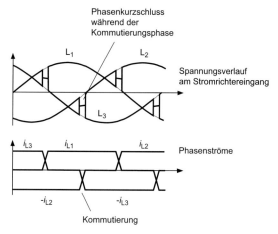

Bild 12.16 Vom Stromrichter hervorgerufene Kommutierungseinbrüche der Netzspannung

Der Stromrichter wirkt wie ein Generator, der zyklisch Störspannungen in die Phasen einspeist und die Spannung am Stromrichtereingang verzerrt. Parallel angeschlossene Verbraucher werden von den Verzerrungen der Spannung am Stromrichtereingang beeinflusst. Die Netzdrossel des Stromrichters, die auch als Kommutierungsdrossel bezeichnet wird, erhöht die Induktivität im Kommutierungsstromkreis und dämpft die Kommutierungseinbrüche am Anschlusspunkt, beseitigt sie aber nicht restlos.

Zusätzlich zu den Kommutierungseinbrüchen trägt der nichtsinusförmige Stromverlauf zu einer weiteren Verzerrung der Netzspannung am Anschlusspunkt bei.

Störungen durch Netzrückwirkungen

Die vom Stromrichter hervorgerufenen Netzrückwirkungen können zu Unverträglichkeiten mit anderen Verbrauchern führen, die sich wie folgt äußern:

• Fehlfunktionen der Verbraucher (z.B. erreichen angeschlossene Asynchronmotoren nicht mehr die volle Leistung und erwärmen sich stärker)

- Fehlauslösungen von Schutzgeräten

- thermische Überbelastung (z.B. durch erhöhte Verluste in Zuleitungen)

- übermäßige Beanspruchung der Isolation

- störende Geräusche

- Schwingungen in Kompensationsanlagen

Für Energieversorgungsnetze sind in der internationalen Normung (z.B. EN 61000) je nach Klassifikation in Qualitätsnetze, öffentliche Netze oder Industrienetze Grenzwerte für die verschiedenen Kenngrößen definiert. Energieversorger garantieren diese Grenzwerte an den Anschlusspunkten zu den öffentlichen Verbrauchern. Zudem sind Energieversorger an möglichst oberschwingungsfreien Lastströmen interessiert, da diese die Belastung mit Blindleistung und damit Zusatzverluste vermindern. Aus diesem Grund ist der Anschluss von Antrieben größerer Leistung, die Rückwirkungen auf die Netzqualität haben können, genehmigungspflichtig. Das zuständige Energieversorgungsunternehmen legt dann gemeinsam mit dem Betreiber die erforderlichen Maßnahmen zur Sicherung der Netzqualität fest.

Maßnahmen zur Begrenzung der Netzrückwirkungen

Für Stromrichterantriebe ergeben sich neben dem Vorschalten einer Kommutierungsdrossel folgende weitere Möglichkeiten zur Reduktion der Netzrückwirkungen:

- *Lokale Kompensation von Netzrückwirkungen* durch Vorschalten von Netzfiltern vor jeden Stromrichterantrieb

- *Einsatz von alternativen Stromrichterschaltungen* wie höherpulsige Stromrichter (12-Puls-Schaltungen) oder Pulssteller mit Diodengleichrichter und Zwischenkreis

- *Zentrale Kompensation von Netzrückwirkungen* durch Parallelkondensatoren, Saugkreise und aktive Filter

12.2.2 Galvanische Störungen bei Stellgeräten mit Gleichspannungszwischenkreis, Gegenmaßnahmen

Stellgeräte mit Zwischenkreis (z.B. Frequenzumrichter) erzeugen die Motorspannung in einem zweistufigen Prozess:

Entstehung der Netzrückwirkungen

1. In einem ersten Schritt wird die Netzspannung in einem Gleichrichter in eine Gleichspannung gewandelt.

2. Im zweiten Schritt wird aus der Gleichspannung die Motorspannung erzeugt.

Die vom Gleichrichter erzeugte Gleichspannung wird mit Hilfe eines Zwischenkreiskondensators geglättet. Für die Netzrückwirkungen ist der Gleichrichter verantwortlich. Für die folgenden Betrachtungen wird deshalb der Pulssteller bzw. Wechselrichter mit dem angeschlossenen

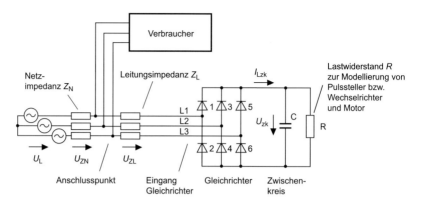

Bild 12.17
Vereinfachtes Schaltbild des Netzes und eines angeschlossenen Umrichters

Motor als einfacher ohmscher Verbraucher R betrachtet, der den Zwischenkreiskondensator kontinuierlich entlädt (Bild 12.17).

Die Netzleitung vom Anschlusspunkt bis zum Gleichrichter wird mit einer Impedanz Z_L modelliert.

Der Gleichrichter verursacht während der Kommutierung Spannungseinbrüche und wirkt wie ein Stromrichter auch als Störgenerator. Da die Kommutierung aber zum Zeitpunkt der natürlichen Kommutierung stattfindet, sind die Spannungseinbrüche deutlich kleiner als bei Stromrichtern und werden deshalb nicht weiter betrachtet.

Neben dieser Netzrückwirkung ergibt sich aus dem Betrieb mit Gleichspannungszwischenkreis ein weiterer Störmechanismus (Bild 12.18). Der Netzstrom wird vom Ladezustand des Zwischenkreiskondensators C bestimmt. Ist der Betrag der maximalen Leiter-Leiter-Spannung größer als die Zwischenkreisspannung U_{zk}, fließt über die im Augenblick aktiven Dioden ein Ladestrom I_{Lzk} in den Zwischenkreis. Folglich steigt die Zwischenkreisspannung U_{zk} an und folgt der maximalen Leiter-Lei-

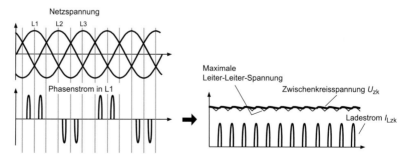

Bild 12.18 Ladeströme des Zwischenkreiskondensators

ter-Spannung. Sinkt die maximale Leiter-Leiter-Spannung unter die aktuelle Zwischenkreisspannung, kommt der Stromfluss aus dem Netz zum Erliegen. In der Folge wird der Zwischenkreiskondensator über den Lastwiderstand R entladen und die Zwischenkreisspannung U_{zk} sinkt wieder. Dieser Vorgang wiederholt sich zyklisch mit der 6-fachen Netzfrequenz. Es treten zyklische Ladestromspitzen auf. Damit weicht der Phasenstrom deutlich von der idealen Sinusform ab und nimmt die Form von „Stromnadeln" an. Die Amplitude dieser „Stromnadeln" wird durch die Kapazität C des Zwischenkreiskondensators bestimmt.

Der auftretende Phasenstrom ruft an den Impedanzen Z_N und Z_L nicht-sinusförmige Spannungsabfälle U_{ZN} und U_{ZL} hervor. Dadurch liegt am Anschlusspunkt nicht mehr eine ideale sinusförmige Spannung, sondern eine verzerrte Spannung an. Mit dieser werden parallel angeschlossene Verbraucher beaufschlagt. Das heißt, Stellgeräte mit Spannungszwischenkreis generieren auf der Versorgungsspannung des parallel angeschlossenen Verbrauchers ein Gemisch aus netzharmonischen Störspannungen und damit unerwünschte Netzrückwirkungen.

Zur Unterdrückung bzw. Verminderung der Netzrückwirkungen von Stellgeräten mit Spannungszwischenkreis ergeben sich folgende Möglichkeiten:

Maßnahmen zur Begrenzung der Netzrückwirkungen

- *Anschluss des Verbrauchers möglichst nahe an der Spannungsquelle*
  Gemeinsame Zuleitungen und damit gemeinsame Leitungsimpedanzen Z_L sollten vermieden werden.

- *Vorschalten einer Netzdrossel* vor das Stellgerät zur Bedämpfung von Stromoberschwingungen („Stromnadeln" und Kommutierungseinbrüche des Gleichrichters).

  Als Folge sinkt der Störspannungsabfall an der Netzimpedanz U_{ZN} und die Belastung des Verbrauchers mit Netzharmonischen wird gemildert. Die Größe der Netzdrossel richtet sich nach der Kurzschlussleistung S des Netzes und der Leistung des Stellgeräts.

$$S = \frac{U_L^2}{Z_N}$$

mit S Kurzschlussleistung
       U_L Nennspannung (Leerlaufspannung)
       Z_N Netzimpedanz

Eine hohe Kurzschlussleistung S deutet auf eine geringe Netzimpedanz Z_N hin. Das heißt, Stromoberschwingungen werden nur gering durch die Netzimpedanz bedämpft. Werden Stellgeräte großer Leistung angeschlossen, muss die Netzimpedanz durch eine zusätzliche Kommutierungsdrossel vergrößert werden. Übliche Werte der Kurzschlussleistung S im Niederspannungsnetz liegen bei 1200 kVA.

Beispiel: Frequenzumrichter

Kurzschlussleistung des Netzes	Größe der Netzdrossel
Bis ca. 40-fache Nennleistung des Frequenzumrichters	Keine Netzdrossel erforderlich
Bis ca. 500-fache Nennleistung des Frequenzumrichters	Netzdrossel mit 2% u_k
Größer 500-fache Nennleistung des Frequenzumrichters	Netzdrossel mit 4% u_k

Die relative Kurzschlussspannung u_k gibt den Prozentsatz der Nennspannung an, bei dem im Kurzschlussfall ein Strom in Höhe des Nennstroms durch die Kommutierungsdrossel fließt. Das heißt, bei Betrieb mit Nennstrom senkt die Kommutierungsdrossel die verfügbare Nennspannung um den durch u_k gegebenen Prozentsatz ab.

Wird der Anschluss mehrerer Frequenzumrichter betrachtet, ist die Summe der Nennleistungen anzusetzen.

- *Verwendung spezieller Netzfilter* anstelle der Netzdrossel zur Unterdrückung der Oberschwingungen

- *Verwendung von 12-pulsigen Gleichrichtern*
  Damit wird der Ladestrom auf mehrere kleine „Stromnadeln" verteilt. Es treten je Halbwelle der Netzspannung 4 „Stromnadeln" auf und es wird eine bessere Annäherung an einen sinusförmigen Stromverlauf erreicht. Allerdings sind dafür spezielle Einspeisetransformatoren erforderlich.

- *Ersatz der Gleichrichter durch selbstgeführte Einspeisungen mit Power Factor Correction (PFC)*
  Hier verläuft der Eingangsstrom nahezu sinusförmig.

- *Verwendung von Stellgeräten mit schlankem Zwischenkreis*
  Die geringe Zwischenkreiskapazität ruft kleinere Ladeströme hervor.

12.2.3 Galvanische Störungen durch Wechselrichter, Gegenmaßnahmen

Frequenzumrichter für Drehstrommotoren bestehen aus dem Gleichrichter, dem Gleichspannungszwischenkreis und dem Wechselrichter. Der Wechselrichter erzeugt seine Ausgangsspannung durch eine Folge von Spannungsimpulsen. Dazu werden die Ausgangsleitungen zyklisch mit dem positiven und negativen Pol des Zwischenkreises verbunden. Typische Schaltfrequenzen liegen im Bereich oberhalb von 1 kHz. Als

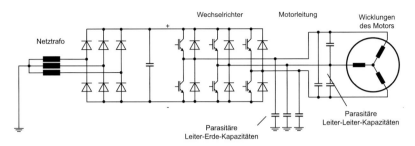

Bild 12.19 Schaltbild des Netzes und eines angeschlossenen Drehstromantriebs

elektronische Schalter dienen Leistungstransistoren. Heutige Leistungstransistoren zeichnen sich durch eine hohe Schaltgeschwindigkeit aus. Das heißt, der Spannungsauf- und -abbau über den Leistungstransistoren erfolgt in sehr kurzer Zeit. Als Kenngröße für die Schaltgeschwindigkeit dient die Spannungssteilheit. Sie beträgt oft mehrere kV/µs.

Bei derartig steilen Spannungsanstiegen und -abfällen können parasitäre Kapazitäten nicht mehr vernachlässigt werden, da sie relevante Umladeströme hervorrufen, die den Antrieb selbst und andere Verbraucher negativ beeinflussen können.

Bild 12.19 zeigt die zu berücksichtigenden Kapazitäten. Es treten sowohl parasitäre Kapazitäten zwischen den einzelnen Leitern des Motorkabels als auch zwischen den Leitern und dem Erdpotential auf. Prinzipiell gibt es vergleichbare parasitäre Kapazitäten auch im Motor. Zur Vereinfachung werden sie hier mit den Leitungskapazitäten zusammengefasst.

Mit jedem Schaltvorgang im Wechselrichter wird das elektrische Potential einer Motorphase verändert. Als Folge davon fließt ein Umladestrom über die parasitären Leiter-Leiter-Kapazitäten durch den Wechselrichter. Der Strompfad kann durch einen Reihenschwingkreis, bestehend aus der Impedanz des Motorkabels und der Leiter-Leiter-Kapazität, modelliert werden. Der Stromverlauf weist je nach Ausprägung der einzelnen Größen einen mehr oder weniger ausgeprägten Einschwingvorgang auf.

Störungen durch parasitäre Leiter-Leiter-Kapazitäten

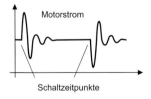

Bild 12.20 Motorstrom zu Schaltzeitpunkten des Wechselrichters

Die Höhe und Dauer der Umladeströme (Bild 12.20) wird bestimmt durch

- die Größe der Leiter-Leiter-Kapazitäten und

- die Ersatzimpedanz des Motorkabels und des Wechselrichters, die überwunden werden muss.

In Summe haben die parasitären Leiter-Leiter-Kapazitäten folgende unerwünschte Auswirkungen:

- Die Verluste im Motorkabel und im Wechselrichter werden erhöht.

- Die hohen Stromspitzen können zur Beschädigung des Wechselrichters führen.

- Die impulsförmigen Anregungen im Motorkabel können zur Ausbildung elektrischer Wellen führen. Im Ergebnis wird der Motor mit deutlich höheren Spannungen als der Zwischenkreisspannung (mehr als 2-fach) belastet, was zur Schädigung seiner Wicklungsisolation führen kann. Dieser Umstand ist besonders dann von Bedeutung, wenn alte Motoren mit einer schwächeren Wicklungsisolation im Zuge von Retrofitmaßnahmen mit Frequenzumrichtern ausgerüstet werden sollen.

Maßnahmen zur Begrenzung der Umladeströme

Die durch die parasitären Leiter-Leiter-Kapazitäten hervorgerufenen galvanischen Störungen betreffen damit im Wesentlichen den Antrieb selbst. Es handelt sich also um eine systemeigene Beeinflussung. Da aber die Systemkomponenten Motor, Motorkabel und Stellgerät erst bei der Montage von Maschinen und Anlagen miteinander kombiniert werden, kann dieses Problem nicht vom Antriebshersteller allein gelöst werden. Er kann lediglich entsprechende Projektierungsvorgaben machen, die vom Anwender umzusetzen sind:

- Durch *kurze Motorleitungen* kann die Größe der parasitären Leiter-Leiter-Kapazitäten klein gehalten werden. Kleine Kapazitäten rufen auch nur geringe Umladeströme hervor.

- Durch *Einbau einer Ausgangsdrossel* wird die Größe des Umladestroms begrenzt. Es treten kleinere Stromspitzen auf. Der Umladestrom wird über einen längeren Zeitraum „gestreckt". Zu beachten ist, dass eine Ausgangsdrossel die Dynamik der Stromregelung vermindert und deshalb bei Servoantrieben oft nicht zulässig ist.

- Durch *Einbau eines du/dt-Filters* am Wechselrichterausgang werden die Flanken der Spannungsimpulse in ihrer Steilheit begrenzt und damit die Umladeströme in ihrer Größe verringert. Bei Servoantrieben sind du/dt-Filter im Allgemeinen nicht zulässig.

- Durch *Einbau eines Sinusfilters* (Bild 12.21) direkt am Wechselrichterausgang werden die hochfrequenten Oberschwingungen der Ausgangsspannung unterdrückt. Die hinter dem Filter auftretende Spannung besteht nicht mehr aus einer Folge von Spannungsimpulsen, sondern weist einen nahezu sinusförmigen Verlauf auf. Damit werden die impulsförmigen Umladevorgänge der parasitären Leiter-Leiter-Kapazitäten vermieden. Allerdings enthält das Sinusfilter ebenfalls Kondensatoren, die umgeladen werden müssen. Das Sinusfilter belastet damit den Wechselrichter mit zusätzlichen Umladeströmen, was bei der Projektierung zu berücksichtigen ist. Beim Einsatz von Sinusfiltern werden elektrische Wellen auf dem Motorkabel vermieden; so wird die Isolation der Motorwicklung geschützt. Sinusfilter dienen damit in erster Linie dem Schutz des Motors. Sinusfilter sind bei Servoantrieben im Allgemeinen nicht zulässig.

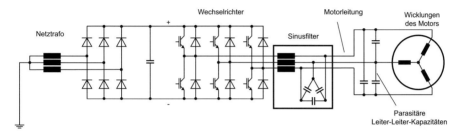

Bild 12.21 Schaltbild des Netzes und eines angeschlossenen Drehstromantriebs mit Sinusfilter

Hinweise:

- Ausgangsdrosseln, du/dt-Filter und Sinusfilter verlängern auch die zulässige Länge des Motorkabels und reduzieren Motorgeräusche.

- du/dt-Filter und Sinusfilter sind exakt auf die Pulsfrequenz des Frequenzumrichters abgestimmt. Sie sollten gemeinsam mit dem Frequenzumrichter von einem Hersteller bezogen werden.

- du/dt-Filter und Sinusfilter können auch in erdfreien Netzen (IT-Netzen) eingesetzt werden

Neben den Leiter-Leiter-Kapazitäten rufen auch parasitäre Leiter-Erde-Kapazitäten des Motorkabels unerwünschte Umladeströme hervor. Mit jedem Schaltvorgang im Wechselrichter wird das elektrische Potential einer Motorphase gegenüber dem Erdpotential verändert. Als Folge davon fließt bei geerdeten Netzen ein Umladestrom über die parasitären Leiter-Erde-Kapazitäten zum Sternpunkt des Netztrafos über das Netzkabel durch den Gleichrichter zurück zum Zwischenkreis (Bild 12.22). **Störungen durch parasitäre Leiter-Erde-Kapazitäten**

Die Größe und Dauer des Umladestroms wird bestimmt durch

- die Größe der Leiter-Erde-Kapazität und

- die Summenimpedanz des Netztrafos, des Netzkabels, des Motorkabels und des Stellgeräts, die überwunden werden muss.

335

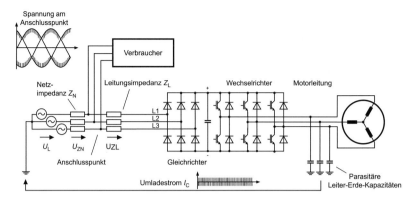

Bild 12.22
Umladestromkreis für die parasitären Leiter-Erde-Kapazitäten des Motorkabels

In Summe haben die parasitären Leiter-Erde-Kapazitäten folgende unerwünschte Auswirkungen:

- Die Verluste werden erhöht.

- Die hohen Stromspitzen können zur Beschädigung des Gleichrichters und des Wechselrichters führen.

- Die impulsförmigen Anregungen im Motorkabel können zur Ausbildung elektrischer Wellen und zur Schädigung der Motorisolation führen.

- Die Umladeströme rufen an der Netzimpedanz Z_N hochfrequente Spannungsabfälle hervor, die die Eingangsspannung für parallel angeschlossene Verbraucher verzerren und diese stören können. Die hochfrequenten Oberschwingungen liegen im Bereich der Pulsfrequenz des Wechselrichters und darüber. Sie werden als Funkstörspannungen bezeichnet. Zulässige Funkstörspannungen und damit verbundene Störfelder sind durch internationale Normen und Richtlinien (z.B. EN 61000, EN 55022, EN 61800) festgelegt. Die Erreichung der Grenzwerte ist Voraussetzung für die Erteilung des CE-Zeichens.

  - Klasse A: Grenzwerte für den allgemeinen industriellen Einsatz. Hierzu zählen alle Einsatzorte, die üblicherweise an einem eigenen Hoch- oder Mittelspannungstransformator angeschlossen sind.

  - Klasse B: Grenzwerte für den Wohn-, Geschäfts- und Gewerbeeinsatz. Hierzu zählen alle Einsatzorte, die nicht unter Klasse A fallen bzw. keine eigene Transformatorstation aufweisen (z.B. Klein-, Gewerbe- und Mischbetriebe sowie Wohnräume).

Maßnahmen zur Begrenzung der Funkstörspannungen

Der Errichter von Anlagen, der die Systemkomponenten Motor, Motorkabel und Stellgerät zu einem Antriebssystem kombiniert, muss entsprechende Maßnahmen zur Störunterdrückung ergreifen. Der Antriebshersteller ist verpflichtet, Komponenten und Handlungsanweisungen bereitzustellen, mit denen die erforderlichen Grenzwerte erreichbar sind.

- Durch *kurze Motorleitungen* werden die parasitären Leiter-Erde-Kapazitäten klein gehalten. Geringe Kapazitäten rufen auch nur geringe Umladeströme hervor. Durch die *Verwendung geschirmter Motorleitungen* ist jedoch auch bei kurzen Leitungslängen eine nennenswerte parasitäre Leiter-Erde-Kapazität vorhanden. Da geschirmte Leitungen zur Unterdrückung von feldgebundenen Störungen erforderlich sind, müssen zusätzliche Maßnahmen zur Unterdrückung von Funkstörungen ergriffen werden.

- Durch eine *Grundentstörung am Zwischenkreis* wird der Umladestrom I_C zum Teil an der Netzimpedanz Z_N vorbei direkt an den Zwischenkreis geführt. Damit verringern sich auch die Oberschwingungen an der Netzimpedanz Z_N und die Versorgungsspannung des parallel geschalteten Verbrauchers wird geringer verzerrt. Für Anwendungen in Industrienetzen ist diese Abminderung der Oberschwingungen zur Einhaltung der dort vorgegebenen Grenzwerte oft schon ausreichend. Die Grundentstörung ist im Allgemeinen in Frequenzumrichtern fest eingebaut. Sie muss bei erdfreien Netzen entfernt werden.

  Damit die Grundentstörung wirklich wirksam wird, ist eine sehr *gute Anbindung des Stellgeräts an das Erdpotential* erforderlich. Bei schlechter Anbindung ist zwischen der Grundentstörung und dem Erdpotential noch ein Übergangswiderstand wirksam, der das Abfließen des Umladestroms behindert. Viele Hersteller verlassen sich deshalb nicht auf die Erdung der Stellgeräte über eine leitfähige Verbindung zum Schaltschrank, sondern stellen einen separaten Anschluss für die Erdung zur Verfügung.

- Durch *Einbau eines Funkentstörfilters* in die Netzzuleitung wird der Umladestrom I_C zu einem sehr großen Teil an der Netzimpedanz Z_N vorbeigeführt und die Versorgungsspannung des parallel geschalteten Verbrauchers wird nur gering verzerrt. Das Funkentstörfilter wird für hochfrequente Störspannungen im kHz-Bereich und darüber ausgelegt. Die Grundschwingung der Netzspannung wird vom Funkentstörfilter praktisch nicht beeinflusst. Oft werden Funkentstörfilter in Kombination mit einer Netzdrossel zur Unterdrückung niederfrequenter netzharmonischer Oberschwingungen eingesetzt.

Hinweis: Grundentstörung und Funkentstörfilter sind nur dann im vollen Umfang wirksam, wenn der Umladestrom I_C gezielt zum Stellgerät bzw. zum Filter „geführt" wird. Das wird mit einer *geschirmten Motorleitung* erreicht, die elektrisch gut leitend mit dem Stellgerät (z.B. Frequenzumrichter) und dem Funkentstörfilter verbunden ist (Bild 12.23). Beide Maßnahmen sollten deshalb stets in Kombination mit einer geschirmten Motorleitung verwendet werden.

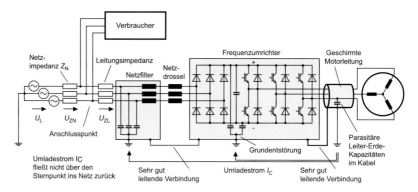

Bild 12.23
Stromkreis bei Verwendung eines Netzfilters und geschirmten Motorkabels

Grundentstörung und Funkentstörfilter dürfen nicht in erdfreien Netzen (IT-Netze) verwendet werden.

Weitere Gegenmaßnahmen zur Bedämpfung von Funktstörspannungen sind

- der Einbau einer Ausgangsdrossel,

- der Einbau eines du/dt-Filters und

- der Einbau eines Sinusfilters

am Wechselrichterausgang. Sie wurden bereits bei den Gegenmaßnahmen zur Reduktion der durch Leiter-Leiter-Kapazitäten verursachten galvanischen Störungen vorgestellt.

12.2.4 Feldgebundene Störungen durch den Wechselrichter

Die feldgebundenen Störungen werden im Wesentlichen durch die schnell schaltenden Leistungshalbleiter des Wechselrichters hervorgerufen. Das Potential der Motorleitungen ändert sich bei einem Schaltvorgang in sehr kurzer Zeit um den Betrag der Zwischenkreisspannung. Über parasitäre Kapazitäten der Motorleitung fließen dann entsprechende Umladeströme.

Kapazitive Störungen durch den Wechselrichter

Parasitäre Kapazitäten bestehen jedoch nicht nur innerhalb der Motorleitung und zum Erdpotential, sondern auch zu benachbarten Signalstromkreisen (Bild 12.24). Diese parasitären Koppelkapazitäten rufen bei Potentialänderungen der Motorleitung störende Umladeströme in den benachbarten Stromkreisen hervor. Handelt es sich dabei um Signalstromkreise, kann es zu unzulässigen Signalverfälschungen kommen. In der Praxis äußert sich das in fehlerhaften Analogsignalen, fehlerhaften Geberrückmeldungen und gestörten Kommunikationsverbindungen.

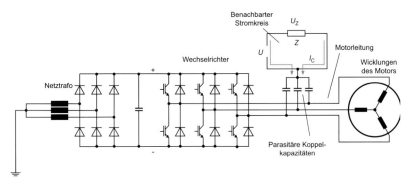

Bild 12.24
Kapazitive Beeinflussung anderer Stromkreise durch den elektrischen Antrieb

Die Umladeströme der parasitären Kapazitäten gegen Erde verlaufen im Motorkabel und fließen gegen das Erdpotential ab. Während der Umladung ergibt sich damit für das Motorkabel ein Summenstrom ungleich 0. Als Folge ist das Motorkabel während des Umladevorgangs mit einem wirksamen Magnetfeld ungleich 0 umgeben. Der zeitliche Verlauf des Magnetfelds entspricht dem des Umladestroms I_c und ist damit schnell veränderlich. Schnell veränderliche Magnetfelder induzieren in benachbarten Leiterschleifen Störspannungen. Handelt es sich dabei um Signalstromkreise, treten entsprechende Störungen auf (Bild 12.25).

Induktive Störungen durch den Wechselrichter

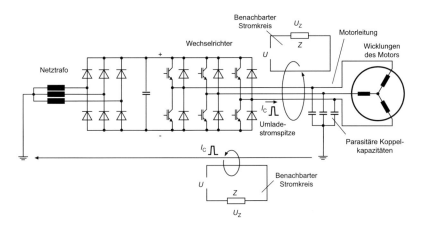

Bild 12.25
Induktive Beeinflussung anderer Stromkreise durch den elektrischen Antrieb

Neben der Motorleitung ist aber auch die Erdanbindung aller Maschinen- und Schaltschrankelemente von großer Bedeutung. Über sie fließt der Umladestrom der parasitären Leiter-Erde-Kapazitäten zum Sternpunkt des Netztrafos bzw. zum Netzfilter zurück. Während das Motorkabel noch einen geometrisch definierten Strompfad darstellt, sind die Strompfade innerhalb der geerdeten Maschinen- und Anlagenkomponenten unter Praxisbedingungen nicht nachvollziehbar. Diese unkontrollierten Ströme machen passive Konstruktionselemente wie Kabelpritschen, Schaltgerüste, Schaltschränke bzw. deren Elemente zu Störquellen. Die durch diese Elemente fließenden Umladeströme sind ebenfalls mit magnetischen Feldern verbunden, die in benachbarten Stromkreisen Störspannungen induzieren können.

Ob eine Störbeeinflussung stattfindet und wie stark sie ist, hängt von der geometrischen Anordnung der verschiedenen Stromkreise ab und damit insbesondere von der Verlegung der Motorleitung und dem Erdungskonzept. Leitungsverlegung und Erdung sind deshalb wesentliche Ansatzpunkte, um die feldgebundenen Störaussendungen von Antrieben zu verringern. Da beide in die Kompetenz des Herstellers von Maschinen und Anlagen fallen, trägt er einen wesentlichen Teil der Verantwortung für die störungsarme Installation von elektrischen Antrieben.

Gegenmaßnahmen zur Reduktion der feldgebundenen Störungen

- Durch *räumliche Trennung von Signal- und Leistungsstromkreisen* werden die parasitären Koppelkapazitäten und -induktivitäten klein gehalten. Zwischen Leitungen von Signal- und Leistungsstromkreisen sollte mindestens ein Abstand von 20 cm eingehalten werden. Die gemeinsame Verlegung von Signal- und Leistungsleitungen in Kabelkanälen und Kabelpritschen ist zu vermeiden.

- Durch *Schirmung der Motorleitung und großflächige Anbindung des Schirms an das Erdpotential* werden mehrere Effekte erreicht:

  - Der Schirm liegt auf Erdpotential. Damit geht bei Annahme eines ideal leitenden Schirms kein elektrisches Feld mehr vom Schirm aus. Parasitäre Koppelkapazitäten zu benachbarten Stromkreisen verschwinden und die Störwirkung durch elektrische Felder wird unterdrückt. Die parasitären Leiter-Erde-Kapazitäten befinden sich jetzt im Motorkabel. Damit liegen „definierte Verhältnisse" vor.

  - Hochfrequente magnetische Felder rufen im Schirm Wirbelströme hervor, die das magnetische Feld dämpfen. Außerdem dient der Schirm als Rückleiter für den Umladestrom I_c. Damit ist die Summe der Ströme im Motorkabel 0, und in einiger Entfernung vom Motorkabel kompensieren sich die Magnetfelder der einzelnen Ströme näherungsweise. So wirkt der Schirm mit zwei Mechanismen dämpfend auf die Ausbreitung magnetischer Felder und deren Störwirkung wird abgeschwächt.

  - Die *niederohmige Anbindung des Schirms an das Stellgerät und die niederohmige Verbindung zwischen Stellgerät und Funkentstörfilter* sorgen dafür, dass der kapazitive Umladestrom I_c vorzugsweise über das Stellgerät zum Filter fließt. Damit wird ein definierter Stromweg geschaffen und „vagabundierende" Erdströme werden vermieden. Damit ist die kaum zu beherrschende Störwirkung dieser Ströme beseitigt.

Hinweis: Zwar werden durch den geerdeten Schirm im Motorkabel die parasitären Leiter-Erde-Kapazitäten vergrößert, doch kompensieren die Vorteile der Schirmung diesen Nachteil. Zu beachten ist jedoch, dass die zulässigen Leitungslängen bei geschirmten Kabeln kürzer sind als bei ungeschirmten Motorleitungen. Mit der Begrenzung der Leitungslänge wird der kapazitive Umladestrom I_c begrenzt und das Stellgerät vor Überlastung geschützt.

12.2.5 Feldgebundene Störungen durch digitale Antriebe, Gegenmaßnahmen

Moderne digitale Antriebe verfügen in ihrer Signalelektronik über Mikroprozessoren, die mit Taktfrequenzen im MHz-Bereich arbeiten. Moderne Feldbusse erreichen Übertragungsraten von mehreren MBit/s. Damit treten in diesen Antrieben und an ihrer Peripherie hochfrequente Signale auf, die bereits in einer Entfernung von 0,5 m als Störstrahlung wirksam werden. In unmittelbarer Nähe, z.B. bei engen Anordnungen im Schaltschrank, können diese Signale kapazitiv und induktiv störend auf Nachbargeräte einwirken. Obwohl diese Signale nicht sehr energiereich sind, sollte ihre Störwirkung nicht unterschätzt werden.

Antriebshersteller tragen dafür Sorge, dass die zulässigen Grenzwerte der Störabstrahlung nicht überschritten werden, und erklären durch das CE-Kennzeichen die Konformität der Geräte zur EMV-Richtlinie. Oft sind die erforderlichen EMV-Maßnahmen in der Gerätekonstruktion vollständig integriert und kaum als solche erkennbar. Aus diesem Grund müssen Antriebe und dabei insbesondere die Stellgeräte immer in der Art und Weise montiert und betrieben werden, wie es vom Hersteller vorgeschrieben wird. Insbesondere

- das Entfernen von Gehäuseteilen oder das Nichtschließen von Abdeckungen,

- sowie das nicht richtige Anschließen von Schirmen oder das Entfernen von internen und externen Erdungsverbindungen

können zu einer unzulässigen Erhöhung der Störabstrahlung führen. An dieser Stelle sei nochmals darauf hingewiesen, dass die Sicherstellung der EMV beim Errichter von Maschinen und Anlagen liegt und der Antriebshersteller lediglich die Voraussetzungen zum Erreichen der Verträglichkeit schaffen kann.

12.3 Elektrische Antriebe als Störsenke

12.3.1 Allgemeines

Elektrische Antriebe sind mit einer umfangreichen Signalelektronik ausgestattet und können damit auch gestört werden. Sie sind deshalb wie alle anderen Automatisierungsgeräte auch als Störsenken zu be-

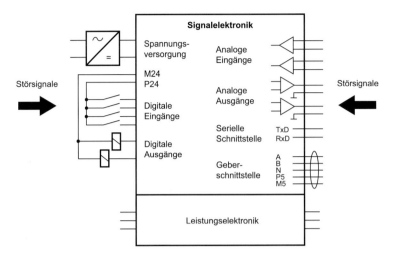

Bild 12.26 Signalelektronik des elektrischen Antriebs als Störsenke

trachten. Die nachfolgenden Ausführungen gelten deshalb nicht nur für elektrische Antriebe, sondern können sinngemäß auf andere elektrische Geräte übertragen werden.

Geht man davon aus, dass alle Gehäuseteile der Geräte ordnungsgemäß geschlossen sind, werden Störungen vorwiegend über die vielfältigen Schnittstellen der Signalelektronik eingekoppelt (Bild 12.26). Zu unterscheiden ist dabei wieder zwischen galvanischen, kapazitiven und induktiven Störungen sowie Störungen durch elektromagnetische Strahlung. Mit den Maßnahmen gegen kapazitive und induktive Beeinflussungen ist im Allgemeinen auch bereits der Schutz vor elektromagnetischer Beeinflussung erreicht. Sie muss deshalb nicht gesondert behandelt werden.

12.3.2 Galvanische Störungen, Gegenmaßnahmen

Galvanische Störungen treten zwischen Geräten auf, die gemeinsame Stromkreise haben. Bei elektrischen Antrieben treten im Bereich der Signalelektronik oft gemeinsame Stromkreise beim Anschluss an die Elektronikstromversorgung auf. Eine externe Elektronikstromversorgung ist immer dann erforderlich, wenn z. B bei abgeschalteter Leistungsversorgung die Feldbuskommunikation aufrechterhalten werden soll.

Leistungsstarke Verbraucher können bei gemeinsamen Versorgungsleitungen besonders beim Einschalten unzulässige Spannungseinbrüche hervorrufen, die zum Ausfall der Signalelektronik des Antriebs führen können. Gemeinsame Versorgungsleitungen und gemeinsame Erdungsverbindungen sollten deshalb, wo immer sinnvoll möglich,

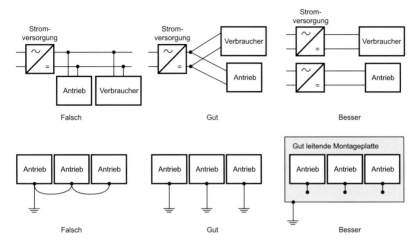

Bild 12.27 Optimale Stromversorgung und Erdung des elektrischen Antriebs

vermieden werden (Bild 12.27). Werden sie dennoch benötigt, sollten die gemeinsamen Leiter mit großen Querschnitten und elektrisch gut leitenden Verbindungen ausgeführt werden.

12.3.3 Kapazitive Störungen, Gegenmaßnahmen

Kapazitive Störungen treten bei Antrieben im Allgemeinen zwischen galvanisch getrennten Stromkreisen auf (Bild 12.28). Diese Stromkreise sind über parasitäre Koppelkapazitäten miteinander verbunden. Potentialänderungen im beeinflussenden Stromkreis (Störquelle) führen damit zu unerwünschten Umladeströmen im beeinflussten Stromkreis (Störsenke).

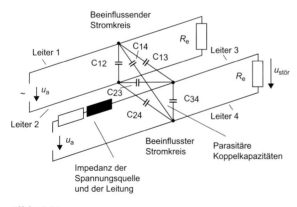

Bild 12.28
Ersatzschaltbild zur kapazitiven Beeinflussung von elektrischen Stromkreisen

Um die Störbeeinflussung zu minimieren, sind folgende Maßnahmen möglich:

- *Reduktion der Koppelkapazitäten* durch

  - *Kurze Leitungslängen*
    Kabel sollten auf kürzestem Wege verlegt werden. Kabel sollten auf die benötigte Länge gekürzt und Reserveschlaufen vermieden werden.

  - *Führung der Stromkreise in verschiedenen Leitungen*
    Wenn möglich, sollten für verschiedene Stromkreise separate Leitungen verwendet werden. Das vergrößert den Abstand zwischen den Stromkreisen.

  - *Große Abstände der Leitungen*
    Die Koppelkapazitäten sinken mit wachsendem Abstand der Leiter zueinander.

  - *Nicht parallel geführte Leitungen*
    Je kürzer die parallel verlaufenden Leiterabschnitte sind, umso geringer ist die Koppelkapazitäten zwischen den Leitern.

  - *Schirmung der Leitungen bzw. Leiterpaare*
    Durch einen elektrisch gut leitenden Schirm wird das elektrische Feld in seiner Ausbreitung behindert. Damit können sich kaum noch parasitäre Koppelkapazitäten zwischen den signalführenden Leitungen ausbilden. Der Schirm wird im jeweiligen Stromkreis mit dem Bezugsleiter verbunden. Das erhöht zusätzlich die Eigenkapazitäten C_{12} und C_{34} und stabilisiert die Signalspannungen über dem Eingangswiderstand R_e.

- Ist eine Verminderung der parasitären Koppelkapazitäten nicht oder nur eingeschränkt möglich, können durch *Symmetrierung der Koppelkapazitäten* die jeweiligen Störbeeinflussungen gegeneinander kompensiert werden. Bei symmetrischen Koppelkapazitäten gilt:

$$\frac{C_{13}}{C_{23}} = \frac{C_{14}}{C_{24}}$$

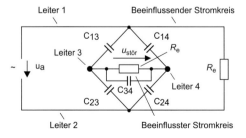

Bild 12.29 Ersatzschaltbild zur kapazitiven Beeinflussung von elektrischen Stromkreisen, Wirkung symmetrischer Kapazitäten

Die Wirkung der Symmetrierung wird klar, wenn die Stromkreise analog Bild 12.29 umgezeichnet werden.

Die Symmetrierung der Koppelkapazitäten erfolgt durch

– Verwendung symmetrischer Leiteranordnungen im Kabel und

– paarweise Verdrillung der Leiter 1-2 und 3-4.

12.3.4 Induktive Störungen, Gegenmaßnahmen

Induktive Störungen treten bei Antrieben im Allgemeinen zwischen galvanisch getrennten Stromkreisen auf. Diese Stromkreise sind über parasitäre magnetische Felder miteinander verbunden (Bild 12.30). Stromänderungen im beeinflussenden Stromkreis (Störquelle) induzieren Störspannungen im beeinflussten Stromkreis (Störsenke).

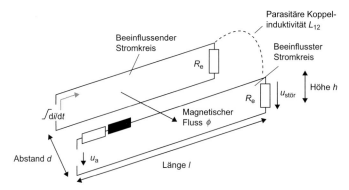

Bild 12.30 Ersatzschaltbild zur induktiven Beeinflussung von elektrischen Stromkreisen

Um die Störbeeinflussung zu minimieren, sind folgende Maßnahmen möglich:

- *Reduktion der Koppelinduktivität* durch
  - *Kurze Leitungslängen l*
    Kabel sollten auf kürzestem Wege verlegt werden. Kabel sollten auf die benötigte Länge gekürzt und Reserveschlaufen vermieden werden.
  - *Geringen Leiterabstand h*
    Hin- und Rückleiter sollten in einem Kabel geführt werden.
  - *Großen Leitungsabstand d*
    Wenn möglich, sollten für verschiedene Stromkreise separate Leitungen verwendet und diese mit einem Abstand verlegt werden. Besonders zu Leistungsleitungen muss ein Abstand von mindesten 0,2 m eingehalten werden.

– *Nicht parallel geführte Leitungen*
Je kürzer die parallel verlaufenden Leiterabschnitte sind, umso geringer ist die Koppelinduktivität zwischen den Leitern.

– *Schirmung der Leitungen bzw. Leiterpaare*
Durch einen Schirm wird das magnetische Feld in seiner Ausbreitung behindert. Ferromagnetische Schirme unterdrücken niederfrequente, elektrisch leitfähige Schirme unterdrücken hochfrequente Magnetfelder. Die Schirmwirkung ist umso besser, je dicker der Schirm und je größer die elektrische Leitfähigkeit des Schirmmaterials ist.
Metallische geerdete Schottbleche zwischen Leitern oder metallische geerdete Rohre, in denen die Leitungen geführt werden, haben eine ähnliche Wirkung wie ein Schirm.

• Ist eine Verminderung der parasitären Koppelinduktivitäten nicht oder nur eingeschränkt möglich, können durch Symmetrierung der Teilinduktivitäten die jeweiligen Störbeeinflussungen gegeneinander kompensiert werden. Die Symmetrierung wird durch *Verdrillung von Hin- und Rückleiter* erreicht (Bild 12.31).

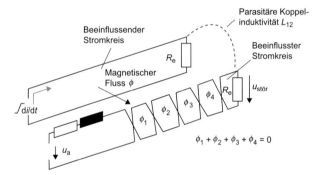

Bild 12.31 Kompensation der induktiven Beeinflussung durch verdrillte Leiter

12.4 EMV-Regeln

Die meisten der nachfolgend angegebenen Regeln wurden in den vorherigen Abschnitten bereits im Grundsatz behandelt. Die folgende Liste dient deshalb als kurze und kompakte Zusammenfassung der wichtigsten Handlungsanweisungen zur Sicherstellung der EMV.

• Netzdrossel und Netzfilter (Funkentstörfilter) verwenden.

• Ausgangsdrossel, du/dt-Filter oder Sinusfilter verwenden.

• Motorleitungen schirmen, Schirm beidseitig flächig, elektrisch gut leitend auflegen (keine Beidrähte).

- Schirm der Motorleitung nicht unterbrechen und bis zum Umrichter führen, Umrichter und Funkentstörfilter auf gemeinsamer, elektrisch gut leitender Montageplatte anordnen.

- Eigene Stromversorgung für Antriebe, sternförmige Versorgung verwenden.

- Möglichst flächiger Potentialausgleich.

- Geschirmte Gehäuseteile von Antrieben und Automatisierungsgeräten nicht entfernen.

- Kabel passend ablängen.

- Signalleitungen geschirmt ausführen, Schirmauflage flächig, elektrisch gut leitend ausführen (keine Beidrähte), Reserveadern auf Masse legen.

- Schirme von analogen Leitungen einseitig auflegen.

- Schirme von digitalen Leitungen (Feldbusse, digitale Signale) beidseitig auflegen.

- Hin- und Rückleiter im gleichen Kabel führen.

- Leitungen des gleichen Stromkreises möglichst verdrillen.

- Schütze und Relais beschalten, Beschaltung nahe an der Schaltspule anbringen.

- Alle Schaltschrank- und Gehäuseteile flächig, elektrisch gut leitend verbinden (Abschirmung el. Felder).
  - Keine lackierten Flächen aufeinander montieren.
  - Schranktür mit kurzen Massebändern mit Schrankgehäuse verbinden.

- Signalleitungen möglichst auf einer Seite des Schaltschranks und in einer Ebene einführen.
  - Feldgebundene Störungen durchsetzen alle Leitungen in gleicher Weise und rufen „nur" Gleichtaktstörungen hervor.
  - Störströme kompensieren sich besser in ihrer Wirkung.

- Schirmschiene und Netzfilter am Schrankeintritt platzieren.
  - Schirmschiene mit Schrankgehäuse flächig, elektrisch gut leitend verbinden.

- Energiereiche Störquellen (z.B. Umrichter) von potentiellen Störsenken (z.B. Steuerungen) räumlich getrennt anordnen:
  - in getrennten Schaltschränken.
  - in einem Schaltschrank, aber in verschiedenen Zonen, Zonen durch geerdete Trennbleche entkoppeln.

- Leistungs- und Signalleitungen räumlich trennen (0,2 m), Leistungs- und Steuerleitungen nicht in einem Kabelkanal verlegen, Netzzuleitung und Motorleitungen trennen

- Leitungen dicht an der Schrankmasse bzw. geerdeten Schrankblechen verlegen

13 Auslegung elektrischer Antriebe

13.1 Vorgehensweise

Elektrische Antriebe haben eine Vielzahl technischer Kenngrößen und werden von vielen Herstellern angeboten. Der Elektrokonstrukteur verfügt so über große Freiheitsgrade bei der Auswahl und Dimensionierung von Antriebslösungen. Die Auslegung elektrischer Antriebe führt deshalb nicht zwangsläufig zu einem eindeutigen Ergebnis, sondern liefert je nach Gewichtung der Anforderungen unterschiedliche Lösungen. Um zu einer wirtschaftlich optimalen Antriebsauslegung zu kommen, ist deshalb ein mehrmaliges Durchlaufen der Auslegungsschritte und ein Vergleich der verschiedenen Lösungen empfehlenswert.

Die Auslegung elektrischer Antriebe folgt auf die mechanische Konstruktion einer Maschine und baut auf deren Vorgaben auf. Kleine Änderungen der Mechanik können große Auswirkungen auf die Antriebslösung haben. Die Auslegung sollte deshalb als gemeinsame Aufgabe von Mechanikern und Elektrikern aufgefasst werden.

Die Auslegung eines elektrischen Antriebs erfolgt in mehreren Schritten, die aufeinander aufbauen (Bild 13.1). Diese Schritte werden nachfolgend im Detail vorgestellt.

Auslegungsschritte

1 Auswahl der Antriebsart (linear, rotatorisch, Konstantantrieb, drehzahlveränderlicher Antrieb, Servoantrieb, Motortyp, Getriebe)

2 Auswahl eines Motors

3 Überprüfung der thermischen Belastbarkeit des gewählten Motors

4 Auswahl der konstruktiven Motoroptionen

5 Auswahl des Motorgebers

6 Auswahl des Motorstellgerätes

7 Überprüfung der Wirtschaftlichkeit ggf. Wiederholung der Schritte 1 bis 7 mit einer anderen Antriebsart

Bild 13.1 Vorgehen bei der Antriebsauslegung

13.2 Auswahl der Antriebsart

Die Auswahl der Antriebsart wird wesentlich durch die energieübertragenden Schnittstellen des Antriebs bestimmt. Diese Schnittstellen umfassen

- die mechanische Schnittstelle zur Arbeitsmaschine und

- die elektrische Schnittstelle zur Energieversorgung.

Die Anforderungen an diese Schnittstellen lassen sich durch wenige Parameter beschreiben. Damit ergibt sich für jede Anwendung ein grobes Anforderungsprofil, mit dem eine Vorauswahl der optimalen Antriebslösung erfolgt.

Tabelle 13.1 Kriterien zur Auswahl der optimalen Antriebsart

Mechanische Schnittstelle			
Bewegungsart	Linear		Rotatorisch
	Linearmotor Rotationsmotor mit Getriebe		Rotationsmotor
Zeitlicher Verlauf der Bewegungsgrößen	Konstant	Veränderlich	Sehr dynamisch
	Asynchronmotor mit - Direktanlauf - Stern-Dreick-Anlauf - Sanftanlauf - Polumschaltung Gleichstrommotor mit - Direktanlauf - Sanftanlauf Synchronmotor oder Reluktanzmotor mit Frequenzumrichter	Asynchronmotor mit Frequenzumrichter Synchronmotor mit Frequenzumrichter Reluktanzmotor mit Frequenzumrichter Gleichstrommotor mit Stromrichter Schrittmotor mit entspr. Stellgerät	Servoantrieb mit - Gleichstrommotor - bürstenlosem Gleichstrommotor - Synchronmotor - Asynchronmotor und entspr. Stellgerät Direktantrieb
Mittelwert des Drehmoments bzw. der Leistung	Klein	Mittel	Hoch
	Kleinmotoren Gleichstrommotor Bürstenloser Gleichstrommotor Synchronmotor Schrittmotor Asynchronmotor	Gleichstrommotor Bürstenloser Gleichstrommotor Synchronmotor Asynchronmotor	Torquemotor Getriebemotor
Spitzenwert des Drehmoments	Geringe temporäre Überlast		Hohe häufige Überlast
	Standardmotor		Servomotor

Tabelle 13.1 enthält Anforderungen an die energieübertragenden Schnittstellen und mögliche Lösungsvarianten. Durch Kombination der einzelnen Detaillösungen entsteht eine Gesamtlösung für die Antriebsaufgabe. Dabei dürfen natürlich nur miteinander verträgliche Detaillösungen kombiniert werden.

Tabelle 13.1 Kriterien zur Auswahl der optimalen Antriebsart *(Forts.)*

Drehzahl	Klein	Mittel	Hoch
	Torquemotor Getriebemotor	Standardmotor	Sondermotor - Bürstenloser Gleichstrommotor - Synchronmotor
Position/Lage	Relevant		Nicht relevant
	Motor mit Motorgeber Schrittmotor		Motor ohne Motorgeber (Geber ggf. nur für Kommutierung)
Erforderliche Genauigkeit	Klein	Mittel	Hoch
	Ungeregelter Antrieb	Gesteuerter Antrieb	Geregelter Antrieb Schrittantrieb
Einbauraum	Gering		Nicht relevant
	Direktantrieb (Linear-, Torquemotor) Synchronmotor		Standardmotor

Elektrische Schnittstelle (Spannungsversorgung)

Typ	Gleichstrom	Wechselstrom	Drehstrom	
	Kein Stellgerät Gleichstrom- sanftanlasser Pulssteller Wechselrichter	Kein Stellgerät Wechselstrom- sanftanlasser Stromrichter Frequenzumrichter	Kein Stellgerät Drehstrom- sanftanlasser Stromrichter Frequenzumrichter	
Pegel	Kleinspannung AC bis 50 V DC bis 120 V	Niederspannung 60 V bis 1000 V	Mittelspannung 1 kV bis 50 kV	Hochspannung > 50 kV
	Motoren und Stellgeräte mit entsprechender Nennspannung DC/DC-Wandler oder Transformatoren zur Anpassung an die Netzspannung			
Erlaubte Netz-rückwirkungen	Hoch		Gering	
	Direktanlauf Keine Filtermaßnahmen		Motor mit Stellgerät Filtermaßnahmen	

Beispiel 1: Antriebslösung für eine Pumpe

Kriterium	Anforderung	Lösung
Bewegungsart	rotatorisch	Rotationsmotor
Zeitlicher Verlauf der Bewegungs-größen	konstant	Asynchronmotor mit Sanftanlauf
Mittelwert des Drehmoments bzw. der Leistung	mittel	Asynchronmotor
Spitzenwert des Drehmoments	geringe temporäre Überlast	Standardmotor
Drehzahl	klein	Getriebemotor
Position/Lage	nicht relevant	Motor ohne Motorgeber
Erforderliche Genauigkeit	klein	ungeregelter Antrieb
Einbauraum	nicht relevant	Standardmotor
Elektrische Schnittstelle	Wechselstrom	Wechselstromsanftanlasser
Pegel	220 V	Sanftanlasser und Motor für 220 V
Erlaubte Netzrückwirkungen	gering	Sanftanlasser

Die bevorzugte Lösung ist ein Getriebe-Asynchronmotor mit Sanftanlasser am 220-V-Wechselstromnetz.

Beispiel 2:
Antriebslösung für einen Walzenantrieb einer Papiermaschine

Kriterium	Anforderung	Lösung
Bewegungsart	rotatorisch	Rotationsmotor
Zeitlicher Verlauf der Bewegungs-größen	veränderlich	Asynchronmotor oder Synchronmotor mit Frequenzumrichter
Mittelwert des Drehmoments bzw. der Leistung	hoch	Torquemotor oder Getriebemotor
Spitzenwert des Drehmoments	geringe temporäre Überlast	Standardmotor, kein Servomotor
Drehzahl	klein	Torquemotor oder Getriebemotor
Position/Lage	nicht relevant	Motor ohne Motorgeber
Erforderliche Genauigkeit	hoch	geregelter Antrieb
Einbauraum	gering	Torquemotor
Elektrische Schnittstelle	Drehstrom	Frequenzumrichter
Pegel	400 V	Umrichter und Motor für 400 V
Erlaubte Netzrückwirkungen	gering	Filter

Die bevorzugte Lösung ist ein Torquemotor ohne Getriebe mit Frequenzumrichter am 400-V-Drehstromnetz.

13.3 Motorauslegung

13.3.1 Vorgehensweise

Ist das Antriebssystem grob definiert, beginnt die Detailauswahl der Einzelkomponenten. Aus Antriebssicht ist die erste auszuwählende Komponente der Elektromotor. Die Motorauslegung erfolgt in mehreren Schritten:

Auslegung durch schrittweise Eliminierung

1. Auslegung nach mechanischen Kenngrößen

2. Thermische Auslegung

3. Konstruktive Auslegung

4. Auslegung unter Schutzgesichtspunkten

Der auszulegende Motor muss in allen Gesichtspunkten den Anforderungen der Anwendung entsprechen.

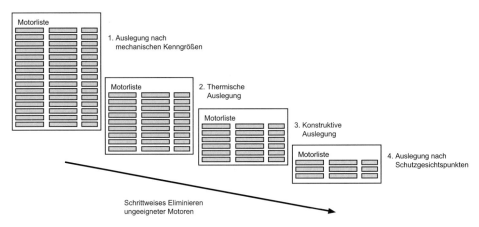

Bild 13.2 Schrittweise Eingrenzung der geeigneten Motoren

Die Auslegung geschieht deshalb so, dass aus einer Liste der in Frage kommenden Motoren (z.B. eines Herstellers) Schritt für Schritt die Motoren eliminiert werden, die die Anforderungen nicht erfüllen (Bild 13.2). Am Ende des Selektionsprozesses bleiben die technisch geeigneten Motoren übrig. Unter wirtschaftlichen Gesichtspunkten wird dann der Motor ausgewählt, der die geforderten Kenngrößen gerade erfüllt und so gering wie möglich überdimensioniert ist.

13.3.2 Berücksichtigung des Getriebes

Ein Motor ist meistens über ein Getriebe mit der Arbeitsmaschine verbunden. Das Getriebe ist ein mechanischer Wandler und dient zur Anpassung des Motors an die Erfordernisse der Arbeitsmaschine. Es wan-

Grundlagen

353

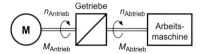

Bild 13.3 Definition der Drehzahlen und Drehmomente am Getriebe

delt die motorseitigen Bewegungsgrößen Drehzahl und Drehmoment so um, dass sie den Anforderungen der Arbeitsmaschine entsprechen.

Es gilt (vgl. Bild 13.3):

$$i = \frac{n_{\text{Antrieb}}}{n_{\text{Abtrieb}}} = \frac{M_{\text{Abtrieb}}}{M_{\text{Antrieb}}}$$

mit i Getriebefaktor
      n Drehzahl
      M Drehmoment

Optimaler Getriebefaktor

Die Auswahl des Getriebes erfolgt aus der Sicht der Arbeitsmaschine. Sie fordert eine gewisse Abtriebsdrehzahl n_{Abtrieb} und ein gewisses Abtriebsdrehmoment M_{Abtrieb}. Das Getriebe wird mit seinem Getriebefaktor i so ausgelegt, dass die Antriebsdrehzahl n_{Antrieb} in den Bereich gängiger Motordrehzahlen fällt. Je nach Motortyp liegen diese zwischen 700 U/min und 6000 U/min. Ziel ist dabei, mit einem möglichst kleinen Getriebefaktor i auszukommen, da Getriebe mit großen Getriebefaktoren im Allgemeinen auch größere Verluste verursachen und teurer sind.

Bei Servoanwendungen kommt es häufig darauf an, eine Last innerhalb einer bestimmten Zeit von einem Punkt zu einem anderen zu bewegen, Während der zeitliche Bewegungsablauf der Last durch die Arbeitsmaschine definiert ist, kann der Verlauf der Bewegungsgrößen an der Motorwelle durch einen günstigen Getriebefaktor i optimiert werden. Der Getriebefaktor i soll möglichst so gewählt werden, dass für die Realisierung des gewünschten Bewegungsablaufes der Last ein minimales Motordrehmoment und damit ein kleiner Motor erforderlich ist. Es lässt sich mathematisch herleiten, dass das genau dann der Fall ist, wenn gilt:

$$i^2 = \frac{J_{\text{Last}}}{J_{\text{Motor}}}$$

mit J Trägheitsmoment

Der optimale Getriebefaktor i wird damit vom Verhältnis der Trägheitsmomente bestimmt.

In vielen Servoanwendungen ist es nicht möglich, die optimale Getriebeübersetzung zu wählen, da sich dadurch unsinnige Arbeitsbereiche

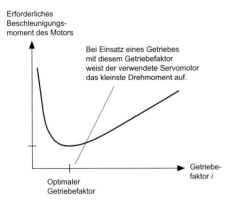

Bild 13.4 Optimaler Getriebefaktor bei Servoanwendungen

für die Motordrehzahl ergeben. Ziel der Getriebeauswahl muss dann sein, ein Übersetzungsverhältnis so nah wie möglich am Optimum zu erreichen.

In Servoanwendungen kommen oft Getriebe zur Wandlung rotatorischer Bewegungen in translatorische Bewegungen zum Einsatz. Hier ergeben sich dann weitere Berechnungsvorschriften zur Ermittlung der Motordrehzahl. Tabelle 13.2 zeigt die Zusammenhänge für die wichtigsten Getriebearten.

Tabelle 13.2 Umrechnung mechanischer Größen bei verschiedenen Getrieben

Getriebe	Darstellung	Bewegungsgröße Abtrieb	Bewegungsgröße Antrieb	Wandlungsgesetz
Riementrieb		Geschwindigkeit $v(t)$	Drehzahl $n(t)$	$v(t) = n(t) \cdot u$ u: Umfang
Spindel		Geschwindigkeit $v(t)$	Drehzahl $n(t)$	$v(t) = n(t) \cdot p$ p: Steigung
Zahnstange		Geschwindigkeit $v(t)$	Drehzahl $n(t)$	$v(t) = n(t) \cdot u$ u: Umfang
Rotatorisches Getriebe		Drehzahl $n_2(t)$	Drehzahl $n_1(t)$	$n_1(t) = n_2(t) \cdot i$ i: Getriebefaktor

Zwischen der Bewegungsgeschwindigkeit der Arbeitsmaschine (Lastgeschwindigkeit) und der eigentlichen Motordrehzahl besteht bei den dargestellten Getrieben ein linearer Zusammenhang. Die Motordrehzahl kann durch Multiplikation mit einem durch die Getriebekonstruktion vorgegebenen Getriebefaktor aus der Lastgeschwindigkeit ermittelt werden. Sind mehrere Getriebe hintereinander angeordnet, ergibt sich die Motordrehzahl durch Multiplikation der Lastgeschwindigkeit mit den Getriebefaktoren aller Getriebe.

Ermittlung des Motordrehmomentes

Das Drehmoment, das der Motor an seiner Welle bereitstellt (Bild 13.5), hat zwei Funktionen. Es dient

- zur Beschleunigung bzw. Verzögerung der mechanischen Elemente in der Arbeitsmaschine und

- zur Kompensation der auftretenden Lastmomente.

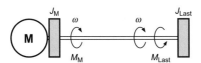

Bild 13.5 Wirksame Trägheitsmomente und Drehmomente

Das Lastmoment M_{Last} ist positiv und wirkt dem Motormoment M_M entgegen (Pfeilrichtungen beachten). Es versucht, die Last abzubremsen.

Eine aktive Last (z.B. hängende Lasten bei Hebevorrichtungen) würde beschleunigend wirken und hätte einen negativen Wert.

$$M_M = M_{Beschl} + M_{Last}$$

$$M_{Beschl} = (J_M + J_{Last}) \cdot \frac{d\omega}{dt}$$

mit M_M Motordrehmoment
       M_{Beschl} Beschleunigungsmoment
       M_{Last} Lastmoment
       J_{Last} Gesamtträgheitsmoment der Arbeitsmaschine
       J_M Trägheitsmoment des Motors
       ω Winkelgeschwindigkeit der Motorwelle

Diese Gleichungen gelten für eine mechanische Anordnung ohne Getriebe, bei der die Arbeitsmaschine direkt an die Motorwelle gekuppelt ist und das Lastmoment unmittelbar an der Motorwelle angreift.

Ist die Arbeitsmaschine jedoch über ein Getriebe an den Motor angeschlossen, müssen das Trägheitsmoment und das Lastmoment der Arbeitsmaschine auf die Motorwelle umgerechnet werden.

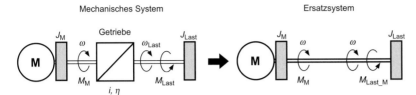

Bild 13.6 Berücksichtigung des Getriebes zur Ermittlung der auf die Motorwelle bezogenen Größen

Man ersetzt dabei das reale System durch ein Ersatzsystem, das direkt am Motor angeschlossen ist (Bild 13.6). Die Ersatzgrößen (Lastmoment und Trägheit) belasten den Motor in gleicher Weise wie die hinter dem Getriebe angreifenden realen Größen.

Berechnung des Ersatzträgheitsmoments J_{Last_M}

Das Trägheitsmoment J_{Last} des Maschinenelements wird durch ein Ersatzträgheitsmoment J_{Last_M} ersetzt. Seine Berechnung erfolgt nach folgender Formel:

$$J_{Last\_M} = \frac{J_{Last}}{i^2}$$

mit J_{Last} Trägheitsmoment der Arbeitsmaschine
        J_{Last_M} Ersatzträgheitsmoment bezogen auf die Motorwelle
        i Getriebeübersetzung zwischen Arbeitsmaschine
            und Motorwelle

Hinweis: Das Trägheitsmoment des Getriebes ist ebenfalls zu berücksichtigen. Es ist dem Datenblatt zu entnehmen und je nach Bezugspunkt entweder zum Motorträgheitsmoment J_M oder zum Lastträgheitsmoment J_{Last} zu addieren.

Berechnung des Ersatzlastmoments M_{Last_M}

Das Lastmoment M_{Last} der Arbeitsmaschine wird durch ein Ersatzlastmoment M_{Last_M} ersetzt, das direkt an der Motorwelle angreift. Seine Berechnung erfolgt nach folgender Formel:

$$M_{Last\_M} = \frac{M_{Last}}{i}$$

mit M_{Last} Lastmoment der Arbeitsmaschine
        M_{Last_M} Ersatzlastmoment bezogen auf die Motorwelle
        i Gesamtgetriebeübersetzung zwischen Maschinenelement und Motorwelle

Berücksichtigung des Getriebewirkungsgrades

In Getrieben tritt mechanische Reibung auf. Ein Teil der in das Getriebe eingespeisten Energie wird in Wärme umgesetzt und geht damit verloren. Berücksichtigt wird dieser Umstand durch den Getriebewirkungsgrad η. Dieser ist in den technischen Daten des Getriebes angegeben und immer kleiner als 1.

Die Verluste im Getriebe werden je nach Arbeitspunkt entweder vom Motor oder von der Arbeitsmaschine gedeckt. Erfolgt der Energiefluss vom Motor zur Arbeitsmaschine, muss der Motor die Verluste im Getriebe decken. Erfolgt der Energiefluss von der Arbeitsmaschine zum Motor (z.B. beim Bremsen), deckt die Arbeitsmaschine die Verluste im Getriebe. Folglich ergeben sich 2 Gleichungen zur Berechnung des erforderlichen Motormoments M_M:

Energiefluss vom Motor zur Arbeitsmaschine (1. u. 3. Quadrant)	Energiefluss von der Arbeitsmaschine zum Motor (2. u. 4. Quadrant)
$J_{Last\_M} \cdot d\omega/dt + M_{Last\_M} > 0,\ \omega > 0$ $J_{Last\_M} \cdot d\omega/dt + M_{Last\_M} < 0,\ \omega < 0$	$J_{Last\_M} \cdot d\omega/dt + M_{Last\_M} < 0,\ \omega > 0$ $J_{Last\_M} \cdot d\omega/dt + M_{Last\_M} > 0,\ \omega < 0$
Motor deckt Getriebeverluste	Arbeitsmaschine deckt Getriebeverluste
Das von der Arbeitsmaschine aufgenommene Drehmoment wird durch den Wirkungsgrad η dividiert.	Das von der Arbeitsmaschine abgenommene Drehmoment wird mit dem Wirkungsgrad η multipliziert.
$M_M = J_M \cdot d\omega/dt + (J_{Last\_M} \cdot d\omega/dt + M_{Last\_M})/\eta$	$M_M = J_M \cdot d\omega/dt + (J_{Last\_M} \cdot d\omega/dt + M_{Last\_M}) \cdot \eta$

Mit diesen Formeln kann für jeden Bewegungsabschnitt das erforderliche Motordrehmoment M_M berechnet werden. Die Berechnungen sind oft sehr aufwändig, aber für eine korrekte Auslegung des Motors leider unumgänglich. Viele Antriebshersteller bieten deshalb entsprechende Berechnungsprogramme an.

Hinweis: Das Trägheitsmoment des Motors J_M ist erst bekannt, wenn ein Motor ausgewählt wurde. Es wird in der Erstauswahl des Motors vernachlässigt ($J_M = 0$) und erst in einer „Nachrechnung" berücksichtigt.

Direktantriebe In der Praxis werden immer öfter Direktantriebe eingesetzt, die kein Getriebe mehr benötigen. Sie

- führen als *Linearmotoren* unmittelbar eine lineare Bewegung aus oder

- kombinieren als *Torquemotoren* niedrige Drehzahlen mit hohen Drehmomenten.

Diese Antriebslösungen sollten neben der klassischen Motor-Getriebe-Kombination ebenfalls berücksichtigt werden. Je nach Ausführung werden Motoren für Direktantriebe als

- *Komplettmotoren* mit eigener Lagerung oder

- als *Einbaumotoren* zur direkten Integration in die Mechanik
  der Maschine

geliefert. Einbaumotoren ermöglichen platzsparende Lösungen, erfordern aber auch spezielles Know-how bei der Montage des Motors.

Werden Direktantriebe eingesetzt, sind die Bewegungsgrößen des Motors und der Arbeitsmaschine (Drehzahl, Lastmoment, Trägheitsmoment) identisch und es ist keine Umrechnung zwischen den Bewegungsgrößen des Motors und der Arbeitsmaschine erforderlich.

Ist das Trägheitsmoment eines mechanischen Elements nicht bekannt, kann es mit folgenden Formeln ermittelt werden:

Berechnung des Trägheitsmoments

Element	Darstellung und Berechnung	Formelzeichen
Vollzylinder	$J = \dfrac{\pi \cdot b \cdot r}{2} \cdot \left(\dfrac{d}{2}\right)^4$	J Trägheitsmoment d Durchmesser b Länge ρ Dichte
Hohlzylinder	$J = \dfrac{\pi \cdot b \cdot r}{2} \cdot \left(\dfrac{d_2^4 - d_1^4}{16}\right)$	J Trägheitsmoment d_1 Innendurchmesser d_2 Außendurchmesser b Länge ρ Dichte

Tabelle 13.3 Berechnungsvorschriften für das Trägheitsmoment

Die Dichten einiger typischer Werkstoffe sind in Tabelle 13.4 angegeben.

Tabelle 13.4 Dichte häufig verwendeter Werkstoffe

Werkstoff	Dichte ρ in kg/m^2
Aluminium	2700
Grauguss	7600
Stahl	7860
Gummi	950
Polyethylen	930
PVC	1350

13.3.3 Auslegung des Motors nach mechanischen Kenngrößen

Zu Beginn dieses Auslegungsschritts liegen die Motordrehzahl und das Motordrehmoment entweder als

- Festwert (bei Konstantantrieben) oder als

- Zeitverlauf (bei drehzahlveränderlichen Antrieben oder Servoantrieben)

vor.

Konstantantriebe Bei Konstantantrieben ist die Drehzahl des Motors aufgrund der konstanten Netzspannung fest vorgegeben. Die Auswahl des Motors erfolgt deshalb am einfachsten über die Lastkennlinie der angeschlossenen Arbeitsmaschine, die auf die Motorwelle umgerechnet wurde. Die Vorgehensweise wird im Folgenden beispielhaft für Asynchronmotoren erläutert. Sie ist prinzipiell auf Gleichstrommotoren, die an einer festen Gleichspannung betrieben werden, übertragbar.

Jede Arbeitsmaschine weist eine typische Lastkennlinie als Funktion des Lastmoments über der Drehzahl auf. Bild 13.7 zeigt einige typische Lastkennlinien.

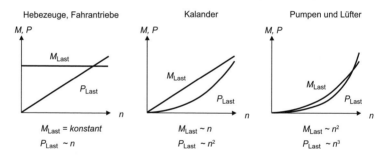

Bild 13.7 Typische Lastkennlinien

Zeichnet man die Drehzahl-Drehmoment-Kennline eines in Betracht kommenden Asynchronmotors mit in das Diagramm der Lastkennlinie ein (Bild 13.8), kann der stationäre Arbeitspunkt ermittelt werden. Er ergibt sich als Schnittpunkt zwischen der Lastkennlinie und der Drehzahl-Drehmoment-Kennline.

Die Drehzahl-Drehmoment-Kennline des Asynchronmotors muss im gesamten Drehzahlbereich oberhalb der Lastkennlinie verlaufen. Nur dann steht ein Beschleunigungsmoment M_{Beschl} zum Hochlauf des Motors zur Verfügung. Um Spannungsabsenkungen im Netz zu beherrschen, sollte auch die bei 10% niedrigerer Spannung um 20% abgesenkte Drehzahl-Drehmoment-Kennline des Asynchronmotors noch oberhalb der Lastkennlinie verlaufen.

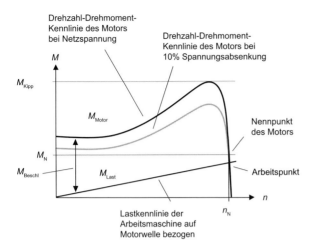

Bild 13.8 Kennlinie des Asynchronmotors und Lastkennlinie

Ausgewählt wird ein Motor, dessen Nennmoment M_N ca. 20% über dem sich einstellenden Arbeitspunkt liegt. Motoren mit geringerem Nennmoment M_N werden thermisch überlastet. Motoren mit höherem Nennmoment M_N sind überdimensioniert.

Besonderes Augenmerk ist auf das Anlaufverhalten zu richten. In einigen Anwendungen wie z.B. Mühlen und Rollgangsmotoren wird besonders beim Anlauf ein hohes Losbrechmoment benötigt. In diesen Anwendungen weist die Lastkennlinie eine deutliche Überhöhung bei Drehzahl 0 auf.

Anlauf von Konstantantrieben am Netz

Die Drehzahl-Drehmoment-Kennlinie des Asynchronmotors muss in allen Drehzahlbereichen oberhalb der Lastkennlinie liegen. Deshalb kommen für diese Anwendungen Motoren mit einer Kennlinie zum Ein-

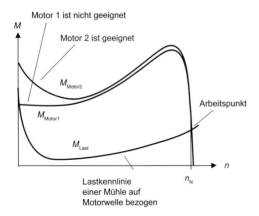

Bild 13.9 Kennlinien zweier Asynchronmotoren und Lastkennlinie einer Mühle

satz, die ein hohes Anlaufmoment haben. Die Kennlinie dieser Motoren weist die typische Sattelform auf.

In den Herstellerunterlagen ist angegeben, wie viele Anläufe der Motor in einer bestimmten Zeiteinheit ohne thermische Überlastung durchführen kann. Diese Angaben beziehen sich auf die direkte Einschaltung am Netz. Die zulässige Anlaufhäufigkeit darf nicht überschritten werden.

Anlauf von Konstantantrieben mit Sanftanlasser

Um den Anlaufstrom zu begrenzen, werden Asynchronmotoren oft mit Sanftanlassern ausgestattet. Diese erhöhen langsam die Motorspannung, während der Motor hochläuft. Sanftanlasser begrenzen allerdings auch das Anlaufmoment, das dem Motor während des Hochlaufs zum Beschleunigen zur Verfügung steht. Sanftanlasser können deshalb nur in solchen Anwendungen sinnvoll eingesetzt werden, bei denen die Lastkennlinie im Stillstand kein oder nur ein geringes Lastmoment aufweist. Das ist zum Beispiel bei Lüftern und Pumpen der Fall. In diesen Anwendungen wird kein Losbrechmoment benötigt.

Drehzahlveränderliche Antriebe und Servoantriebe

Bei drehzahlveränderlichen Antrieben und bei Servoantrieben sind Motordrehzahl und Motordrehmoment zeitlich veränderlich. Ein einziger stationärer Arbeitspunkt tritt nicht auf. Stattdessen ergeben sich mehrere markante Arbeitspunkte, die zu betrachten sind.

Ausgangspunkt für die Motorauslegung sind deshalb zwei Diagramme (Bild 13.10):

• Verlauf der Motordrehzahl als Funktion der Zeit

• Verlauf des Drehmoments an der Motorwelle als Funktion der Zeit

Diese Zeitverläufe sind unter Berücksichtigung des Getriebefaktors aus den Bewegungsabläufen der Arbeitsmaschine herzuleiten.

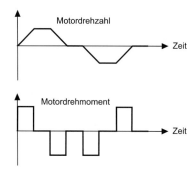

Bild 13.10
Drehzahl- und Drehmomentverlauf bei drehzahlveränderlichen Antrieben und Servoantrieben

Grenzkennlinien von geregelten Antrieben

Für jeden Motor definiert der Hersteller Grenzdaten bzw. Grenzkennlinien, die den zulässigen Arbeitsbereich des Motors hinsichtlich der Drehzahl und des Drehmoments beschränken. Folgende Grenzkennlinien sind zu beachten (Bild 13.11):

- Das *Grenzdrehmoment* ist eine Konstante und definiert das maximale Drehmoment, das der Motor abgeben kann. Es ist durch die mechanische Konstruktion insbesondere der Motorwelle festgelegt. Höhere Motordrehmomente führen zur Beschädigung der Motorwelle (z.B. Abriss).

- Die *Grenzdrehzahl* ist ebenfalls eine Konstante und gibt die maximale Drehzahl an, mit der der Motor betrieben werden darf. Bei einer Überschreitung kann es zu Beschädigungen der Lager und des Läufers kommen.

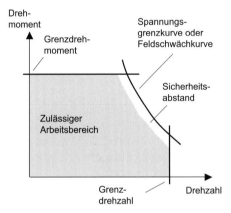

Bild 13.11 Zulässiger Arbeitsbereich von Motoren

- Die *Spannungs- bzw. Feldschwächgrenzkurve* begrenzt das Motordrehmoment in Abhängigkeit von der Motordrehzahl. Diese Grenzkurve berücksichtigt, dass durch die Rotation des Läufers eine Gegenspannung (Motor-EMK) in der Ständer- oder Ankerwicklung induziert wird, die von der speisenden Spannung kompensiert werden muss. Da die induzierte Gegenspannung mit steigender Drehzahl anwächst, erreicht sie bei einer bestimmten Drehzahl die Bemessungsspannung des Motors.

Die Spannungsgrenzkurve verläuft je nach Motortyp unterschiedlich. Während sie bei Synchron- und Schrittmotoren sehr steil abfällt und die x-Achse schneidet, verläuft sie bei Asynchron- und Gleichstrommotoren aufgrund des möglichen *Feldschwächbetriebes* asymptotisch. Um genügend Reserven beim Auftreten von Netzspannungsschwankungen zu haben, ist bei der Auslegung ein Sicherheitsabstand zur Spannungsgrenzkurve von mindestens 10% (besser 20%) einzuhalten.

Hinweis: Auch Synchronmotoren können mit Feldschwächung betrieben werden. Da dafür aber besondere Schutzmaßnahmen im Stellgerät erforderlich sind, wird dieser Betriebsfall nicht weiter betrachtet.

363

Motorauswahl mit Grenzkennlinien

Zur Auswahl mechanisch geeigneter Motoren werden die markanten Punkte für die Motordrehzahl n und das Motordrehmoment M_M aus dem Drehzahl- und Drehmomentverlauf in das Diagramm der Grenzkennlinien übertragen (Bild 13.12). Dabei werden nur die Absolutbeträge der Größen berücksichtigt.

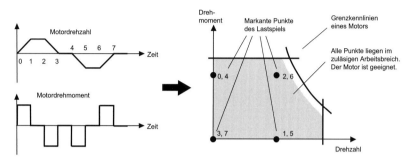

Bild 13.12 Übertragung markanter Arbeitspunkte in das Drehmoment-Drehzahl-Diagramm des Motors

Für jeden in Betracht kommenden Motor werden seine Grenzkennlinien eingezeichnet. Liegen alle Punkte des Lastspiels im zulässigen Arbeitsbereich, ist der entsprechende Motor unter mechanischen Gesichtspunkten in der Lage, das geforderte Lastspiel zu erfüllen. Alle Motoren, die diese Bedingung erfüllen, werden vorausgewählt und in den folgenden Auslegungsschritten weiter betrachtet. Alle anderen Motoren werden aussortiert und in die folgenden Auslegungsschritte nicht mehr mit einbezogen.

Motornachrechnung

Bei der Erstellung des Drehmomentverlaufs wurde die Eigenträgheit J_M des Motors bisher nicht berücksichtigt. Lediglich das Trägheitsmoment der Arbeitsmaschine und des Getriebes wurden in die Berechnungsgleichungen eingesetzt. Dies war auch gar nicht anders möglich, da schließlich noch kein Motor ausgewählt wurde und das Motorträgheitsmoment J_M bisher unbekannt war. Diese Vereinfachung muss nun in einer Motornachrechnung korrigiert werden. Besonders bei Servoantrieben ist diese Nachrechnung unbedingt erforderlich.

Für die Nachrechnung wird das erforderliche Motordrehmoment M_M unter Hinzunahme des Motorträgheitsmoments J_M erneut berechnet. Besonders bei Servoantrieben ergeben sich dadurch in den Beschleunigungs- und Bremsphasen deutlich höhere Motordrehmomente.

Motordrehmoment:

$$M_M = J_M \cdot \frac{d\omega}{dt} + \frac{\left(J_{Last\_M} \cdot \frac{d\omega}{dt} + M_{Last\_M}\right)}{\eta}$$

Darin sind enthalten:

Drehmomentbedarf der Arbeitsmaschine und des Getriebes:

$$\frac{\left(J_{\text{Last\_M}} \cdot \dfrac{\mathrm{d}\omega}{\mathrm{d}t} + M_{\text{Last\_M}}\right)}{\eta}$$

Beschleunigungs- und Bremsmoment des Motors:

$$J_M \cdot \frac{\mathrm{d}\omega}{\mathrm{d}t}$$

Hinweis: In das Motorträgheitsmoment J_M geht auch die Trägheit einer eventuell vorhandenen Motorbremse ein.

Für jeden Abschnitt des Lastspiels, in dem eine Drehzahländerung durch Beschleunigen oder Abbremsen auftritt, muss das Motordrehmoment M_M erneut berechnet werden. Ergebnis dieser Berechnungen ist ein korrigiertes Diagramm des Drehmomentverlaufes als Funktion der Zeit.

Anschließend werden die markanten Punkte für die Motordrehzahl und das Motordrehmoment erneut in das Grenzkennliniendiagramm des betrachteten Motors übertragen (Bild 13.13). Einige der ursprünglichen Arbeitspunkte verschieben sich jetzt zu höheren Drehmomenten. Liegen alle Punkte des Lastspiels immer noch im zulässigen Arbeitsbereich, ist der entsprechende Motor unter mechanischen Gesichtspunkten in der Lage, das geforderte Lastspiel zu erfüllen. Liegen einige Punkte jetzt oberhalb der Grenzkurven für das Drehmoment, ist der betreffende Motor nicht geeignet. Alle ungeeigneten Motoren werden aussortiert und in die folgenden Auslegungsschritte nicht mehr mit einbezogen.

Die Auslegung nach mechanischen Kenngrößen ist damit abgeschlossen.

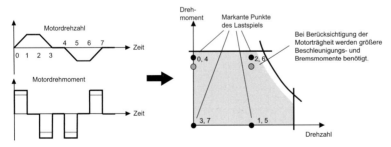

Bild 13.13 Übertragung markanter Arbeitspunkte in das Drehmoment-Drehzahl-Diagramm unter zusätzlicher Berücksichtigung der Eigenträgheit des Motors

13.3.4 Thermische Auslegung des Motors

Die Energiewandlung im Motor ist verlustbehaftet. Ein Teil der zugeführten elektrischen Energie wird nicht an der Motorwelle als mechanische Energie wieder abgegeben, sondern im Motor in Wärme umgesetzt. Das führt zu einer Temperaturerhöhung im Motor.

Hohe Temperaturen bewirken eine schnelle Alterung der für die Wicklungsisolierung verwendeten Materialien und damit eine Einschränkung der Robustheit und Lebensdauer des Motors. Man versucht deshalb, durch geeignete Kühlmaßnahmen wie

- Oberflächenvergrößerung durch Kühlrippen,

- abstrahlungsfördernde Farbanstriche,

- Lüfter und

- Flüssigkeitskühlung

die entstehende Wärme aus dem Motor so gut wie möglich abzuführen und die entstehende Temperaturerhöhung zu begrenzen.

Da die im Motor auftretenden Verluste und die damit verbundene Erwärmung des Motors diesen zerstören können, ist neben der rein mechanischen Auslegung unbedingt auch eine thermische Auslegung erforderlich.

Thermisches Modell

Für die thermische Auslegung des Motors ist es ausreichend, von einem Einkörpermodell auszugehen (Bild 13.14). Die unterschiedlichen Wärmequellen und Verlustarten sowie die unterschiedliche Wärmeverteilung zwischen Läufer und Ständer werden vernachlässigt. Der Motor wird als ein einziger Körper angenommen, in dem eine Wärmequelle wirkt und der eine bestimmte Wärmekapazität aufweist. Diese Wärmekapazität hängt von der Masse des Motors ab. Große Motoren haben eine hohe Wärmekapazität, kleine Motoren haben eine geringe Wärmekapazität.

Im Motor befindet sich eine Wärmequelle Q_{th}, die einen Wärmestrom i_{th} erzeugt. Die Größe des Wärmestroms entspricht der im Motor anfallen-

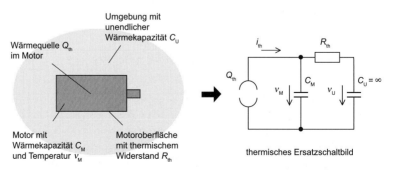

Bild 13.14 Thermisches Modell des Motors

den Verlustleistung und verändert sich in Abhängigkeit vom Betriebspunkt des Motors. Der Wärmestrom lädt die Wärmekapazität C_M des Motors auf. Als Folge steigt die Temperatur v_M des Motors. Über seine Oberfläche gibt der Motor Wärme an die Umgebung ab. Dabei wird sein thermischer Widerstand R_{th} wirksam, der den Wärmestrom vom Motor an die Umgebung begrenzt. Die Wärmekapazität C_U der Umgebung wird als unendlich groß angenommen. Unter dieser Annahme bleibt die Umgebungstemperatur v_U konstant. Durch entsprechende Belüftung mit Frischluft (Fremdlüfter) oder Rückkühlung des Kühlmediums wird diese Bedingung in der praktischen Anwendung erfüllt.

Mit den genannten Annahmen lässt sich zeigen, dass die Erwärmung des Motors nach der in Bild 13.15 dargestellten Funktion verläuft.

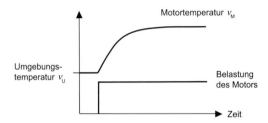

Bild 13.15 Temperaturverlauf bei Belastung des Motors

Wird der Motor belastet, treten im Motor Energieverluste auf und er erreicht nach einer gewissen Zeit seine Endtemperatur. Die Endtemperatur des Motors ist abhängig

- vom thermischen Widerstand R_{th} des Motors,
- von der Umgebungstemperatur v_U und
- von der Belastung des Motors.

Der zeitliche Verlauf der Erwärmung, insbesondere die Geschwindigkeit, mit der die Temperatur ansteigt, ist von der thermischen Zeitkonstante des Motors abhängig. Diese ergibt sich zu:

$$T_{th} = R_{th} \cdot C_M$$

Typische thermische Zeitkonstanten für Motoren liegen im Bereich von ca. 1 min bis 60 min.

Hinweis: Bei eigengekühlten Motoren mit einem Lüfterrad auf der Motorwelle sinkt die Kühlleistung bei kleinen Drehzahlen erheblich ab, da die warme Luft nicht mehr abtransportiert wird. Der Motor erwärmt sich dadurch bei gleichem Drehmoment deutlich stärker als bei der Nenndrehzahl. Drehzahlveränderliche Antriebe sollten deshalb möglichst selbstgekühlte (d.h. Motoren ohne Lüfterrad) oder fremdgekühlte Motoren verwenden.

Wärmeklassen

Die im Motor entstehende Verlustwärme führt zu einer Erhöhung der Motortemperatur. Es ist üblich, die maximal zulässigen Motortemperaturen durch Einordnung der Motoren in eine Wärmeklasse anzugeben. Die Wärmeklasse legt fest, welche Endtemperatur der Motor maximal erreichen darf. Tabelle 13.5 zeigt die Definition der Wärmeklassen nach DIN-VDE 0530.

Tabelle 13.5 Wärmeklassen

Wärmeklasse	A	E	B	F	H
Höchste zulässige Motortemperatur am heißesten Punkt der Wicklung in °C	105	120	130	155	180
Mittlere zulässige Motortemperatur in °C	100	115	120	140	165
Zulässige Übertemperatur bei einer Umgebungstemperatur von 40 °C	60	75	80	100	125

In der Praxis wird bei der thermischen Auslegung oft mit der zulässigen Übertemperatur gearbeitet. Sie gibt an, wie weit die mittlere zulässige Motortemperatur die nominelle Umgebungstemperatur bzw. Kühlmitteltemperatur von 40 °C überschreitet.

Die Isoliermaterialien im Motor sind entsprechend ihrer spezifizierten Wärmeklasse ausgelegt. Wird der Motor nicht überlastet, werden die zulässigen Maximaltemperaturen nicht überschritten und die Isoliermaterialien altern nicht vorschnell.

Betriebsarten

Motorlieferanten stellen in ihren Datenblättern die sogenannte S1-Kennlinie (Tabelle 13.6) zur Verfügung. Sie gilt für den Dauerbetrieb des Motors und beschreibt, welches Drehmoment ein Motor bei welcher Drehzahl dauerhaft abgeben kann, ohne dass er thermisch überlastet wird.

Tabelle 13.6 Betriebsart S1

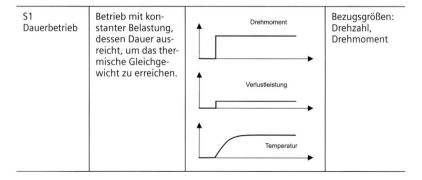

S1 Dauerbetrieb	Betrieb mit konstanter Belastung, dessen Dauer ausreicht, um das thermische Gleichgewicht zu erreichen.		Bezugsgrößen: Drehzahl, Drehmoment

Hinweis: Neben der Betriebsart S1 sind in DIN VDE 0530 weitere Betriebsarten S2 bis S6 definiert. Da die Motordaten für diese Betriebsarten von den Herstellern nur selten angegeben werden, erfolgt die Auslegung auf Basis der S1-Daten.

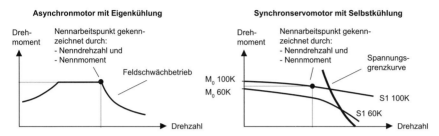

Bild 13.16 S1-Kennlinien eines Asynchron- und eines Synchronmotors

Bild 13.16 zeigt beispielhaft die Drehmoment-Drehzahl-Diagramme für die thermische Auslegung eines Asynchronmotors mit Eigenkühlung und eines Synchronservomotors mit Selbstkühlung. Angegeben sind die thermisch zulässigen Dauerdrehmomente (S1-Betrieb) als Funktion der Drehzahl. Bei Servomotoren werden manchmal auch Kennlinien für verschiedene Übertemperaturen angegeben. Damit kann der Motor so ausgelegt wrden, dass er eine bestimmte Übertemperatur nicht überschreitet (z.B. wenn wärmeempfindliche Maschinenelemente in der Nähe des Motors untergebracht sind).

Die Kenngrößen für den S1-Betrieb beziehen sich auf eine stationäre Last, die den Motor bis auf seine Endtemperatur erwärmt. Ist das Lastspiel entsprechend lang, was bei drehzahlveränderlichen Antrieben oft der Fall ist, müssen alle Arbeitspunkte unterhalb der S1-Kennlinie des Motors liegen.

Auslegung bei Antrieben mit stationärer Last

Besonders bei Servoantrieben ist jedoch eine zeitlich veränderliche Belastung der Normalfall. Um Motoren nach der S1-Kennlinie auslegen zu können, wird die veränderliche Belastung auf eine stationäre Ersatzlast zurückgeführt, die den Motor in gleicher Weise erwärmt wie die veränderliche Belastung. Auf Basis der Ersatzlast erfolgt dann die Auswahl des Motors.

Auslegung bei Antrieben mit veränderlicher Last über das Effektivmoment

Die Verluste im Motor werden im Wesentlichen durch den ohmschen Widerstand der Wicklungen hervorgerufen. Die Verlustleistung ist damit proportional dem Quadrat des fließenden Stroms. Der Strom wird wiederum vom abgegebenen Drehmoment bestimmt. Folglich besteht ein proportionaler Zusammenhang zwischen der Verlustleistung und dem Quadrat des abgegebenen Drehmoments. Die Ersatzlast wird deshalb auf der Basis des vom Motor abgegebenen Drehmoments bestimmt. Man definiert ein Effektivmoment M_{eff}. Es stellt ein stationäres

Ersatzmoment dar, das im Mittel die gleiche Erwärmung wie der tatsächliche Drehmomentverlauf hervorruft.

$$M_{\text{eff}} = \sqrt{\frac{M_1^2 \cdot t_1 + M_2^2 \cdot t_2 + M_3^2 \cdot t_3 + \dots}{t_1 + t_2 + t_3 + \dots}}$$

mit M_{eff} Effektivmoment
$M_1 \dots M_n$ Motordrehmoment im Abschnitt 1 bis n
$t_1 \dots t_n$ Zeitdauer Abschnitt 1 bis n

Mittlere absolute Drehzahl Neben dem Effektivmoment wird zusätzlich die mittlere absolute Drehzahl des Lastspiels ermittelt. Für eine vereinfachte Auslegung kann auch auf die Berechnung der mittleren absoluten Drehzahl verzichtet und der Betrag der maximal auftretenden Drehzahl verwendet werden.

$$n_{\text{abs-mittel}} = \frac{|n_1| \cdot t_1 + |n_2| \cdot t_2 + |n_3| \cdot t_3 + \dots}{t_1 + t_2 + t_3 + \dots}$$

mit $n_{\text{abs-mittel}}$ mittlere Drehzahl
$n_1 \dots n_n$ Motordrehzahl im Abschnitt 1 bis n
$t_1 \dots t_n$ Zeitdauer Abschnitt 1 bis n

Aus dem Effektivmoment und der mittleren absoluten Drehzahl ergibt sich ein Ersatzarbeitspunkt für den stationären Betrieb des Motors (Bild 13.17). Würde der Motor an diesem Arbeitspunkt betrieben, würde sich die gleiche Erwärmung einstellen wie bei dem eigentlich vorhandenen Lastspiel. Um thermische Reserven einzubauen, sollte das ermittelte Effektivmoment noch mit dem Faktor 1,1 multipliziert werden. So führen Änderungen des Lastspiels, die während der Lebensdauer einer Maschine oder Anlage durchaus vorkommen, nicht sofort zur thermischen Überlastung des Motors.

Für jeden Motor, der aufgrund der zuvor durchgeführten mechanischen Auslegung noch in Betracht kommt, wird nun der Ersatzarbeitspunkt in sein Drehmoment-Drehzahl-Diagramm eingetragen. Liegt der

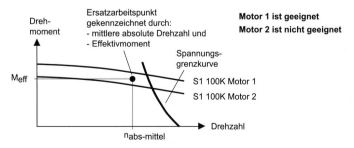

Bild 13.17 Ersatzarbeitspunkt zur thermischen Auslegung

Ersatzarbeitspunkt unterhalb der Kennlinie für den S1-Betrieb, ist der entsprechende Motor unter thermischen Gesichtspunkten in der Lage, das geforderte Lastspiel zu erfüllen. Alle Motoren, die diese Bedingung erfüllen, werden für weitere Auslegungsschritte beibehalten. Alle anderen Motoren scheiden aus.

Berücksichtigung der Spannungsgrenzkurve

Die Spannungsgrenzkurve begrenzt das Motordrehmoment in Abhängigkeit von der Motordrehzahl bei einer gegebenen Maximalspannung. Sie ist damit eine Begrenzung, die durch das Stellgerät bzw. die verfügbare Netzspannung bestimmt wird.

Für die Auswahl eines geeigneten Motors ist es erforderlich, dass alle Arbeitspunkte unterhalb der Spannungsgrenzkurve liegen. Für eine optimale Auslegung des Stellgeräts sollten die Arbeitspunkte unter Beachtung eines Sicherheitsabstandes von mindestens 10% so nahe wie möglich an der Spannungsgrenzkurve liegen. Motoren mit großem Abstand zur Spannungsgrenzkurve erfordern im Allgemeinen ein Stellgerät mit höherem Bemessungsstrom.

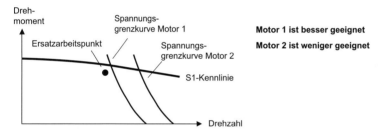

Bild 13.18 Berücksichtigung von Spannungsgrenzkurven bei der Motorauswahl

In Bild 13.18 ist Motor 1 besser geeignet als Motor 2. Thermisch sind beide Motoren in der Lage, das geforderte Lastspiel abzuarbeiten.

Reduktionsfaktoren bei abweichenden Betriebsbedingungen

Die Kennlinien zur Motorauswahl sind für bestimmte Betriebs- und Einbaubedingungen des Motors gültig. Weichen die tatsächlichen Bedingungen davon ab, geben die Motorenlieferanten Reduktionsfaktoren an, um die die zulässige Drehmomentkennlinie für den S1-Betrieb abgesenkt werden muss (Derating). Einige typische Ursachen für ein Derating sind:

- *Aufstellhöhe > 1000 m*
  Bei luftgekühlten Motoren reduziert sich die zulässige Belastung, wenn sie in großen Höhen betrieben werden. Ursache ist die verringerte Wärmeabführung.

- *Erhöhte Kühlmitteltemperatur*
  Ist das Kühlmittel (z.B. die Umgebungsluft) wärmer als nominal zulässig, muss die Belastung reduziert werden.

371

- *Anbaugetriebe*

  In vielen Anwendungen werden Servomotoren mit Getrieben ausgerüstet. In den Getrieben fallen Reibungsverluste an, die zu einer Erwärmung führen. Neben dem Motor als Wärmequelle kommt dann das Getriebe als weitere Wärmequelle hinzu. Aufgrund des direkten Anbaus an den Motor wird die Wärmeabgabe des Motors behindert, was zu größeren Wicklungstemperaturen im Motor führt. Folglich reduzieren sich die zulässigen Drehmomente bei Betrieb des Motors mit Anbaugetriebe gegenüber dem Betrieb ohne Anbaugetriebe.

- *Spezielle Motorgeber*

  Motorgeber mit integrierter Elektronik (z.B. Absolutwertgeber) stellen eine zusätzliche Wärmequelle dar, die ebenfalls die Wärmeabgabe des Motors behindern kann und eine Absenkung der zulässigen Belastung erfordert.

Die Herstellerdokumentation enthält entsprechende Hinweise zum Derating, die genauestens befolgt werden sollten.

13.3.5 Konstruktive Auslegung des Motors

Konstruktive Motordaten

Nach der mechanischen und thermischen Auslegung wird die Liste der geeigneten Motoren unter konstruktiven Gesichtspunkten weiter eingeengt. Dazu dienen verschiedene Kenngrößen, die dem Konstrukteur die Auswahl und den Vergleich von Motoren ermöglichen.

Relevante konstruktive Kenngrößen sind:

- Baugröße bzw. Achshöhe

- Bauform

- Belüftung bzw. Kühlung

- Schutzart

- Kabelanschluss

- Schwingstärkestufe

- Wellen- und Flanschgenauigkeit

- die zulässigen Quer- und Axialkräfte

- Explosionsschutz

Diese Kenngrößen werden von den Motorlieferanten in Datenblättern bereitgestellt. Um die Vergleichbarkeit sicherzustellen, sind viele dieser Kenngrößen in internationalen Normen festgeschrieben. Einige Kenngrößen werden nachfolgend betrachtet.

Baugröße

Neben Volumen und Gewicht wird die Baugröße eines Motors durch seine Achshöhe beschrieben. Sie definiert den Abstand zwischen dem Mittelpunkt der Motorwelle und einer parallel zur Motorwelle angeordneten Montagefläche (Bild 13.19). Tabelle 13.7 gibt einen Überblick über typische Achshöhen.

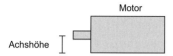

Bild 13.19 Definition der Achshöhe

Bei Norm-Asynchronmotoren sind neben der Achshöhe auch die

- Befestigungsmaße (z.B. Abstand der Füße, Bohrbilder) und
- die Wellenmaße (z.B. Durchmesser, Länge, Abmessungen der Passfeder)

festgelegt. Dadurch sind Motoren verschiedener Hersteller problemlos gegeneinander austauschbar.

Tabelle 13.7 Typische Achshöhen von Motoren

Achshöhen bei Niederspannungsmotoren (in mm)																			
Synchron-servomotoren	28	36	48	56	63	71	80	90	100	112	132	162							
Asynchron-servomotoren									100	112	132	160	180	200	225	280			
Norm-Asynchron-motoren				56	63	71	80	90	100	112	132	160	180	200	225	280	315	355	400	450	500
Gleichstrom-motoren									100	112	132	160	180	200	225	280	315	355	400	450	500

Bauform Die Bauform legt fest, in welcher Lage der Motor montiert bzw. sein Wellenabgang orientiert ist und an welchen Stellen seines Gehäuses er an der Arbeitsmaschine zu befestigen ist. Diese Angaben sind von Bedeutung, da sich durch unterschiedliche Einbaulagen und Befestigungspunkte unterschiedliche Belastungen für Lager und Gehäuse ergeben, die in der Motorkonstruktion zu berücksichtigen sind.

Die Bauformen (IM: International Mounting, siehe Bild 13.20) sind in der DIN EN 60034 festgeschrieben und werden wie folgt gekennzeichnet:

IM	y	zz
	Wellenabgang B: Horizontal V: Vertikal	Befestigungsart durch eine oder zwei Ziffern

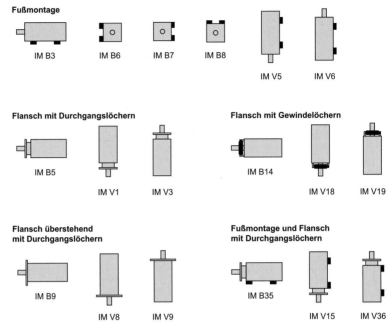

Bild 13.20 Definition der Bauformen

Kühlart

Die im Motor entstehende Verlustwärme muss abgeführt werden. Die Art und Weise, wie das geschieht, wird durch die Kühlart definiert. Die Kühlarten (IC: International Cooling) werden nach DIN EN 60034 entsprechend Tabelle 13.8 gekennzeichnet.

Tabelle 13.8 Definition der Kühlarten

IC	1. Kennziffer	2. Kennziffer
	0 Motor mit freiem Luftein- und -austritt (durchzugsbelüftet)	0 Selbstkühlung (ohne Lüfter, z.B. Fahrtwind)
	1 Motor mit Rohranschluss, ein Einlasskanal	1 Eigenkühlung (Lüfterrad auf Motorwelle)
	2 Motor mit Rohranschluss, ein Auslasskanal	2 Eigenkühlung durch ein nicht auf der Welle angebrachtes Lüfterrad (z.B. über Getriebe angebautes Lüfterrad)
	3 Motor mit Rohranschluss, Einlass- und Auslasskanal	3 Fremdkühlung durch einen an den Motor angebauten Lüfter, Antrieb vom Motor abhängig
	4 Oberflächengekühlter Motor (Umgebungsluft)	
	5 Motor mit eingebautem Wärmetauscher (Umgebungsluft)	5 Fremdkühlung durch einen in den Motor axial eingebauten Lüfter, Antrieb vom Motor unabhängig

Tabelle 13.8 Definition der Kühlarten (Forts.)

IC	1. Kennziffer	2. Kennziffer
	6 Motor mit aufgebautem Wärmetauscher (Umgebungsluft)	**6** Fremdkühlung durch einen an den Motor radial angebauten Lüfter, Antrieb vom Motor unabhängig
	7 Motor mit eingebautem Wärmetauscher (nicht Umgebungsluft)	**7** Fremdkühlung durch eine nicht auf den Motor aufgebaute Lüftungseinrichtung, Antrieb vom Motor unabhängig oder durch Druckluft aus dem Versorgungsnetz
	8 Motor mit aufgebautem Wärmetauscher (nicht Umgebungsluft)	**8** Verdrängungskühlung
	9 Motor mit getrennt aufgestelltem Wärmetauscher	

Je nach Kühlart können sich für die Motoren unterschiedliche Drehzahl-Drehmoment-Kennlinien für die thermische Auslegung ergeben. Meist ist deshalb mit der thermischen Auslegung oft indirekt bereits eine Kühlart ausgewählt worden. Zu beachten ist, dass besonders bei Motoren mit Eigenkühlung die Wärmeabfuhr im Stillstand und bei kleinen Drehzahlen stark gemindert ist. Für Positionierantriebe und langsam laufende Antriebe sollten deshalb immer Motoren mit Selbstkühlung oder Fremdkühlung verwendet werden.

Die Schutzart beschreibt, wie die Motoren gegen das Eindringen von Fremdkörpern, Staub und Wasser geschützt sind. Zusätzlich wird angegeben, welcher Schutz gegen Berührung rotierender und betriebsmäßig unter Spannung stehender Teile vorhanden ist. Die Schutzarten (IP: **Schutzart**

Tabelle 13.9 Definition der Schutzarten

IP	1. Kennziffer: Schutzgrad gegen Berührung und Eindringen von Fremdkörpern	2. Kennziffer: Schutzgrad gegen Eindringen von Wasser
	0 kein Schutz	**0** kein Schutz
	1 Schutz gegen Eindringen von festen Fremdkörpern mit einem Durchmesser größer als 50 mm, kein Schutz gegen Berührung	**1** Schutz gegen senkrechtes Tropfwasser
	2 Schutz gegen Eindringen von festen Fremdkörpern mit einem Durchmesser größer als 12 mm, Schutz gegen Berührung mit dem Finger	**2** Schutz gegen Tropfwasser bis 15° zur Senkrechten
	3 Schutz gegen Eindringen von festen Fremdkörpern mit einem Durchmesser größer als 2,5 mm, Schutz gegen Berühren mit Werkzeugen oder ähnlichen Gegenständen	**3** Schutz gegen Tropf- und Sprühwasser bis 60° zur Senkrechten

Tabelle 13.9 Definition der Schutzarten (Forts.)

IP	1. Kennziffer: Schutzgrad gegen Berührung und Eindringen von Fremdkörpern	2. Kennziffer: Schutzgrad gegen Eindringen von Wasser
	4 Schutz gegen Eindringen von festen Fremdkörpern mit einem Durchmesser größer als 1 mm, Schutz gegen Berühren mit Werkzeugen oder ähnlichen Gegenständen	4 Schutz gegen Spritzwasser aus allen Richtungen
	5 Schutz gegen schädliche Staubablagerungen (staubgeschützt), vollständiger Schutz gegen Berühren mit Werkzeugen oder ähnlichen Gegenständen	5 Schutz gegen Strahlwasser aus allen Richtungen
	6 Schutz gegen Eindringen von Staub (staubdicht), vollständiger Schutz gegen Berühren mit Werkzeugen oder ähnlichen Gegenständen	6 Schutz gegen schwere See und starkes Strahlwasser (Überflutung)
		7 Schutz gegen Wasser beim Eintauchen unter festgelegten Druck- und Zeitbedingungen
		8 Schutz gegen Wasser bei dauerndem Untertauchen

International Protection) werden nach DIN EN 60034 entsprechend Tabelle 13.9 gekennzeichnet.

Anschlusstechnik Neben weiteren mechanischen Kriterien ist bei der Motorauslegung auf die Anschlusstechnik zu achten. Motoren werden entweder mit

- Kabelschwanz,
- Steckern oder
- Klemmkästen

für den elektrischen Anschluss angeboten. Viele Hersteller bieten auch konfektionierte Motorleitungen in abgestuften Längen an. Die verschiedenen Anschlussarten müssen bei der Auslegung hinsichtlich Bauraumbedarf, Kosten, Montage- und Servicefreundlichkeit gegeneinander abgewogen werden.

Nach Abschluss der konstruktiven Auslegung sollte nur noch ein optimal geeigneter Motor übrig bleiben. Alle weiteren Auslegungsschritte beziehen sich dann auf diesen Motor.

13.3.6 Auswahl des Gebers

Eng verbunden mit der Auswahl des Motors ist die Auswahl des Motorgebers. Oft wird durch die Hersteller nur ein begrenztes Spektrum an Motorgebern angeboten. Damit ist mit der Motorauswahl oft auch schon die Auswahl des Gebers implizit erfolgt. Zu überprüfen ist, ob die verfügbaren Geber eine genügend hohe Auflösung für die zu regelnde Größe (Lage oder Drehzahl) bieten. Da die Auflösung nicht nur vom Geber, sondern auch von der Auswerteelektronik im Stellgerät bestimmt wird, lässt sich diese Abschätzung endgültig erst nach Auswahl des Stellgeräts treffen.

Für Lagegeber ergeben sich folgende Auflösungen des Lageistwertes

Geber	Auflösung der Lage	Formelzeichen
Impulsgeber ohne Impulsvervierfachung	$A_X = \dfrac{360°}{I}$	I: Impulse/Umdrehung des Gebers
Impulsgeber mit Impulsvervierfachung	$A_X = \dfrac{360°}{4 \cdot I}$	I: Impulse/Umdrehung des Gebers
Sin-Cos-Geber	$A_X = \dfrac{360°}{(2^B \cdot I)}$	I: Inkremente/Umdrehung des Gebers B: Wandlungsbreite der A/D-Wandler
Resolver	$A_X = \dfrac{360°}{(2^B \cdot P)}$	P: Polpaare des Resolvers B: Wandlungsbreite der A/D-Wandler

Für die Drehzahlerfassung ergibt sich dann folgende Auflösung:

Auflösung der Drehzahl	Formelzeichen
$A_n = \dfrac{A_X}{T}$	A_X: Auflösung des Lageistwertes T: Abtastzeit der Drehzahlberechnung

Tabelle 13.10 bietet eine Übersicht, welche Motorgeber für welche Motoren grundsätzlich einsetzbar sind.

Tabelle 13.10 Zuordnung der Gebertypen zu Motortypen

Betriebsart	Mögliche Motorgeber, Erläuterung
Motorgeber für Gleichstrommotoren	
Stromregelung; Strom- und Drehzahlregelung	Die Stromregelung erfordert prinzipiell keinen Geber. Für die genaue Drehzahlregelung wird ein Drehzahlgeber benötigt. Oft wird der gemessene Drehzahlistwert zusätzlich für die Vorsteuerung der EMK im Stromregelkreis verwendet und so die Dynamik des Antriebs verbessert. *Mögliche Geber:* Analogtacho Inkrementalgeber
Lageregelung mit Referenzieren	Die Lageregelung erfordert einen inkrementellen Geber. Dieser wird auch für die Drehzahlregelung verwendet. *Mögliche Geber:* Inkrementalgeber
Lageregelung ohne Referenzieren	Für die Lageregelung wird ein Multi-Turn-Absolutwertgeber benötigt. Dieser wird auch für die Drehzahlregelung verwendet. *Mögliche Geber:* Multi-Turn-Absolutwertgeber

Tabelle 13.10 Zuordnung der Gebertypen zu Motortypen (Forts.)

Betriebsart	Mögliche Motorgeber, Erläuterung
Motorgeber für bürstenlose Gleichstrommotoren	
Stromregelung	Die Stromregelung erfordert prinzipiell einen Kommutierungsgeber. Dieser ist Bestandteil des Motors und durch den Anwender nicht auswählbar. *Mögliche Geber:* Hallsensoren (fest eingebaut)
Drehzahlregelung	Für die Drehzahlregelung wird ein zweiter Motorgeber neben dem Kommutierungsgeber benötigt. *Mögliche Geber:* Hallsensoren und Analogtacho oder Hallsensoren und Inkrementalgeber
Lageregelung mit Referenzieren	Die Lageregelung erfordert einen inkrementellen Geber als zweiten Motorgeber. Dieser wird auch für die Drehzahlregelung verwendet. *Mögliche Geber:* Hallsensoren und Inkrementalgeber
Lageregelung ohne Referenzieren	Für die Lageregelung wird ein Multi-Turn-Absolutwertgeber als zweiter Motorgeber benötigt. Dieser wird auch für die Drehzahlregelung verwendet. *Mögliche Geber:* Hallsensoren und Multi-Turn-Absolutwertgeber
Motorgeber für Synchronmotoren	
U/f-Steuerung	Kein Geber erforderlich Entsprechende Anwendungen treten in der Textilindustrie auf. Zum Teil werden dabei auch Reluktanzmotoren (Sonderform des Synchronmotors) verwendet.
Stromregelung oder Drehzahlregelung oder Lageregelung mit Referenzieren	Die Stromregelung erfordert mindestens einen Single-Turn-Absolutwertgeber, damit die Lage des Polrades eindeutig erkennbar ist. Für die Drehzahl- und Lageregelung wird der gleiche Motorgeber verwendet. *Mögliche Geber:* Resolver oder Single-Turn-Absolutwertgeber (z.B Sinus-Cosinus-Geber mit CD-Spur)
Stromregelung oder Drehzahlregelung oder Lageregelung ohne Referenzieren	Für die Lageregelung wird ein Multi-Turn-Absolutwertgeber benötigt. Dieser wird auch für die Strom- und Drehzahlregelung verwendet. *Mögliche Geber:* Multi-Turn-Absolutwertgeber
Motorgeber für Asynchronmotoren	
U/f-Steuerung	Kein Geber erforderlich
Stromregelung oder Drehzahlregelung oder Lageregelung mit Referenzieren	Die Stromregelung erfordert prinzipiell keinen Geber. Für die hochwertige Drehzahlregelung wird ein Drehzahlgeber benötigt. Oft wird der gemessene Drehzahlistwert zusätzlich für die Vektorregelung verwendet und so die Genauigkeit des Antriebs deutlich verbessert. Für die Drehzahl- und Lageregelung wird der gleiche Motorgeber verwendet. *Mögliche Geber:* Resolver oder Inkrementalgeber
Stromregelung oder Drehzahlregelung oder Lageregelung ohne Referenzieren	Für die Lageregelung wird ein Multi-Turn-Absolutwertgeber benötigt. Dieser wird auch für die Strom- und Drehzahlregelung verwendet. *Mögliche Geber:* Multi-Turn-Absolutwertgeber
Motorgeber für Schrittmotoren	
	Kein Geber erforderlich Zur Überwachung des Motors werden manchmal zusätzliche Inkrementalgeber verwendet.

13.4 Auslegung des Stellgeräts bei drehzahlveränderlichen Antrieben und Servoantrieben

13.4.1 Elektrische Auslegung des Stellgeräts

Das Stellgerät ist zwischen dem Motor und dem Energieversorgungsnetz angeordnet und sorgt für eine Anpassung der elektrischen Parameter zwischen Netz und Motor. Aufgrund der Vorauswahl des Motors sind die elektrischen Parameter wie

- Spannungssystem (Gleichstrom, Wechselstrom, Drehstrom),

- Spannungsamplitude,

- Stromamplitude und

- Erdungssystem

am Ausgang des Stellgeräts bereits definiert. Stellgeräte sind grundsätzlich so auszuwählen, dass ihre Ausgangsspannung zur Nennspannung des Motors passt und es nicht zu einer Überschreitung der Isolationsfestigkeit der Motorwicklungen kommt.

Hinweis: Hier sind die Spitzenwerte der auftretenden Spannungen zu beachten und nicht die Mittel- oder Effektivwerte. Die maximal zulässigen Spannungen sind den Datenblättern der Motoren zu entnehmen.

Je nach Netzverhältnissen und der Ausführung des Stellgeräts kann das Stellgerät entweder unmittelbar oder über einen Vorschalttransformator zur Anpassung der Spannungsamplitude an das Netz angeschlossen werden. Dieser Fall tritt z.B. häufig ein, wenn europäische Maschinen nach Amerika exportiert werden. Zusätzlich sind entsprechend der Herstellerdokumentation weitere Vorschaltelemente wie

- Schalter, Trenner und Sicherungen sowie

- Filter und Drosseln

zu berücksichtigen.

13.4.2 Thermische Auslegung des Stellgeräts

Die Energiewandlung im Stellgerät ist verlustbehaftet. Ein Teil der zugeführten elektrischen Energie wird nicht an den Ausgangsklemmen wieder abgegeben, sondern in Wärme umgesetzt. Die größten Verluste treten dabei in den Leistungshalbleitern auf. Sie sind keine idealen Schalter, sondern haben auch im durchgesteuerten Zustand einen ohmschen Widerstand, der Stromwärmeverluste hervorruft. Zusätzliche Verluste treten bei jedem Schaltvorgang auf. Damit stehen die Verluste der Leistungshalbleiter im direkten Zusammenhang mit der Strombelastung des Stellgeräts und der Pulsfrequenz, mit der es betrieben wird. Ähnliches gilt für die Kondensatoren des Zwischenkreises, die sich ebenfalls erwärmen.

Neben den lastabhängigen Verlusten treten in der Stromversorgung und Signalelektronik des Stellgeräts auch lastunabhängige Verluste auf. Sie sind für die Auslegung des Stellgeräts jedoch von untergeordneter Bedeutung und werden deshalb nicht weiter betrachtet.

Durch die richtige Auslegung des Stellgeräts soll erreicht werden, dass es nicht zu einer thermischen Überlastung der Leistungshalbleiter kommt. Sie könnte zur sofortigen Zerstörung oder zu einer beschleunigten Alterung der Halbleiter führen. Im Allgemeinen verfügen Stellgeräte über eine Temperaturüberwachung, die das Gerät vor unzulässiger Überlastung schützt und bei Bedarf abschaltet. Die richtige Dimensionierung des Stellgeräts dient dann dazu, die automatische Abschaltung des Antriebs aufgrund von thermischer Überlastung zu vermeiden und die Betriebsfähigkeit der Maschinen und Anlagen zu erhalten.

Thermisches Modell

Das Leistungsteil eines Stellgeräts besteht im Wesentlichen aus

- Leistungshalbleitern, die in einem Leistungsmodul untergebracht sind,

- einer Kupferplatte, mit der die Leistungshalbleiter thermisch verbunden sind und die das Leistungsmodul abschließt, sowie

- einem Kühlkörper, der mit der Kupferplatte des Leistungsmoduls thermisch verbunden ist.

Bild 13.21 zeigt ein thermisches Modell dieser Anordnung.

Wird das Stellgerät aufgrund des Stromflusses im angeschlossenen Motor belastet, stellt sich am Leistungshalbleiter näherungsweise ein Tem-

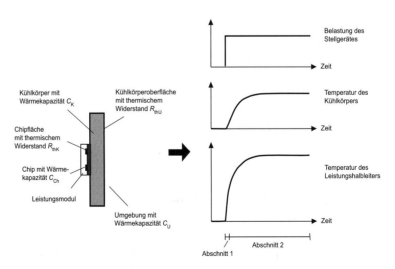

Bild 13.21 Thermisches Modell des Leistungsteils

peraturverlauf ein, der aus zwei Abschnitten besteht. Im ersten, relativ kurzen Abschnitt, steigt die Chiptemperatur im Bereich einiger Millisekunden sehr schnell an. Die Wärmekapazität des Chips ist gering, so dass im Vergleich zum Kühlkörper schnell eine hohe Übertemperatur des Chips erreicht wird. Die hohe Temperaturdifferenz zwischen Chip und Kupferplatte bzw. Kühlkörper führt zu einem hohen Wärmestrom vom Chip zum Kühlkörper. Der Kühlkörper erwärmt sich entsprechend. Die Temperaturerhöhung des Kühlkörpers wirkt auf den Leistungshalbleiterchip zurück und führt im zweiten Abschnitt des Diagramms zu einem weiteren Temperaturanstieg im Chip. Dieser Temperaturanstieg erfolgt mit der thermischen Zeitkonstante des Kühlkörpers und erreicht schließlich einen stationären thermischen Endzustand.

Die Endtemperatur des Kühlkörpers und damit auch die Endtemperatur des Leistungshalbleiterchips sind wesentlich

- von der Belastung des Stellgeräts,

- von den thermischen Widerständen, aber auch

- von der Umgebungstemperatur

abhängig. Die thermische Überlastung des Leistungshalbleiterchips muss durch

- richtige Dimensionierung des Stellgeräts,

- Schutz des Kühlkörpers vor Verschmutzung und

- Bereitstellung einer ausreichenden Kühlluftmenge

vermieden werden.

Der zeitliche Verlauf für die Erwärmung des Kühlkörpers, insbesondere die Geschwindigkeit, mit der die Temperatur ansteigt, ist von der thermischen Zeitkonstante des Kühlkörpers abhängig. Typische thermische Zeitkonstanten für Stellgeräte liegen im Bereich von ca. 1 min bis 5 min. Stellgeräte erreichen damit deutlich schneller als Motoren ihren stationären thermischen Endzustand und sind damit weniger überlastbar.

Im stationären Zustand stellen sich bei Frequenzumrichtern etwa folgende Temperaturverhältnisse ein:

Leistungschip:	ca. 100 °C
Kühlkörper:	ca. 80 °C
Kühlluft beim Austritt aus dem Stellgerät:	ca. 60 °C

Angenommen wird dabei eine Kühllufttemperatur von 40 °C beim Eintritt in das Stellgerät. Die angegebenen Werte geben nur eine grobe Orientierung und schwanken von Hersteller zu Hersteller und in Abhängigkeit von der Leistung des Stellgeräts.

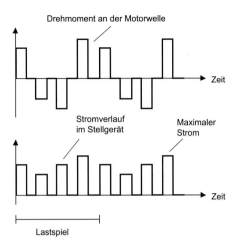

Bild 13.22 Ermittlung des Stromverlaufs im Leistungsteil aus dem Drehmomentverlauf an der Motorwelle

Ermittlung des Stromverlaufs

Die Verlustleistung im Stellgerät ist bei konstanter Pulsfrequenz vom Betrag des fließenden Stroms abhängig. Dieser wird vom Lastspiel des angeschlossenen Motors bestimmt. Aus dem Drehmomentverlauf an der Motorwelle muss deshalb der vom Stellgerät aufzubringende Strom ermittelt werden (Bild 13.22). Anhand des Stromverlaufs als Funktion der Zeit erfolgt anschließend die Auswahl eines Stellgeräts mit passendem Bemessungsstrom.

Der Stromverlauf wird aus dem Drehmomentverlauf des Lastspiels ermittelt. Je nach Motortyp sind hierfür unterschiedliche Berechnungsvorschriften zu verwenden, die in Tabelle 13.11 aufgeführt sind. Die erforderlichen Motorkenngrößen sind dem Typenschild bzw. den Herstellerkatalogen zu entnehmen.

Tabelle 13.11
Beziehungen zwischen Strom und Drehmoment für verschiedene Motortypen

Motortyp	Berechnungsvorschrift	Kenngrößen
Gleichstrommotor (permanenterregt)	$I_A = I_N \cdot \dfrac{M}{M_N}$	I_A: Ankerstrom I_N: Nennstrom des Motors M: Motordrehmoment M_N: Motornennmoment
Bürstenloser Gleichstrommotor	$I = \dfrac{M}{k_T}$	I: Motorstrom M: Motordrehmoment k_T: Drehmomentkonstante
Synchronmotor (permanenterregt)	$I = \dfrac{M}{k_T}$	I: Motorstrom (Effektivwert) M: Motordrehmoment k_T: Drehmomentkonstante

Tabelle 13.11
Beziehungen zwischen Strom und Drehmoment für verschiedene Motortypen

Motortyp	Berechnungsvorschrift	Kenngrößen
Asynchronmotor	$I = \sqrt{I_0^2 + \dfrac{M^2}{M_N^2} \cdot (I_N^2 \cdot I_0^2)}$	I: Motorstrom (Effektivwert) I_0: Leerlaufstrom (Effektivwert) I_N: Motornennstrom (Effektivwert) M: Motordrehmoment M_N: Motornennmoment

Die Hersteller von Stellgeräten geben im Allgemeinen neben der Nennspannung folgende Parameter zur Auslegung des Stellgeräts an: **Nenndaten der Stellgeräte**

- Der *Bemessungsausgangsstrom* gibt den Strombetrag (Effektivwert bei Drehstromantrieben) an, den das Stellgerät dauerhaft abgeben kann.

- Der *Maximalstrom* gibt den maximalen Strombetrag (Effektivwert bei Drehstromantrieben) an, den das Stellgerät kurzzeitig abgeben kann. Oft wird auch ein Überlastfaktor angegeben, mit dem der Bemessungsausgangsstrom multipliziert werden muss. Der Überlastfaktor liegt bei Stellgeräten für Servoantriebe im Allgemeinen zwischen 1,5 und 3.

- Der *Grundlaststrom* gibt den zulässigen Strombetrag (Effektivwert bei Drehstromantrieben) an, den das Stellgerät nach einer Belastung mit dem Maximalstrom für eine gewisse Zeit abgeben kann.

Diese Kennwerte gelten für

- eine definierte Pulsfrequenz,

- eine definierte Umgebungstemperatur und

- eine definierte Aufstellhöhe.

Werden die Stellgeräte unter abweichenden Bedingungen eingesetzt (z.B. bei Aufstellhöhen größer 1000 m) sind im Allgemeinen Deratingfaktoren zu berücksichtigen.

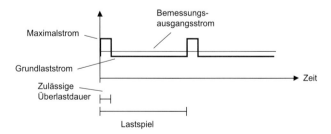

Bild 13.23 Nenndaten des Leistungsteils

383

Bild 13.23 verdeutlicht die Zusammenhänge. Das für das Stellgerät angegebene Diagramm entspricht einer Belastung im Aussetzbetrieb. Leider lassen sich die real auftretenden Lastspiele nur selten in dieses Schema einordnen. Deshalb sind je nach Anwendungsfall entsprechende Umrechnungen erforderlich.

Auslegung bei drehzahlveränderlichen Antrieben

Bei drehzahlveränderlichen Antrieben sind die Abschnitte innerhalb eines Lastspiels relativ lang. Das Stellgerät erreicht in den einzelnen Abschnitten einen stationären Erwärmungszustand. Der Abschnitt mit dem höchsten Maximalstrom bestimmt damit die Auswahl des Stellgeräts. Das Stellgerät wird wie folgt ausgelegt:

- *Anwendungen ohne erhöhten Anlaufstrom*

  Der *Bemessungsstrom* des Stellgeräts muss größer sein als der maximale stationäre Laststrom innerhalb des Lastspiels. Diese Auslegung kommt z.B. bei Pumpen und Lüftern zum Tragen, die mittels Frequenzumrichter drehzahlgeregelt betrieben werden.

- *Anwendungen mit erhöhten Anlaufstrom*

  Der *Grundlaststrom* des Stellgeräts muss größer sein als der maximale stationäre Laststrom innerhalb des Lastspiels. Der maximal auftretende Motorstrom beim Anlauf darf den zulässigen Maximalstrom des Stellgeräts nicht überschreiten. Die Zeitdauer des Anlaufs darf die zulässige Überlastdauer nicht überschreiten. Ist das der Fall, muss ein größeres Stellgerät ausgewählt werden.

  Diese Auslegung wird oft bei Anwendungen mit durchlaufenden Warenbahnen eingesetzt. Im stationären Betrieb wird das Stellgerät in solchen Fällen nur gering belastet. Lediglich beim Hochlauf und Stillsetzen, insbesondere bei Schnellhalt, wird der Maximalstrom vom Stellgerät abverlangt.

Auslegung bei Servoantrieben

Bei Servoantrieben sind Lastspiele relativ kurz und das Stellgerät erreicht innerhalb eines Lastspiels im Allgemeinen nicht den stationären Erwärmungszustand. Dieser stellt sich erst nach mehreren Lastspielen ein. Unter dieser Randbedingung erfolgt die Auslegung am einfachsten über den Effektivstrom I_{eff}, der für das Stellgerät die gleiche Bedeutung hat wie das Effektivmoment für den Motor.

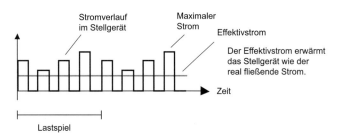

Bild 13.24 Abbildung des realen Stromverlaufs auf den Effektivstrom

Der Effektivstrom ist ein berechneter Ersatzstrom (Bild 13.24), der das Stellgerät in gleicher Weise wie der tatsächlich fließende Strom erwärmt.

$$I_{eff} = \sqrt{\frac{I_1^2 \cdot t_1 + I_2^2 \cdot t_2 + I_3^2 \cdot t_3 + ...}{t_1 + t_2 + t_3 + ...}}$$

mit I_{eff} Effektivstrom
$I_1 .. I_n$ Strom im Abschnitt 1 bis n
$t_1 .. t_n$ Zeitdauer Abschnitt 1 bis n

Hinweis: Der Effektivstrom ist *nicht* identisch mit dem Effektivwert von Wechselgrößen.

Das Stellgerät wird nun so ausgewählt, dass sein Bemessungsausgangsstrom über dem Effektivstrom des Lastspiels liegt und sein zulässiger Maximalstrom größer als der im Lastspiel auftretende Maximalstrom ist.

13.4.3 Thermische Auslegung der Netzeinspeisung

Klassische Stellgeräte sind als Komplettgeräte ausgeführt. Sie beinhalten neben dem motorseitigen Leistungsteil, wie Pulssteller oder Wechselrichter, auch die Netzeinspeisung. Die Auslegung dieser Stellgeräte erfolgt auf Basis des vom Motor zu realisierenden Lastspiels. Eine getrennte Auslegung der Netzeinspeisung ist bei diesen Geräten nicht erforderlich.

Netzeinspeisung bei Komplettgeräten

Bei modularen Stellgeräten ist die Situation anders. Sie werden für mehrachsige Anwendungen eingesetzt und bestehen aus Pulsstellern bzw. Wechselrichtern und einer separaten Einspeisung (Bild 13.25). Die Einspeisung wandelt die Wechselspannung des speisenden Netzes in eine Gleichspannung (Zwischenkreisspannung) um und stellt sie den Pulsstellern und Wechselrichtern zur Verfügung.

Netzeinspeisung bei modularen Geräten

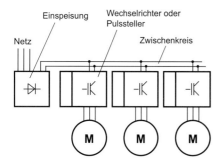

Bild 13.25 Modulares Umrichtersystem mit separater Einspeisung

In diesen modularen Systemen muss die Einspeisung nach Auslegung der Pulssteller und Wechselrichter in einem eigenen Projektierungsschritt ausgewählt werden. Die Einspeisung ist so auszuwählen, dass in allen Betriebsfällen des Antriebsverbandes ausreichend Energie aus dem Netz in den Zwischenkreis eingespeist werden kann. Ist die Einspeisung zu klein dimensioniert, schaltet sie aufgrund ihrer internen Überlastüberwachung ab und der gesamte Antriebsverband fällt aus. Um Abstimmungsprobleme zu vermeiden, sollten Einspeisung und Wechselrichter bzw. Pulssteller vom gleichen Hersteller bezogen werden.

Grundsätzlich wird im Folgenden davon ausgegangen, dass Einspeisung und Wechselrichter bzw. Pulssteller bezüglich der Spannungsamplitude aufeinander abgestimmt sind.

Auslegung nach der Leistungsaufnahme

Die Verlustleistung, die in der Einspeisung anfällt, ist vom Betrag des fließenden Netzstroms abhängig. Der Netzstrom wird wiederum von den Lastspielen der am Zwischenkreis angeschlossenen Wechselrichter und Pulssteller bzw. der Motoren bestimmt. Der Zusammenhang zwischen dem Netzstrom und den Motorströmen lässt sich am besten über eine Leistungsbetrachtung entsprechend Bild 13.26 herstellen.

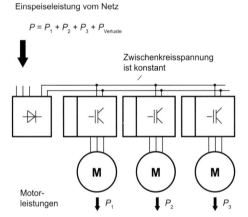

Bild 13.26 Leistungsfluss im modularen Umrichtersystem

Die Einspeisung muss diejenige Leistung aus dem Netz aufnehmen und in den Zwischenkreis einspeisen,

- die die Motoren als mechanische Leistung abgeben und

- die im System als Verlustleistung anfällt.

Bei dieser Betrachtung wird die Zwischenkreisspannung als konstant angenommen, so dass keine Leistung zum Laden und Entladen der Zwischenkreiskapazität erforderlich ist.

386

Geht man außerdem von einer konstanten Netzspannung und einem konstanten Leistungsfaktor der Einspeisung aus, so ist die aufgenommene Leistung P proportional dem fließenden Eingangsstrom I_{Netz}:

$$I_{\text{Netz}} \sim P$$

mit　I_{Netz}　　Effektivwert des Netzstroms
　　P　　　Wirkleistung

Die von der Einspeisung aufgenommene Leistung kann damit als Eingangsgröße für die Projektierung verwendet werden. Sie ist ein Maß für die in der Einspeisung anfallenden Verluste. Das Belastungsdiagramm des Motors, das aus dem Drehzahl- und dem Drehmomentverlauf besteht, muss also in ein Leistungsdiagramm umgerechnet werden. Anhand dieses Leistungsdiagramms, das die Leistungsaufnahme als Funktion der Zeit darstellt, erfolgt die Auslegung der Netzeinspeisung.

Das für die Einspeisung relevante Leistungsdiagramm ergibt sich aus den Einzellastspielen der angeschlossenen Antriebe. Dies ist in Bild 13.27 für einen Antriebsverband mit drei Antriebsachsen dargestellt. Angenommen wird eine Anwendung, bei der verschiedene Positioniervorgänge ablaufen.

Ermittlung des Leistungsdiagramms

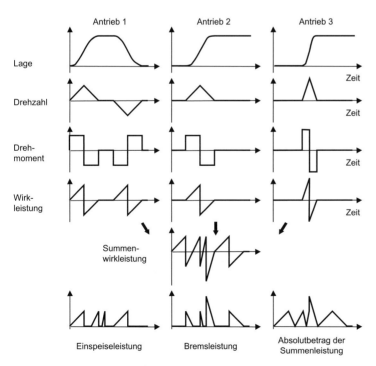

Bild 13.27 Ermittlung der erforderlichen Einspeise- und Bremsleistung

Für jede Achse wird aus dem Drehzahl- und Drehmomentverlauf die benötigte Wirkleistung als Funktion der Zeit ermittelt. Die Wirkleistung ergibt sich zu:

$$P = M \cdot \omega + P_{\text{Verluste}}$$

mit M Motordrehmoment
     ω Winkelgeschwindigkeit des Motors
     P_{Verluste} Verlustleistung im Motor und Stellgerät

Berücksichtigt werden so

• die an der Motorwelle abgegebene Leistung und

• die im Motor und im Wechselrichter bzw. Pulssteller umgesetzte Verlustleistung.

Die Verlustleistung lässt sich einfach aus den gegebenen Werten der Wirkungsgrade η berechnen. Damit ergibt sich:

$$P = M \cdot \omega \cdot \frac{1}{\eta_{\text{Motor}}} \cdot \frac{1}{\eta_{\text{Wechselrichter}}}$$

mit η Wirkungsgrad

Die Summe der Wirkleistungen aller Antriebe ergibt den Leistungsverlauf, der im Zwischenkreis tatsächlich anfällt. Wie zu erkennen ist, fallen sowohl motorische (Einspeiseleistung) als aus generatorische Leistungsanteile (Bremsleistung) an. Je nach Ausführung der Einspeisung müssen die für die Auslegung relevanten Leistungsanteile bestimmt werden:

• Für *Einspeisungen, die nicht rückspeisefähig* sind, wird lediglich die Einspeiseleistung berücksichtigt. Die Bremsleistung muss nicht von der Einspeisung aufgebracht werden, sondern von einem Bremschopper.

• Bei *Einspeisungen, die rückspeisefähig sind*, wird für die Auslegung der Absolutbetrag der Summenleistung berücksichtigt. Einspeise- und Bremsleistung gehen in die Auslegung ein. Die Bremsleistung wird von der Einspeisung in das Netz zurückgespeist. Der Begriff „Einspeisung" ist hier etwas irreführend. Eigentlich müsste man in diesem Fall von Ein-/Rückspeiseeinheiten sprechen.

Auslegung bei kontinuierlicher Leistungsaufnahme

Weist das resultierende Lastspiel längere kontinuierliche Abschnitte auf, in denen die Einspeisung ihren stationären Erwärmungszustand erreicht, bestimmt der Abschnitt mit dem höchsten Betrag der Leistung die Auswahl der Einspeisung. Sie wird so ausgelegt, dass die Bemessungsleistung der Einspeisung größer als die maximal auftretende stationäre Leistung ist. Solche Anwendungen ergeben sich z.B. in Chemiefaserstraßen, Folienanlagen und Papiermaschinen.

Besonders bei Servoantrieben schwankt die Leistungsaufnahme sehr stark und die Einspeisung erreicht innerhalb eines Lastspiels im Allgemeinen nicht den stationären Erwärmungszustand. Dieser stellt sich erst nach mehreren Lastspielen ein. Unter dieser Randbedingung erfolgt die Auslegung am einfachsten über den Mittelwert der Leistungsaufnahme. Die mittlere Leistung erwärmt die Einspeisung in gleicher Weise wie die tatsächlich aufgenommene Leistung.

Auslegung bei diskontinuierlicher Leistungsaufnahme

$$P_{mittel} = \frac{P_1 \cdot t_1 + P_2 \cdot t_2 + P_3 \cdot t_3 + \dots}{t_1 + t_2 + t_3 + \dots}$$

mit P_{mittel} Mittlere Wirkleistung
  $P_1 .. P_n$ Wirkleistung im Abschnitt 1 bis n
  $t_1 .. t_n$ Zeitdauer Abschnitt 1 bis n

Hinweis: Bei Einspeiseeinheiten wird nur die motorische Leistungsaufnahme berücksichtigt. Bei Ein-/Rückspeiseeinheiten wird der Absolutbetrag der Summenleistung berücksichtigt.

Da die Leistung innerhalb eines Lastabschnitts nicht konstant ist, wird mit der Formel

$$P = 0{,}5 \cdot (P_a + P_e)$$

mit P_a Leistung am Anfang des Lastabschnitts
  P_e Leistung am Ende des Lastabschnittes

ein Mittelwert bestimmt.

Die Einspeisung wird nun so ausgewählt, dass ihre Bemessungsleistung über der mittleren Leistung P_{mittel} des Lastspiels liegt und ihre Maximalleistung größer als die im Lastspiel auftretende Maximalleistung ist.

13.4.4 Auslegung der Netzeinspeisung bezüglich der Zwischenkreiskapazität

Ein besonderer Zustand tritt für die Einspeisung nach dem Zuschalten der Netzspannung ein. Dann werden die Zwischenkreiskondensatoren aller angeschlossenen Wechselrichter bzw. Pulssteller über die in der Einspeisung integrierte Vorladeschaltung geladen. Der dabei fließende Ladestrom ist abhängig von Anzahl und Größe der am Zwischenkreis angeschlossenen Stellgeräte. Um die Vorladeschaltung der Einspeisung nicht zu überlasten, muss die Einspeisung so ausgelegt werden, dass die Summe der Kapazitäten aller am Zwischenkreis angeschlossenen Stellgeräte die maximal zulässige Kapazität der Einspeisung nicht überschreitet.

Die maximal zulässige Zwischenkreiskapazität, die die Einspeisung vorladen kann, ist in der Herstellerdokumentation angegeben.

13.4.5 Auslegung des Bremschoppers und des Bremswiderstandes

Bei einfachen Frequenzumrichtern oder modularen Stellgeräten wird die Einspeisung als einfache Diodenbrücke ausgeführt. Sie ist dann nicht in der Lage, Energie aus dem Zwischenkreis in das Netz zurückzuspeisen. Die bei Bremsvorgängen im Zwischenkreis anfallende Energie muss deshalb auf andere Weise abgeführt werden. Üblich ist, diese Energie in einem Bremswiderstand in Wärme umzusetzen. Dazu wird ein Bremschopper am Zwischenkreis angeschlossen (Bild 13.28). Dieser überwacht die Zwischenkreisspannung bezüglich der Spannungshöhe. Überschreitet die Zwischenkreisspannung einen eingestellten Schwellwert, schaltet der Bremschopper den Bremswiderstand zwischen den positiven und den negativen Pol des Zwischenkreises. Als Folge fließt ein Gleichstrom über den Bremswiderstand, der die Kapazitäten in den angeschlossenen Stellgeräten entlädt und die Zwischenkreisspannung absenkt.

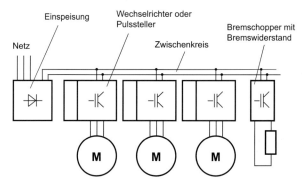

Bild 13.28 Modulares Umrichtersystem mit separater Einspeisung und separatem Bremschopper

Bei Einspeisungen mit Diodenbrücke und bei Frequenzumrichtern ist der Bremschopper oft bereits im Grundgerät enthalten. Dann muss lediglich der Bremswiderstand ausgewählt und angeschlossen werden.

Bremswiderstände werden auch bei rückspeisefähigen Einspeisungen eingesetzt. Sie haben dann die Aufgabe, bei einem Netzausfall und dem damit verbundenen Verlust der Rückspeisefähigkeit ein Abbremsen der Motoren zu ermöglichen.

Grundsätzlich sind Bremschopper und Bremswiderstände nur für kurzzeitige Bremsvorgänge vorgesehen. Bei Anwendungen, bei denen dauerhaft generatorische Leistung anfällt, empfiehlt sich der Einsatz von rückspeisefähigen Einspeisungen.

Thermisches Modell

Für die thermische Auslegung ist im Allgemeinen der Bremswiderstand das entscheidende Element, da in ihm große Energiemengen in Wärme

390

umgesetzt werden. Die Verluste im Bremschopper sind dagegen zu vernachlässigen und für die Auslegung nicht relevant.

Bremswiderstände sind aus Heizwendeln oder Widerstandsbahnen aufgebaut. Diese sind entweder in einem Kühlkörper eingebettet oder von Luft umgeben. Das thermische Modell des Bremswiderstands ähnelt damit dem thermischen Modell des Motors. Die Heizwendeln in Verbindung mit einem Kühlkörper bilden die wesentliche Wärmekapazität. Über den thermischen Übergangswiderstand zwischen Heizwendel und der Umgebungsluft wird die Wärme abgegeben. Die resultierende thermische Zeitkonstante ist allerdings relativ klein und liegt zum Teil deutlich unter 1 min. Erwärmungsvorgänge laufen in Bremswiderständen sehr schnell ab.

Die Hersteller von Bremschopper und Bremswiderständen geben oft ein Lastspiel nach Bild 13.29 zur Definition der Auslegungsdaten an:

Herstellerangaben zu Bremschopper und Bremswiderständen

- Die *Bemessungsleistung* gibt die Leistung an, die dauerhaft von Bremschopper und Bremswiderstand umgesetzt werden kann.

- Die *Maximalleistung* gibt die maximale Leistung an, die von Bremschopper und Bremswiderstand während der Spitzenlastdauer kurzzeitig umgesetzt werden kann. Dabei wird ein rampenförmiger Verlauf der Leistungsaufnahme vorausgesetzt, wie er typischerweise bei Bremsvorgängen auftritt.

- Zusätzlich ist die Dauer des Lastspiels definiert, in der einmalig die Maximalleistung abgegeben werden kann.

Hinweis: Es ist zu beachten, dass sich die Leistungsangaben der Hersteller auf eine bestimmte Höhe der Zwischenkreisspannung beziehen. Wird das System mit abweichender Zwischenkreisspannung betrieben, ändern sich auch die Leistungsangaben proportional zur Höhe der Zwischenkreisspannung.

Für die Auslegung von Bremschopper und Bremswiderstand ist der Zeitverlauf der Bremsleistung, der bei der Auslegung der Einspeisung ermittelt wurde, von Bedeutung. Die im System auftretende Bremsleistung muss von Bremschopper und Bremswiderstand umgesetzt werden.

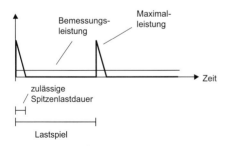

Bild 13.29 Nenndaten des Bremschoppers und des Bremswiderstandes

Auslegung bei sporadischen Bremsvorgängen

Kommen Bremschopper und Bremswiderstand nur bei sporadischen Bremsvorgängen zum Einsatz, z.B. beim Stillsetzen einer Anlage, dann müssen Bremschopper und Bremswiderstand so ausgelegt werden, dass ihre zulässige Maximalleistung die im System anfallende Bremsleistung überschreitet. Die Dauer des Bremsvorgangs muss kleiner sein als die zulässige Spitzenlastdauer und darf sich innerhalb der definierten Dauer des Lastspiels nicht wiederholen. Unter diesen Bedingungen kann sich der Bremswiderstand nach einem Bremsvorgang wieder ausreichend abkühlen. Der nächste Bremsvorgang beginnt wieder mit einem kalten Bremswiderstand.

Auslegung bei häufigen Bremsvorgängen

Besonders bei Servoantrieben tritt fortlaufend Bremsleistung auf. Der Bremswiderstand kann sich nicht mehr vollständig abkühlen, sondern erreicht eine stationäre Übertemperatur. Um den Bremswiderstand nicht zu überlasten, erfolgt die Auslegung am einfachsten über den Mittelwert der Bremsleistung. Die mittlere Bremsleistung erwärmt den Bremswiderstand in gleicher Weise wie die tatsächlich auftretende Bremsleistung. Die mittlere Bremsleistung ergibt sich damit zu:

$$P_{\text{mittel}} = \frac{P_1 \cdot t_1 + P_2 \cdot t_2 + P_3 \cdot t_3 + \dots}{t_1 + t_2 + t_3 + \dots}$$

mit P_{mittel} Mittlere Wirkleistung

        $P_1 .. P_n$ Wirkleistung im Abschnitt 1 bis n

        $t_1 .. t_n$ Zeitdauer Abschnitt 1 bis n

Da die Leistung innerhalb eines Lastabschnitts nicht konstant ist, wird mit der Formel

$$P = 0{,}5 \cdot (P_a + P_e)$$

mit P_a Leistung am Anfang des Lastabschnitts

        P_e Leistung am Ende des Lastabschnittes

ein Mittelwert bestimmt.

Bremschopper und Bremswiderstand werden nun so ausgewählt, dass ihre Bemessungsleistung über der mittleren Bremsleistung des Lastspiels liegt und ihre Maximalleistung größer als die im Lastspiel auftretende Maximalleistung ist.

13.4.6 Auswahl der Leistungsoptionen

Die Hersteller von elektrischen Antrieben bieten im Allgemeinen zu ihren Stellgeräten abgestimmte Leistungsoption an. Diese Optionen umfassen:

• *Netzseitige Leistungsoptionen* wie Drosseln, Filter, Lasttrenner, Sicherungen, Hauptschalter, Anpasstransformatoren, Stromversorgungen

- *Zwischenkreisoptionen* wie Lasttrenner, Sicherungen, Überspannungsbeschaltungen, Vorladeeinrichtungen

- *Motorseitige Leistungsoptionen* wie Drosseln und Filter

Die Zuordnung der Leistungsoptionen zu den Stellgeräten ist in den Katalogen der Hersteller in entsprechenden Tabellen eindeutig dargestellt. Mit der Auswahl eines Stellgeräts ist indirekt auch die Auswahl der Leistungsoptionen erfolgt. Dem Konstrukteur bleibt nur noch zu entscheiden, welche Optionen er für seine konkrete Anwendung auch tatsächlich benötigt.

13.4.7 Elektronikoptionen, Zubehör, Verbindungstechnik

Stellgeräte für elektrische Antriebe können durch Elektronikoptionen an bestimmte Anwendungsfälle angepasst werden. Diese Elektronikoptionen sind entweder nachträglich vom Anwender zu stecken oder werden bei der Herstellung bereits eingebaut.

Typische Elektronikoptionen sind

- Geberbaugruppen zur Auswertung verschiedener Motor- und Maschinengeber

- Kommunikationsbaugruppen zur Anbindung an unterschiedliche Feldbusse

- Technologiebaugruppen zur Abarbeitung spezieller technologischer Funktionen

- Sicherheitsbaugruppen zur Realisierung von Sicherheitsfunktionen in der entsprechenden Sicherheitskategorie

- Bedienelemente zur Parametrierung und Fehlerdiagnose

- Hinzu kommen noch Softwareoptionen für das Stellgerät und Bedienprogramme, die der Anwender auf seinem PC installieren muss.

Nicht zu vergessen ist auch die Verbindungstechnik. Viele Hersteller bieten fertig konfektionierte Kabel an

- für die Verbindungen zwischen Motor, Geber und Stellgerät sowie

- für Feldbusverbindungen

Auf dieses Angebot sollte wo immer möglich zurückgegriffen werden, um Schnittstellenprobleme während der Inbetriebnahme zu vermeiden.

13.5 Auslegungsbeispiel

13.5.1 Anwendungsdaten

Ein Servoantrieb für einen Drehtisch soll ausgelegt werden.

Gegebene Anwendungsdaten:

Max. Drehzahl des Drehtisches je Takt n_{max}	120 min⁻¹
Trägheit des Drehtisches J	0,05 kgm²
Getriebeübersetzung i	7
Wirkungsgrad des Getriebes η	0,95
Trägheit des Getriebes (motorbezogen) J_G	0,0003 kgm²
Positionierzeit t	50 ms
Taktzeit T	100 ms

Während der Beschleunigungs- und Bremsphase verläuft der Drehzahlanstieg linear.

Bild 13.30 zeigt den Aufbau und Drehzahl und Position dieses Antriebs als Funktion der Zeit.

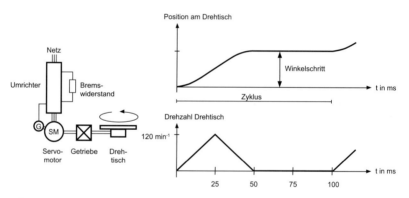

Bild 13.30 Prinzipskizze und Zeitverläufe

Zur Verfügung stehen die in den Tabellen 13.12 und 13.13 angegebenen Motoren und Umrichter.

Tabelle 13.12 Liste der verfügbaren Servomotoren (Daten gelten für Umrichterbetrieb mit Diodeneinspeisung am 400-V-Netz)

Nr.	n_{nenn} in 1/min	M_0 in Nm	M_{nenn} in Nm	k_T in Nm/A	J_{Motor} in kgm²	Achshöhe in mm
1	2000	4,00	3,70	1,95	0,00060	63
2	2000	6,00	5,20	2,00	0,00085	63
3	2000	8,00	7,50	1,83	0,00210	80

Tabelle 13.12 *(Forts.)* Liste der verfügbaren Servomotoren (Daten gelten für Umrichterbetrieb mit Diodeneinspeisung am 400-V-Netz)

Nr.	n_{nenn} in 1/min	M_0 in Nm	M_{nenn} in Nm	k_T in Nm/A	J_{Motor} in kgm^2	Achshöhe in mm
4	3000	2,60	2,20	1,29	0,00029	48
5	3000	4,00	3,50	1,35	0,00060	63
6	3000	5,00	4,30	2,90	0,00051	48
7	3000	6,00	4,70	1,35	0,00085	63

Tabelle 13.13 Liste der verfügbaren Umrichter mit ihren Bremswiderständen (Daten gelten für Betrieb am 400-V-Netz)

Nr.	P_{nenn} in kW	I_{nenn} in A	I_{max} in A für 3 s bei einer Zykluszeit von 300 s	P_{dauer} in kW für zugelassene Bremswiderstände	P_{max} in kW für zugelassene Bremswiderstände
1	0,37	1,3	2,6	0,1	2,0
2	0,55	1,7	3,4	0,1	2,0
3	0,75	2,2	4,4	0,1	2,0
4	1,10	3,1	6,2	0,1	2,0

13.5.2 Auslegung

1. Berechnung der Winkelgeschwindigkeit ω am Drehtisch in der Beschleunigungsphase

$\omega_{max} = 2\pi \cdot n_{max} = 12,57 \text{ s}^{-1}$

$\omega = (\omega_{max} / 25 \text{ ms}) \cdot t = 502,8 \text{ s}^{-2} \cdot t$

2. Berechnung der Motorwinkelgeschwindigkeit ω_{Mot} in der Beschleunigungsphase

$\omega_{Mot} = \omega \cdot i = 502,8 \text{ s}^{-2} \cdot 7 \cdot t = 3519,6 \text{ s}^{-2} \cdot t$

3. Berechnung der Motordrehzahl n_{Mot} in der Beschleunigungsphase

$n_{Mot} = \omega_{Mot} / 2\pi = 560,2 \text{ s}^{-2} \cdot t$

Die maximale Motordrehzahl ergibt sich zu

$n_{Mot\_max} = n_{Mot} (25 \text{ ms}) = 14 \text{ s}^{-1} = 840,2 \text{ min}^{-1}$

4. Berechnung des Beschleunigungsmoments am Drehtisch m_{Be}

Für das Beschleunigungsmoment gilt: $m_{Be} = J \cdot d\omega/dt$ (kein Lastmoment vorhanden)

Einsetzen der Zahlenwerte: $m_{Be} = 0,05 \text{ kgm}^2 \cdot 502,8 \text{ s}^{-2} = 25,14 \text{ Nm}$

5. Berechnung des Beschleunigungsmoments am Motor $m_{\text{Mot\_Be}}$

Für das Beschleunigungsmoment gilt: $m_{\text{Mot\_Be}} = J_G \cdot d\omega_{\text{Mot}}/dt + m_{\text{Be}}/(i \cdot \eta)$

Einsetzen der Zahlenwerte: $m_{\text{Mot\_Be}} = 0{,}0003 \text{ kgm}^2 \cdot 3519{,}6 \text{ s}^{-2} +$
$25{,}14 \text{ Nm}/(7 \cdot 0{,}95) = 4{,}84 \text{ Nm}$

6. Berechnung des Bremsmoments am Drehtisch m_{Br}

Für das Bremsmoment gilt: $m_{\text{Br}} = J \cdot d\omega/dt$ (kein Lastmoment vorhanden)

Einsetzen der Zahlenwerte: $m_{\text{Br}} = 0{,}05 \text{ kgm}^2 \cdot (-502{,}8 \text{ s}^{-2}) = -25{,}14 \text{ Nm}$

7. Berechnung des Bremsmoments am Motor $m_{\text{Mot\_Br}}$

Für das Bremsmoment gilt: $m_{\text{Mot\_Br}} = J_G \cdot d\omega_{\text{Mot}}/dt + m_{\text{Br}} \cdot \eta/i = -4{,}47 \text{ Nm}$

8. Berechnung des Effektivmoments m_{eff}

Für das Effektivmoment gilt:

$$m_{\text{eff}} = \sqrt{\frac{[m_{\text{Mot\_Be}}^2 \cdot t/2 + m_{\text{Mot\_Br}}^2 \cdot t/2]}{T}}$$

Einsetzen der Zahlenwerte:

$$m_{\text{eff}} = \sqrt{\frac{[(4{,}84 \text{ Nm})^2 \cdot 25 \text{ ms} + (-4{,}47 \text{ Nm})^2 \cdot 25 \text{ ms}]}{100 \text{ ms}}} = 3{,}16 \text{ Nm}$$

9. Auswahl des Motors

In Betracht kommen Motor 1 und Motor 5. Gewählt wird Motor 1, da er die kleinere Nenndrehzahl und die größere Drehmomentkonstante aufweist.

10. Berechnung des Beschleunigungsmoments mit Motor $m_{\text{Mot\_Be*}}$

Für das Beschleunigungsmoment gilt:

$$m_{\text{Mot\_Be*}} = (J_G + J_{\text{Mot}}) \cdot d\omega_{\text{Mot}}/dt + m_{\text{Be}}/(i \cdot \eta)$$

Einsetzen der Zahlenwerte:

$m_{\text{Mot\_Be*}} = (0{,}0003 \text{ kgm}^2 + 0{,}0006 \text{ kgm}^2) \cdot 3519{,}6 \text{ s}^{-2} +$
$25{,}14 \text{ Nm}/(7 \cdot 0{,}95) = 6{,}95 \text{ Nm}$

11. Berechnung des Bremsmoments mit Motor $m_{\text{Mot\_Br*}}$

Für das Bremsmoment gilt:

$$m_{\text{Mot\_Br*}} = (J_G + J_{\text{Mot}}) \cdot d\omega_{\text{Mot}}/dt + m_{\text{Br}} \cdot \eta/i = -6{,}58 \text{ Nm}$$

12. Berechnung des Effektivmoments $m_{\text{eff*}}$

$$m_{\text{eff}} = \sqrt{\frac{[(6{,}95 \text{ Nm})^2 \cdot 25 \text{ ms} + (-6{,}58 \text{ Nm})^2 \cdot 25 \text{ ms}]}{100 \text{ ms}}} = 4{,}79 \text{ Nm}$$

13. Überprüfung des Motors

4,79 Nm > 3,70 Nm; $m_{eff*} > M_0 > M_{nenn}$

Damit ist der ausgewählte Motor nicht geeignet.

14. Neuauswahl des Motors

Ausgewählt wird nun Motor 6.

15. Nachrechnung für Motor 6

Die Schritte 10, 11 und 12 werden jetzt für Motor 6 wiederholt. Es ergeben sich folgende Ergebnisse:

$m_{Mot\_Be*} = 6,63 \, Nm$

$m_{Mot\_Br*} = -6,26 \, Nm$

$m_{eff*} = 4,56 \, Nm$

Daraus folgt: mit $M_0 > m_{eff*} > M_{nenn}$

Bei Betrachtung im Drehzahl-Drehmoment-Diagramm (Bild 13.31) ist zu erkennen, dass der mittlere Arbeitspunkt im zulässigen Bereich liegt. Motor 2 ist damit geeignet und wird ausgewählt.

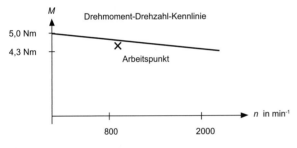

Bild 13.31
Arbeitspunkt in Drehmoment-Drehzahl-Diagramm des gewählten Motors 6

16. Berechnung des Strombedarfs

Es gilt: $I = m_{Mot}/k_T$

Damit folgt für die Beschleunigungsphase: $I_{Be} = m_{Mot_Be*}/k_T = $ 6,63 Nm/(2,9 Nm/A) = 2,28 A

und für die Bremsphase: $I_{Br} = m_{Mot\_Br*}/k_T = 6,26$ Nm/(2,9 Nm/A) = 2,16 A

17. Berechnung des Effektivstroms

Für den Effektivstrom gilt:

$$I_{eff} = \sqrt{\frac{[I_{Be}^2 \cdot t/2 + I_{Br}^2 \cdot t/2]}{T}} = \sqrt{\frac{[(2,28 \, A)^2 \cdot 25 \, ms + (2,16 \, A)^2 \cdot 25 \, ms]}{100 \, ms}} = 1,6 \, A$$

18. Auswahl des Umrichters

Gewählt wird Umrichter 2, da für diesen gilt: $I_{nenn} > I_{eff}$ und $I_{max} > I_{Be}$

19. Nachrechnen der Bremsleistung für den Umrichter

Die maximal vom Motor abgegeben Bremsleistung beträgt:

$$P_{Mot\_Br\_max} = m_{Mot\_Br*} \cdot \omega_{Mot\_max} = m_{Mot\_Br*} \cdot n_{Mot\_max} \cdot 2\pi =$$
$$6{,}26\,\text{Nm} \cdot 14\,\text{s}^{-1} \cdot 2\pi = 0{,}55\,\text{kW}$$

Die mittlere vom Motor während des Bremsvorgangs abgegebene Bremsleistung beträgt:

$$P_{Mot\_Br\_mittel} = P_{Mot\_Br\_max}/2 = 0{,}28\,\text{kW}$$

Die mittlere vom Motor während des Lastspiels abgegeben Bremsleistung beträgt:

$$P_{Mot\_BR\_mittel} = P_{Mot\_Br\_mittel} \cdot 0{,}5 \cdot t/T = 0{,}28\,\text{kW} \cdot 25\,\text{ms}/100\,\text{ms} = 0{,}07\,\text{kW}$$

Damit gilt für den ausgewählten Umrichter: $P_{max} > P_{Mot\_Br\_max}$ und $P_{Dauer} > P_{Mot\_BR\_mittel}$

Der ausgewählte Umrichter beherrscht damit auch die Bremsvorgänge und ist geeignet.

14 Fehlerbehebung bei elektrischen Antrieben

14.1 Fehlervermeidung und Fehlerbehebung

Elektrische Antriebe arbeiten nicht immer störungsfrei. Da Antriebe zu den zentralen Bestandteilen einer Maschine oder Anlage gehören, führen Störungen bei elektrischen Antrieben meistens zum Ausfall und zum Stillstand des gesamten Systems. Stillstandszeiten beeinflussen unmittelbar die Verfügbarkeit und müssen auf ein Minimum reduziert werden. Um das zu erreichen, werden zwei Ansätze verfolgt:

* *Fehlervermeidung*

  Elektrische Antriebe werden vom Hersteller robust und industrietauglich ausgeführt und vom Anwender nicht unterdimensioniert. Um eine Überlastung von Antriebskomponenten im Betrieb zu vermeiden, sind die Aufbau- und Montagerichtlinien sowie die Wartungsanweisungen der Hersteller genau zu befolgen. Viele Anwender unterziehen elektrische Antriebe einem ausgiebigen Test, bevor sie sie in Maschinen und Anlagen einsetzen.

  Viele Antriebshersteller geben auf Nachfrage Werte für die MTBF (Mean Time between Failure) ihrer Antriebe an, die eine Aussage über die theoretische Verfügbarkeit der Antriebe erlauben und einen Vergleich verschiedener Geräte ermöglichen.

* *Schnelle Fehlerbehebung*

  Tritt ein Fehler im Antrieb auf, muss dieser so schnell wie möglich beseitigt werden. Die Fehlerbeseitigung umfasst die Fehlerlokalisierung und den anschließenden Austausch der fehlerhaften Komponente. Die mittlere Zeitdauer für eine Störungsbeseitigung wird als MTTR (Mean Time to Repair) bezeichnet und wird zum Teil ebenfalls von Antriebsherstellern angegeben. Zu beachten ist dabei jedoch, dass diese Zeitangabe lediglich die Reparatur und nicht die Fehlersuche abdeckt. Oft ist aber die Fehlersuche der zeitaufwändigere Anteil der Fehlerbehebung.

14.2 Fehlermöglichkeiten bei elektrischen Antrieben

Allgemeine Fehlerquellen

Elektrische Antriebe bestehen aus mehreren, zum Teil sehr komplexen Komponenten, die gemeinsam eine Antriebsaufgabe lösen. Zwischen diesen Komponenten gibt es unterschiedlichste Schnittstellen. Die möglichen Fehlerquellen sind deshalb äußerst vielfältig. Sie können

- in den beteiligten Komponenten selbst,

- an den Schnittstellen zwischen den Komponenten (i.a. der elektrischen Verdrahtung) und

- in einer ungünstigen Abstimmung der Komponenten untereinander

liegen (Bild 14.1).

Fehlerlokalisierung

Innerhalb des elektrischen Antriebs kommt dem Stellgerät die Aufgabe zu, Fehler im System zu erkennen, auf sie angemessen zu reagieren und dem Anwender möglichst eindeutige Hinweise zur Diagnose der Fehlerursache zu liefern. Leider kann das Stellgerät nicht alle Fehler eindeutig erkennen und dem Anwender entsprechende eindeutige Hinweise auf die Fehlerursache geben. In der Praxis ist deshalb die manu-

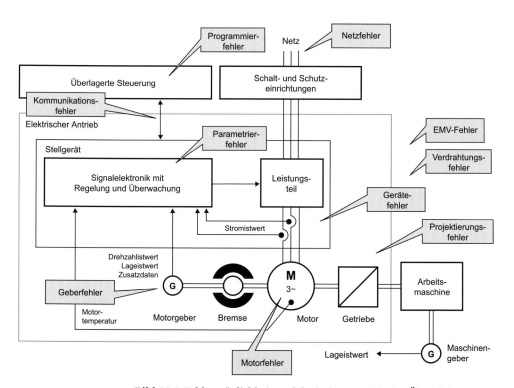

Bild 14.1 Fehlermöglichkeiten elektrischer Antriebe im Überblick

elle Fehlersuche mit Oszilloskop und Messgerät immer noch der Normalfall. Eine effektive Fehlersuche erfordert deshalb ein sehr gutes Verständnis für den Aufbau und die Funktion elektrischer Antriebe und viel Erfahrung.

Um die Fehlersuche zu systematisieren, werden nachfolgend einige typische Fehler und ihre Auswirkungen betrachtet. Die Aufzählung der möglichen Fehler ist keinesfalls vollständig, sondern beschränkt sich auf eine repräsentative Auswahl.

14.2.1 Motorfehler

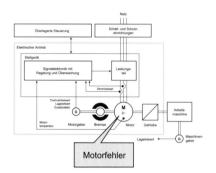

Bild 14.2
Motorfehler

- *Motorphasen vertauscht*

  Insbesondere bei drehzahlgeregelten Antrieben ist es wichtig, dass die Motorphasen in der richtigen Reihenfolge angeschlossen werden. Bei drehzahlgeregelten Motoren führt der fehlerhafte Anschluss der Motorphasen zum unkontrollierten Lauf oder sogar zum „Durchgehen" des Motors. Zum Überprüfen des korrekten Anschlusses der Motorphasen sollten Drehstrommotoren während der Inbetriebnahme gesteuert (z.B. mit U/f-Steuerung) angefahren werden. Dreht der Motor bei positivem Sollwert rechts herum, ist die Phasenfolge offensichtlich korrekt. Bei Servomotoren (bürstenlose Gleichstrommotoren und Synchronservomotoren) ist der gesteuerte Betrieb oft nicht möglich. Hier sollten konfektionierte Motorleitungen verwendet werden, die derartige Fehler weitgehend ausschließen.

- *Motorkabel nicht richtig angeschlossen*

  Manchmal kommt es vor, dass Motorkabel nicht korrekt angeschlossen sind. Eine Motorphase fehlt oder hat nur sporadischen Kontakt. Dieser Fehler wird zum Teil vom Stellgerät erkannt. Zum Teil wird er nicht erkannt und der Motor zeigt ein untypisches Betriebsverhalten, wie unrunden Lauf oder Drehzahleinbrüche. Erkannt werden kann dieser Fehler durch Messen der Motorströme mit einer Strommesszange.

- *Wicklungsschluss*

  Die Isolation der Motorwicklungen oder des Motorkabels ist geschädigt und es kommt zu Durchschlägen zwischen den einzelnen Phasen. Das Stellgerät erkennt im Allgemeinen einen Überstrom und schaltet ab.

- *Erdschluss*

  Die Isolation der Motorwicklungen oder des Motorkabels ist geschädigt und es kommt zu Durchschlägen zwischen einer Motorphase und dem Schutzleiter. Das Stellgerät erkennt im Allgemeinen einen Überstrom und schaltet ab. Einige Stellgeräte haben eine Erdschlussüberwachung und zeigen Erdschlussfehler an. Werden zum Beispiel bei einem Frequenzumrichter die Motorströme in allen 3 Phasen gemessen, kann der Summenstrom berechnet werden. Ist dieser ungleich 0, liegt offensichtlich ein Erdschluss vor.

- *Temperatursensor defekt*

  Viele Motoren sind mit einem Temperatursensor zur Überwachung der Motortemperatur ausgestattet (PTC oder KTY). Ist dieser defekt oder die Verbindungsleitung unterbrochen, erkennt das Stellgerät, das diesen Sensor im Allgemeinen auswertet, eine Motorübertemperatur und schaltet ab. Als Überbrückungsmaßnahme kann in manchen Stellgeräten die Temperaturüberwachung abgeschaltet werden.

14.2.2 Geberfehler

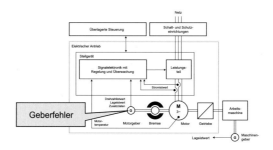

Bild 14.3
Geberfehler

- *Geberanschlüsse vertauscht*

  Sind die Geberanschlüsse vertauscht, liefert der Geber entweder gar keine Signale oder der Drehzahl-/Lageistwert ist in seiner Polarität vertauscht und damit fehlerhaft. Bei drehzahlgeregelten Antrieben führt das im Allgemeinen zum „Durchgehen" des Motors. Viele Hersteller bieten deshalb konfektionierte Geberleitungen an, die derartige Fehler ausschließen.

  Kann der Motor gesteuert betrieben werden (z.B. U/f-Steuerung), sollte der Geberistwert im gesteuerten Betrieb im Stellgerät überprüft werden. Ist er korrekt, kann in den drehzahlgeregelten Betrieb übergegangen werden.

- *Geber defekt, Geberkabel defekt*

  In diesem Fall liefert der Geber keine brauchbaren Drehzahl- und Lageistwerte. Verfügt der Geber über eine Senseleitung, über die er den
  Betrag seiner Versorgungsspannung zurückmeldet, erkennt das
  Stellgerät den Fehler und schaltet ab. Anderenfalls kommt es zu unkontrollierten Bewegungen des Motors. Als Überbrückungsmaßnahme ist der gesteuerte oder geberlose Betrieb bis zum Tausch des Gebers oder des kompletten Motors möglich.

- *Geberleitung zu lang*

  In diesem Fall liefert der Geber im Allgemeinen keine brauchbaren
  Drehzahl- und Lageistwerte. Verfügt der Geber über eine Senseleitung, erkennt das Stellgerät den Fehler und schaltet ab. Anderenfalls
  kommt es zu unkontrollierten Bewegungen des Motors. In diesem
  Fall ist entweder der Umstieg auf einen anderen Gebertyp erforderlich oder das Stellgerät muss näher am Motor platziert werden.

  Die zulässige Länge der Geberleitung wird vom Antriebshersteller
  spezifiziert. Wird diese Angabe nicht beachtet, handelt es sich um einen Projektierungsfehler.

14.2.3 Fehler im Stellgerät

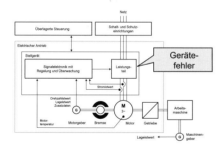

Bild 14.4
Fehler im Stellgerät

Fehler im Stellgerät sind entweder Software- oder Hardwarefehler. Softwarefehler kommen relativ selten vor und müssen direkt mit dem Hersteller geklärt werden. Hardwarefehler können in der Signalelektronik
oder im Leistungsteil auftreten.

Hardwarefehler in der Signalelektronik machen sich beim Anlauf des
Geräts durch

Fehler in der Signalelektronik

- fehlende Anzeigen,

- fehlende Bedienbarkeit und

- unlogische Fehlermeldungen

im Allgemeinen klar bemerkbar. Abhilfe schafft entweder der Tausch
der Signalelektronik (falls durch den Anwender möglich) oder der Austausch des gesamten Stellgeräts.

Fehler im Leistungsteil

Hardwarefehler in der Leistungselektronik führen nicht immer zu eindeutigen Fehlerbildern.

- *Durchlegierte Leistungshalbleiter* führen zu Kurzschlüssen und Überströmen. Im Allgemeinen kommt es zum Sicherungsfall am Eingang des Stellgeräts. Treten diese Fehler auch ohne angeschlossenen Motor auf, können sie eindeutig dem Stellgerät zugeordnet werden.

- *Nicht mehr schaltende Leistungshalbleiter* verursachen einen „unrunden" Lauf des Motors. Der Nennarbeitspunkt wird im Allgemeinen nicht mehr erreicht. Der Motor gibt nicht die erwartete Leistung ab. Erkannt werden kann dieser Fehler durch Messen der Phasenströme im Motorkabel mit einer Strommesszange. Zeigt eine Motorphase einen deutlich abweichenden Stromverlauf, ist der entsprechende Brückenzweig im Leistungsteil defekt. Fließt in einer Motorphase gar kein Strom, ist der Motor wahrscheinlich nicht korrekt angeschlossen

- Eine *fehlerhafte Vorladung* führt zur Absenkung der Zwischenkreisspannung bei Belastung des Motors. Der Nennarbeitspunkt wird im Allgemeinen nicht mehr erreicht. Bei stärkerer Belastung bricht die Zwischenkreisspannung zusammen und das Stellgerät schaltet ab.

- *Wechselrichterkippen* bei Stromrichtern oder Netzein-/rückspeisungen mit Thyristorbrücken tritt im generatorischen Betrieb auf, wenn der Zündwinkel nicht stark genug begrenzt wird.

14.2.4 Netzfehler

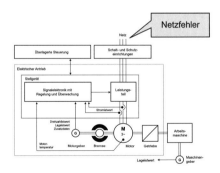

Bild 14.5
Netzfehler

- *Kurzzeitige Spannungseinbrüche*

  Ist der Spannungseinbruch sehr groß, führt das zu einer unzulässigen Absenkung der Zwischenkreisspannung. Diese wird vom Stellgerät erkannt und das Stellgerät schaltet ab.

  Bei Stromrichtern oder Netzein-/rückspeisungen mit Thyristorbrücken kann ein Absinken der Netzspannung oder gar ein Netzausfall im generatorischen Betrieb zum Sicherungsfall führen. Thyristorbrücken sind relativ träge und können im 50-Hz-Netz nur alle 3 ms neu gezündet bzw. gelöscht werden. Innerhalb dieser Zeit stellt sich der Strom je nach Spannungsdifferenz zwischen Netzspannung und Ausgangsspannung der Thyristorbrücke frei ein. Bricht die Netzspannung zusammen, steigt der generatorische Strom der Thyristorbrücke sehr schnell an und führt zum Sicherungsfall. Sind die Sicherungen zu träge dimensioniert, kommt es zur Zerstörung der Thyristorbrücke. In instabilen Netzen sollten deshalb keine Stellgeräte mit Thyristorbrücken eingesetzt werden.

• *Wegfall einer Phase bei Drehstromeinspeisung*

Der Wegfall einer Phase führt zu einer Absenkung und zu einer erhöhten Welligkeit der Zwischenkreisspannung. Dieser Fehler wird unter Umständen gar nicht erkannt. Im Bereich hoher Drehzahlen ist dann mit einer Leistungseinbuße des Motors zu rechnen.

• *Netzüberspannungen*

Liegen sie außerhalb der zulässigen Toleranzen, können sie zu einer Schädigung der Eingangsgleichrichter im Stellgerät führen. Diese verlieren ihre Sperrfähigkeit und es kommt zum Kurzschluss zwischen den Netzphasen und die Netzsicherungen lösen aus.

Netzfehler können nur durch Messungen der Netzspannung erkannt werden. Diese sind relativ aufwändig, da diese Messungen nicht potentialfrei durchzuführen sind und entsprechend isolierte Messgeräte erfordern. Außerdem treten Netzfehler oft nur sporadisch auf und müssen durch Dauermessungen „eingefangen" werden.

14.2.5 Kommunikationsfehler

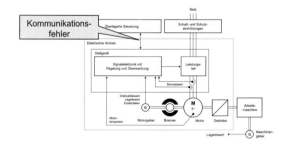

Bild 14.6
Kommunikationsfehler

• *Fehlerhafte Adressen bei Feldbussen/Schnittstellen*

Ist die Adresse im Antrieb fehlerhaft eingestellt, ist keine Kommunikation mit der überlagerten Steuerung möglich. Ist die im Antrieb eingestellte Adresse bereits an einen anderen Teilnehmer vergeben, kann der gesamte Bus gestört werden.

• *Fehlerhafte Baudraten bei Feldbussen/Schnittstellen*

Ist die Baudrate im Antrieb fehlerhaft eingestellt, ist keine Kommunikation mit der überlagerten Steuerung möglich. Die anderen Teilnehmer werden im Allgemeinen nicht gestört.

- *Fehlerhafte Verdrahtung oder Leitungsbruch bei Feldbussen/Schnittstellen*

  In diesem Fall ist keine Kommunikation mit der überlagerten Steuerung möglich und der gesamte Bus ist gestört.

- *Fehlende Busabschlusswiderstände bei Feldbussen/Schnittstellen*

  In diesem Fall kann es zu sporadischen Störungen der Kommunikation am gesamten Bus kommen.

- *Leitungsbruch 4..20-mA-Schnittstellen*

  Verfügt das Stellgerät über eine entsprechende Überwachung, wird der Leitungsbruch erkannt. Als Reaktionen sind eine Warnmeldung als auch eine Abschaltung möglich.

Kommunikationsfehler sind oft sehr schwer einzugrenzen. In der Praxis versucht man, durch

- schrittweise Eliminierung von Teilnehmern,
- schrittweise Hinzunahme von Teilnehmern,
- Austausch von Teilnehmern und
- Austausch von Kabeln

die fehlerhafte Komponente zu isolieren.

14.2.6 EMV-Probleme

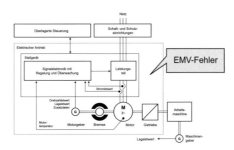

Bild 14.7
EMV-Probleme

- *Geberleitungen gestört*

  Durch elektromagnetische Einstreuungen werden die Gebersignale verfälscht. Der vom Stellgerät empfangene Drehzahl-/Lageistwert weicht sporadisch vom realen Wert ab. Im Ergebnis treten

  - Überströme (wegen fehlerhafter Stromkommutierung) oder
  - unkontrollierte Regelbewegungen auf.

  Diese Fehler werden vom Stellgerät nicht eindeutig erkannt. Abhilfe wird erreicht durch

  - geschirmte Geberleitungen,
  - Trennung von Leistungs- und Geberkabeln
    (nicht in gemeinsamen Kabelkanälen führen),

- gute Anbindung des Schirms und
- geschirmte Motorleitungen.

- *Signal-/Kommunikationsleitungen gestört*

  Durch elektromagnetische Einstreuungen werden die Signale verfälscht. Diese Fehler werden vom Stellgerät nicht eindeutig erkannt. Abhilfe wird erreicht durch

  - geschirmte Signalleitungen, insbesondere bei analogen Signalen und Feldbussen,
  - Trennung von Leistungs- und Signalkabeln (nicht in gemeinsamen Kabelkanälen führen),
  - gute Anbindung des Schirms und
  - geschirmte Motorleitungen.

EMV-Fehler sind immer dann wahrscheinlich, wenn Störungen der Antriebe sporadisch auftreten. Sie lassen sich nachweisen, wenn ein Zusammenhang zwischen dem Betrieb anderer Verbraucher (z.B. anderer Antriebe und Anlagenteile, Betrieb von Funkgeräten und Handys) nachweisbar ist. Dann ist der Koppelmechanismus oft nachvollziehbar und Gegenmaßnahmen sind möglich.

14.2.7 Projektierungsfehler

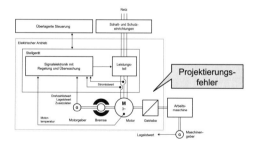

Bild 14.8
Projektierungsfehler

Projektierungsfehler treten auf, wenn die tatsächlich geforderten Leistungsdaten sowie Randbedingungen einer Anwendung in der Projektierungsphase nicht bekannt sind oder ausreichend berücksichtigt werden. Manchmal wird aus Kostengründen auch bewusst eine grenzwertige Auslegung von Antriebskomponenten durchgeführt und auf Leistungsreserven in den Antriebskomponenten spekuliert. Diese Vorgehensweise ist riskant und sollte unterbleiben. Sie führt im Allgemeinen auch zum Verlust der Gewährleistungsansprüche gegenüber dem Antriebshersteller.

- *Motor wird zu warm*
  - Der Motor ist für die geforderte Dauerleistung oder das geforderte Lastspiel thermisch unterdimensioniert.

– Der Fremdlüfter des Motors ist nicht ausreichend dimensioniert.

– Die Kühlluft ist zu warm.

• *Stellgerät wird zu warm*

– Das Stellgerät ist für die geforderte Dauerleistung oder das geforderte Lastspiel thermisch unterdimensioniert.

– Die Kühlluft ist zu warm. Ursache sind eine zu hohe Umgebungstemperatur oder verstopfte Lüftungsschlitze im Schaltschrank. Oft wird in diesen Fällen ein Klimagerät nachgerüstet.

• *Geforderte Dynamik wird nicht erreicht*

Das Stellgerät ist für die geforderte Spitzenleistung bzw. für den erforderlichen Spitzenstrom unterdimensioniert.

• *Maximaldrehzahl wird nicht erreicht*

Die für die Maximaldrehzahl erforderliche Spannung kann vom Stellgerät bei gegebener Netzspannung nicht erreicht werden. Der Motor oder das Getriebe sind falsch dimensioniert.

• *Genauigkeit wird nicht erreicht*

Die erreichte Drehzahl oder Lage ist zu ungenau. Der Geber liefert nicht die erforderliche Genauigkeit.

• *Überstrom*

Das Stellgerät kann die dynamischen Vorgänge im Motor nicht beherrschen. Die falsche Regelungsart wurde gewählt oder die Hoch- und Rücklauframpen sind zu kurz eingestellt.

• *Überspannung beim Abbremsen*

Die Bremsenergie führt zu einer unzulässig hohen Spannung im Zwischenkreis und zur Abschaltung des Stellgeräts. Der Bremschopper muss nachgerüstet oder aktiviert werden.

14.2.8 Parametrierfehler

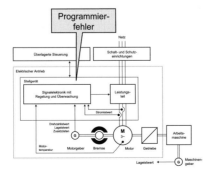

Bild 14.9
Parametrierfehler

Parametrierfehler treten während der Inbetriebsetzung elektrischer Antriebe auf. Sie sind äußerst vielgestaltig und in ihren Auswirkungen kaum einzugrenzen. Die Vermeidung von Parametrierfehlern erfordert eine sorgfältige und systematische Vorgehensweise in der Inbetriebnahme. Oft sind in der Gerätedokumentation die Schritte zur Grundinbetriebnahme ausführlich dargestellt. Diese sollten befolgt werden.

Die Inbetriebnahme sollte immer auf einem Gerät aufsetzen, das sich im Auslieferzustand befindet. Befinden sich eventuell schon geänderte Parametereinstellungen im Gerät, sollte das Gerät auf den Auslieferzustand zurückgesetzt werden.

Für die systematische Inbetriebsetzung wird folgende Vorgehensweise empfohlen:

1. Verdrahtung prüfen, Motordaten aufnehmen und eingeben

2. Motor gesteuert zum Drehen bringen, Gebersignale überprüfen

3. Drehzahlregelkreis schließen

4. Technologische Funktionen in Betrieb nehmen, Grenzwerte überprüfen und einstellen

5. Signalanbindung zur Steuerung überprüfen (z.B. Signale an Klemmleiste oder über Feldbus prüfen)

6. Steuerungshoheit an SPS übergeben, Überwachungen aktivieren

14.3 Fehlermeldungen elektrischer Antriebe

Stellgeräte elektrischer Antriebe können fehlerhafte Betriebszustände des Antriebs erkennen und an den Anwender melden. Die Anzeige von Fehlern geschieht auf unterschiedliche Weise.

Sehr einfache Geräte verfügen lediglich über eine Fehleranzeige in Form von Melde-LED. Mit einer solchen Anzeige ist erkennbar, ob in einem Gerät eine Störung vorliegt. Durch verschiedene Einzel-LED oder verschiedene Farben bzw. Blinkmodi sind grobe Fehlereingrenzungen möglich. *Fehlermeldungen durch LED*

Leistungsfähige Stellgeräte verfügen oft über Bediengeräte mit numerischer oder alphanumerischer Anzeige (Bild 14.10 zeigt ein Beispiel). Mit diesen Geräten ist eine genauere Eingrenzung des Fehlers möglich. *Fehlermeldungen durch Anzeigegeräte*

Bild 14.10
Bedienfeld eines
Frequenzumrichters

409

Stellgeräte elektrischer Antriebe unterscheiden je nach Schwere und Bedeutung der Störung oft zwei Typen von Fehlermeldungen:

- *Warnungen* informieren den Anwender, dass ein kritischer Zustand erreicht wurde (z.B. Motortemperatur kurz vor der Auslöseschwelle), aber der Betrieb des Antriebs noch nicht beeinflusst wird. Es ist dem Anwender überlassen, auf diese Warnung zu reagieren.

- *Störungen* kennzeichnen einen kritischen Zustand und führen zur Abschaltung des Stellgeräts. Der Anwender muss eine Störung am Bedienfeld, über digitale Eingänge oder eine serielle Schnittstelle quittieren.

Beschreibung von Fehlermeldungen

Zur eindeutigen Identifizierung von Warnungen und Störungen sind diese durch Nummern gekennzeichnet. In der Gerätedokumentation werden die Fehler und ihre möglichen Ursachen beschrieben und ggf. Abhilfemaßnahmen genannt.

Fehlerhistorie

Für die Erkennung von Fehlerursachen ist die Fehlerhistorie sehr hilfreich. Die Häufigkeit bestimmter Fehler oder Fehlerkombinationen kann wertvolle Hinweise zum Auffinden der Fehlerursache liefern. Stellgeräte haben deshalb oft einen Störspeicher, in dem die aufgetretenen Fehler mit dem Stand des Betriebsstundenzählers zum Fehlerzeitpunkt dauerhaft abgespeichert werden. Bei Störungsfällen ist es deshalb ratsam, den Störspeicher auszulesen und sich ein Bild von der Fehlerhistorie zu machen.

Signalaufzeichnung mit Fehlertriggerung

Leistungsfähige Stellgeräte verfügen über eine integrierte Tracefunktion, mit der interne Signale des Stellgeräts wie mit einem Oszilloskop aufgezeichnet werden können. Die Signalaufzeichnung kann durch interne und externe Signale getriggert werden. So ist es zum Beispiel möglich, die Aufzeichnung erst zu starten, wenn

- ein Binärsignal einen bestimmten logischen Pegel einnimmt (z.B. wenn der Antrieb eingeschaltet wird) oder

- ein analoges Signal Grenzwerte unter- oder überschreitet (z.B. das Drehmoment ansteigt).

Die integrierte Tracefunktion kann damit so eingestellt werden, dass sie im Fehlerfall die relevanten Signale aufzeichnet. Mit einem entsprechenden Pretrigger ist auch der Signalverlauf vor Eintreten des Fehlers erfassbar.

Die aufgezeichneten Signale werden über die serielle Schnittstelle in den PC übertragen und können dort mit einer entsprechenden Anzeigesoftware sichtbar gemacht und ausgewertet werden.

Patrick Gehlen

Funktionale Sicherheit
von Maschinen und Anlagen

Umsetzung der europäischen
Maschinenrichtlinie in der Praxis

2006, 350 Seiten, 92 Abbildungen,
gebunden, ISBN 978-3-89578-281-7
€ 49,90 / sFr 80,00

Die Komplexität heutiger Maschinen und Anlagen zwingt bereits in der Herstellung und später in der Bedienung zu einem hohen Standardisierungsgrad; mit der CE-Kennzeichnung erbringt der Hersteller den Nachweis, dass die Maschine oder Anlage den Anforderungen bestimmter Normen und Vorschriften wie z. B. der Maschinenrichtlinie entspricht.

Neben den europäischen Sicherheitsnormen geht der Autor auch auf die internationale Harmonisierung ein und erläutert detailliert die relevanten Normen und Vorschriften. Begriffe und Verfahren wie z. B. Risikoanalyse, Risikobeurteilung und Validierung mit entsprechenden neuen Berechnungsverfahren werden anhand praktischer Beispiele beschrieben.

Aus Sicht des Herstellers einer Maschine wird beschrieben, wie die Anforderungen zur funktionalen Sicherheit im Gesamtprozess der Anforderungen zur Maschinensicherheit integriert werden. Entwickler, Ingenieure und Hersteller von Maschinen erhalten Hilfestellung bei Entwurf, Planung, Projektierung, Realisierung und Inbetriebnahme zur Gestaltung der Maschinensicherheit und bei der Konzeption von sicheren Steuerungsabläufen. Sicherheitsbeauftragte erhalten einen Einblick in Normen und Referenzen mit wichtigen Erläuterungen.

Praxisnahe Anwendungsbeispiele mit Sicherheitsprodukten helfen beim Erstellen von sicherheitsrelevanten Lösungen und bringen dem Anwender den Begriff der funktionalen Sicherheit auf konkrete Art und Weise näher.

Inhalt

Thomas Antoni

Dictionary of Drives
and Mechatronics
Wörterbuch Antriebstechnik
und Mechatronik

Deutsch-Englisch; English-German

3rd revised and enlarged edition, 2007,
998 pages, hardcover
ISBN 978-3-89578-282-4
€ 89.90 / sFr 144.00

The dictionary offers a comprehensive collection of terms for the areas of drive systems, automation, mechatronics, and related fields, e.g. field bus technology and electrical machines. For this edition, the number of entries has been enlarged by more than 20 percent, resulting in a total of nearly 74,000 entries with 145,000 translations. The large number of comments and well-conceived order of translations for each entry make this dictionary especially user-friendly.

Das Wörterbuch enthält eine umfassende Sammlung von Begriffen aus der Antriebs- und Automatisierungstechnik, der Mechatronik und angrenzenden technischen Gebieten, darunter Feldbustechnologien und elektrische Maschinen. Um mehr als 20 Prozent erweitert, enthält das Wörterbuch nun insgesamt 74.000 Einträge mit 145.000 Übersetzungsvorschlägen. Die vielen ergänzenden Kommentare und die durchdachte Reihenfolge der angegebenen Übersetzungen je Eintrag machen dieses Wörterbuch besonders nutzerfreundlich.

CD-ROM-Edition

Deutsch-Englisch; English-German

Edition 2008, Systemvoraussetzungen:
Windows Vista/XP/2000
ISBN 978-3-89578-283-1
€ 109.00 / sFr 172.00

Hans Groß, Jens Hamann, Georg Wiegärtner

**Elektrische Vorschubantriebe
in der Automatisierungstechnik**

Grundlagen, Berechnung, Bemessung

2., vollst. überarb. u. erw. Auflage, 2006,
342 Seiten, 89 Abbildungen, 21 Tabellen,
gebunden, ISBN 978-3-89578-278-7
€ 49,90 / sFr 80,00

Das Buch bietet eine umfassende Einführung in die physikalischen und technischen Grundlagen der Regelungs- und Antriebstechnik mit Schwerpunkt auf Berechnung und Bemessung von elektrischen Vorschubantrieben in der Automatisierungstechnik.

Inhalt

Regelungstechnische Grundlagen · Regelkreise · Lagerregelung · Berechnung und Auslegung

Hans Groß, Jens Hamann, Georg Wiegärtner

**Technik elektrischer Vorschub-
antriebe in der Fertigungs-
und Automatisierungstechnik**

Mechanische Komponenten,
Servomotoren, Messergebnisse

2006, 402 Seiten, 123 Abbildungen, 43 Tabellen,
gebunden, ISBN 978-3-89578-149-0
€ 69,90 / sFr 112,00

Praxisnah werden einzelne, aktuelle Komponenten für Vorschubantriebe wie Motoren und mechanische Übertragungsglieder beschrieben. Lesern wird der Einfluss bestimmter Größen bis zur Genauigkeit am Werkstück anhand von Anforderungen mit Beispielrechnungen erläutert.

Inhalt

Mechanische Übertragungsglieder · Gewindespindel-Antriebe · Zahnstange-/Ritzel-Antriebe · Zahnriemenantriebe · Servomotoren · Messungen

www.publicis-erlangen.de/books

Raimond Pigan, Mark Metter

Automatisieren mit PROFINET

Industrielle Kommunikation auf
Basis von Industrial Ethernet

2., überarbeitete u. erweiterte Auflage, 2008,
486 Seiten, 271 Abbildungen, 237 Tabellen,
gebunden, ISBN 978-3-89578-293-0
€ 59,90 / sFr 96,00

PROFINET ist der erste durchgängige Industrial-Ethernet-Standard für die Automatisierung und nutzt die Vorteile von Ethernet und TCP/IP für eine offene Kommunikation von der Unternehmensleitebene bis in den Prozess. Das Buch beschreibt die genutzte Netzwerktechnik mit aktiven Netzkomponenten, Anschluss- und Verbindungstechnik sowie Aufbaurichtlinien speziell abgestimmt auf den industriellen Einsatz.

Inhalt

Grundlagen und Protokolle · Ethernet · Real Time Kommunikation · PROFINET IO · PROFINET CBA · Anwenderschnittstellen · SIMATIC und PROFINET: Geräte und Netzwerkstrukturen, Security sowie Sicherheitstechnik mit Profisafe

Mark Metter, Rainer Bucher

Industrial Ethernet in der Automatisierungstechnik

Planung und Einsatz von Ethernet-LAN-Techniken
im Umfeld von SIMATIC-Produkten

2., wesentlich überarbeitete und erweiterte
Auflage, 2007, 392 Seiten, 178 Abbildungen,
gebunden, ISBN 978-3-89578-277-0
€ 49,90 / sFr 80,00

Anlagenplaner, Programmierer und Techniker erfahren alle Grundlagen und Begriffe für den Einsatz von Ethernet-LAN-Techniken in der Industrieautomatisierung mit SIMATIC und PROFINET. Praxisbezogene Anwendungsbeispiele zeigen die Umsetzung aktueller Themen wie IT-Security und Wireless-Anwendungen.

Inhalt

Grundlagen zu TCP/IP-Netzwerken, allgemeine Netzwerktopologien · Errichtung von Subnetzen in der SIMATIC, Netzwerkkomponenten und -medien · LAN und WAN-Technologien, Prozesskommunikation · PROFINET, IT Security, VPN · Wireless LAN · Fehlersuche in Netzen.

www.publicis-erlangen.de/books

A&D Translation Services (Hrsg.)

Wörterbuch industrielle Elektrotechnik, Energie- und Automatisierungstechnik
Dictionary of Electrical Engineering, Power Engineering and Automation

Teil 1 Deutsch-Englisch; **Volume 1** German-English

5., wesentlich überarbeitete und
erweiterte Auflage, 2004, 762 Seiten,
gebunden, ISBN 978-3-89578-192-6
€ 79,90 / sFr 128,00

Teil 2 Englisch-Deutsch; **Volume 2** English-German

5th extensively revised and enlarged
edition, 2003, 683 pages, hardcover
ISBN 978-3-89578-193-3
€ 79.90 / sFr 128.00

Mit 90.000 Einträgen (Deutsch-Englisch) bzw. 75.000 Einträgen (Englisch-Deutsch) ein Standardwerk für alle, die für ihre Arbeit eine umfassende und zuverlässige Sammlung der Fachbegriffe aus den Bereichen Energieerzeugung, -übertragung und -verteilung, Antriebstechnik, Automatisierungstechnik, elektrischer Installationstechnik, Leistungselektronik sowie der Mess- und Prüftechnik benötigen.

Containing now about 90,000 entries in Volume 1 (German-English) and 75,000 entries in Volume 2 (English-German), this worldwide-respected dictionary is the standard work for all those requiring a comprehensive and reliable compilation of terms from the fields of power generation, transmission and distribution, drive engineering, automation, switchgear and installation engineering, power electronics as well as measurement, analysis and test engineering.

CD-ROM-Edition

Deutsch-Englisch; Englisch-Deutsch
German-English; English-German

Edition 2004, Systemvoraussetzungen:
Windows 98/ME/NT 4.0 (mit ServicePack 6a)/
2000/XP, Internet Explorer 5.5, mindestens
64 MB RAM, 40 MB auf Festplatte
ISBN 978-3-89578-194-0
€ 179.00 / sFr 283.00